전산응용 토목제도기능사 필기

박종삼 편저

도서출판 금 호

머리말

　토목은 문명의 발상과 함께 시작한 학문으로 자연과 더불어 국토개발과 도시발전을 구축하는 분야이다.

　토목의 기술 분야 중에서 전산응용 토목제도기능사는 과거 토목 도면 작업이 수작업에 의존하여 그리던 것을 현대 정보화 사회에 맞추어 전산 시스템이 제공하는 정보를 활용하여 도면을 손쉽게 수정하고 입·출력하는 등의 기술력을 향상시키고자 신설된 종목입니다.

　본서는 그런 취지에서 그동안 오랜 현장 경험을 바탕으로 수험생과 현직에 종사하는 토목 기술인들에게 보다 쉽게 이해하여 활용할 수 있도록 중점을 두어 집필하였으며, 국가기술 검정 출제 기준 변경과, 콘크리트 구조 설계 및 표준 시방서 개정으로 수험자가 혼란이 없도록 분야별로 체계화하고 이해도를 높이도록 문제에 대한 해설에 역점을 두었습니다.

　본서 중에 철근콘크리트에 관한 일반적인 지식편은 전산응용토목제도와 콘크리트기능사 1차 필기시험과 중복되는 부분으로 콘크리트기능사 시험에도 도움이 되도록 하였습니다.

　그동안 현장에서 얻은 여러 가지 지식과 정보를 모아 정성을 다하여 본서가 완성되었으나, 내용이 미비한 점과 잘못된 부분은 수정 보완하도록 약속드리며, 본서 출판에 애써주신 성대준 사장님께 감사드립니다.

저자 씀

차 례 Contents

Ⅰ. 토목제도(CAD)

1장 제도기준 ... 15
1. 표준규격 ... 15
2. KS 토목제도 통칙 ... 16
3. 도면 크기와 축척 ... 19
4. 제도 표시의 일반 원칙 ... 21
5. 치수와 치수 요소 ... 25
■ 기출 및 예상문제 ... 31

2장 기본도법 ... 59
1. 평면도법 ... 59
2. 입체 투상도 ... 67
■ 기출 및 예상문제 ... 71

3장 도면작성 ... 85
1. 도면의 작성 순서 ... 85
2. 도면의 작성 방법 ... 86
■ 기출 및 예상문제 ... 88

4장 건설재료의 표시 ... 91
1. 건설 재료의 단면 표시 ... 91
2. 재료 단면의 경계 표시 ... 91
3. 단면의 형태에 따른 절단면 표시 ... 92
4. 판형재의 종류와 치수 ... 92
■ 기출 및 예상문제 ... 94

5장 구조물 표시 ... 103
1. 콘크리트 구조물 표시 ... 103
2. 강 구조물의 표시 ... 108

■ 기출 및 예상문제 ……………………………………………………………… 111

6장 측량제도　　　　　　　　　　　　　　　　　　　　　　　　121

1. 측량제도 일반 ………………………………………………………… 121
2. 거리 측량 제도 ………………………………………………………… 121
3. 트래버스 제도 ………………………………………………………… 123
4. 하천 측량 제도 ………………………………………………………… 126
5. 도로 설계 제도 ………………………………………………………… 127
■ 기출 및 예상문제 ……………………………………………………… 132

7장 CAD일반　　　　　　　　　　　　　　　　　　　　　　　　　137

1. CAD 시스템 …………………………………………………………… 137
2. CAD 프로그램에 의한 좌표설정 …………………………………… 138
3. CAD 시스템에 의한 도형처리 ……………………………………… 138
4. GIS 개요와 데이터 이해 …………………………………………… 142
5. 측량 데이터 관리 ……………………………………………………… 143
■ 기출 및 예상문제 ……………………………………………………… 145

Ⅱ. 철근콘크리트

1장 철근　　　　　　　　　　　　　　　　　　　　　　　　　　　153

1. 철근의 간격 …………………………………………………………… 153
2. 표준갈고리 ……………………………………………………………… 153
3. 철근의 이음 …………………………………………………………… 154
4. 피복 두께 ……………………………………………………………… 156
5. 철근 구부리기 ………………………………………………………… 156
6. 철근의 부착과 정착 …………………………………………………… 156
7. 수축·온도 철근 ………………………………………………………… 158
8. 전단철근 ………………………………………………………………… 159
■ 기출 및 예상문제 ……………………………………………………… 161

2장 콘크리트　　　　　　　　　　　　　　　　　　　　　　　　　183

1. 콘크리트의 구성 및 특징 …………………………………………… 183

    2. 콘크리트의 재료 ·· 183
    3. 콘크리트의 성질 ·· 198
    4. 콘크리트의 종류 ·· 203
    ■ 기출 및 예상문제 ·· 207

Ⅲ. 토목 일반 구조

1장 토목 구조물의 개념, 특성, 구성원리	247

    1. 토목 구조물 개념 ·· 247
    2. 토목 구조물의 구성 원리 ······································ 249
    3. 토목 구조물의 특성 ··· 253
    ■ 기출 및 예상문제 ·· 257

2장 토목 구조물의 종류	277

    1. 보(Beam) ··· 277
    2. 기둥(Column) ·· 277
    3. 슬래브(Slab) ·· 278
    4. 확대기초(Footing foundation) ······························· 279
    5. 옹벽(Retaining wall) ·· 280
    ■ 기출 및 예상문제 ·· 283

Ⅳ. 과년도 기출 문제

■ 과년도 기출 문제	295

Ⅴ. 모의고사

■ 모의고사	377

출제기준(필기)

직무 분야	건설	중직무 분야	토목	자격 종목	전산응용토목제도기능사	적용 기간	2022.1.1 ~ 2025.12.31

○직무내용 : 토목일반 및 제도에 관한 기본지식을 바탕으로 컴퓨터를 이용하여 도면을 작성, 수정·보완 및 출력 등을 수행하는 직무이다.

필기검정방법	객관식	문제수	60	시험시간	1시간

필기 과목명	출제 문제수	주요항목	세부항목	세세항목
토목제도(CAD), 철근콘크리트, 토목일반구조	60	1. 토목제도	1. 제도기준	1. 표준규격 2. KS토목제도통칙 3. 도면의 크기와 축척 4. 제도 표시의 일반 원칙 5. 치수와 치수요소
			2. 기본도법	1. 평면도법 2. 입체투상도
			3. 도면작성	1. 도면의 작성순서 2. 도면의 작성방법
			4. 건설재료의 표시	1. 건설재료의 단면표시 2. 재료단면의 경계 표시 3. 단면의 형태에 따른 절단면 표시 4. 판형재(형강, 강관 등)의 종류와 치수 5. 지형의 경사면 표시 방법
			5. 도면이해	1. 구조물 도면 2. 도로도면 3. 평면도 4. 종단면도 5. 횡단면도
		2. 전산응용제도	1. CAD일반	1. CAD시스템 2. CAD프로그램에 의한 좌표설정 3. CAD시스템에 의한 도형처리 4. GIS개요와 데이터 이해 5. 측량 데이터 관리

필 기 과목명	출 제 문제수	주요항목	세부항목	세세항목
		3. 철근 및 콘크리트	1. 철근	1. 철근의 종류와 간격 2. 갈고리 3. 철근의 이음 4. 철근의 부착과 정착 5. 피복두께
			2. 콘크리트	1. 콘크리트의 구성 및 특징 2. 콘크리트의 재료 3. 콘크리트의 성질 4. 콘크리트의 종류
		4. 토목일반	1. 토목구조물의 개념	1. 토목구조물의 개요 2. 토목구조물의 형식 3. 토목구조물의 특징 4. 토목구조물의 하중
			2. 토목구조물의 종류	1. 보 2. 기둥 3. 슬래브 4. 기초 및 옹벽
			3. 토목구조물의 특성	1. 철근콘크리트 구조 2. 프리스트레스트 콘크리트 구조 3. 강구조

출제기준(실기)

직무 분야	건설	중직무 분야	토목	자격 종목	전산응용토목제도기능사	적용 기간	2022.1.1 ~ 2025.12.31

○직무내용 : 토목일반 및 제도에 관한 기본지식을 바탕으로 컴퓨터를 이용하여 도면을 작성, 수정·보완 및 출력 등을 수행하는 직무이다.

○수행준거 : 1. 토목관련 구조물과 도면을 이해할 수 있다.
      2. 전산응용 제도 프로그램(CAD)을 활용하여 도면작성(설정, 입력, 수정, 보완 등)을 할 수 있다.
      3. 작성된 도면을 요구에 맞게 출력할 수 있다.

실기검정방법	작업형	시험시간	3시간 정도

실기과목명	주요항목	세부항목	세세항목
전산응용 토목제도 작업	1. 도로설계 도면작성	1. 위치도·일반도 작성하기	1. 설계도면 작성기준에 의해 설계자의 의도를 정확히 전달하고 표현이 불확실한 부분이 최소화 되도록 설계도면을 작성할 수 있다. 2. 도로 노선에 표준이 되고 과업기준에 적합한 축척 범위로 표준횡단면도, 편경사도 등과 같은 과업특성을 파악하고 표준화된 내용을 일반도에 적용할 수 있다.
		2. 종평면도·횡단면도 작성하기	1. 종단면도 아래 제원표는 공통도면 작성기준의 테이블 작성규정에 따라 측점, 지반고, 계획고, 땅깎기 및 흙쌓기, 편경사, 종단곡선 및 평면곡선 정보와 기점거리 등을 기입하여 종단계획을 수립할 수 있다.
	2. 구조물 도면 작성	1. 구조물 상·하부구조 일반도 작성하기	1. 설계기준을 기초로 하여 주요 구조부의 치수를 결정하고 도면화 할 수 있다.
	3. 토공 도면파악	1. 기본도면 파악하기	1. 토공 도면을 확인하여 종평면도, 횡단면도, 상세도로 구분할 수 있다.
		2. 도면 기본지식 파악하기	1. 토공 도면의 기능과 용도를 파악할 수 있다. 2. 토공 도면에서 지시하는 내용을 파악할 수 있다. 3. 토공 도면에 표기된 각종 기호의 의미를 파악할 수 있다.

전산응용토목제도기능사 필기

I. 토목제도(CAD)

1장 제도기준

2장 기본도법

3장 도면작성

4장 건설재료의 표시

5장 구조물 표시

6장 측량제도

7장 CAD일반

토목제도(CAD)

1장 제도기준

1. 표준규격

1 개 요

① 규격은 처음에는 각 공장에서 필요에 의해 만들어 사용하다가 다량생산과 국가적인 통일의 필요성에 의해 국가규격으로 흡수되었으며, 국가규격은 다시 국제적인 규격으로 통일되어 가고 있다.
② 도면은 기계, 기구, 구조물 등의 모양과 크기, 공정도, 공작법 등을 언제, 누가 그리더라도 똑같은 모양과 형태가 되도록 하여야 한다.
③ 도면을 그리는 사람은 제도상의 정해진 약속과 규칙에 따라서 그려야 한다.
④ 국제 규격과 국가 규격으로 구분할 수 있다.

2 국제 규격

① 국제 표준화 기구(ISO)나 국제 전기 표준 회의(IEC)의 규격과 같이, 국제적인 공동의 이익을 추구하기 위하여 여러 나라가 협의, 심의, 규정하여 국제적으로 적용 하는 규격
② 국제 표준화 기구 : 국제적으로 통일된 규격의 제정과 실천의 촉진 및 과학, 경제등 모든 부문에서 국제 협력을 추진할 목적으로 1947년에 만국 통일 협회(ISA)의 사업을 인수한 기구이다. 현재, 이 기구에 140여 개국이 가입하였으며, 우리나라는 1963년에 가입하였다.

3 단체 규격

사업자 또는 학회 등의 단체 내부 관계자들이 협의하여 심의, 규정한 다음, 단체 또는 그 구성원에 적용하는 규격이다.

4 사내 규격

기업이나 공장에서 심의, 규정하여 해당 기업 또는 공장 내에서 적용하는 규격이다.

5 국가 규격

① 한 국가의 모든 이해 관계자들이 협의하고 심의, 규정해 놓은 것으로, 한 국가 내에서 적용하는 규격이다.
② 국제 및 국가별 표준 규격 명칭과 기호는 다음과 같다.

국가 규격 명칭	규격 기호
국제 표준화 기구(International Organization for Standardization)	ISO
한국 산업 규격(Korean Industrial Standards)	KS
영국 규격(British Standards)	BS
독일 규격(Deutsches Industrie fur Normung)	DIN
미국 규격(American National Standards Institute)	ANSI
스위스 규격(Schweitzerish Normen-Vereinigung)	SNV
일본 공업 규격(Japanese Industril Standards)	JIS

2. KS 토목 제도 통칙(KS F 1001)

1 적용범위

제도 통칙(KS A 0005)에 기초를 두어 토목 제도에 관한 공통적이며 기본적인 사항에 대하여 규정하는 것이다.

2 잉킹과 도면의 변경

① 장기간 보존을 원하는 도면은 잉킹(inking)을 하는 것이 좋다.
② 특별한 때 이외에는 도면에 채색하지 않는다.
③ 도면을 변경할 때에는 변경한 곳에 적당한 기호로 표시하고, 변경 전의 모양 및 숫자는 보존한다. 또, 변경한 날짜와 이유 등을 기입한다.

3 표제란

① 도면의 관리상 필요한 사항과 도면의 내용에 관한 사항을 모아서 기입하기 위하여 오른편 아래 구석의 안쪽에 설치한다.
② 도면 번호, 도면 명칭, 기업(단체)명, 책임자 서명, 설계자, 제도자, 책임자, 도면 작성 연월일, 축척 등을 기입한다. 범례는 표제란 가까이 기입한다.

공사명	
도면명	
축 척	도면 번호
설계 연월일	
설계자	제도자
○○○ 설계 사무소	

도 명			
축 척	1 :	도면 번호	
작성 연월일			
학교명			
학년반번호		검 인	
성 명			

4 작도 통칙

① 도면은 될 수 있는 대로 간단하게 하고, 중복을 피한다.
② 도면은 될 수 있는 대로 실선으로 표시하고, 파선으로 표시함을 피한다.
③ 도면은 배치와 선의 굵기에 조심하여 명확히 그린다.
④ 도면에 불필요한 것은 기입하지 않는다.
⑤ 테두리는 원칙적으로 1개의 굵은 실선으로 하며 장식은 특별한 경우를 제외하고 사용하지 않는다.
⑥ 대칭이 되는 도면은 중심선의 한쪽을 외형도, 반대쪽을 단면도로 표시하는 것을 원칙으로 한다.

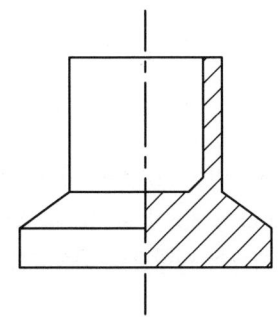

⑦ 경사면을 가진 구조물에서 그 경사면의 모양을 표시하기 위하여 경사면 부분만의 보조도를 넣는다.

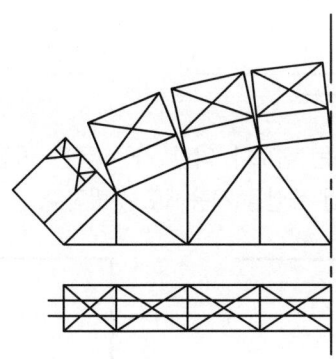

⑧ 지형의 평면도에 새로 시공하는 경사면을 표시하는 경우에는 다음 그림에 따른다.

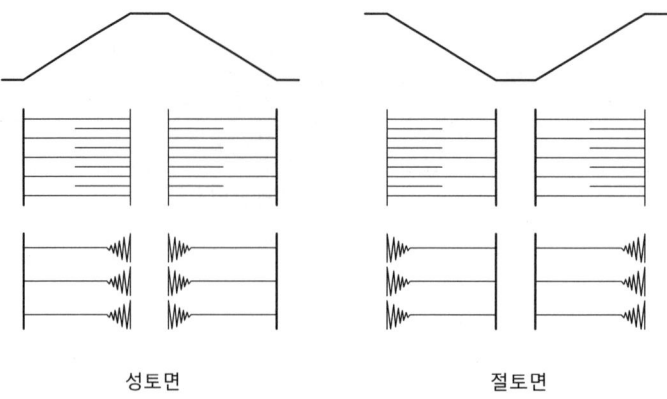

성토면　　　　　　　절토면

⑨ 해칭
　㉠ 단면의 절단면을 표시하는 때 또는 강구조에 있어서 이음판의 측면 또는 진충재의 측면을 표시할 때 사용한다.
　㉡ 가는 실선으로 하고 수평선, 중심선 또는 표준선에 대하여 45°(필요시 기타 각도)로 눕혀 같은 간격으로 넣는다.
　㉢ 2개 이상의 단면이 인접하는 때에 해칭을 할 때는 선의 방향을 90° 돌리는 것을 원칙으로 한다.
　㉣ 해칭 할 위치의 길이가 길 경우 양 끝 부분만 해칭하고 중간은 생략할 수 있다.

⑩ 단면의 표시
　㉠ 단면은 기본 중심선으로 절단한 면을 표시함을 원칙으로 한다.
　㉡ 절단선에는 기호를 붙여 단면도와 대조할 수 있도록 한다. 단면을 보는 방향을 표시할 필요가 있을 때는 절단선의 양끝에 시선의 방향으로 화살표를 붙인다.

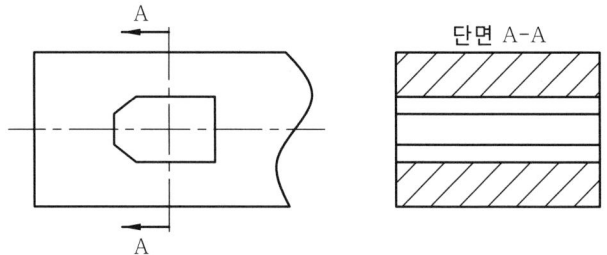

　㉢ 파단선은 외형을 표시하는 선보다 약간 가는 굽은 곡선으로 그리는 것을 원칙으로 한다. 경우에 따라 파단면에 1점 쇄선을 사용해도 무방하다.

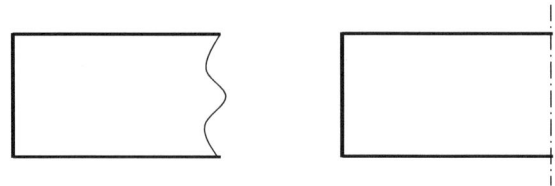

ⓔ 파단선을 넣지 않아도 파단 되어 있음이 명백할 때 또는 해칭 단면에는 파단선을 생략해도 좋다.
　　ⓜ 단면에는 해칭을 하지 않음을 원칙으로 한다. 반드시 필요한 때에는 해칭, 또는 기타 표시 방법에 따른다.
　　ⓗ 강판, 형강과 같은 얇은 것의 단면은 1개의 굵은 실선으로 간략히 표시할 수 있다.
　　ⓢ 단면은 일부분만 표시할 수 있다.

⑪ 인출선
　치수, 가공법, 주의 사항 등을 써 넣기 위하여 사용하는 인출선은 가로에 대하여 45°의 직선을 긋고, 인출되는 쪽에 화살표를 넣어 인출한 쪽의 끝에 가로선을 그어 가로선 위에 쓴다.

3. 도면 크기와 축척

1 도면의 크기

① 종이 재단 치수(KS A 5201)의 A0~A4에 따른다. 다만 부득이한 경우에는 길이 방향으로 연장할 수 있다.

번호열	A계열(a×b)	B계열(a×b)	번호열	A계열(a×b)	B계열(a×b)
0	841×1189	1030×1456	6	105×148	128×182
1	594×841	728×1030	7	74×105	91×128
2	420×594	515×728	8	52×74	64×91
3	297×420	364×515	9	37×52	45×64
4	210×297	257×364	10	26×37	32×45
5	148×210	182×257			

■ 제도 용지는 A열 사이즈를 사용(KS B 0001)하고 B열은 미술 용지로 사용한다.
② 제도 용지의 폭(가로 방향)과 길이(세로 방향)의 비는 1 : $\sqrt{2}$ 이며, A0의 넓이는 약 1㎡이고, B0의 넓이는 약 1.5㎡이다.
③ 도면은 긴 변 방향을 좌우 방향으로 놓는 것을 원칙으로 한다. 번호 4~10의 도면은 이에 따르지 않아도 된다.
④ 큰 도면을 접는 방법
　㉠ 복사한 도면은 A4 크기로 접는다.
　㉡ 원도는 접지 않는 것이 보통이며, 안지름이 40mm 이상이 되도록 말아서 보관한다.
　㉢ 표제란이 겉으로 나오게 접는다.
⑤ 도면에 테두리를 만들 경우 테두리 여백을 A0~A2는 10mm 이상으로 하고 A3~A6은 5mm 이상으로 한다.

2 윤곽선

① 윤곽의 크기는 용지에 따라 다음과 같이 한다.

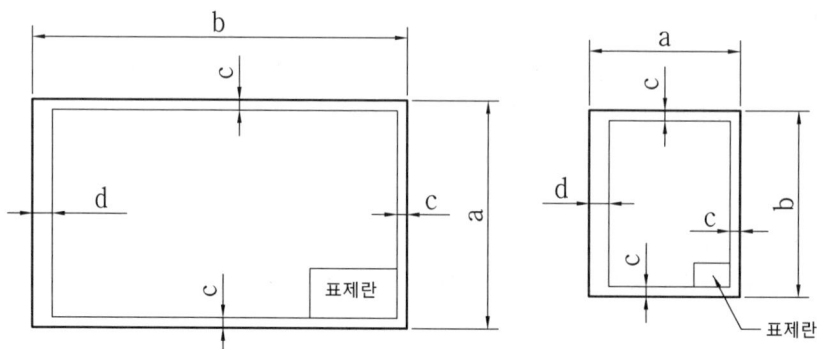

(a) A0~A4에서 긴 변을 좌우 방향으로 놓은 경우 (b) A4에서 짧은 변을 좌우 방향으로 놓은 경우

크기의 호칭		A0	A1	A2	A3	A4
도면의 윤곽	a × b	841×1189	594×841	420×594	297×420	210×297
	c (최소)	20	20	10	10	10
	d (최소) 철하지 않았을 때	20	20	10	10	10
	철할 때	25	25	25	25	25

■ d 부분은 도면을 철하기 위하여 접었을 때, 표제란의 왼쪽에 설치한다.

② 윤곽선은 도면의 크기에 따라 0.5mm 이상의 굵은 실선으로 그린다.

③ 도면에 테두리를 만들 경우 테두리 여백을 A0~A2는 10mm 이상으로 하고 A3~A6은 5mm 이상으로 한다.(테두리와 윤곽선을 같은 의미로 해석)

3 척도

도면에는 편의에 따라 물체의 크기를 실제와 같거나 다르게 나타낸다. 척도란, 물체의 실제 크기와 도면에서의 크기 비율을 말하는 것으로, 실물보다 축소하여 그린 축척, 실물과 같은 크기로 그린 현척, 실물보다 확대하여 그린 배척이 있다. 척도의 표시는 도면의 표제란에 기입한다.

① 척도의 표시 방법

척 도	A(도면에서의 크기) : B(물체의 실제 크기)
축 척	1:2 1:5 1:10 1:20 1:50 1:100 1:200 1:500
현 척	1:1
배 척	2:1 5:1 10:1 20:1 50:1 100:1 200:1 500:1

② 제도의 축척은

$$\frac{1}{1}, \frac{1}{2}, \frac{1}{5}, \frac{1}{10}, \frac{1}{15}, \frac{1}{20}, \frac{1}{25}, \frac{1}{30}, \frac{1}{40}, \frac{1}{50},$$

$\dfrac{1}{100}$, $\dfrac{1}{200}$, $\dfrac{1}{250}$, $\dfrac{1}{300}$, $\dfrac{1}{400}$, $\dfrac{1}{500}$, $\dfrac{1}{600}$, $\dfrac{1}{1000}$, $\dfrac{1}{1200}$, $\dfrac{1}{2500}$, $\dfrac{1}{3000}$, $\dfrac{1}{5000}$ (22종)을 원칙으로 한다.

③ 축척은 도면마다 기입한다. 같은 도면 중에 다른 축척을 사용할 때에는 그림마다 그 축척을 기입한다. 단, 일부분만 다른 축척을 사용할 때에는 도면 중 대부분을 차지하는 그림의 축척을 표제란에 기입하고, 다른 축척만을 그 축척에 따라서 작성된 그림 가까이에 기입하여도 좋다.
④ 그림의 모양이 치수에 비례하지 않아 착각될 우려가 있을 때에는 치수 밑에 밑줄을 긋거나 '비례가 아님', 또는 'NS' (Not to Scale)등으로 명시한다.

4. 제도 표시의 일반 원칙

1 선의 종류와 용도

종류	구 분	명 칭	용 도
실선	────────	굵은 실선	외형선
	────────	가는 실선	치수선, 해칭선, 지시선, 치수 보조선, 파단선, 회전 단면 외형선
	∼∼∼∼	자유 실선	부분 생략 또는 부분 단면의 경계
파선	‐‐‐‐‐‐‐‐	파선	보이지 않는 외형선
쇄선	─·─·─·─	가는 일점 쇄선	중심선, 물체 또는 도형의 대칭선
	─··─··─··	가는 이점 쇄선	가상 외형선
	━━─·─·─━━	절단부 쇄선(양 끝이 굵은 선에 중간은 가는 쇄선)	절단 평면 위치
	━━·━━·━━	굵은 쇄선	표면 처리 부분

■ 선 굵기 비율
　가는 선 : 굵은 선 : 아주 굵은 선 = 1 : 2 : 4
■ 선 그을 때는 먼저 외형선의 굵기를 정한 후 이를 기준으로 다른 선의 굵기를 정한다.
■ 파선 및 쇄선의 규격

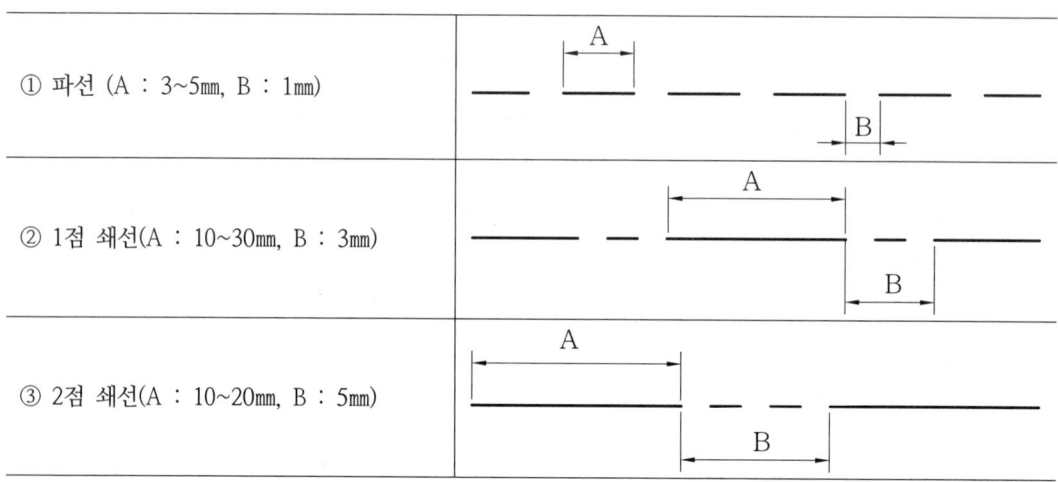

| ① 파선 (A : 3~5mm, B : 1mm) |
| ② 1점 쇄선(A : 10~30mm, B : 3mm) |
| ③ 2점 쇄선(A : 10~20mm, B : 5mm) |

2 선 긋기 요령

① 한 종류의 선을 그을 때에는 굵기와 농도가 일정하여야 한다.

옳 음	틀 림

② 모서리에서는 서로 이어지도록 한다.

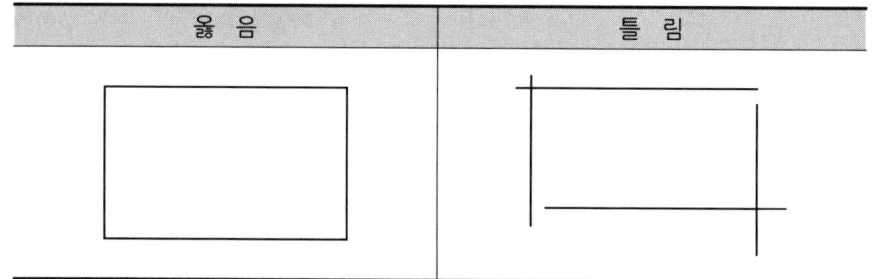

③ 원호와 직선의 접속점에서는 서로 층이 나지 않도록 한다.

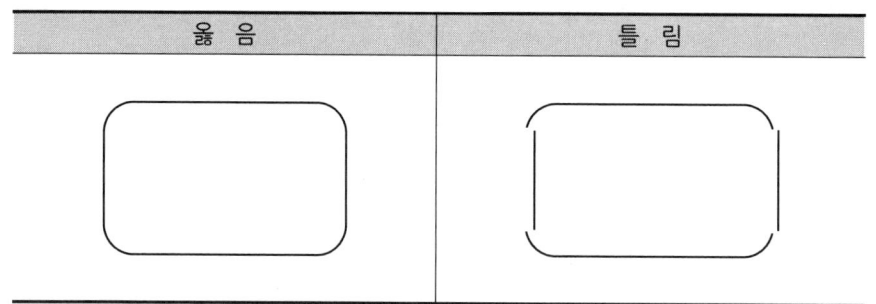

④ 실선과 파선, 외형선과 파선, 파선과 파선이 접속하는 부분에서는 서로 이어지도록 한다.

옳 음	틀 림

⑤ 외형선에 실선과 파선이 접속하는 부분에서는 서로 떨어지게 한다.

옳 음	틀 림

⑥ 외형선과 파선이 접속하는 부분에서는 서로 이어지도록 한다.

옳 음	틀 림

⑦ 가는 1점 쇄선(중심선)끼리 접속되는 부분에서는 서로 이어지도록 한다.

옳 음	틀 림

⑧ 파선끼리 교차되는 부분에서는 서로 이어지도록 한다.

옳 음	틀 림

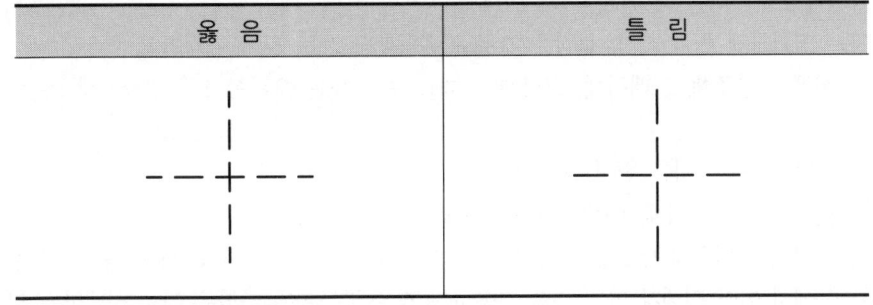

⑨ 두 파선이 인접될 때에는 파선의 위치가 서로 다르게 되도록 한다.

옳 음	틀 림
– – – – – – –	= = = = = =

⑩ 두 파선 사이에 실선이 있을 때 파선의 위치가 같게 되도록 한다.

옳 음	틀 림
= = = = = = =	= = = = = =

3 선의 우선 순위

① 한 도면에서 두 종류 이상의 선이 같은 장소에 겹치게 될 때에는 다음 순위에 따라 그린다.

우선 순위	선의 명칭
①	외형선
②	숨은선
③	절단선
④	중심선
⑤	무게 중심선
⑥	치수 보조선

② 토목 구조물 도면 작성의 순서
중심선, 기준선 – 외형선, 절단선, 파단선 – 철근선, 숨은선 – 치수선, 치수보조선, 지시선, 해칭선

4 문자

① 글자는 명확하게 써야 하며, 문장은 가로로 왼쪽부터 쓰는 것이 원칙이다.
② 한글 서체는 명조체, 그래픽체, 고딕체로 하고 수직 또는 오른쪽 15° 경사지게 쓰는 것이 원칙이다.
③ 숫자는 아라비아 숫자를 원칙으로 한다.
④ 로마자는 고딕체, 로마체, 이탤릭체, 라운드리체 등이 있다.
⑤ 글자의 크기는 원칙적으로 높이 2.24, 3.15, 4.5, 6.3, 9, 12.5 및 18.5mm(7종)를 표준으로 하며, 활자 등에서 이미 정해져 있는 것을 사용하는 경우에는 이에 가까운 것을 선택하는 것이 바람직

하다.
⑥ 문자의 선 굵기는 한글자, 숫자 및 영자는 문자 크기의 호칭에 대하여 1/9로 하는 것이 바람직하다.(한자는 1/12.5)
⑦ 4자리 이상의 숫자는 3자리마다 자리 표시를 하거나 간격을 두어야 하나, 4자리 수는 하지 않아도 된다(소수점은 밑에 찍는다.).
⑧ 단위에는 mm, cm, m, mm², cm², m², m³, gf, kgf, tonf, kgf/m², kgf/m³, 60°, 30′, 15″ 등으로 사용한다.
⑨ 쓰이는 곳에 따른 문자의 높이

쓰이는 곳	문자의 높이(mm)
도면 명칭	9~18
도면 번호	9~12.5
부품 번호	6.3~12.5
일반 치수	3.15~6.3
공차 치수	2.24~4.5

⑩ 구조물의 도면에는 보통 4.5mm의 문자를 사용하는 것을 원칙으로 한다.

5. 치수와 치수 요소

1 치수 기입 원칙

① 치수는 특별히 명시하지 않으면 마무리 치수로 표시한다. 다만 강구조 등의 재료 치수는 마무리 치수의 것을 제작하는 데 필요한 재료의 치수로 한다.
② 치수는 도면의 척도에 관계없이 물체의 실제 치수를 기입하며, 치수 숫자의 자릿수가 많을 경우에는 세자리마다 숫자 사이를 적당히 떼고 콤마(,)를 붙이지 않는다.
③ 치수는 되도록 정면도에 모아서 기입하되, 부득이 한 것은 평면도나 측면도에 중복되지 않게 기입한다.
④ 치수는 모양 및 위치를 가장 명확하게 표시하며 중복은 피한다. 또 계산하지 않고서도 알 수 있게 표기한다.
⑤ 부분의 치수의 합계 또는 전체의 치수는 순차적으로 개개의 부분 치수 바깥쪽에 기입한다.
⑥ 치수의 단위
  ㉠ 길이 단위 : mm를 원칙으로 하며 단위 기호는 쓰지 않으나 타기호 사용시 명확히 기입한다.
  ㉡ 각도 단위 : °(degree) 단위 사용(분초 혼용 가능), 라디안 사용시 기호(rad)를 기입한다.
⑦ 치수선은 지시하는 길이 또는 각도를 측정하는 방향으로 평행하게 긋는다.
⑧ 치수선은 될 수 있는 대로 물체를 표시하는 도면의 외부에 긋는다. 다수의 평행 치수선을 서로 접근시켜 그을 때에는 선의 간격은 7~8mm 정도로 동일하게 하고 서로 교차하지 않도록 한다.
⑨ 지시선과 화살표

㉠ 지시선은 수평선에 60° 정도 기울여 직선으로 긋고, 지시되는 쪽 끝에 화살표를 붙인다.(여러 가지 기입사항을 기입하기 위하여 도형으로부터 인출하는 0.2㎜ 굵기 이하의 실선)
㉡ 치수선의 끝 부분 기호에는 화살표, 검정 점, 사선 등이 있으나 한 도면에서는 동일한 기호를 사용한다.
　ⓐ 일반 도면의 치수선

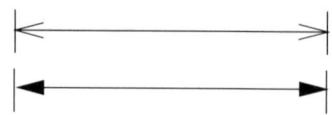

　ⓑ 치수선의 간격이 좁아 화살표를 그리기가 좋지 않을 때

　ⓒ 토목 및 건축 제도

　ⓓ 화살표의 크기

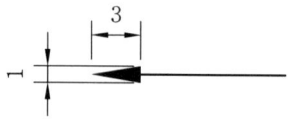

(길이:나비=3:1정도, 길이는 도면의 크기에 따라 2.5~3㎜ 정도)

⑩ 협소하여 화살표를 붙일 여백 또는 치수를 쓸 여백이 없을 때에는 치수선을 치수 보조선 바깥쪽에 긋고, 안쪽을 향하여 화살표를 붙인다.

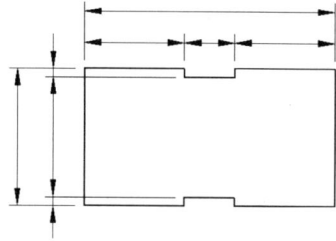

⑪ 중심선으로 대칭물의 한쪽을 표시하는 도면의 치수선은 중심을 지나 연장함을 원칙으로 한다.
⑫ 치수 보조선은 치수를 표시하는 부분의 양 끝에서 치수선에 직각으로 긋고, 치수선보다 2~3㎜ 길게 긋는다. 치수선을 그을 곳이 마땅하지 않을 때에는 치수선에 대하여 적당한 각도로 치수 보조선을 그을 수 있다.

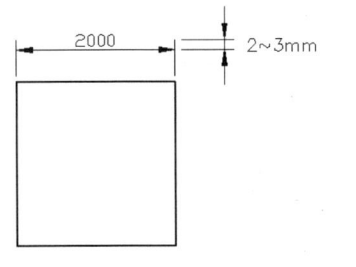 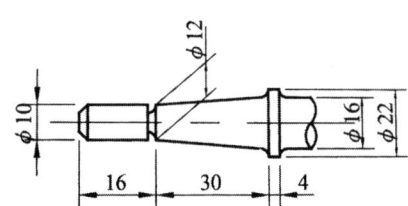

2 치수의 기입

① 치수를 기입할 때에는 치수선을 중단하지 않고 치수선의 위 중앙에 쓰는 것을 원칙으로 한다. 치수선이 세로일 때에는 치수선의 왼쪽에 쓴다.

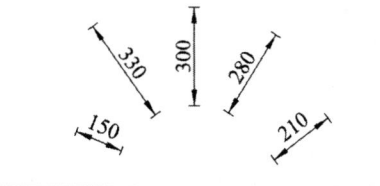

② 치수는 선과 교차하는 곳에는 될 수 있는 대로 쓰지 않는다.
③ 같은 간격으로 연속되는 구분의 치수는 그림과 같이 간단히 쓸 수 있다.

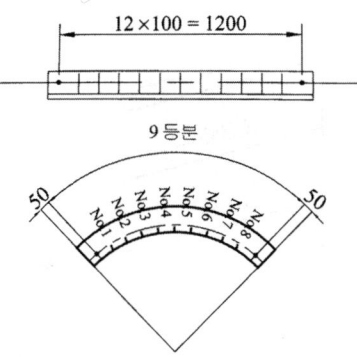

④ 협소한 구간에서 치수선의 위쪽에 치수 보조선이 있을 때에는 치수선의 아래쪽에 치수를 기입할 수 있고, 필요에 따라 인출선을 사용하여 치수를 표시해도 된다.

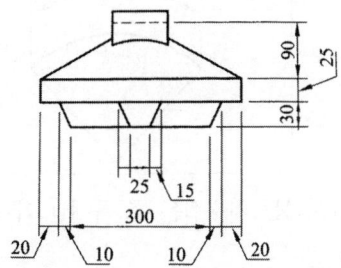

⑤ 협소 구간이 연속될 때에는 치수선의 위쪽과 아래쪽에 번갈아 치수들을 쓴다.

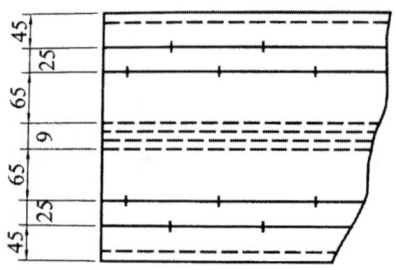

⑥ 각도를 기입하는 치수선은 각도를 이루는 두 변 또는 그 연장선의 교점을 중심으로 하고, 양변 또는 그 연장선 사이에 호로 표시한다.

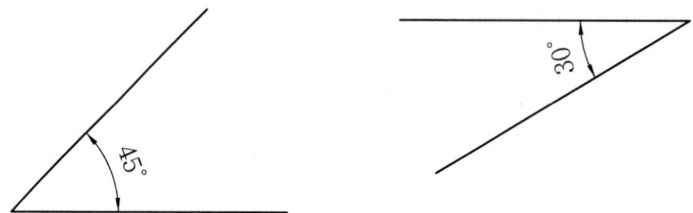

⑦ 경사를 표시할 때에는 그림과 같이 하는 것이 원칙이다. 때에 따라서 백분율(%) 또는 천분율(‰)로 표시할 수 있다. 이 때, 경사의 방향을 표시할 필요가 있을 때에는 하향 경사 쪽으로 화살표를 붙인다.

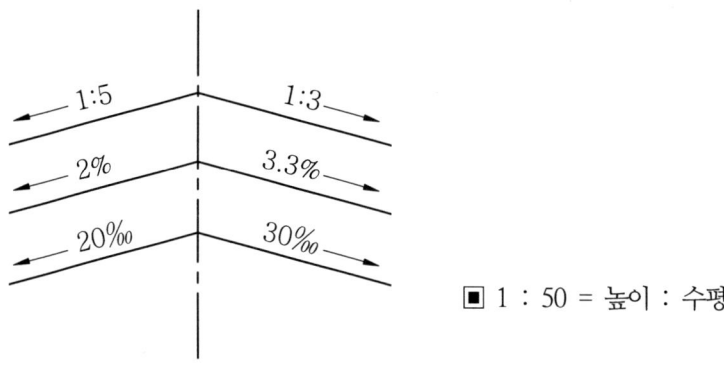

■ 1 : 50 = 높이 : 수평거리

⑧ 현과 호의 길이

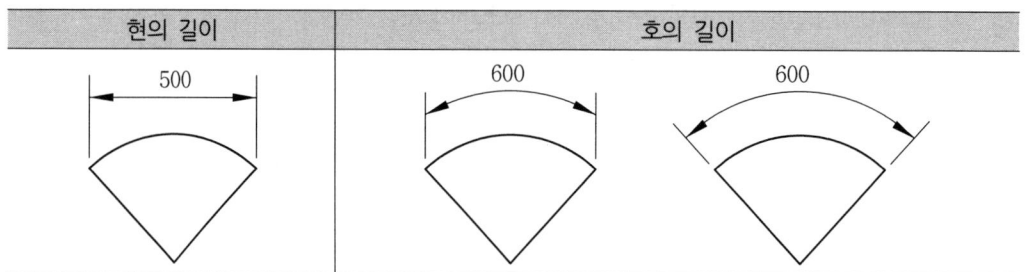

⑨ 원 또는 호의 반지름을 표시하는 치수선은 호 쪽에만 화살표를 붙이고, 반지름을 표시하는 치수 숫자의 앞에 R를 붙인다.

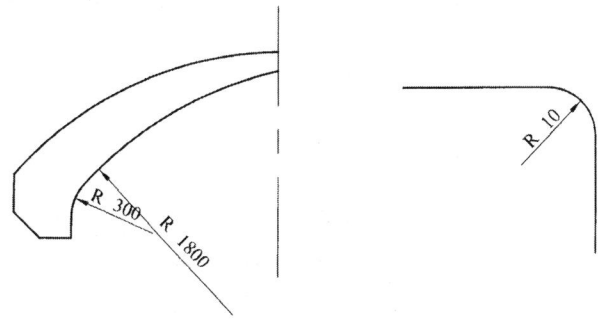

⑩ 원의 중심을 표시할 때에는 점을 찍으며, 원의 중심이 호에서 먼 경우 이것을 호 가까이에 표시할 때에는 그림과 같이 한다.

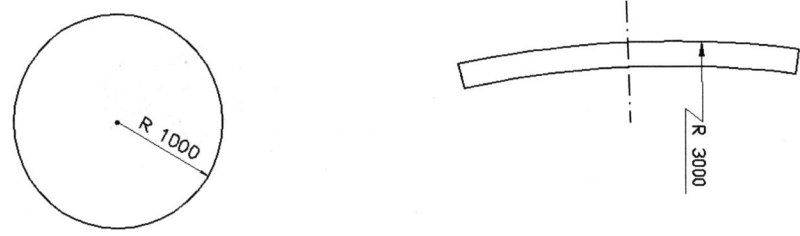

⑪ 원의 지름을 표시하는 치수선은 중심선 또는 기준선에 일치하지 않게 한다.

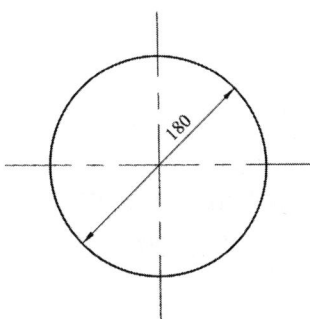

⑫ 작은 원의 지름은 인출선을 써서 표시할 수 있다. 이 때에는 숫자 앞에 Ø 를 붙여서 지름임을 나타낸다.

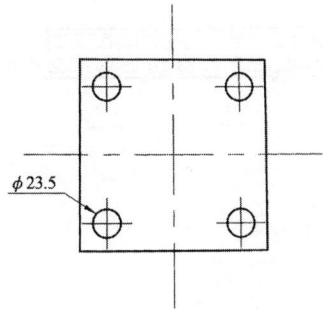

⑬ 단면이 정사각형임을 표시할 때에는 그 한 변의 길이를 표시하는 숫자 앞에 숫자 보다 작은 □을 붙인다.

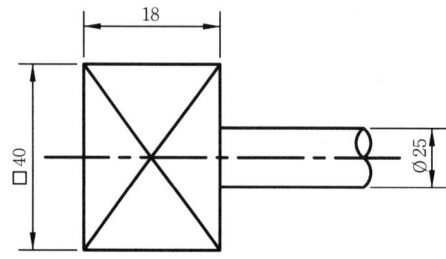

⑭ 골조 구조 등의 구조선도에 있어서는 치수선을 생략하고, 골조를 표시하는 선의 위쪽 또는 왼쪽에 치수를 쓴다.

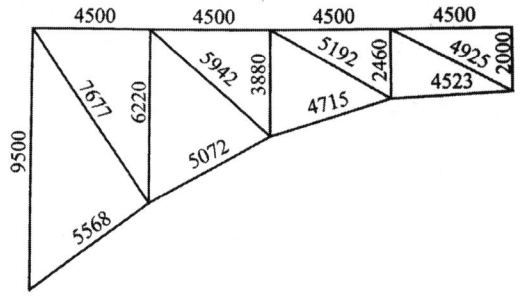

⑮ 철근의 치수 및 배치는
   Ø 12(지름 12mm의 원형 철근),
   DØ 12(공칭 지름 12mm의 이형 철근),
   5× 100=500(전체 길이 500mm를 100mm로 5등분),
   Ø 12 @ 300(지름 12mm의 원형 철근을 300mm 간격으로 배치)으로 기입한다.

⑯ 나사의 치수는 숫자 대신에 기호로 써서 표시할 수 있다.

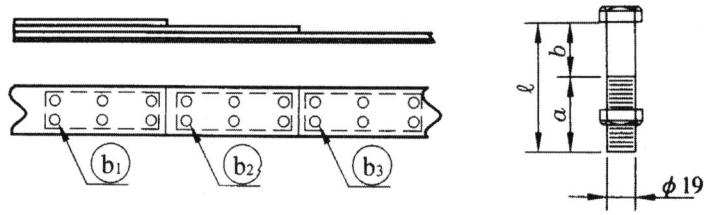

기출 및 예상문제

KS 토목제도 통칙

1. KS의 부문별 기호 중 토목 건축 부문의 기호는?
① KS C ② KS D ③ KS E ④ KS F

해설 한국산업규격에서 토건 기호는 KS F 이다.

2. 다음 중 제도의 3대 원칙이 아닌 것은?
① 정확 ② 간단 ③ 신속 ④ 명료

해설 정확, 신속, 명료

3. 다음 중 제도의 원칙과 가장 거리가 먼 것은?
① 정확하게 제도한다.
② 상세하게 제도한다.
③ 명료하게 제도한다.
④ 신속하게 제도한다.

4. 설계제도에 대한 설명으로 옳지 못한 것은?
① 도면에 오류가 없어야 한다.
② 도면은 간단하게 그리고 중복되게 작성한다.
③ 도면에는 불필요한 사항은 기입하지 않는다.
④ 도면은 설계자의 의도가 정확하게 전달될 수 있어야 한다.

해설 도면은 될 수 있는 대로 간단하게 하고, 중복을 피한다.

5. 도면을 작도할 때 옳지 못한 것은?
① 윤곽선은 가는 실선으로 한다.
② 단면은 그 일부만 표시할 수 있다.
③ 그림은 간단하게 하며 중복을 피한다.
④ 대칭형은 중심선의 한쪽을 외형도, 반대쪽을 단면도로 표시한다.

해설 윤곽선은 도면의 크기에 따라 0.5mm 이상 굵기의 실선으로 긋는다.

6. 제도에 대한 일반적인 설명으로 옳지 않은 것은?
① 그림은 간단히 하고, 중복을 피한다.
② 대칭적인 것은 중심선의 한쪽을 외형도, 반대쪽을 단면도로 표시하는 것을 원칙으로 한다.
③ 경사면을 가진 구조물에서 그 경사면의 모양을 표시하기 위하여 경사면 부분의 보조도를 넣을 수 있다.
④ 보이는 부분은 파선으로 표시하고 숨겨진 부분은 실선으로 표시한다.

정답 1. ④ 2. ② 3. ② 4. ② 5. ① 6. ④

해설 보이는 부분은 실선으로 하고, 숨겨진 부분을 파선으로 표시한다.

---

7. 단면의 표시를 설명한 것 중 잘못된 것은?
① 단면은 기본 중심선으로 절단한 면을 나타냄을 원칙으로 한다.
② 단면인 것이 분명하다면 해칭 하는 것을 생략해도 좋다.
③ 단면은 그 일부분만 나타낼 수 있다.
④ 절단은 반드시 일직선으로만 나타낸다.

해설 파단선은 외형을 표시하는 선보다 약간 가는 굽은 곡선으로 그리는 것을 원칙으로 한다.

---

8. 다음 중 작도통칙에 어긋나는 것은?
① 그림은 될 수 있는 대로 중복을 피한다.
② 그림은 될 수 있는 대로 파선으로 표시한다.
③ 테두리는 1개의 굵은 실선으로 함을 원칙으로 한다.
④ 그림은 선의 굵기에 조심하여 명확히 그린다.

해설 도면은 될 수 있는 대로 실선으로 표시하고, 파선으로 표시함을 피한다.

---

9. KS 토목 제도 통칙 중 작도 통칙에 대한 내용 중 옳지 않은 것은?
① 그림은 간단히 하고, 중복을 피한다.
② 보이는 부분은 실선으로 하고, 숨겨진 부분을 파선으로 표시한다.
③ 대칭적인 것은 중심선의 한쪽은 외형도, 반대쪽을 측면도로 표시한다.
④ 경사면을 가진 구조물의 표시는 경사면 부분만의 보조도를 넣는다.

해설 대칭이 되는 도면은 중심선의 한쪽을 외형도, 반대쪽을 단면도로 표시하는 것을 원칙으로 한다.

---

10. 다음은 작도의 통칙이다. 옳지 않은 것은?
① 그림은 될 수 있는 대로 간명히 하며 중복을 피한다.
② 도면은 불필요한 것을 기입치 않는다.
③ 그림은 될 수 있는 대로 실선으로 나타낸다.
④ 테두리는 원칙으로 1개의 굵은 실선으로 하고 장식적인 것이 좋다.

해설 테두리는 원칙적으로 1개의 굵은 실선으로 하며 장식은 특별한 경우를 제외하고 사용하지 않는다.

---

11. 제도 통칙상 단면을 표시할 때 유의할 점이다. 옳지 않은 것은?
① 절단선에는 기호를 붙여 단면도와 대조할 수 있게 한다.
② 단면은 그 일부만을 나타낼 수 있다. 이 때 절단부를 파단선으로 나타낸다.
③ 단면에는 해칭을 하는 것이 원칙이다.
④ 파단선을 넣지 않아도 파단 되어 있음이 명백할 경우 파단선을 생략해도 좋다.

해설 단면에는 해칭을 하지 않음을 원칙으로 한다. 반드시 필요한 때에는 해칭, 또는 기타 표시 방법에 따른다.

정답 7. ④ 8. ② 9. ③ 10. ④ 11. ③

12. 다음 설명 중 옳지 않은 것은?
① 장시간 보존을 요하는 도면은 잉킹(inking)을 한다.
② 시각적인 면을 고려하여 도면에 채색하는 것을 원칙으로 한다.
③ 도면을 변경할 때에는 변경전의 모양, 숫자를 보존한다.
④ 표제란을 도면의 오른쪽 아래에 그린다.

해설 특별한 때 이외에는 도면에 채색하지 않는다.

13. 단면에 관한 규정으로서 옳지 못한 것은?
① 단면은 그 일부분만을 표시할 수 있다.
② 단면은 기본 중심선으로 절단한 면을 표시함을 원칙으로 한다.
③ 단면에는 해칭을 하지 않음을 원칙으로 한다.
④ 해칭 단면에는 파단선을 생략할 수 없다.

해설 파단선을 넣지 않아도 파단 되어 있음이 명백할 때 또는 해칭 단면에는 파단선을 생략해도 좋다.

14. 제도의 통칙에서 단면에 대한 설명 중 옳지 않은 것은?
① 단면은 기본 중심선으로 절단한 면을 표시한다.
② 절단선에는 기호를 붙여 단면도와 대조할 수 있도록 한다.
③ 단면은 그 일부의 단면만 표시할 수 없다.
④ 단면에는 해칭을 하지 않음을 원칙으로 한다.

해설 단면은 일부분만 표시할 수 있다.

15. 표제란에 기입할 사항과 거리가 먼 것은?
① 도면 번호   ② 도면 명칭   ③ 작성 일자   ④ 공사 물량

해설 도면 번호, 도면 명칭, 기업(단체)명, 책임자 서명, 설계자, 제도자, 책임자, 도면 작성 연월일, 축척 등을 기입한다. 범례는 표제란 가까이 기입한다.

16. 도면에 표제란을 기입할 때 생략해도 좋은 것은?
① 축척   ② 도면 번호   ③ 책임자의 이름   ④ 시공 년 월 일

해설 도면 번호, 도면 명칭, 기업(단체)명, 책임자 서명, 설계자, 제도자, 책임자, 도면 작성 연월일, 축척 등을 기입한다. 범례는 표제란 가까이 기입한다.

17. 다음 중 표제란에 기입하는 사항과 거리가 먼 것은?
① 축척   ② 설계자   ③ 도면 작성 기관   ④ 설계시 유의할 점

해설 도면 번호, 도면 명칭, 기업(단체)명, 책임자 서명, 설계자, 제도자, 책임자, 도면 작성 연월일, 축척 등을 기입한다. 범례는 표제란 가까이 기입한다.

18. 도면의 표제란에 기입하지 않아도 되는 것은?
① 도면명   ② 축척   ③ 시공자명   ④ 설계자명

정답 12. ② 13. ④ 14. ③ 15. ④ 16. ④ 17. ④ 18. ③

해설 도면 번호, 도면 명칭, 기업(단체)명, 책임자 서명, 설계자, 제도자, 책임자, 도면 작성 연월일, 축척 등을 기입한다. 범례는 표제란 가까이 기입한다.

19. 도면의 번호, 도면의 이름, 도면의 작성일 제도자의 이름 등을 기입하는 곳으로 일반적으로 도면의 아래쪽에 배치하는 것은?
   ① 중심마크   ② 표제란   ③ 윤곽선   ④ 재단마크

해설 표제란은 도면의 관리상 필요한 사항과 도면의 내용에 관한 사항을 모아서 기입하기 위하여 오른편 아래 구석의 안쪽에 설치한다.

20. 대칭인 도형은 중심선에서 한쪽은 외형도를 그리고 그 반대쪽은 무엇으로 표시하는가?
   ① 정면도   ② 평면도   ③ 측면도   ④ 단면도

해설 대칭이 되는 도면은 중심선의 한쪽을 외형도, 반대쪽을 단면도로 표시하는 것을 원칙으로 한다.

21. 경사를 표시한 그림으로 옳은 것은?

① 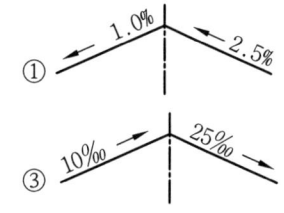   ②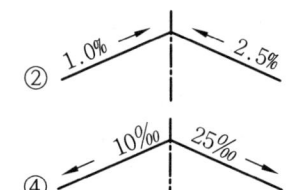

③   ④

해설 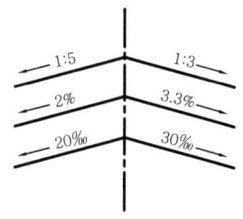 경사를 표시할 때에는 그림과 같이 하는 것이 원칙이다. 때에 따라서 백분율(%) 또는 천분율(‰)로 표시할 수 있다. 이 때, 경사의 방향을 표시할 필요가 있을 때에는 하향 경사 쪽으로 화살표를 붙인다.

22. 도면 작업에서 원의 반지름을 표시할 때 숫자 앞에 사용하는 기호는?
   ① ∅   ② D   ③ ⌀   ④ R

해설 원 또는 호의 반지름을 표시하는 치수선은 호 쪽에만 화살표를 붙이고, 반지름을 표시하는 치수숫자의 앞에 R를 붙인다.

23. 인출선은 가로선에 몇 도로 긋는가?
   ① 30°   ② 45°   ③ 50°   ④ 60°

해설 치수, 가공법, 주의 사항 등을 써 넣기 위하여 사용하는 인출선은 가로에 대하여 45°의 직선을 긋고, 인출되는 쪽에 화살표를 넣어 인출한 쪽의 끝에 가로선을 그어 가로선 위에 쓴다.

정답 19. ②   20. ④   21. ④   22. ④   23. ②

24. 치수, 가공법, 주의 사항 등을 써넣기 위하여 사용되는 인출선은 가로에 대하여 몇 도의 직선으로 긋는가?
① 30° ② 50° ③ 45° ④ 20°

해설 치수, 가공법, 주의 사항 등을 써 넣기 위하여 사용하는 인출선은 가로에 대하여 45°의 직선을 긋고, 인출되는 쪽에 화살표를 넣어 인출한 쪽의 끝에 가로선을 그어 가로선 위에 쓴다.

25. 해칭(Hatching)선에 대한 설명과 수평선과의 각도가 옳은 것은?
① 가는 실선을 90° 기울여 사용한다.
② 굵은 실선을 75° 기울여 사용한다.
③ 굵은 실선을 55° 기울여 사용한다.
④ 가는 실선을 45° 기울여 사용한다.

해설 가는 실선으로 하고 수평선, 중심선 또는 표준선에 대하여 45°(필요시 기타 각도)로 눕혀 같은 간격으로 넣는다.

26. 그림은 평면도상에서 지형의 어떠한 상태를 나타내는 것인가?

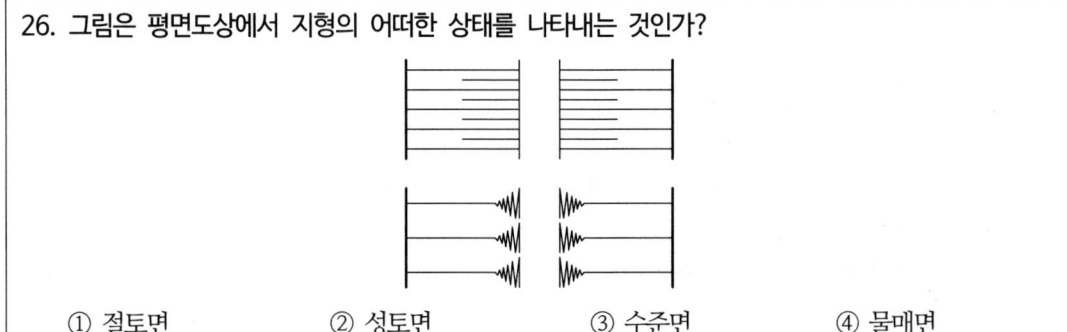

① 절토면 ② 성토면 ③ 수준면 ④ 물매면

해설

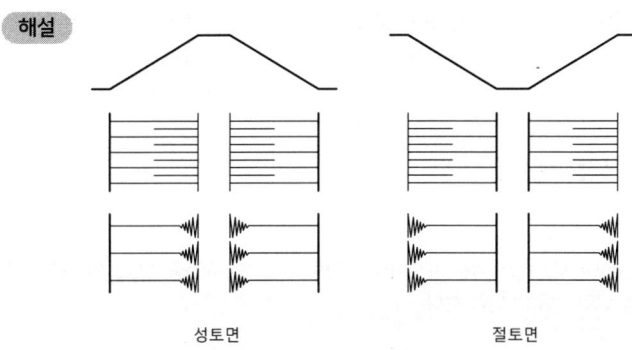

성토면   절토면

27. 해칭에 대한 설명으로 옳지 않은 것은?
① 가는 실선으로 한다.
② 수평선, 중심선 또는 기준선에 대해 60° 기울여 긋는다.
③ 2개 이상의 단면이 인접한 경우 해칭선의 방향을 90° 돌리는 것을 원칙으로 한다.
④ 해칭 할 위치의 길이가 길 경우 양 끝 부분만 해칭하고 중간은 생략할 수 있다.

정답 24. ③ 25. ④ 26. ② 27. ②

해설 ㉠ 단면의 절단면을 표시하는 때 또는 강구조에 있어서 이음판의 측면 또는 진충재의 측면을 표시할 때 사용한다.
㉡ 가는 실선으로 하고 수평선, 중심선 또는 표준선에 대하여 45°(필요시 기타 각도)로 눕혀 같은 간격으로 넣는다.
㉢ 2개 이상의 단면이 인접하는 때에 해칭을 할 때는 선의 방향을 90° 돌리는 것을 원칙으로 한다.
㉣ 해칭 할 위치의 길이가 길 경우 양 끝 부분만 해칭하고 중간은 생략할 수 있다.

28. 해칭에 대한 설명 중 잘못된 사항은?
① 2개 이상의 단면이 인접할 때의 해칭에는 선의 방향을 30° 돌리는 것을 원칙으로 한다.
② 해칭은 단면을 나타낼 때 쓴다.
③ 가는 실선으로 긋고 수평선, 중심선 또는 표준선에 대하여 45° 또는 필요한 각도로 기울여 같은 간격으로 넣는다.
④ 이음판의 단면 및 채움판을 해칭으로 나타낼 때 그 부분의 길이가 클 때에는 양끝 부분만을 해칭하고 중간은 생략할 수 있다.

29. 해칭은 수평선, 중심선에 대하여 몇 도로 눕혀 넣는 것이 원칙인가?
① 30°   ② 45°   ③ 60°   ④ 90°

30. 해칭에 관한 설명 중 옳지 않은 것은?
① 동일한 간격으로 긋는다.
② 강구조에 있어서 덧붙임판 및 전충재의 측면을 표시할 때 사용한다.
③ 표준선의 45°로 눕혀 긋는다.
④ 단면이 클 때도 전단면에 해칭해야 한다.

31. 두 개 이상의 단면이 인접할 때의 해칭에는 선의 방향을 몇도 돌리는 것을 원칙으로 하는가?
① 30°   ② 45°   ③ 60°   ④ 90°

32. 인출선을 사용하여 기입하지 않아도 되는 내용은?
① 치수   ② 가공법   ③ 주의사항   ④ 도면번호

해설 치수, 가공법, 주의 사항 등을 써 넣기 위하여 사용하는 인출선은 가로에 대하여 45°의 직선을 긋고, 인출되는 쪽에 화살표를 넣어 인출한 쪽의 끝에 가로선을 그어 가로선 위에 쓴다.

33. 치수, 가공법, 주의사항 등을 써 넣기 위하여 쓰이며, 일반적으로 가로에 대하여 45°의 직선을 긋고, 인출되는 쪽에 화살표를 붙여 인출한 쪽의 끝에 가로선을 그어 가로선 위에 문자 또는 숫자를 기입하는 선은?
① 중심선   ② 치수선   ③ 치수 보조선   ④ 인출선

해설 치수, 가공법, 주의 사항 등을 써 넣기 위하여 사용하는 인출선은 가로에 대하여 45°의 직선을 긋고, 인출되는 쪽에 화살표를 넣어 인출한 쪽의 끝에 가로선을 그어 가로선 위에 쓴다.

정답 28. ①   29. ②   30. ④   31. ④   32. ④   33. ④

34. 다음 중 단면도의 절단면에 가는 실선으로 규칙적으로 나열한 선은?
① 해칭선　　② 절단선　　③ 피치선　　④ 파단선

35. 도면 작도시 유의 사항 중 틀린 것은?
① 도면에는 불필요한 사항은 기입하지 않는다.
② 정확성을 위해 도면은 될 수 있는 대로 중복표시 한다.
③ 치수선의 간격이 정확해야 하며 화살 표시는 균일성 있게 표시해야 한다.
④ 글씨는 명확하고 띄어쓰기에 맞게 쓰며, 도면의 크기와 배치에 알맞도록 써야 한다.

해설 도면은 될 수 있는 대로 간단하게 하고, 중복을 피한다.

36. 국제 표준화 기구의 표준 규격 기호는?
① ISO　　② JIS　　③ NASA　　④ ASA

37. 토목제도에 통용되는 일반적인 설명으로 옳은 것은?
① 축척은 도면마다 기입할 필요가 없다.
② 글자는 명확하게 써야 하며, 문장은 세로로 위쪽부터 쓰는 것이 원칙이다.
③ 도면은 될 수 있는 대로 실선으로 표시하고, 파선으로 표시함을 피한다.
④ 대칭이 되는 도면은 중심선의 양쪽 모두를 단면도로 표시한다.

해설 ㉠ 같은 도면 중에 다른 축척을 사용할 때에는 그림마다 그 축척을 기입한다.
㉡ 글자는 명확하게 써야 하며, 문장은 가로로 왼쪽부터 쓰는 것이 원칙이다.
㉢ 대칭이 되는 도면은 중심선의 한쪽을 외형도, 반대쪽을 단면도로 표시하는 것을 원칙으로 한다.

38. 국가 규격 명칭과 규격 기호가 바르게 표시된 것은?
① 일본 규격 - JKS
② 미국 규격 - USTM
③ 한국 산업 규격 - JIS
④ 국제 표준화 기구 - ISO

39. 국제 및 국가별 표준규격 명칭과 기호 연결이 옳지 않은 것은?
① 국제 표준화 기구 - ISO
② 영국 규격 - DIN
③ 프랑스 규격 - NF
④ 일본 규격 - JIS

해설 영국 규격(British Standards)-BS

정답 34. ①　35. ②　36. ①　37. ③　38. ④　39. ②

40. 그림과 같은 절토면의 경사 표시가 바르게 된 것은?

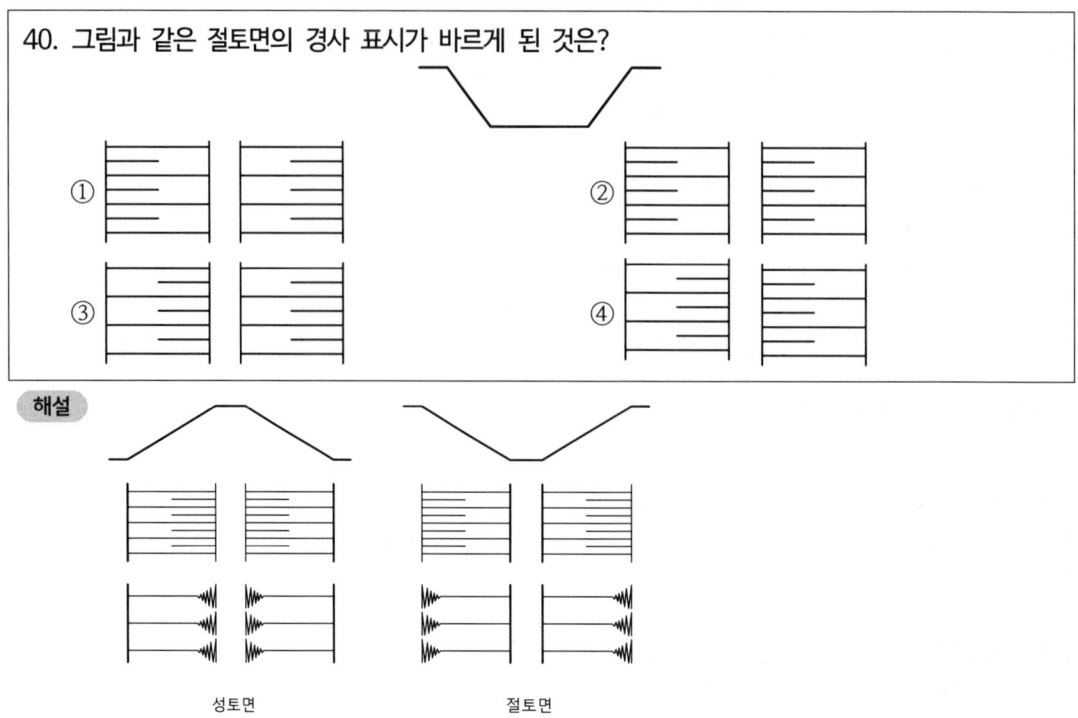

성토면   절토면

도면의 크기와 축척

1. 제도용지의 세로와 가로의 비로 옳은 것은?
   ① 1 : 1   ② 1 : 2   ③ 1 : $\sqrt{2}$ ④ 1 : $\sqrt{3}$

해설 제도 용지의 폭(가로 방향)과 길이(세로 방향)의 비는 1 : $\sqrt{2}$ 이며, A0의 넓이는 약 1㎡이고, B0의 넓이는 약 1.5㎡이다.

2. 도면을 접을 때 기준이 되는 크기는?
   ① A0   ② A1   ③ A3   ④ A4

해설 큰 도면을 접는 방법
  ㉠ 복사한 도면은 A4 크기로 접는다.
  ㉡ 원도는 접지 않는 것이 보통이며, 안지름이 40㎜ 이상이 되도록 말아서 보관한다.
  ㉢ 표제란이 겉으로 나오게 접는다.

3. 토목제도에서 도면을 접을 때 그 접는 크기의 표준은?
   ① A6   ② A5   ③ A3   ④ A4

4. 토목설계 도면에서 주로 사용되는 도면의 크기는 A1과 A3이고, 프리핸드 도면에 주로 사용되는 도면크기는 A4이다. A4 용지의 크기를 올바르게 나타낸 것은?
   ① 841× 594㎜   ② 594× 420㎜   ③ 420× 297㎜   ④ 297× 210㎜

해설 841× 594㎜ : A1, 594× 420㎜ : A2, 420× 297㎜ : A3, 297× 210㎜ : A4

정답 40. ① ■ 1. ③ 2. ④ 3. ④ 4. ④

5. 도면의 크기에서 A4 용지의 재단 치수는? (단위:mm)
   ① 148× 210   ② 148× 257   ③ 210× 297   ④ 257× 364

6. 세로 420mm인 제도용지의 가로의 길이는?
   ① 594mm   ② 600mm   ③ 605mm   ④ 612mm

   해설 594× 420mm : A2

7. A1 제도지에서 철하지 않았을 때 도면 윤곽의 최소 값은 몇 mm인가?
   ① 5   ② 10   ③ 15   ④ 20

해설

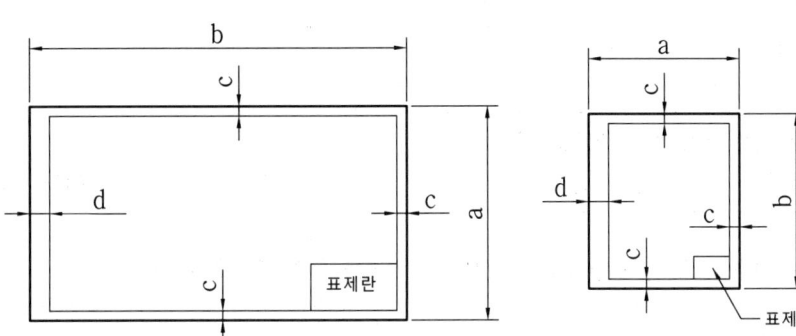

(a) A0~A4에서 긴 변을 좌우 방향으로 놓은 경우   (b) A4에서 짧은 변을 좌우 방향으로 놓은 경우

크기의 호칭			A0	A1	A2	A3	A4
도면의 윤곽	a × b		841×1189	594×841	420×594	297×420	210×297
	c (최소)		20	20	10	10	10
	d (최소)	철하지 않았을 때	20	20	10	10	10
		철할 때	25	25	25	25	25

8. A3 용지에서 윤곽선은 용지의 가장 자리로부터 몇 mm안으로 긋는가? (단 철을 하지 않는 경우)
   ① 5mm   ② 10mm   ③ 15mm   ④ 25mm

9. 도면을 철할 때 철하는 쪽의 여백은?
   ① 우측 25mm   ② 좌측 25mm   ③ 우측 35mm   ④ 좌측 35mm

10. 제도용지 A0와 B0의 넓이는 약 얼마인가?
    ① A0 = 1㎡, B0 = 1.5㎡   ② A0 = 1.5㎡, B0 = 1㎡
    ③ A0 = 1㎡, B0 = 2㎡   ④ A0 = 2㎡, B0 = 1㎡

해설 제도 용지의 폭(가로 방향)과 길이(세로 방향)의 비는 1 : $\sqrt{2}$ 이며, A0의 넓이는 약 1㎡이고, B0의 넓이는 약 1.5㎡이다.

정답 5. ③   6. ①   7. ④   8. ②   9. ②   10. ①

11. 도면의 치수 594× 841㎜인 경우 테두리선은 도면단부에서 최소 얼마의 여유를 두고 긋는가? (단, 철하지 않을 경우)
   ① 25㎜   ② 20㎜   ③ 10㎜   ④ 5㎜

12. 도면에 윤곽선이 있는 경우 없는 도면보다 유리한 점은?
   ① 경제성   ② 안정성   ③ 견고성   ④ 예술성

13. 도면에서 철하는 부분 a의 값으로 옳은 것은?

   ① 5㎜ 이상   ② 15㎜ 이상   ③ 25㎜ 이상   ④ 35㎜ 이상

14. 도면을 철할 때는 어느 쪽을 철해야 하는가?
   ① 도면의 좌측   ② 도면의 우측   ③ 도면의 위쪽   ④ 도면의 아래쪽

15. 토목제도에서 실제 크기와 도면에서의 크기와의 비율을 무엇이라 하는가?
   ① 척도   ② 연각선   ③ 도면   ④ 표제란

   해설 척도란, 물체의 실제 크기와 도면에서의 크기 비율을 말하는 것으로, 실물보다 축소하여 그린 축척, 실물과 같은 크기로 그린 현척, 실물보다 확대하여 그린 배척이 있다. 척도의 표시는 도면의 표제란에 기입한다.

16. 일반적으로 토목제도의 척도로서 쓰이지 않는 것은?
   ① $\frac{1}{2}$ ② $\frac{1}{3}$ ③ $\frac{1}{5}$ ④ $\frac{1}{10}$

   해설 $\frac{1}{1}, \frac{1}{2}, \frac{1}{5}, \frac{1}{10}, \frac{1}{15}, \frac{1}{20}, \frac{1}{25}, \frac{1}{30}, \frac{1}{40}, \frac{1}{50}, \frac{1}{100}, \frac{1}{200}, \frac{1}{250}, \frac{1}{300}, \frac{1}{400}, \frac{1}{500}, \frac{1}{600}, \frac{1}{1000}, \frac{1}{1200}, \frac{1}{2500}, \frac{1}{3000}, \frac{1}{5000}$ (22종)을 원칙으로 한다.

17. 다음 축척 중 기본 축척 22종에 해당되지 않은 것은?
   ① $\frac{1}{10}$ ② $\frac{1}{20}$ ③ $\frac{1}{40}$ ④ $\frac{1}{80}$

18. 토목제도 통칙에서 적용되지 않는 축척은?
   ① 1/10   ② 1/60   ③ 1/250   ④ 1/1000

19. 토목제도에서 축척의 종류는 몇 종을 원칙으로 하는가?
   ① 15종   ② 17종   ③ 20종   ④ 22종

정답 11. ② 12. ② 13. ③ 14. ① 15. ① 16. ② 17. ④ 18. ② 19. ④

20. 실제의 길이 5m 를 축척 1/100 로 도면에 나타낼 때 그 길이는?
   ① 0.5㎜   ② 5㎜   ③ 50㎜   ④ 500㎜

해설 1 : 100 = X : 5000, ∴ X = 50㎜

21. 실제 거리가 150m 의 담장을 축척 1: 300의 도면에서는 거리가 어떻게 되는가?
   ① 5㎜   ② 50㎜   ③ 500㎜   ④ 5000㎜

해설 1 : 300 = X : 150000, ∴ X = 500㎜

22. 지상에서의 길이 5m 를 축척 $\frac{1}{200}$ 로 도면에 나타낼 때 그 길이는?
   ① 2.5㎜   ② 5.0㎜   ③ 25㎜   ④ 50㎜

해설 1 : 200 = X : 5000, ∴ X = 25㎜

23. 도면에 대한 설명 중 틀린 것은?
   ① 일반적으로 도면의 크기는 종이 재단 치수(A0~A4)에 따른다.
   ② 도면은 긴 변 방향을 상하 방향으로 놓는 것을 원칙으로 한다.
   ③ 윤곽선은 도면의 크기에 따라 0.5㎜이상의 굵은 실선으로 그린다.
   ④ 일반적으로 A4 도면의 윤곽선은 최소 10㎜ 정도이다.

해설 도면은 긴 변 방향을 좌우 방향으로 놓는 것을 원칙으로 한다.

24. 제도 통칙에서 도면을 접을 때에는 어느 정도의 크기로 접는 것을 표준으로 하는가?
   ① A1(594×841㎜)   ② A2(420×594㎜)
   ③ A3(297×420㎜)   ④ A4(210×297㎜)

해설 제도 통칙에서 도면을 접을 때에는 A4(210× 297㎜) 크기로 접는다.

25. 도면의 크기는 종이재단 치수(KS A 5201)에 의하여 분류 했을 때 A3의 크기가 바른 것은?
   ① 841× 1189   ② 594× 841   ③ 297× 420   ④ 210× 297

26. 다음 중 척도의 종류가 아닌 것은?
   ① 배척   ② 축척   ③ 현척   ④ 외척

해설 척도란, 물체의 실제 크기와 도면에서의 크기 비율을 말하는 것으로, 실물보다 축소하여 그린 축척, 실물과 같은 크기로 그린 현척, 실물보다 확대하여 그린 배척이 있다.

27. 다음 중 같은 크기의 물체를 도면에 그릴 때 가장 적게 그려지는 척도는?
   ① 1:1   ② 1:2   ③ 1:50   ④ 5:1

해설 척도= A(도면에서의 크기) : B(물체의 실제 크기)

정답 20. ③   21. ③   22. ③   23. ②   24. ④   25. ③   26. ④   27. ③

28. 제도 용지 및 윤곽선에 대한 설명 중 틀린 것은?
   ① 도면이 A0, A1일 때 윤곽선 여백은 최소 20mm 이상으로 한다.
   ② 도면이 A2, A3, A4일 때 윤곽선 여백은 최소 10mm 이상으로 한다.
   ③ 도면 왼쪽 세로 부분의 윤곽선 여백은 철할 경우에 최소 30mm 이상으로 한다.
   ④ 윤곽선은 최소 0.5mm 이상 두께의 실선으로 그린다.

   해설 도면 왼쪽 세로 부분의 윤곽선 여백은 철할 경우에 최소 25mm 이상으로 한다.

29. 척도에 대한 설명으로 잘못된 것은?
   ① 구조선도, 조립도, 배치도 등의 그림에서 치수를 읽을 필요가 없는 것도 척도는 반드시 표시하여야 한다.
   ② 현척은 1:1을 의미한다.
   ③ 척도는 "대상물의 실제 치수"에 대한 "도면에 표시한 대상물"의 비로서 나타낸다.
   ④ 척도의 종류로는 축척, 현척, 배척이 있다.

30. 도면에서 윤곽선에 대한 설명으로 옳은 것은?
   ① 0.5mm이상의 실선으로 긋는다.   ② 0.1mm이상의 파선으로 긋는다.
   ③ 0.5mm이상의 파선으로 긋는다.   ④ 0.1mm이상의 실선으로 긋는다.

31. 윤곽 및 윤곽선에 대한 설명 중 틀린 것은?
   ① 윤곽의 나비는 A0 크기에 대하여 최소 20mm인 것이 바람직하다.
   ② 윤곽의 나비는 A1 크기에 대하여 최소 10mm인 것이 바람직하다.
   ③ 그림을 그리는 영역을 한정하기 위한 윤곽선은 최소 0.5mm 이상 두께의 실선으로 그린다.
   ④ 도면을 철하기 위한 구멍 뚫기의 여유는 최소 나비 20mm(윤곽선 포함)로 표제란에서 가장 떨어진 왼쪽 끝에 둔다.

   해설 윤곽의 나비는 A1 크기에 대하여 최소 20mm인 것이 바람직하다.

32. 제도용지 A2의 규격으로 옳은 것은? (단, 단위 mm)
   ① 841 × 1189   ② 420 × 594   ③ 515 × 728   ④ 210 × 297

   해설 841× 594mm : A1, 594× 420mm : A2, 420× 297mm : A3, 297× 210mm : A4

33. 도면의 크기 중 A4 크기의 2배가 되는 도면은?
   ① A5   ② A3   ③ B4   ④ B3

   해설 841× 594mm : A1, 594× 420mm : A2, 420× 297mm : A3, 297× 210mm : A4

34. 도면에 대한 설명으로 옳지 않은 것은?
   ① 큰 도면을 접을 때에는 A4의 크기로 접는다.
   ② A3도면의 크기는 A2도면의 절반 크기이다.

정답 28. ③   29. ①   30. ①   31. ②   32. ②   33. ②   34. ④

③ A계열에서 가장 큰 도면의 호칭은 A0이다.
④ A4의 크기는 B4보다 크다.

해설 1189×841㎜ : A0, 841× 594㎜ : A1, 594× 420㎜: A2, 420× 297㎜ : A3, 297× 210㎜ : A4
1456×1030㎜ : B0, 1030× 728㎜ : B1, 728× 515㎜: B2, 515× 364㎜ : B3, 364× 257㎜ : B4

제도 표시의 일반 원칙

1. 다음 중 선이 교차할 때 표시법으로 옳지 않은 것은?

① 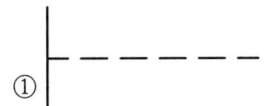   ②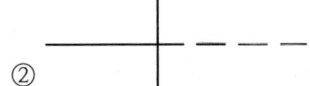

③ 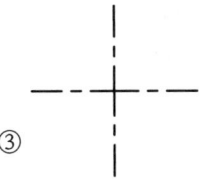   ④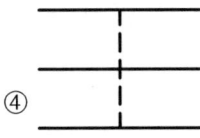

2. 선의 접속과 교차 방법이 틀린 것은?

① 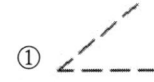   ②    ③ 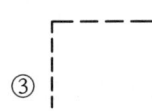   ④

3. 선을 그을 때의 그림이다. 옳은 것은?

①    ② ③ 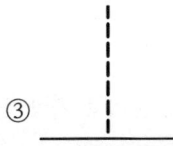   ④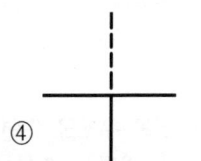

4. 다음 중 선이 교차할 때 표시법으로 옳지 않은 것은?

①    ② 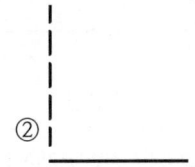   ③ 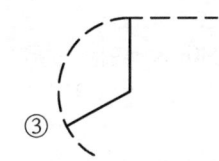   ④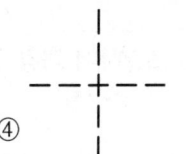

정답 1. ②　2. ④　3. ④　4. ②

5. 그림에서 선의 표시가 바르게 된 것은?

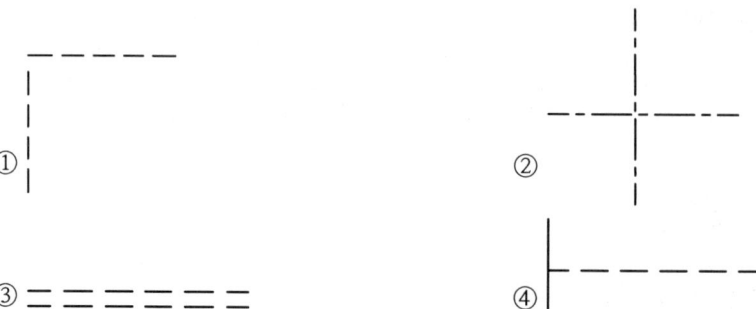

6. 다음 중 여러 가지 선이 겹치게 될 때 가장 우선적으로 그려야할 선은?
   ① 중심선   ② 무게 중심선   ③ 숨은선   ④ 외형선

해설 한 도면에서 두 종류 이상의 선이 같은 장소에 겹치게 될 때에는 다음 순위에 따라 그린다.

우선 순위	선의 명칭	우선 순위	선의 명칭
①	외형선	④	중심선
②	숨은선	⑤	무게 중심선
③	절단선	⑥	치수 보조선

7. 파선의 사용방법을 바르게 설명한 것은?
   ① 단면도의 절단면을 나타낸다.
   ② 물체의 보이지 않는 부분을 표시하는 선이다.
   ③ 대상물의 보이는 부분의 겉모양을 표시한다.
   ④ 부분 생략 또는 부분 단면의 경계를 표시한다.

해설 물체의 보이지 않는 외형선 부분은 파선으로 표시

8. 제도에서 외형선을 나타내는 선의 종류는?
   ① 가는 실선   ② 굵은 실선   ③ 파선   ④ 1점 쇄선

9. 토목 구조물 도면 작성의 순서로 가장 적당한 것은?
   ① 외형선-중심선-지시선-철근선   ② 기준선-철근선-외형선-해칭선
   ③ 철근선-외형선-숨은선-치수선   ④ 중심선-외형선-철근선-치수선

해설 토목 구조물 도면 작성의 순서 : 중심선 - 외형선 - 철근선 - 치수선

10. 도면에서 가장 굵은 선이 사용되는 것은?
    ① 가상선   ② 절단선   ③ 해칭선   ④ 외형선

해설 선 그을 때는 먼저 외형선의 굵기를 정한 후 이를 기준으로 다른 선의 굵기를 정한다.

정답 5. ④ 6. ④ 7. ② 8. ② 9. ④ 10. ④

11. 다음 중 단면도의 절단면을 나타내는 선은?
① 해칭선　　② 절단선　　③ 피치선　　④ 파단선

> **해설** 해칭은 단면의 절단면을 표시하는 때 또는 강구조에 있어서 이음판의 측면 또는 진충재의 측면을 표시할 때 사용한다.

12. 윤곽선은 도면의 크기에 따라 몇 mm 이상의 굵기인 실선으로 긋는가?
① 0.1mm　　② 0.3mm　　③ 0.4mm　　④ 0.5mm

> **해설** 윤곽선은 도면의 크기에 따라 0.5mm 이상의 굵은 실선으로 그린다.

13. 단면도의 절단면을 해칭할 때 사용되는 선의 종류는?
① 가는 파선　　② 가는 실선　　③ 가는 1점 쇄선　　④ 가는 2점 쇄선

14. 이점 쇄선인 선으로 표시하는 것은?
① 중심선　　② 기준선　　③ 피치선　　④ 가상선

15. 도면 작도에서 중심선을 나타내는 기호(약자)는?
① C.L.　　② C.I.　　③ M.L.　　④ M.I.

> **해설** 중심선 : Center Line(CL)

16. 중심선을 나타내는 선의 종류는?
① 1점 쇄선　　② 가는 파선　　③ 굵은 실선　　④ 점선

17. 제도에서 보이지 않는 부분의 모양을 나타내는 선은?
① 실선　　② 1점 쇄선　　③ 2점 쇄선　　④ 파선

18. 가는 1점 쇄선의 주요 용도가 아닌 것은?
① 대칭을 나타내는 선
② 회전 단면을 한 부분의 윤곽을 나타내는 선
③ 그림의 중심을 나타내는 선
④ 움직이는 부분의 궤적 중심을 나타내는 선

19. 반드시 실선으로만 표시되어야 하는 것은?
① 지시선　　② 중심선　　③ 절단선　　④ 가상선

> **해설** 중심선, 절단선, 가상선은 쇄선으로 표시한다.

20. 가는 실선으로 규칙적으로 빗줄을 그어 나타내는 선의 명칭은?
① 파단선　　② 해칭선　　③ 절단선　　④ 가상선

정답　11. ①　12. ④　13. ②　14. ④　15. ①　16. ①　17. ④　18. ②　19. ①　20. ②

21. 물체의 일부를 파단한 곳 또는 끊어낸 부분을 표시하는 선은?
　① 은선　　　② 파단선　　　③ 굵은 실선　　　④ 일점 쇄선

22. 물체의 보이는 겉모양을 표시하는 선으로 굵은 실선으로 나타내는 것은?
　① 외형선　　② 숨은선　　　③ 절단선　　　　④ 파단선

23. 다음 중 일점 쇄선으로 사용할 수 없는 것은?
　① 중심선　　② 기준선　　　③ 가상선　　　　④ 피치선

해설 가상선은 이점 쇄선으로 표시한다.

24. 도면에서 물체의 보이지 않는 외형선을 표시할 때 쓰이는 선은?
　① 실선　　　② 파선　　　　③ 1점 쇄선　　　④ 2점 쇄선

25. 다음에서 중심선으로 사용하는 것은?
　① 실선　　　② 파선　　　　③ 1점 쇄선　　　④ 2점 쇄선

26. 가는 실선의 용도가 아닌 것은?
　① 숨은선　　② 치수선　　　③ 지시선　　　　④ 회전 단면선

해설 숨은선을 파선으로 표시한다.

27. 선의 용도에 의한 명칭 중 인접하는 부분 또는 공구, 지그 등을 참고로 표시하는 선은?
　① 기준선　　② 숨은선　　　③ 해칭선　　　　④ 가상선

28. 단면을 그리는 경우 그 절단위치를 표시하는 절단선은 다음 중 어느 것인가?
　① 점선　　　② 가는 실선　　③ 파선　　　　　④ 일점 쇄선

29. 다음 선중 굵기가 가장 굵은 선은?
　① 외형선　　② 치수선　　　③ 중심선　　　　④ 지시선

해설 선 그을 때는 먼저 외형선의 굵기를 정한 후 이를 기준으로 다른 선의 굵기를 정한다.

30. 선의 설명 중 옳은 것은?
　① 같은 용도의 선의 굵기는 같아야 한다.
　② 물체크기에 따라 외형선의 굵기를 다르게 한다.
　③ 중요한 부분의 외형선만 굵게 한다.
　④ 모든 선은 중요할 때는 굵게 한다.

해설 한 종류의 선을 그을 때에는 굵기와 농도가 일정하여야 한다.

정답 21. ②　22. ①　23. ③　24. ②　25. ③　26. ①　27. ④　28. ④　29. ①　30. ①

31. 선의 종류 중 가상선은 어느 선으로 사용 하는가?
   ① 실선   ② 파선   ③ 1점 쇄선   ④ 2점 쇄선

해설 가상선은 이점 쇄선으로 표시한다.

32. 선의 종류 중 가는 실선이 아닌 것은?
   ① 치수선   ② 지시선   ③ 수준면선   ④ 가상선

33. 1점 쇄선에서 긴변의 길이로 가장 적당한 것은?
   ① 2~4mm   ② 4~8mm   ③ 8~15mm   ④ 10~30mm

해설 파선 및 쇄선의 규격

① 파선 (A : 3~5mm, B : 1mm)

② 1점 쇄선(A : 10~30mm, B : 3mm)

③ 2점 쇄선(A : 10~20mm, B : 5mm)

34. 선의 굵기 비율 중 가는 선 : 굵은 선(보통선) : 아주 굵은 선(굵은 선)의 비율을 바르게 표현한 것은?
   ① 1 : 1.5 : 3   ② 1 : 2 : 4   ③ 1 : 2 : 5   ④ 1 : 3 : 6

해설 가는 선 : 굵은 선 : 아주 굵은 선 = 1 : 2 : 4

35. 굵기에 따른 선의 종류 중 가는 선과 굵은 선의 비율은?
   ① 1 : 1.5   ② 1 : 2   ③ 1 : 2.5   ④ 1 : 3

36. 다음 중 선의 굵기에 따라 가는 선 : 보통선 : 아주 굵은 선의 굵기의 비율이 옳은 것은?
   ① 1 : 2 : 3   ② 1 : 2 : 4   ③ 1 : 3 : 4   ④ 1 : 3 : 6

37. 글자를 제도하는 방법을 설명한 것 중 틀린 것은?
   ① 문장은 가로 왼쪽부터 쓰기를 원칙으로 한다.
   ② 영자는 주로 로마자의 소문자를 사용한다.
   ③ 숫자는 아라비아 숫자를 원칙으로 한다.

정답 31. ④ 32. ④ 33. ④ 34. ② 35. ② 36. ② 37. ②

④ 치수 표시의 문자의 크기는 일반적으로 4.5mm로 한다.

해설 영자는 주로 로마자의 대문자를 사용한다.

38. 글자를 제도하는 방법을 설명한 것 중 틀린 것은?
   ① 문장은 가로 왼쪽부터 쓰기를 원칙으로 한다.
   ② 글자는 명조체를 원칙으로 한다.
   ③ 숫자는 아라비아 숫자를 원칙으로 한다.
   ④ 구조물 도면상의 글자 크기는 보통 4.5mm로 한다.

해설 글자는 고딕체를 원칙으로 한다.

39. 도면에 사용되는 글자에 대한 설명 중 틀린 것은?
   ① 문장은 가로 왼쪽부터 쓰는 것을 원칙으로 한다.
   ② 글자의 크기는 높이로 나타내며, 7종류를 표준으로 한다.
   ③ 글자체는 고딕체를, 숫자는 아라비아 숫자를 원칙으로 한다.
   ④ 글자는 수직 또는 수직에서 35° 오른쪽으로 경사지게 쓴다.

해설 수직 또는 오른쪽 15° 경사지게 쓰는 것이 원칙이다.

40. 문자 크기에 대한 설명으로 옳은 것은?
   ① 문자의 높이로 나타낸다.
   ② 제도 통칙에서는 규정하지 않는다.
   ③ 축척에 따라 반드시 같은 크기로 한다.
   ④ 일반 치수문자는 9~19mm를 사용한다.

41. 토목제도 통칙에 따른 글자에 대한 설명으로 틀린 것은?
   ① 글자체는 수직 또는 15° 오른쪽으로 경사지게 쓰는 것을 원칙으로 한다.
   ② 글자는 명확하게 써야 하며, 문장은 가로 왼쪽부터 쓰기를 원칙으로 한다.
   ③ 글자체는 명조체를 원칙으로 한다.
   ④ 숫자는 아라비아 숫자를 원칙으로 한다.

해설 글자는 고딕체를 원칙으로 한다.

42. 도면 이름 문자인 경우 문자의 높이로 적당한 것은?
   ① 2.24~4.5mm   ② 9~18mm   ③ 9~12.5mm   ④ 6.3~12.5mm

해설 도면 명칭(9~18mm), 도면 번호(9~12.5mm), 공차 치수(2.24~4.5mm), 부품 번호(6.3~12.5mm)

43. 다음 중 글자의 크기에 대한 표준이 아닌 것은? (단, 글자의 크기는 높이를 원칙으로 한다.)
   ① 9mm   ② 6.3mm   ③ 4.5mm   ④ 2mm

해설 글자의 크기는 원칙적으로 높이 2.24, 3.15, 4.5, 6.3, 9, 12.5 및 18.5mm(7종)를 표준으로 하며, 활자 등에서 이미 정해져 있는 것을 사용하는 경우에는 이에 가까운 것을 선택하는 것이 바람직하다.

정답 38. ② 39. ④ 40. ① 41. ③ 42. ② 43. ④

44. 글자의 크기는 무엇으로 나타내는가?
   ① 글자의 폭   ② 글자의 두께   ③ 글자의 높이   ④ 글자의 굵기

   해설 글자의 크기는 높이를 원칙으로 한다.

45. 제도의 통칙에서 한글, 숫자 및 영자의 경우 글자의 굵기는 글자의 높이의 얼마 정도로 하는가?
   ① 1/6   ② 1/7   ③ 1/8   ④ 1/9

   해설 문자의 선 굵기는 한글자, 숫자 및 영자는 문자 크기의 호칭에 대하여 1/9로 하는 것이 바람직하다.
   (한자는 1/12.5)

46. 글자의 굵기는 한자의 경우 글자 높이의 1/12.5로 하고, 한글 및 숫자의 선 굵기는 문자 높이의 얼마로 하는 것이 적당한가?
   ① 1/4   ② 1/6   ③ 1/7   ④ 1/9

   해설 문자의 선 굵기는 한글자, 숫자 및 영자는 문자 크기의 호칭에 대하여 1/9로 하는 것이 바람직하다.
   (한자는 1/12.5)

47. 도면에 쓰이는 문자의 크기는 7가지로 규정되어 있다. 이중 구조물의 도면에 잘 쓰이는 문자의 크기는?
   ① 16.5㎜   ② 8.5㎜   ③ 6.5㎜   ④ 4.5㎜

   해설 구조물의 도면에는 보통 4.5㎜의 문자를 사용하는 것을 원칙으로 한다.

48. 그림과 같은 서체는 다음 중 어느 서체인가?

   $\mathcal{ABCD}$

   ① 고딕체   ② 로마체   ③ 이탤리체   ④ 라운드리체

49. 한글, 숫자 및 로마자의 문자 높이에서 쓰이는 곳에 따른 문자의 높이 중 제일 작은 문자는?
   ① 도면이름 문자   ② 부품번호 문자   ③ 공차 치수 문자   ④ 도면번호 문자

   해설

쓰이는 곳	문자의 높이(㎜)
도면 명칭	9~18
도면 번호	9~12.5
부품 번호	6.3~12.5
일반 치수	3.15~6.3
공차 치수	2.24~4.5

   정답 44. ③ 45. ④ 46. ④ 47. ④ 48. ④ 49. ③

50. 문자의 크기는 문자의 어떤 치수로 나타내는가?
　① 폭　② 높이　③ 굵기　④ 음영

해설　글자의 크기는 높이를 원칙으로 한다.

51. 굵기에 따른 선의 종류가 아닌 것은?
　① 가는 선　② 아주 굵은 선　③ 중심 선　④ 굵은 선

해설　가는 선 : 굵은 선 : 아주 굵은 선 = 1 : 2 : 4

52. 다음 중 가는 실선으로 그리지 않는 것은?
　① 절단선　② 치수선　③ 지시선　④ 해칭선

해설　절단선은 쇄선으로 표시한다.

53. 대상물의 보이지 않는 부분의 모양을 표시하는 선을 무엇이라 하는가?
　① 굵은 실선　② 가는 실선　③ 1점 쇄선　④ 파선

54. 대상물의 보이는 부분의 겉모양(외형)을 표시할 때 사용하는 선은?
　① 파선　② 굵은 실선　③ 가는 실선　④ 1점 쇄선

55. 문자에 대한 토목제도 통칙으로 틀린 것은?
　① 글자는 필기체로 쓰고 수직 또는 30° 오른쪽으로 경사지게 쓴다.
　② 문자의 크기는 높이에 따라 표시한다.
　③ 영자는 주로 로마자의 대문자를 사용하나, 기호 그밖에 특별히 필요한 경우에는 소문자를 사용해도 좋다.
　④ 숫자는 주로 아라비아 숫자를 사용한다.

해설　글자는 고딕체로 쓰고 수직 또는 15° 오른쪽으로 경사지게 쓴다.

56. 제도의 통칙에서 한글, 숫자 및 영자의 경우 글자의 굵기는 글자의 높이의 얼마 정도로 하는가?
　① 1/2　② 1/5　③ 1/9　④ 1/13

해설　문자의 선 굵기는 한글자, 숫자 및 영자는 문자 크기의 호칭에 대하여 1/9로 하는 것이 바람직하다.
(한자는 1/12.5)

57. 다음 선의 접속 방법으로 틀린 것은?

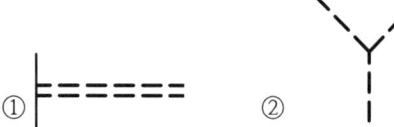 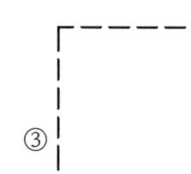 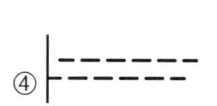

정답　50. ②　51. ③　52. ①　53. ④　54. ②　55. ①　56. ③　57. ④

58. 도면에 사용하는 문자에 대한 설명으로 잘못된 것은?
   ① 숫자는 주로 아라비아 숫자를 사용한다.
   ② 글자는 세로 쓰기를 원칙으로 한다.
   ③ 영자는 주로 로마자의 대문자를 사용한다.
   ④ 한글자의 서체는 활자체에 준하는 것이 좋다.

해설 문장은 왼쪽에서 오른쪽으로 가로 쓰기를 원칙으로 한다.

59. 콘크리트의 타설이음부를 표시할 때 가장 적합한 표현방법은?
   ① 가는 실선으로 표시하고, 타설 이음부라고 기입한다.
   ② 파선으로 표시하고, 타설이라고 기입한다.
   ③ 일점 쇄선으로 표시하고, 타설 이음부라고 기입한다.
   ④ 이점 쇄선으로 표시하고, 타설이라고 기입한다.

치수와 치수 요소

1. 치수, 치수선의 기입법에 대한 설명으로 옳지 않은 것은?
   ① 치수를 특별히 명시하지 않으면 마무리 치수로 표시한다.
   ② 치수선은 표시할 치수의 방향에 평행하게 긋는다.
   ③ 제작, 조립, 시공, 설계를 할 때에 기준이 되는 곳이 있을 때에는 그 곳을 기준으로 하여 치수를 기입한다.
   ④ 치수의 단위는 ㎝를 원칙으로 하고, 단위 기호는 반드시 기입 하여야 한다.

해설 길이 단위 : ㎜를 원칙으로 하며 단위 기호는 쓰지 않으나 타기호 사용시 명확히 기입한다.

2. 다음은 치수선에 관한 설명이다. 이 중 옳지 않은 것은?
   ① 치수선은 나타낼 그림의 방향에 평행하게 긋는다.
   ② 치수선은 될 수 있는 한 교차하지 않는다.
   ③ 치수선은 가능한 물체를 나타내는 도면 바깥쪽에 긋는다.
   ④ 대칭인 경우 치수선의 중심쪽 끝에 화살표를 넣는다.

해설 중심선으로 대칭물의 한쪽을 표시하는 도면의 치수선은 중심을 지나 연장함을 원칙으로 한다.

3. 치수선에 대한 설명으로 옳지 않은 것은?
   ① 치수선은 표시할 치수의 방향에 평행하게 긋는다.
   ② 일반적으로 불가피한 경우가 아닐 때에는 치수선은 다른 치수선과 서로 교차하지 않도록 한다.
   ③ 대칭인 물체의 치수선은 중심선에서 약간 연장하여 긋고, 연장선의 끝에서 화살표를 붙여 표시한다.
   ④ 협소하여 화살표를 붙일 여백이 없을 때에는 치수선을 치수보조선 바깥쪽에 긋고 내측을 향하여 화살표를 붙인다.

정답 58. ②   59. ①   ■ 1. ④   2. ④   3. ③

해설 중심선으로 대칭물의 한쪽을 표시하는 도면의 치수선은 그 중심을 지나 연장함을 원칙으로 한다. 다만, 때에 따라서는 치수선을 규정보다 짧게 할 수 있다. 어느 때나 이와 같은 치수선의 중심 쪽 끝에는 화살표를 붙이지 않는다.

---

4. 치수선에 관한 사항으로 틀린 것은?
① 치수선은 표시할 그림의 방향에 평행하게 긋는다.
② 치수선은 될 수 있는 대로 표시하는 도면의 외부에 긋는다.
③ 치수선은 될 수 있는 대로 서로 교차하지 않도록 한다.
④ 치수선은 어떤 경우든지 양끝에 화살표를 붙인다.

해설 치수선의 끝 부분 기호에는 화살표, 검정 점, 사선 등이 있으나 한 도면에서는 동일한 기호를 사용한다.

---

5. 도면의 치수기입 방법으로 옳지 않은 것은?
① 치수는 치수선에 평행하게 기입한다.
② 치수선이 수직일 때 치수는 왼쪽에 쓴다.
③ 협소한 구간에서 치수는 인출선을 사용하여 표시해도 된다.
④ 협소 구간이 연속될 때라도 치수선의 위쪽과 아래쪽에 번갈아 써서는 안된다.

---

6. 치수기입에 대한 설명이다. 옳지 않은 것은?
① 치수를 기입할 때는 치수선을 중단하지 않고 치수선 위쪽에 기입한다.
② 치수선이 세로인 때에는 치수선의 오른쪽에 쓴다.
③ 치수는 선과 만나는 곳에는 될 수 있는 대로 쓰지 않는다.
④ 원 또는 호의 반지름을 나타내는 치수선은 호 쪽으로만 화살표를 붙이고, 반지름을 나타내는 숫자 앞에 R을 덧붙인다.

해설 치수선이 세로인 때에는 치수선의 왼쪽에 쓴다.

---

7. 치수에 관한 설명으로 옳지 않은 것은?
① 길이의 치수 단위는 ㎜를 원칙으로 한다.
② 치수의 단위에는 길이와 각도를 나타내는 두 종류가 있다.
③ 길이 치수기입에는 소수점(.)과 자릿수 부호(,)를 사용하여 명확히 나타내어야 한다.
④ 치수는 모양 및 위치를 가장 명확하게 하며 중복을 피하고 계산 않고서도 알 수 있게 기입한다.

해설 치수는 도면의 척도에 관계없이 물체의 실제 치수를 기입하며, 치수 숫자의 자릿수가 많을 경우에는 세자리마다 숫자 사이를 적당히 떼고 콤마(,)를 붙이지 않는다.

---

8. 치수선을 그을 때 주의사항 중 틀린 것은?
① 치수선은 그림의 방향에 평행하게 긋는다.
② 치수선은 물체를 나타내는 안쪽에 긋는다.
③ 치수선은 서로 교차하지 않도록 한다.

정답 4. ④ 5. ④ 6. ② 7. ③ 8. ②

④ 치수선의 양끝에는 화살표를 한다.

해설 치수선은 될 수 있는 대로 물체를 표시하는 도면의 외부에 긋는다.

9. 설계된 도면에 6,300이란 숫자의 치수가 있었다면 그 길이는?
① 6,300cm   ② 6,300mm   ③ 6,300m   ④ 6,300inch

해설 치수의 단위는 mm를 원칙으로 하고, 단위 기호는 쓰지 않는다.

10. 치수를 특별히 명시하지 않은 것은 다음 중 어느 치수를 나타내는가?
① 마무리 치수   ② 단위 치수   ③ 재료 치수   ④ 환산 치수

해설 치수는 특별히 명시하지 않으면 마무리 치수(완성치수)로 표시한다. 다만 강구조 등의 재료 치수는 마무리 치수의 것을 제작하는 데 필요한 재료의 치수로 한다.

11. 그림과 같은 골조 구조에서 치수 기입이 잘못된 치수는?

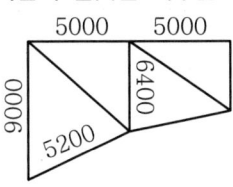

① 5000   ② 5200   ③ 6400   ④ 9000

해설 치수선이 세로인 때에는 치수선의 왼쪽에 쓴다.

12. 다음 그림에서 뼈대 구조의 치수 기입이 잘못된 치수는 어느 것인가?

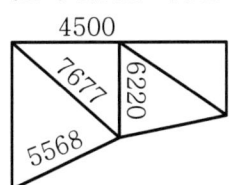

① 4500   ② 5568   ③ 6220   ④ 7677

해설 치수선이 세로인 때에는 치수선의 왼쪽에 쓴다.

13. 다음 그림에서 각도의 치수 기입 방법이 틀린 것은?

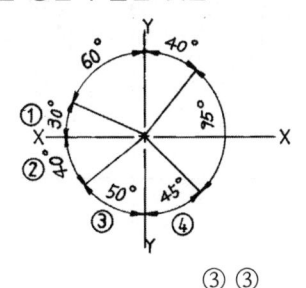

① ①   ② ②   ③ ③   ④ ④

해설 치수를 기입할 때에는 치수선을 중단하지 않고 치수선의 위쪽에 쓰는 것을 원칙으로 한다.

정답 9. ② 10. ① 11. ③ 12. ③ 13. ②

14. 치수 및 치수선의 표기법이 옳은 것은?

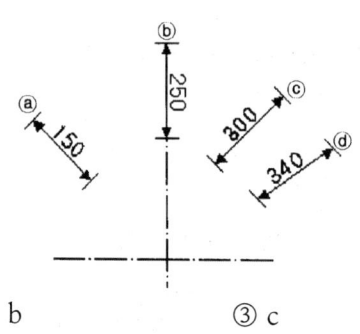

15. 다음 그림의 치수 기입법으로 옳지 않은 것은?

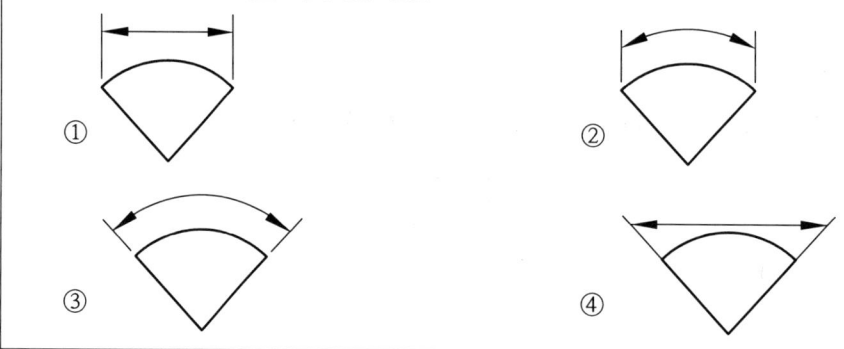

① a   ② b   ③ c   ④ d

해설 치수선이 세로인 때에는 치수선의 왼쪽에 쓴다.

16. 다음 중 현의 길이를 나타내는 것은?

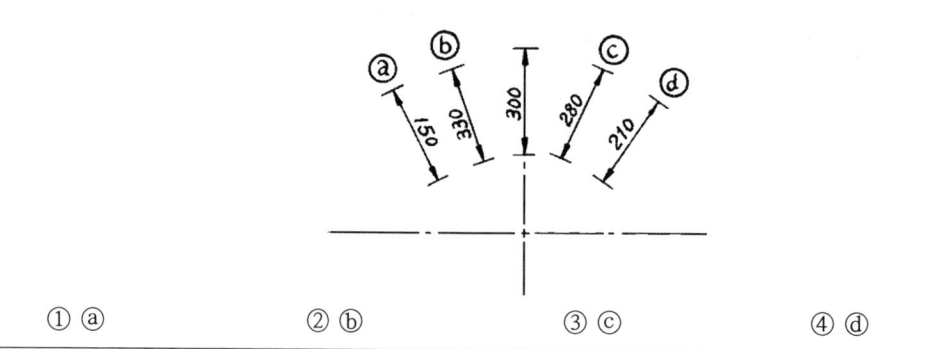

17. 그림 중 치수 기입법이 옳지 않은 것은?

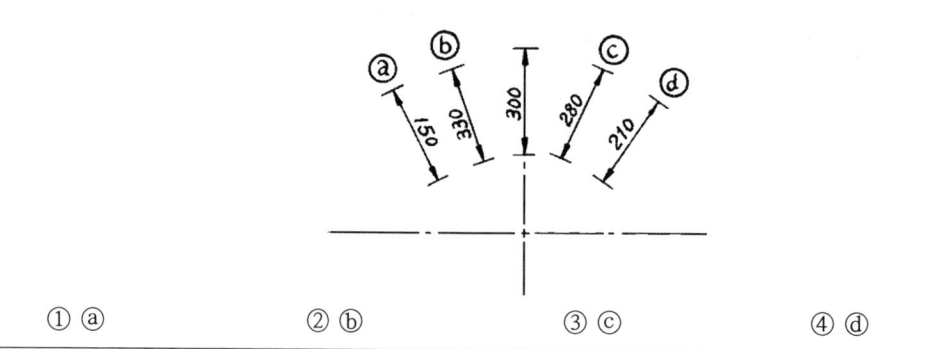

① ⓐ   ② ⓑ   ③ ⓒ   ④ ⓓ

해설 치수를 기입할 때에는 치수선을 중단하지 않고 치수선의 위쪽에 쓰는 것을 원칙으로 한다.

정답 14. ①   15. ②   16. ①   17. ②

18. 다음 그림에서 치수보조선은 치수선 위로 어느 정도 연장 하는가?

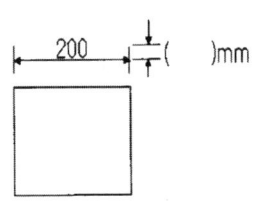

① 1~2mm   ② 2~3mm   ③ 3~4mm   ④ 4~5mm

해설 치수 보조선은 치수를 표시하는 부분의 양 끝에서 치수선에 직각으로 긋고, 치수선보다 2~3mm 길게 긋는다.

19. 치수 보조선은 치수선을 지나 얼마를 더 연장 하는가?
    ① 1~2mm   ② 2~3mm   ③ 3~5mm   ④ 5~6mm

해설 치수 보조선은 치수를 표시하는 부분의 양 끝에서 치수선에 직각으로 긋고, 치수선보다 2~3mm 길게 긋는다.

20. 많은 치수선을 평행하게 그을 때에는 치수선간의 간격이 얼마의 같은 간격이 되도록 하는가?
    ① 5~6mm   ② 7~8mm   ③ 8~10mm   ④ 10~12mm

해설 다수의 평행 치수선을 서로 접근시켜 그을 때에는 선의 간격은 7~8mm 정도로 동일하게 하고 서로 교차하지 않도록 한다.

21. 많은 치수선을 평행하게 그을 때의 간격으로 적당한 것은?
    ① 10~30mm   ② 10~15mm   ③ 7~8mm   ④ 3~5mm

22. 화살표의 길이(a)와 나비(b)의 비로 적당한 것은?

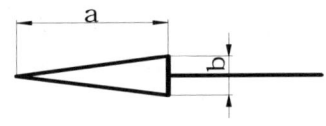

① 1 : 1   ② 2 : 1   ③ 3 : 1   ④ 4 : 1

해설 길이 : 나비 = 3 : 1 정도, 길이는 도면의 크기에 따라 2.5~3mm 정도

23. 다음은 치수선의 화살표에 대한 치수의 한계를 나타낸 것이다. 여기서 a와 b의 크기는?

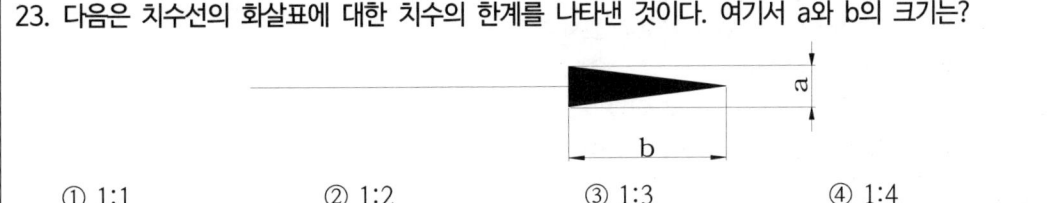

① 1:1   ② 1:2   ③ 1:3   ④ 1:4

24. 치수기입에 사용되는 단위에 대한 설명으로 틀린 것은?
① 치수 단위는 ㎜를 사용한다.
② 치수는 소수점을 사용할 수 있다.
③ 치수선이 세로일 때, 치수선의 왼쪽에 치수를 기입한다.
④ 각도에 단위가 없으면 라디안(rad)이다.

해설 ㉠ 길이 단위 : ㎜를 원칙으로 하며 단위 기호는 쓰지 않으나 타기호 사용시 명확히 기입
㉡ 각도 단위 : °(degree) 단위 사용(분초 혼용 가능), 라디안 사용시 기호(rad)를 기입

25. 다음 중 일점 쇄선으로 사용되는 선이 아닌 것은?
① 중심선 ② 절단선 ③ 기준선 ④ 가상선

해설 가상선은 이점 쇄선으로 표시한다.

26. 다음 중 가는 실선으로 그리지 않는 것은?
① 외형선 ② 치수선 ③ 지시선 ④ 해칭선

해설 외형선은 굵은 실선으로 표시한다.

27. 치수 보조선에 대한 설명 중 틀린 것은?
① 치수 보조선은 치수선과 항상 직각이 되도록 그어야 한다.
② 치수 보조선은 치수선보다 약간 길게 끌어내어 그린다.
③ 불가피한 경우가 아닐 때에는, 치수 보조선과 치수선이 다른 선과 교차하지 않게 한다.
④ 다른 치수 보조선과 교차되어 복잡한 경우 외형선을 치수 보조선으로 대신 사용할 수 있다.

해설 치수 보조선은 치수를 표시하는 부분의 양 끝에서 치수선에 직각으로 긋고, 치수선보다 2~3㎜ 길게 긋는다.
치수선을 그을 곳이 마땅하지 않을 때에는 치수선에 대하여 적당한 각도로 치수 보조선을 그을 수 있다.

28. 치수 기입에 대한 설명 중 틀린 것은?
① 가로치수는 치수선의 위쪽에 쓰고, 세로치수는 치수선의 오른쪽에 쓴다.
② 치수는 선과 교차하는 곳에는 될 수 있는 대로 쓰지 않는다.
③ 협소한 구간이 연속될 때에는 치수선의 위쪽과 아래쪽에 번갈아 치수를 기입할 수 있다.
④ 경사는 백분율 또는 천분율로 표시할 수 있으며 경사방향 표시는 하향 경사 쪽으로 표시한다.

해설 세로치수는 치수선의 왼쪽에 쓴다.

29. 다음 중 치수에 대한 설명으로 잘못된 것은?
① 치수는 일반적으로 마무리 치수로 표시한다.
② 치수의 중복은 피한다.
③ 치수의 단위는 ㎜를 원칙으로 한다.
④ 치수의 단위를 항상 기입하여야 한다.

해설 길이 단위 : ㎜를 원칙으로 하며 단위 기호는 쓰지 않으나 타기호 사용시 명확히 기입

정답 24. ④ 25. ④ 26. ① 27. ① 28. ① 29. ④

30. 지시선은 수평선에 대해서 몇 도의 각도를 가지는 직선으로 긋는가?
① 30°　　　　② 45°　　　　③ 60°　　　　④ 75°

해설 지시선은 수평선에 60°정도 기울여 직선으로 긋고, 지시되는 쪽 끝에 화살표를 붙인다.

31. 여러 가지 기입사항을 기입하기 위하여 도형으로부터 인출하는 0.2㎜ 굵기 이하의 실선을 무엇이라 하는가?
① 외형선　　　② 기준선　　　③ 치수선　　　④ 지시선

해설 지시선은 여러 가지 기입사항을 기입하기 위하여 도형으로부터 인출하는 0.2mm 굵기 이하의 실선으로 수평선에 60°정도 기울여 직선으로 긋고, 지시되는 쪽 끝에 화살표를 붙인다.

32. 치수기입에 대한 설명으로 바르지 않은 것은?
① 치수의 단위는 m를 사용하나 단위 기호는 기입하지 않는다.
② 치수 수치는 치수선에 평행하게 기입하고, 되도록 치수선의 중앙의 위쪽에 치수선으로부터 조금 띄어 기입한다.
③ 경사를 표시할 때는 백분율(%) 또는 천분율(‰)로 표시할 수 있다.
④ 치수는 선과 교차하는 곳에는 가급적 쓰지 않는다.

해설 치수의 단위는 ㎜를 사용하나 단위 기호는 기입하지 않는다.

33. 작은 원의 지름은 인출하여 표시할 수 있는데 이 경우 지름을 나타내는 치수의 숫자 앞에 붙이는 것은?
① R　　　　② D　　　　③ S　　　　④ X

해설 ① 작은 원의 지름은 인출선을 써서 표시할 수 있다.
② 지름 12㎜의 원형 철근 : Ø 12㎜
③ 공칭 지름 12㎜의 이형 철근 : D 12㎜

34. 원 또는 호의 반지름을 나타내는 치수선은 호쪽으로만 화살표를 붙이고 반지름을 나타내는 숫자 앞에 무엇을 덧붙이는가?
① ○　　　　② K　　　　③ R　　　　④ L

해설 원 또는 호의 반지름을 표시하는 치수선은 호 쪽에만 화살표를 붙이고, 반지름을 표시하는 치수 숫자의 앞에 R을 붙인다.

35. 일반적으로 토목제도에서 사용하는 길이의 단위는?
① ㎜　　　　② ㎝　　　　③ m　　　　④ ㎞

36. 치수기입을 할 때 지름을 표시하는 기호로 옳은 것은?
① R　　　　② C　　　　③ □　　　　④ Ø

정답 30. ③　31. ④　32. ①　33. ②　34. ③　35. ①　36. ④

37. 치수 기입에 "R 25"라고 표시되어 있을 때 이것의 의미를 바르게 설명한 것은?
    ① 한 변이 25mm인 정사각형이다.
    ② 물체의 지름이 25mm이다.
    ③ 45°로 모따기한 변의 길이가 25mm이다.
    ④ 물체의 반지름이 25mm이다.

38. 실제 거리가 120m인 옹벽을 축척 1:1200의 도면에 그리고 기입하는 치수는?
    ① 10   ② 100   ③ 12000   ④ 120000

    해설 120m =120000mm

39. 도면의 치수 보조 기호의 설명으로 옳지 않은 것은?
    ① t : 파이프의 지름에 사용된다.
    ② ∅ : 지름의 치수 앞에 붙인다.
    ③ R : 반지름 치수 앞에 붙인다.
    ④ SR : 구의 반지름 치수 앞에 붙인다.

40. 치수에 대한 설명으로 옳지 않은 것은?
    ① 치수는 계산하지 않고서도 알 수 있게 표기한다.
    ② 치수는 모양 및 위치를 가장 명확하게 표시하며 중복은 피한다.
    ③ 치수의 단위는 mm를 원칙으로 하며 단위 기호는 쓰지 않는다.
    ④ 부분 치수의 합계 또는 전체의 치수는 개개의 부분 치수 안쪽에 기입한다.

    해설 부분의 치수의 합계 또는 전체의 치수는 순차적으로 개개의 부분 치수 바깥쪽에 기입한다.

41. 치수 기입 중 SR40이 의미하는 것은?
    ① 반지름 40mm인 원   ② 반지름 40mm인 구
    ③ 한 변이 40mm인 정사각형   ④ 한 변이 40mm인 정삼각형

42. 치수의 기입 방법에 대한 설명으로 옳지 않은 것은?
    ① 치수선이 세로일 때에는 치수선의 왼쪽에 쓴다.
    ② 치수는 선과 교차하는 곳에는 될 수 있는 대로 쓰지 않는다.
    ③ 각도를 기입하는 치수선은 양변 또는 그 연장선 사이의 호로 표시한다.
    ④ 경사의 방향을 표시할 필요가 있을 때에는 상향 경사 쪽으로 화살표를 붙인다.

    해설 경사는 백분율 또는 천분율로 표시할 수 있으며 경사방향 표시는 하향 경사 쪽으로 표시한다.

정답 37. ④ 38. ④ 39. ① 40. ④ 41. ② 42. ④

2장 기본도법

1. 평면 도법

1 제도 준비

① 제도판의 높이는 서 있는 자세 또는 앉은 자세에 알맞은 것을 선택한다.
② 제도판을 설치할 때 뒤쪽을 수평선에 대해 5°~10° 정도 높게 기울어진 것이 이상적이다.
③ 조명은 왼쪽 위에서 비추게 하는 것이 좋다.
④ 조명의 밝기는 300~700 Lux가 알맞다.
⑤ 자주 사용하는 제도 용구는 제도판 위의 정해진 곳에 놓아두면 편리하다.
⑥ 제도기는 녹이 스는 경우가 있으므로 깨끗이 닦아서 보관한다.

2 제도 용구

① 제도기
  ㉠ 컴퍼스 : 일반적으로 원을 그릴 때 사용한다.
  ㉡ 스프링 컴퍼스 : 작은 원 또는 원호를 그리거나 선, 원호를 등분할 때
  ㉢ 디바이더 : 선분을 등분하거나 치수를 옮길 때 사용한다.
  ㉣ 지우개판 : 그림의 일부분만을 지울 때 사용
  ㉤ 형판(templet) : 원, 타원, 기본 도형, 문자, 숫자 등을 그릴 때 사용한다.

② 자
  ㉠ T자 : 수평선 및 수직선을 그릴 때나, 빗금을 그을 때는 삼각자의 안내 역할을 한다.
  ㉡ 삼각자 : 30°×60°×90°, 45°×45°×90°의 2개가 1조
  ㉢ 운형자 : 불규칙적인 곡선, 컴퍼스로 그리기 어려운 원호나 곡선을 그릴 때 사용한다.
  ㉣ 자유 곡선자: 납과 고무로 만들어져 자유롭게 구부릴 수 있다.
  ㉤ 클로소이드 곡선자 : 도로의 곡선 설계 및 제도에 사용한다.
  ㉥ 삼각축척자(삼각스케일) : 일정한 비율로 길이를 줄일 때 사용한다. 단면이 삼각형으로 $\frac{1}{100}$, $\frac{1}{200}$, $\frac{1}{300}$, $\frac{1}{400}$, $\frac{1}{500}$, $\frac{1}{600}$에 해당하는 축척 눈금이 새겨져 있다.

③ 제도 용지
  ㉠ 켄트(Kent)지 : 연필 제도용

ⓒ 와트만(Whatman)지 : 채색 제도용
ⓒ 트레이싱지 : 얇고 반투명한 용지

④ 제도 연필
㉠ 용도에 따른 연필심 모양

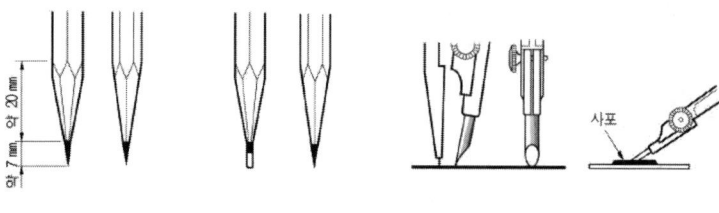

㉡ 연필심 경도에 따른 용도

4H ~ 9H	선과 트레이싱용
2H	외형선을 켄트지에 그릴 때
B ~ 3B	선이나 문자용
2B ~ 7B	스케치용

㉢ 연필심 경도 비교 : H는 Hard, B는 Black의 약자로 H는 딱딱하고 흐리며 B는 부드럽고 진하다. 9H, 8H, 7H, 6H, 5H, 4H, 3H, 2H, H, HB, B, 2B, 3B, 4B, 5B, 6B로 나타내며 번호가 클수록 더 부드럽거나 더 딱딱하다.

3 수선과 평행선의 작도

① 선분상의 임의의 점에서 수직선
그림 2와 같이 주어진 선분 $\overline{AB}$상의 한 점 P에서 수선을 그리려면, 점 P를 중심으로 임의의 반원을 그어 선분 $\overline{AB}$와의 교점을 C, D라 하고, 점 C와 D를 중심으로 반원 CD보다 크게 임의의 반지름 CE=DE로 원호를 그려서 만난 그 교점 E와 P를 이으면 선분 $\overline{PE}$는 $\overline{AB}$의 수직선이다.

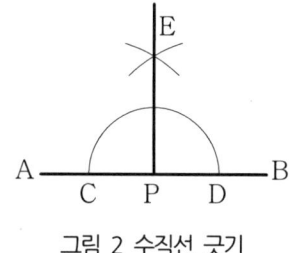

그림 2 수직선 긋기

② 선 이외의 한 점을 지나는 평행선
그림 3과 같이 주어진 점 P를 중심으로 임의의 원호를 그어 선분 $\overline{AB}$와의 교점 C를 구하고, 또 점 C를 중심으로 점 P를 지나는 원호를 그어 선분 $\overline{AB}$와의 교점 D를 구한다. 점 C에서 $\overline{DP}=\overline{CE}$되게 점 E를 구하여 점 P와 E를 이은 선분 $\overline{PE}$는 선분 $\overline{AB}$의 평행선이다.

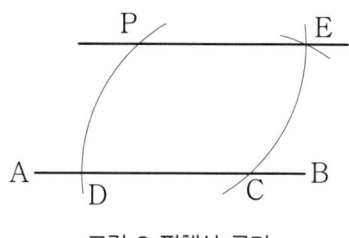

그림 3 평행선 긋기

4 선분과 각의 등분

① 선분 AB의 5등분

그림 4와 같이 선분 $\overline{AB}$의 한 끝 A에서 임의의 방향으로 선분 $\overline{AC}$를 긋고, 선분 $\overline{AC}$를 임의의 길이로 5등분 하여 점 1, 2, 3, 4, 5를 잡는다. 끝점 5와 B를 잇고 선분 $\overline{AC}$ 상의 각 점에서 선분 5B에 평행선을 그어 선분 $\overline{AB}$와 만나는 점 1′, 2′, 3′, 4′은 선분 $\overline{AB}$를 5등분 하는 점이다.

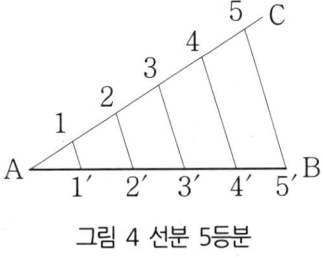

그림 4 선분 5등분

② 각 AOB의 5등분(근사법)

그림 5와 같이 각 AOB에서 선분 $\overline{BO}$의 연장선을 그어 놓고 점 O에서 임의의 반원 CED를 그린다. 다시 점 C와 D에서 선분 $\overline{DC}$를 반지름으로 하는 원호를 그리고, 그 교점 F를 구해서 반원 CED상의 점 E와 이어 선분 $\overline{BO}$의 연장선과의 교점 G를 구한다. 또, 점 F에서 선분 $\overline{GD}$를 5등분 한 각 점 1, 2, 3, 4를 이은 연장선과 반원 CED와의 교점 1′, 2′, 3′, 4′을 구하여 점 O와 이으면 각 AOB를 5등분 하는 선이 된다.

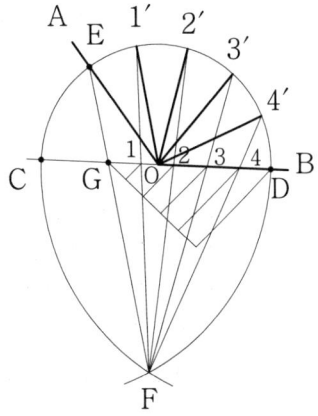

그림 5 임의의 각 5등분

③ 원주 길이와 같은 선분(근사법)

그림 6과 같이 지름 AB인 원 O의 접점 A에서 접선 AE를 3AB=AE되게 긋고, 원주상에 점 C를 ∠BOC=30° 되게 정한다. 또, 점 C에서 선분 AE//CD 되게 긋고 선분 AB와의 교점 D를 접선 AE의 끝점 E와 잇는다. 이 때, 구한 선분 DE는 원 O의 원주 길이와 같다.

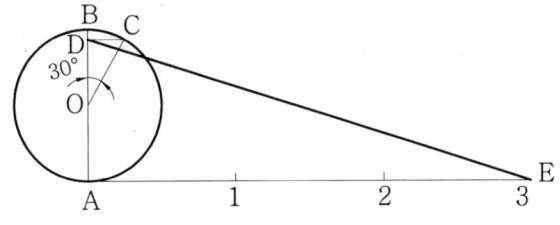

그림 6 원주와 같은 선분 작도

5 정다각형의 작도

① 한 변이 주어진 정오각형

그림 7과 같이 주어진 변 $\overline{AB}$의 수직 이등분선을 긋고 이등분점 C를 구한다. 점 B에서 선분 AB에 수선을 그은 후 선분 $\overline{BC}=\overline{BD}$되게 점 D를 구하고, 점 A와 D를 이은 선 위에 선분 $\overline{BD}=\overline{DE}$되는 점 E를 구한다. 점 B에서 선분 $\overline{BE}$를 반지름으로 하는 원호를 그려서 선분 $\overline{AB}$의 수직 이등분선과 만나는 점 O를 구한다. 점 O에서 선분 OB를 반지름으로 하는 원을 그리고, 그 원주상의 점 B에서부터 선분 $\overline{AB}$의 크기로 등분하여 점 F, G, H와 A를 차례로 이으면 구하는 정오각형이 된다.

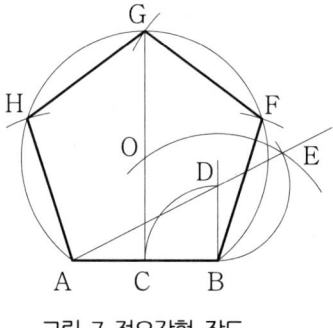

그림 7 정오각형 작도

② 원에 내접하는 정칠각형

그림 8과 같이 주어진 원 O의 지름 $\overline{AB}$에 수직선 CD를 긋고 점 B에서 반지름 $\overline{OB}$의 수직 이등분선을 그어 선분 $\overline{EF}$를 구하여 선분 $\overline{AB}$와의 교점 G를 잡아 원주를 점 F에서부터 선분 $\overline{FG}$로 등분하여 잡은 점 1, 2, 3, 4, 5, 6, F를 이으면 구하는 정칠각형이 된다.

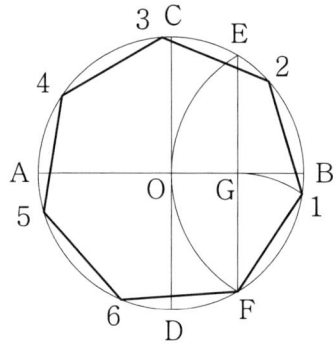

그림 8 정칠각형 작도

③ 정사각형에 내접하는 정 팔각형

그림 9와 같이 주어진 정사각형 ABCD의 각 꼭지점에서 대각선을 그어 교점 E를 잡고, 다시 그 꼭지점에서 선분 $\overline{AE}$를 반지름으로 한 원호를 그려서 각 변과의 교점인 1, 2, 3, 4, 5, 6, 7, 8을 이으면 구하는 정팔각형이 된다.

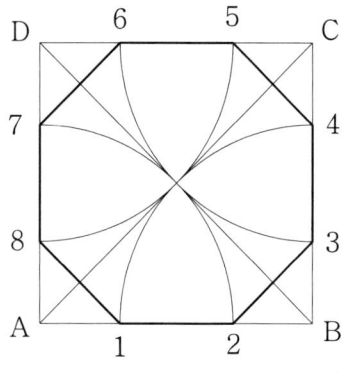

그림 9 정팔각형 작도

④ 원에 내접하는 정n각형

그림 10과 같이 주어진 원 O의 지름 $\overline{AB}$를 반지름으로 하여 점 A와 B에서 원호를 그려 교점 C를 구하고, 지름 $\overline{AB}$를 n등분 하여 점 K_2를 구하고, 점 C와 K_2를 이은 연장선과 원주와의 교점 K_1'을 구한다. 선분 $\overline{AK_1'}$을 점 A에서부터 원주상에 n등분 하여 구한 점들을 이으면 구하는 정 n각형이 된다.

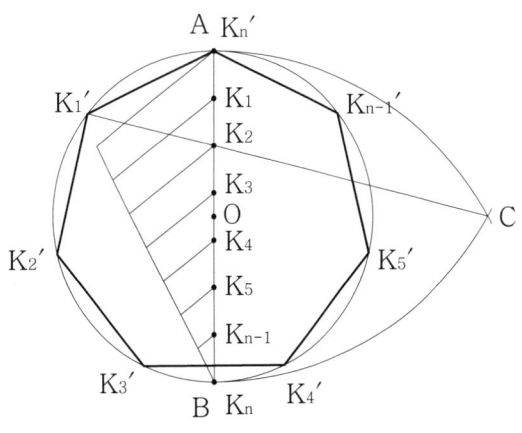

그림 10 정 n각형 작도

6 원호와 타원 및 곡선의 작도

① 주어진 세 점을 지나는 원

그림 11과 같이 점 A와 B, 점 B와 C를 각각 이어서 선분 $\overline{AB}$와 $\overline{BC}$를 수직 이등분 하면 서로 만나는 교점 O를 얻는다. 점 O를 중심으로 하여 선분 $\overline{AO}$를 반지름으로 하는 원을 그리면 세 점을 지난다.

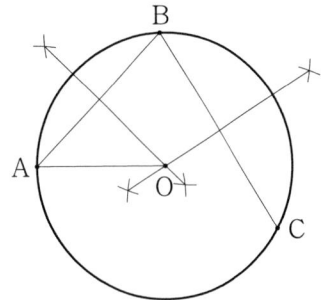

그림 11 세 점을 지나는 원

② 주어진 5점을 잇는 곡선

그림 12와 같이 선분 $\overline{AB}$의 수직이등분선상의 임의의 점 O_1을 중심으로 하여 선분 $\overline{O_1A}$를 반지름으로 한 원호 AB를 긋고, 선분 $\overline{BC}$의 수직이등분선이 선분 $\overline{BO_1}$의 연장선과 교점 O_2를 중심으로 하여 반지름 $\overline{BO_2}$인 원호 BC를 긋는다. 이와 같은 방법으로 O_3, O_4를 차례로 구하여서 원호로 그으면 각각의 점을 잇는 곡선이 된다.

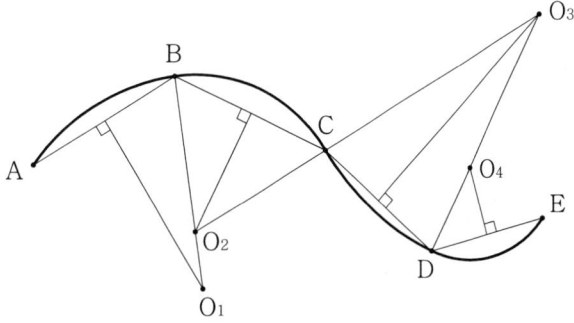

그림 12 5점을 잇는 곡선

③ 직교 직선을 잇는 원호
그림 13과 같이 두 직선 $\overline{AB}$와 $\overline{CD}$가 직각으로 교차할 때 교점 E에서 주어진 반지름 r로 원호를 그려 각각의 교점 F와 G를 구하고, 그 점에서 반지름 r로 원호를 그려 교점 H를 구한다. 점 H를 중심으로 하여 반지름 r로 원호를 그리면 직선 $\overline{AB}$와 $\overline{CD}$는 점 F와 G에 접하는 원호로 이어진다.

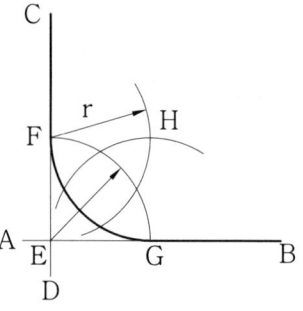

그림 13 직교 직선 간의 원호

④ 원호와 원호의 이음
그림 14와 같이 두 원호가 내접할 때 점 O_1에서 $r-r_1$을 반지름으로 하는 원호를 그리고, 점 O_2에서 $r-r_2$를 반지름으로 하는 원호를 그려 그 교점 O를 구한다. 다시, 점 O에서 r을 반지름으로 원호를 그리면 각각 원 O_1과 O_2는 점 A와 B에서 접하는 원호 AB로 이어진다.

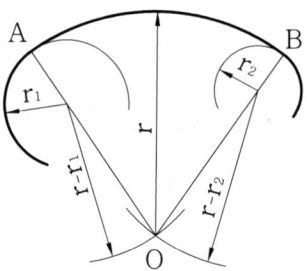

그림 14 원호와 원호의 이음

⑤ 단축과 장축이 주어진 타원
그림 15와 같이 장축 AB와 단축 CD를 서로 수직 이등분한 교점 O에서 장축과 단축을 이 지름으로 하는 동심원을 그린다. 두 원주를 각각 n등분(16등분)하여 큰원은 1, 2, 3,…, 작은 원은 1′, 2′, 3′,…의 점을 구하고, 큰 원의 각 점에서는 장축에 수선을 작은 원에서는 장축에 수평선을 그어서 그 교점 1″, 2″, 3″,… 를 운형자로 매끄럽게 이으면 타원이 된다.

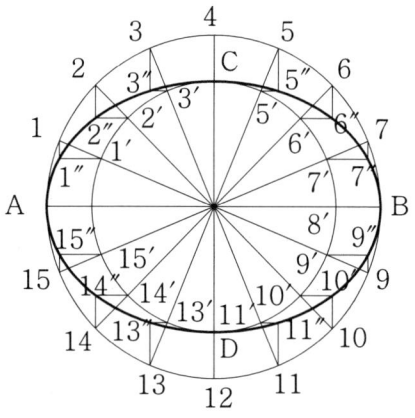

그림 15 타원의 작도

⑥ 그 밖의 곡선

그림 16과 같이 소용돌이 곡선의 경우 정삼각형 ABC 를 그리고 변 $\overline{AB}$, $\overline{BC}$, $\overline{CA}$의 연장선을 긋는다. 점 A 에서 반지름 $\overline{AB}$로 원호를 그려 연장선 $\overline{CA}$와의 교점을 1이라 하고, 점 C에서 반지름 $\overline{C1}$으로 원호를 그려 연장선 $\overline{BC}$와의 교점을 2라 하며, 또 점 B에서 반지름 $\overline{B2}$로 원호를 그려 연장선 $\overline{AB}$와의 교점을 3이라 한다. 계속 반복하여 원호를 그려 가면 소용돌이 곡선이 된다.

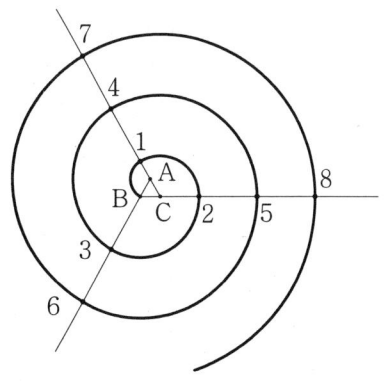

그림 16 소용돌이 곡선

7 도형의 면적 분할

① 다각형의 면적과 같은 삼각형 작도

그림 17과 같이 한 변 $\overline{AB}$에 인접한 꼭지점 E와 C에서 선분 $\overline{AD}//\overline{EG}$와 선분 $\overline{DB}//\overline{CF}$ 되게 그은 각각의 선과 연장선 $\overline{AB}$와의 교점 G, F를 구하여 점 D와 G, 점 D와 F를 이은 삼각형 DGF는 오각형 ABCDE의 면적과 같다.

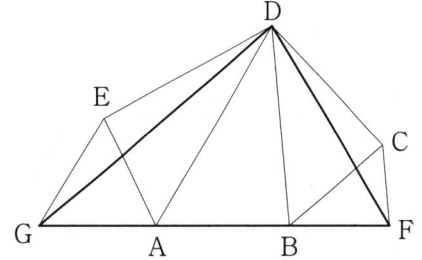

그림 17 동일 면적 삼각형 작도

② 직사각형 면적과 같은 정사각형

그림 18과 같이 직사각형 ABCD의 한 점 C점에서 변 $\overline{BC}$를 반지름으로 그린 원호와 변 $\overline{DC}$의 연장선과의 교점 E를 구한다. 또, 선분 $\overline{DE}$를 지름으로 그린 반원과 변 $\overline{BC}$의 연장선과의 교점 F를 구하여 변 $\overline{CF}$를 한 변으로 하는 정사각형 CFGH는 직사각형 ABCD의 면적과 같다.

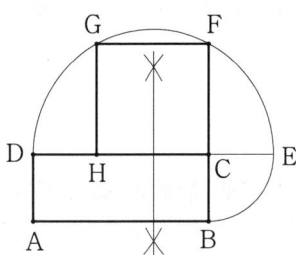

그림 18 동일 면적 사각형 작도

③ 원의 면적과 같은 정사각형

그림 19와 같이 중심 O를 직교하는 두 지름 $\overline{AB}$ 및 $\overline{CD}$를 긋고, 점 D에서 선분 $\overline{CD}$를 반지름으로 하는 원호와 선분 $\overline{OB}$의 연장선과의 교점 E를 구하여 선분 $\overline{OE}$를 한 변으로 하는 정사각형 EFGO는 원의 면적과 같다.

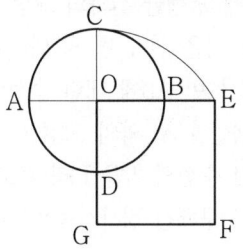

그림 19 원과 같은 사각형

④ 사다리꼴 면적의 4등분

그림 20과 같이 사다리꼴 ABCD에서 변 $\overline{AB}$와 $\overline{DC}$의 연장선상의 교점을 P라 하고, 선분 $\overline{AP}$를 지름으로 하여 반원을 그린다. 점 P에서 반지름 $\overline{BP}$로 그린 원호와 원호 $\overline{AP}$와의 교점 B′에서 변 $\overline{AB}$와의 평행선과 변 $\overline{DA}$의 연장선과의 교점 A′을 구한다. 선분 A′B′을 4등분한 점 1, 2, 3을 구하고, 각 점에서 수선을 올려 반원과의 교점 1′, 2′, 3′이라 한다. 점 P에서 선분 P1′, P2′, P3′을 반지름으로 하는 원호를 각각 그어 변 $\overline{AB}$와의 교점 a, b, c를 구하고, 또 점 a, b, c에서 변 $\overline{AD}$에 평행선을 그어 $\overline{CD}$와의 교점을 a′, b′, c′이라 하면 aa′, bb′, cc′은 사다리꼴의 면적을 4등분 한다.

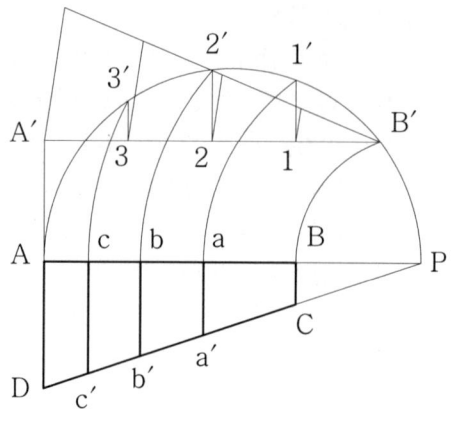

그림 20 사다리꼴 면적 4등분

⑤ 원의 면적을 동심원 4등분

그림 21과 같이 원 O의 반지름 $\overline{OB}$를 4등분한 각 등분점 1, 2, 3을 잡고 선분 $\overline{OB}$를 지름으로 그린 반원에 등분점 1, 2, 3에서 올린 수선과의 교점을 a, b, c라 한다. 원의 중심 O에서 $\overline{Oa}$, $\overline{Ob}$, $\overline{Oc}$를 반지름으로 하는 동심원을 그리면 등분된 각각의 면적은 원 O의 면적을 4등분 한다.

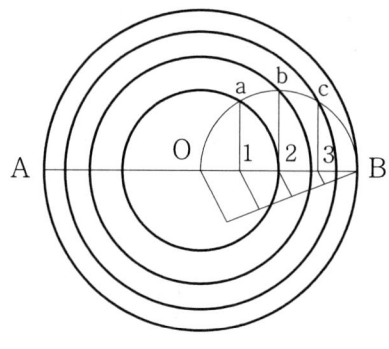

그림 21 원의 면적 4등분

⑥ 삼각형에 내접하는 최대 정사각형

그림 22와 같이 삼각형 ABC의 꼭지점 C에서 변 $\overline{AB}$에 그은 수선과의 교점을 D라 하고 점 C에서 반지름 $\overline{CD}$로 그은 원호와 점 C를 지나고 변 $\overline{AB}$에 평행한 선과의 교점 E를 구한다. 점 A와 E를 이은 선과 변 $\overline{BC}$와의 교점 F를 구하여 점 F에서 변 AB에 내린 수선의 발 I, 또 변 $\overline{AB}$에 평행선과 $\overline{AC}$와의 교점 G, 점 G에서 변 $\overline{AB}$에 내린 수선의 발을 H라 하고, 이때 F, G, H, I를 이어 구해진 정사각형은 최대의 크기이다.

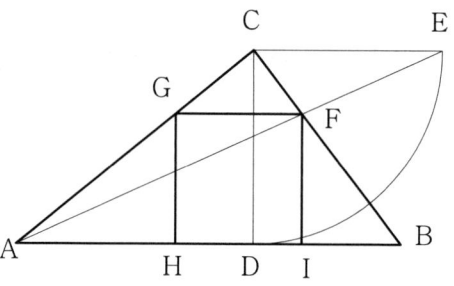

그림 22 삼각형에 내접하는 최대 정사각형

2. 입체 투상도

공간상에 있는 구조물의 위치, 크기, 모양 등을 평면상에 명확하게 나타내기 위하여 보는 방법과 그리는 방법을 일정한 규칙에 따르도록 한 것으로서, 다음과 같은 종류가 있다.

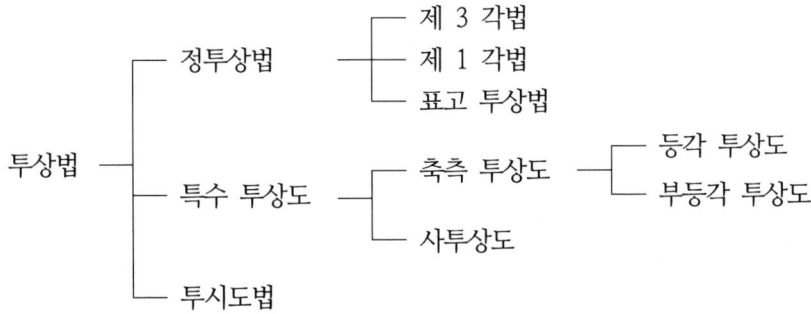

1 정투상법

물체를 네모진 유리 상자 속에 넣고 바깥쪽에서 들여다보면 물체는 유리판에 투상하여 보는 것과 같이 시선이 물체로부터 무한대로 있는 것처럼 생각한 투상을 정투상이라 하고, 투상선이 투상면에 대하여 수직으로 투상하는 방법을 정투상법이라 한다.

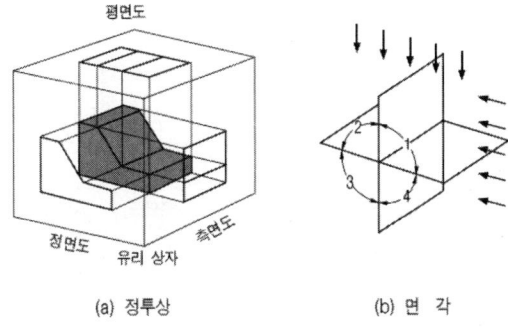

(a) 정투상　　　　(b) 면 각

다음 그림과 같이 공간을 직교하는 수직, 수평 투상면에 의해 4공간으로 나누면 그 위치에 따라 제 1, 2, 3, 4상한각으로 나누어진다. 일반적으로, 물체를 제 1상한각에 놓고 투상하면 제1각법, 제 3상한각에 놓고 투상하면 제3각법이 된다. 또, 평화면, 입화면, 측화면에서 얻는 투상도를 각각 평면도, 정면도, 측면도라 한다.

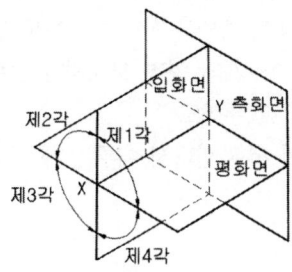

① 제3각법
　㉠ 제 3상한각에 물체를 놓고 투상하는 방법
　㉡ 각 면에 보이는 물체는 보이는 면과 같은 면에 나타낸다.
　㉢ 물체를 위에서 내려다 본 모양을 유리판에 그린 투상도인 평면도는 정면도 위에, 물체를 우측에서 본 모양을 유리판에 그린 투상도인 우측면도는 정면도 우측에 각각 그린다.
　㉣ 눈 ⇨ 투상도 ⇨ 물체
　㉤ KS F 에서는 제3각법으로 도면을 그리는 것을 원칙으로 한다.
② 제1각법
　㉠ 제 1상한각에 물체를 넣고 투상하는 방법
　㉡ 각 변에 보이는 물체는 반대쪽에 배치된다.
　㉢ 평면도는 정면도의 아래쪽에, 우측면도는 좌측에 각각 그린다.
　㉣ 눈 ⇨ 물체 ⇨ 투상도

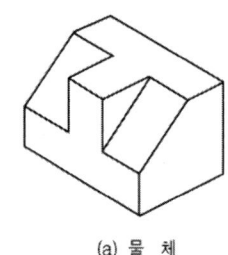

(a) 물 체

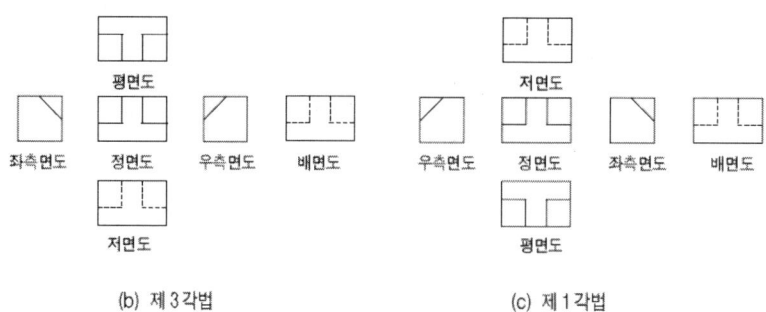

(b) 제 3각법　　　　　　　(c) 제 1각법

2 축측 투상법

① 3면이 한 평면상에 투상 되도록 입체를 경사지게 하여 투상하는 방법
② 등각 투상도 : 물체의 정면, 평면, 측면을 하나의 투상도에 볼 수 있도록 하기 위하여 물체를 왼쪽으로 돌린 다음 앞으로 기울여 2개의 옆면 모서리가 수평선과 30°되게 잡아 물체의 3모서리가 각각 120°의 등각을 이루도록한 투상도
③ 부등각 투상도 : 3개의 축선이 서로 만나서 이루는 세 각들 중에서 두 각은 같게, 나머지 한각을 다르게 그린 투상도

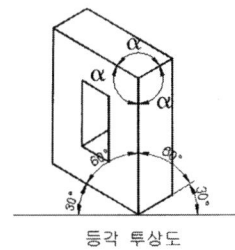
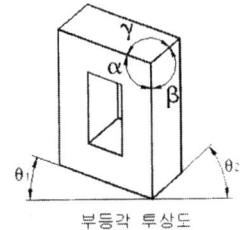

등각 투상도   부등각 투상도

3 표고 투상법

정투상법에 있어서는 최소한 평면도, 입면도의 2투상을 가지고 표시하지만, 입면도를 쓰지 않고 수평면으로부터 높이의 수치를 평면도에 기호로 주기하여 나타내는 방법

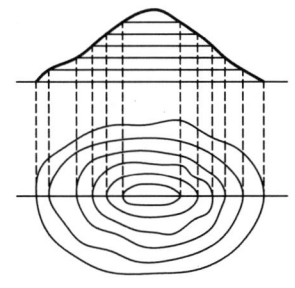

4 사투상도법(경사 투상도법)

① 입체의 3주축(X,Y,Z) 중에서 2주축을 투상면과 평행으로 놓고 정면도로 하여 옆면 모서리축을 수평선과 임의의 각으로 그려진 투상도

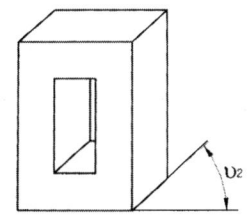

② 기본 사투상도 : 기준선위에 물체의 정면도를 나타낸 다음, 각 꼭지점에서 기준선과 45°를 이루는 사선을 나란히 긋고, 이 선 위에 물체의 안쪽 길이를 옮겨서 나타내는 방법

③ 특수 사투상도 : 경사각을 30°, 60° 등으로 달리하고, 안쪽 길이를 실제 길이의 $\frac{3}{4}$, $\frac{2}{3}$, $\frac{1}{2}$ 로 줄여서 나타내어 시각적 효과를 다르게 하여 나타내는 방법

5 투시도법

① 물체의 앞이나 뒤에 화면을 놓은 것으로 생각하고, 물체를 본 시선이 그 화면과 만나는 각 점을 연결하여 우리 눈에 비치는 모양과 같게 물체를 그리는 것을 투시도라 한다.
② 투시도법은 멀고 가까운 거리감을 느낄 수 있도록 하나의 시점과 물체의 각 점을 방사선으로 이어서 그리는 방법이다.
③ 주로 토목이나 건축에서의 겨냥도, 구조물의 조감도에 많이 사용된다.

■ 겨냥도 : 도형을 일정한 방향으로 본 것을 약식으로 그린 그림으로 구조물의 보이는 곳은 실선으로, 보이지 않는 부분은 점선으로 표시

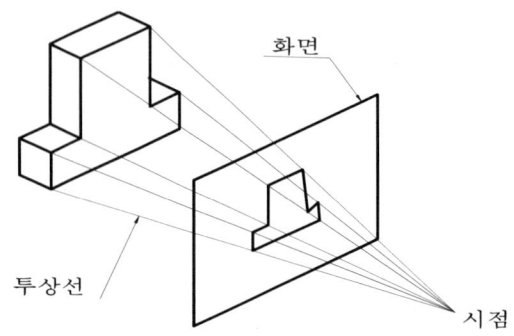

④ 투시도의 종류
  ㉠ 소점 수에 따른 분류 : 1소점 투시도, 2소점 투시도, 3소점 투시도
  ㉡ 물체가 화면에 투시되는 방향에 따른 분류 : 평행 투시도, 유각 투시도, 경사 투시도

⑤ 용어

용어	영표기	설명
화 면	P.P(Picture Plane)	물체를 투시하여 도면을 그리는 입화면
기 면	G.P(Ground Plane)	화면과 수직으로 놓인 기준이 되는 평화면
기 선	G.L(Ground Line)	기면과 화면이 만나는 선
수평면	H.P(Horizontal Plane)	눈 높이와 수평한 면
수평선	H.L(Horizontal Line)	입화면과 수평면이 만나는 선
시 점	E.P(Eye Point)	보는 사람의 눈의 위치
소 점	V.P(Vanishing Point)	시점이 화면 위에 투상되는 점으로 물체가 기면에 평행으로 무한히 멀리 있을 때 수평선 위의 한 점에 모이게 되는 점
정 점	S.P(Station Point)	시점이 기면 위에 투상되는 점
시선축	A.V(Axis of Vision)	시점에서 입화면에 수직하게 통하는 투상선

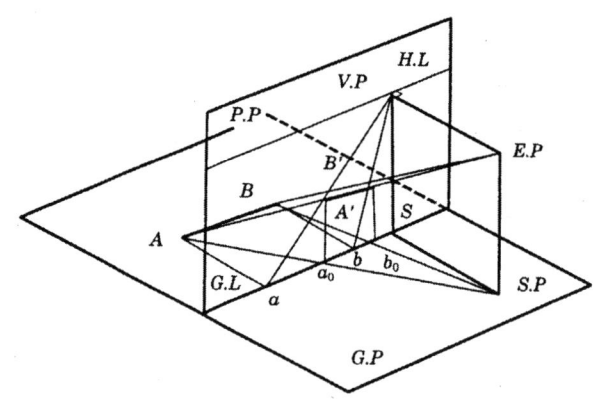

기출 및 예상문제

1. 제도에 필요한 준비 사항 중 틀린 것은?
① 제도실의 조명은 오른쪽 옆에서 비추게 하는 것이 좋다
② T자의 머리 부분과 날의 직각을 검사하고, 움직이지 않게 잘 고정되었는가를 확인한다.
③ 먹줄펜, 제도용 만년필은 사용 후 즉시 잘 닦아서 보관한다.
④ 제도판은 뒤쪽이 수평선에 대하여 5~10° 정도 높게 기울인다.

해설 제도 준비
㉠ 제도판의 높이는 서 있는 자세 또는 앉은 자세에 알맞은 것을 선택 한다.
㉡ 제도판을 설치할 때 뒤쪽을 수평선에 대해 5°~10°정도 높게 기울어진 것이 이상적이다.
㉢ 조명은 왼쪽 위에서 비추게 하는 것이 좋다.
㉣ 조명의 밝기는 300~700 Lux가 알맞다.
㉤ 자주 사용하는 제도 용구는 제도판 위의 정해진 곳에 놓아두면 편리하다.
㉥ 제도기는 녹이 스는 경우가 있으므로 깨끗이 닦아서 보관한다.

2. 제도에 필요한 준비 사항으로 틀린 것은?
① 흔히 쓰이는 제도 용구는 제도판 위의 정해진 곳에 놓아 두는 것이 좋다.
② 제도실의 조명은 오른쪽 위에서 비추게 하는 것이 좋다.
③ 제도판의 높이는 서 있는 자세 또는 앉은 자세에 알맞은 것을 선택해야 한다.
④ 제도실 조명의 밝기는 300~700lx가 알맞다.

해설 조명은 왼쪽 위에서 비추게 하는 것이 좋다.

3. 제도 준비에 있어서 제도판은 뒤쪽의 수평선에 대하여 몇도 정도 높게 기울어진 것이 이상적인가?
① 0°~5°　　② 5°~10°　　③ 15°~20°　　④ 25°~30°

해설 제도판을 설치할 때 뒤쪽을 수평선에 대해 5°~10°정도 높게 기울어진 것이 이상적이다.

4. 제도실의 알맞은 조명의 밝기는?
① 100~200 Lux　　② 200~300 Lux　　③ 300~700 Lux　　④ 700~1000 Lux

해설 조명의 밝기는 300~700 Lux가 알맞다.

5. 가장 적절한 제도실의 조명은 어느 정도인가?
① 100~400 Lux　　② 300~700 Lux　　③ 700~1000 Lux　　④ 1000~1300 Lux

6. 제도에 쓰이는 원도 용지 중 채색 제도용으로 쓰는 종이는?
① 켄트지　　② 와트만지　　③ 미농지　　④ 감광지

해설 ㉠ 켄트(Kent)지 : 연필 제도용, ㉡ 와트만(Whatman)지 : 채색 제도용, ㉢ 트레이싱지 : 얇고 반투명한 용지

정답 1. ①　2. ②　3. ②　4. ③　5. ②　6. ②

7. 채색 제도용으로 쓰이는 제도 용지는?
   ① 기름 종이   ② 켄트지   ③ 와트만지   ④ 미농지

8. 다음의 제도 용구 중 컴퍼스로 그리기 어려운 원호나 곡선을 그릴 때에 사용하는 것은?
   ① 운형자   ② 삼각자   ③ 디바이더   ④ T자

   해설 운형자 : 불규칙적인 곡선, 컴퍼스로 그리기 어려운 원호나 곡선을 그릴 때 사용 한다.

9. 컴퍼스로 그리기 어려운 원호나 곡선을 그릴 때 쓰이는 제도용구로서, 타원, 나사선 및 그 밖의 곡선을 서로 조합하여 만들었으며, 대개 셀룰로이드로 만드는 제도용자의 이름은?
   ① 운형자   ② 자유곡선자   ③ 철도곡선자   ④ 선박용곡선자

10. 타원, 나사선, 그 밖의 곡선을 조합하여 만든 제도 용구로 컴퍼스로 그리기 어려운 원호나 곡선을 그릴 때 쓰이는 것은?
    ① 운형자   ② 선박 곡선자   ③ 자유 곡선자   ④ 클로소이드 곡선자

11. 컴퍼스로 그리기 어려운 원호나 곡선을 그릴 때 쓰이는 제도용구로서, 타원, 나사선 및 그 밖의 곡선을 서로 조합하여 만든 자는?
    ① 운형자   ② 축척자   ③ 자유곡선자   ④ 커브로울러

12. 도로곡선을 제도하는데 곡선부의 완화 구간이 클로소이드 곡선이었다. 다음 중 완화구간을 작도하는데 적당한 기구는?
    ① 철도곡선자   ② 컴파스   ③ 삼각자   ④ 운형자

13. 작은 원 또는 원호를 그리거나 선, 원호를 등분할 때 쓰이는 제도기는?
    ① 디바이더   ② 빔 컴퍼스   ③ 스프링 컴퍼스   ④ 비례 디바이더

    해설 스프링 컴퍼스 : 작은 원을 그릴 때 사용한다.

14. 보통 반경 10mm~20mm 이하의 작은 원이나 작은 원호를 그릴 때 쓰이는 제도 용구는?
    ① 스프링 컴퍼스   ② 비임 컴퍼스   ③ 비례 디바이더   ④ 먹줄펜

15. 다음 중 반지름 20mm이하의 작은 원을 그릴 때 필요한 컴퍼스는?
    ① 비임 컴퍼스   ② 확대기   ③ 비례디바이더   ④ 스프링 컴퍼스

정답 7. ③ 8. ① 9. ① 10. ① 11. ① 12. ④ 13. ③ 14. ① 15. ④

16. 도로의 곡선 설계 및 제도에 흔히 사용되는 제도 용구는?
   ① 형판   ② 철도 곡선자   ③ 자유 곡선자   ④ 클로소이드 곡선자

   해설 클로소이드 곡선자 : 도로의 곡선 설계 및 제도에 사용한다.

17. 다음 그림과 같은 제도 용구의 명칭은?

   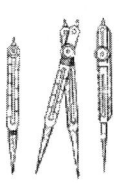

   ① 비례디바이더   ② 스프링컴퍼스   ③ 먹줄펜   ④ 비임컴퍼스

   해설 빔컴퍼스는 반지름이 15cm이상인 큰 원을 그릴 때 사용한다.

18. 다음 그림에서 먹줄펜에 먹물을 넣을 때 먹물의 양은 일반적으로 어느 정도인가?

   ① 3~5mm   ② 5~8mm   ③ 8~11mm   ④ 11~15mm

   해설 먹줄펜에 먹물을 넣을 때 먹물의 양은 일반적으로 5~8mm 정도이다.

19. 다음은 컴퍼스에 대한 설명이다. 옳지 않은 것은?
   ① 컴퍼스는 원 또는 원호를 그릴 때 사용한다.
   ② 컴퍼스는 반시계 방향으로 회전시켜야 하며, 중심바늘에 힘을 주어 그려야 한다.
   ③ 빔컴퍼스는 반지름이 15cm이상인 큰 원을 그릴 때 사용한다.
   ④ 스프링컴퍼스는 작은 원 또는 원호를 그리거나 선, 원호를 등분할 때 사용한다.

   해설 컴퍼스는 일반적으로 시계방향으로 회전시킨다.

20. 축척의 눈금을 제도용지에 옮길 때나 도면상의 길이를 재어 옮길 때 또는 도면상의 길이를 분할할 때 등에 쓰는 기구는?
   ① 디바이더   ② 곡선자   ③ 삼각스케일   ④ 운형자

   해설 디바이더 : 선분을 등분하거나 치수를 옮길 때 사용한다.

21. 선, 원주 등을 같은 길이로 분할할 때 사용하는 기구는?
   ① 컴퍼스   ② 디바이더   ③ 형판   ④ 운형자

정답 16. ④   17. ④   18. ②   19. ②   20. ①   21. ②

22. 납이 들어 있는 금속고무로 된 자로서 굽은 모양의 곡선을 그리기에 편리한 기구는?
① 컴퍼스 ② 곡선자 ③ 운형자 ④ 자유 곡선자

해설 자유 곡선자: 납과 고무로 만들어져 자유롭게 구부릴 수 있다.

23. T자에 대한 설명으로 적당하지 않은 것은?
① 몸체의 길이는 900mm의 것이 가장 많이 쓰인다.
② 사용할 때는 제도판 왼쪽 가장자리에 T자의 머리를 밀착시킨다.
③ 머리부분과 날의 각도는 95° 정도로 하여 경사를 둔다.
④ 수평선 긋기에 사용하면 편리하다.

해설 머리부분과 날의 각도는 90°를 이루고 있다.

24. 제도판 위에서 수평선, 수직선을 긋거나 삼각자와 함께하여 평행선 및 빗금을 그을 때 사용되는 제도용구는?
① 자유곡선자 ② T자 ③ 축척자 ④ 운형자

해설 T자 : 수평선 및 수직선을 그릴 때나, 빗금을 그을 때는 삼각자의 안내 역할을 한다.

25. T 자와 삼각자로 선을 긋는 방법 중 옳은 것은?
① 수평선은 왼쪽에서 오른쪽으로 긋고 수직선은 위에서 아래로 긋는다.
② 수평선은 왼쪽에서 오른쪽으로 긋고 수직선은 아래에서 위로 긋는다.
③ 수평선은 오른쪽에서 왼쪽으로 긋고 수직선은 위에서 아래로 긋는다.
④ 수평선은 오른쪽에서 왼쪽으로 긋고 수직선은 아래서 위로 긋는다.

해설 T 자와 삼각자로 선을 긋는 방법은 수평선은 왼쪽에서 오른쪽으로 긋고 수직선은 아래에서 위로 긋는다.

26. 한 쌍의 삼각자로 나타낼 수 없는 각도는?
① 15° ② 30° ③ 50° ④ 75°

해설 삼각자 : 30°× 60°× 90°, 45°× 45°× 90°의 2개가 1조

27. 축척자의 최소 눈금은?
① 0.1mm ② 0.5mm ③ 1mm ④ 2mm

28. 삼각 스케일을 가지고 직접 측정할 수 있는 축척은?
① 1 : 600 ② 1 : 700 ③ 1 : 800 ④ 1 : 900

해설 삼각축척자(삼각스케일) : 일정한 비율로 길이를 줄일 때 사용한다.
단면이 삼각형으로 $\frac{1}{100}, \frac{1}{200}, \frac{1}{300}, \frac{1}{400}, \frac{1}{500}, \frac{1}{600}$ 에 해당하는 축척 눈금이 새겨져 있다.

29. 제도기구로 삼각 스케일(scale)은 몇 종의 축척이 표시되어 있는가?
① 2종 ② 3종 ③ 6종 ④ 8종

정답 22. ④ 23. ③ 24. ② 25. ② 26. ③ 27. ② 28. ① 29. ③

30. 삼각 스케일은 축척에 따라 길이를 재거나 주어진 길이의 직선을 그을때 쓰이는 제도 용구이다. 다음 중 3면에 새겨진 축척이 아닌 것은?
   ① 1 : 100   ② 1 : 250   ③ 1 : 400   ④ 1 : 600

31. 제도용 연필을 깎을 때 컴퍼스용으로 적당한 것은 다음 중 어느 것인가?
   ① 경사형   ② 원뿔형   ③ 쐐기형   ④ 라운드형

해설 용도에 따른 연필심 모양

문자용	원뿔형
선긋기용	쐐기형
컴퍼스용	경사형

32. 컴퍼스에 연필을 끼워 원을 그릴 때 사용되는 연필 깎는 방법으로 가장 적당한 것은?
   ① 경사형   ② 원뿔형   ③ 쐐기형   ④ 뾰족한형

33. 문자를 쓸 때 사용되는 연필 깎는 방법으로 가장 적절한 것은?
   ① 쐐기형   ② 마름모형   ③ 경사형   ④ 원뿔형

34. 제도에 사용하기 위한 연필의 경도에 관해 연필의 무른 것부터 단단한 순서를 옳게 나열한 것은?
   ① 2H → HB → H → B
   ② 2H → H → B → HB
   ③ B → HB → H → 2H
   ④ HB → B → H → 2H

해설 연필심 경도 비교 : H는 Hard, B는 Black의 약자로 H는 딱딱하고 흐리며 B는 부드럽고 진하다. 9H, 8H, 7H, 6H, 5H, 4H, 3H, 2H, H, HB, B, 2B, 3B, 4B, 5B, 6B로 나타내며 번호가 클수록 더 부드럽거나 더 딱딱하다.

35. 외형선을 켄트지에 그릴 때 가장 적당한 제도용 연필의 종류는?
   ① F~H   ② HB~F   ③ 2H   ④ 4H~3H

36. 다음 중 연필심이 가장 단단한 연필은?
   ① B   ② H   ③ HB   ④ 3H

37. 다음 연필 중 가장 연한(무른) 연필은?
   ① 2H   ② H   ③ B   ④ 2B

38. 제도기 세트는 품종 수로 구분된다. 다음 중 전문적인 제도에 가장 적당한 제도기 세트는?
   ① 3품   ② 6품   ③ 12품   ④ 24품

정답 30. ② 31. ① 32. ① 33. ④ 34. ③ 35. ③ 36. ④ 37. ④ 38. ④

39. 제도용 잉크로 사용되는 먹물에 대한 설명 중 부적당한 것은?
① 너무 짙지 않을 것
② 부패되지 않을 것
③ 광택이 날 것
④ 향기롭지 않을 것

40. 투상선이 투상면에 대하여 수직으로 투상하는 방법을 무엇이라 하는가?
① 정투상법
② 사투상법
③ 축투상법
④ 투시도법

> **해설** 투상선이 투상면에 대하여 수직으로 투상하는 방법을 정투상법이라 한다.

41. 일반적으로 정투상도로 사용되는 방법은?
① 제1각법과 제2각법
② 제2각법과 제3각법
③ 제3각법과 제1각법
④ 제4각법과 제1각법

42. 정투상법에서 물체를 위에서 투상하여 그린 그림은?
① 정면도
② 단면도
③ 평면도
④ 측면도

43. 다음 정투상법에 관한 설명이 옳은 것은?
① 투상선이 모든 투상면에 평행인 투상법
② 투상선이 모든 점에 집중하는 투상법
③ 투상선이 모두 서로 평행하고 투상면에 수직이 아닐 때의 투상법
④ 투상선이 모든 투상면에 수직할 때의 투상법

> **해설** 투상선이 투상면에 대하여 수직으로 투상하는 방법을 정투상법이라 한다.

44. 정투상법 중 제3각법에 대한 설명으로 옳지 않은 것은?
① 제 3 상한각에 물체를 놓고 투상하는 방법이다.
② 눈→투상도→물체 순으로 보는 것이다.
③ 각 면에 보이는 물체는 보이는 면과 반대쪽에 배치된다.
④ 투상선이 투상면에 대하여 수직으로 투상한다.

> **해설** 제3각법
> ㉠ 제 3상한각에 물체를 놓고 투상하는 방법
> ㉡ 각 면에 보이는 물체는 보이는 면과 같은 면에 나타낸다.
> ㉢ 물체를 위에서 내려다 본 모양을 유리판에 그린 투상도인 평면도는 정면도 위에, 물체를 우측에서 본 모양을 유리판에 그린 투상도인 우측면도는 정면도 우측에 각각 그린다.
> ㉣ 눈 ⇨ 투상도 ⇨ 물체
> ㉤ KS F 에서는 제3각법으로 도면을 그리는 것을 원칙으로 한다.

45. KS에서 원칙으로 하고 있는 정투상법은?
① 제1각법
② 제2각법
③ 제3각법
④ 제4각법

정답 39. ④ 40. ① 41. ③ 42. ③ 43. ④ 44. ③ 45. ③

46. 다음 그림과 같은 물체를 제3각법으로 나타낼 때 평면도는?

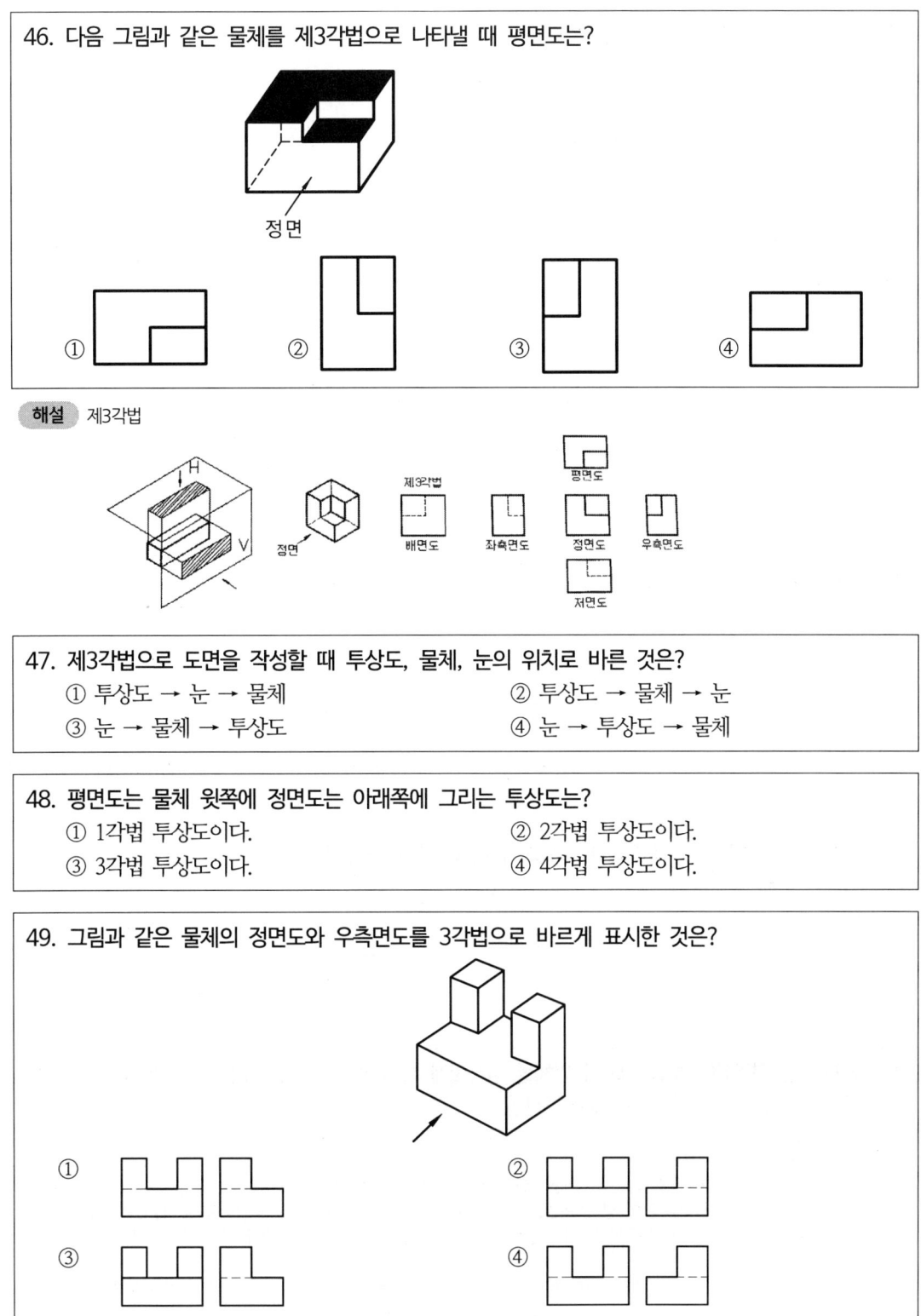

47. 제3각법으로 도면을 작성할 때 투상도, 물체, 눈의 위치로 바른 것은?
① 투상도 → 눈 → 물체
② 투상도 → 물체 → 눈
③ 눈 → 물체 → 투상도
④ 눈 → 투상도 → 물체

48. 평면도는 물체 윗쪽에 정면도는 아래쪽에 그리는 투상도는?
① 1각법 투상도이다.
② 2각법 투상도이다.
③ 3각법 투상도이다.
④ 4각법 투상도이다.

49. 그림과 같은 물체의 정면도와 우측면도를 3각법으로 바르게 표시한 것은?

정답 46. ① 47. ④ 48. ③ 49. ②

50. 다음 그림과 같이 나타내는 정투상법은?

	저면도	
우측면도	정면도	좌측면도
	평면도	

① 제1각법　② 제2각법　③ 제3각법　④ 제4각법

해설 제1각법

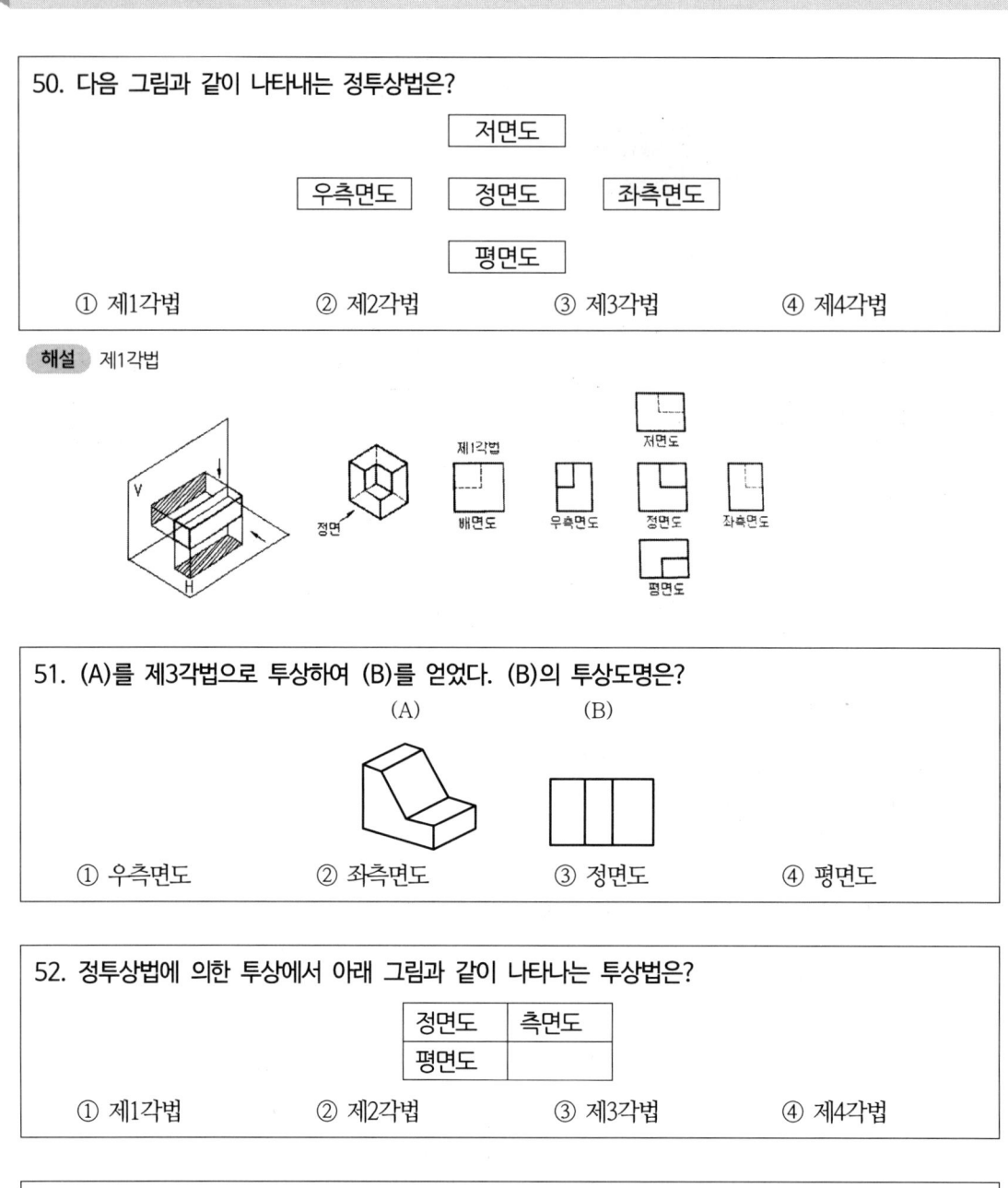

51. (A)를 제3각법으로 투상하여 (B)를 얻었다. (B)의 투상도명은?

① 우측면도　② 좌측면도　③ 정면도　④ 평면도

52. 정투상법에 의한 투상에서 아래 그림과 같이 나타나는 투상법은?

정면도	측면도
평면도	

① 제1각법　② 제2각법　③ 제3각법　④ 제4각법

53. 3면이 한 평면상에 투상 되도록 입체를 경사지게 하여 투상한 것을 무슨 투상법이라 하는가?
① 정투상법　② 축측 투상법　③ 표고 투상법　④ 사투상법

해설 축측 투상법
① 3면이 한 평면상에 투상 되도록 입체를 경사지게 하여 투상하는 방법
② 등각 투상도 : 물체의 정면, 평면, 측면을 하나의 투상도에 볼 수 있도록 하기 위하여 물체를 왼쪽으로 돌린 다음 앞으로 기울여 2개의 옆면 모서리가 수평선과 30° 되게 잡아 물체의 3모서리가 각각 120°의 등각을 이루도록한 투상도
③ 부등각 투상도 : 3개의 축선이 서로 만나서 이루는 세 각들 중에서 두 각은 같게, 나머지 한각을 다르게 그린 투상도

정답 50. ①　51. ④　52. ①　53. ②

54. 정면, 평면, 측면을 하나의 투상도에서 동시에 볼 수 있으며 직각으로 만나는 3개의 모서리가 각각 120°를 이루게 그리는 도법은?
① 등각 투상도 ② 유각 투상도 ③ 경사 투상도 ④ 평행 투상도

55. 등각 투상도에서 서로 직교하는 물체의 세변이 이루는 각도가 각각 몇도 인가?
① 45° ② 60° ③ 90° ④ 120°

56. 투상도에서 세개의 축이 120°를 이루는 경우는 다음 중 어느 것인가?
① 정투상도 ② 등각 투상도 ③ 부등각 투상도 ④ 중심 투상도

57. 등각 투상도에서 3개축이 등각을 이루는 각은?
① 90° ② 150° ③ 60° ④ 120°

58. 축측 투상도 중 등각 투상도란 직교하는 3변의 각을 몇도 각도로 그리는가?
① 45° ② 60° ③ 90° ④ 120°

59. 입체 투상도에서 3면이 한 평면상에 투상 되도록 입체를 경사지게 하여 투상하는 방법은?
① 정투상법 ② 표고 투상법 ③ 축측 투상법 ④ 투시도법

60. 입면도를 쓰지 않고 수평면으로부터 높이의 수치를 평면도에 기호로 주기하여 나타내는 투상법은?
① 정투상법 ② 축측 투상법 ③ 표고 투상법 ④ 사투상법

해설 표고 투상법 : 정투상법에 있어서는 최소한 평면도, 입면도의 2투상을 가지고 표시하지만, 입면도를 쓰지 않고 수평면으로부터 높이의 수치를 평면도에 기호로 주기하여 나타내는 방법

61. 다음 그림처럼 나타내는 투상법은?

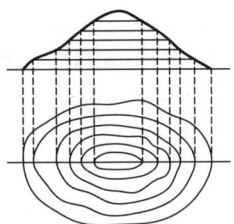

① 정투상법 ② 표고 투상법 ③ 축측 투상법 ④ 사투상법

정답 54. ① 55. ④ 56. ② 57. ④ 58. ④ 59. ③ 60. ③ 61. ②

62. 토목제도에서 입체의 3주축(X, Y, Z)중에서 2주축을 투상면에 평행으로 놓고 정면도로 하여, 옆면 모서리 축을 수평선과 임의의 각(θ)으로 그려진 투상도를 무엇이라 하는가?
 ① 정투상법 ② 투시도법 ③ 표고 투상법 ④ 사투상도법

해설 사투상도법(경사 투상도법) : 입체의 3주축(X,Y,Z) 중에서 2주축을 투상면과 평행으로 놓고 정면도로 하여 옆면 모서리축을 수평선과 임의의 각으로 그려진 투상도

63. 주로 토목이나 건축에서 현장의 겨냥도, 구조물의 조감도 등에 쓰이는 방법은?
 ① 축투상도법 ② 투시도법 ③ 사투상도법 ④ 정투상도법

해설 투시도법
① 물체의 앞이나 뒤에 화면을 놓은 것으로 생각하고, 물체를 본 시선이 그 하면과 만나는 각 점을 연결하여 우리 눈에 비치는 모양과 같게 물체를 그리는 것을 투시도라 한다.
② 투시도법은 멀고 가까운 거리감을 느낄 수 있도록 하나의 시점과 물체의 각 점을 방사선으로 이어서 그리는 방법이다.
③ 주로 토목이나 건축에서의 겨냥도, 구조물의 조감도에 많이 사용된다.
■ 겨냥도 : 도형을 일정한 방향으로 본 것을 약식으로 그린 그림으로 구조물의 보이는 곳은 실선으로, 보이지 않는 부분은 점선으로 표시

64. 주로 토목 및 건축분야의 조감도로 쓰이는 투상도법은?
 ① 등각 투상도법 ② 부등각 투상도법 ③ 경사 투상도법 ④ 중심 투상도법

65. 물체를 평행으로 투상하여 표현하는 투상법이 아닌 것은?
 ① 사투상법 ② 축측 투상법 ③ 표고 투상법 ④ 투시도법

66. 물체의 앞이나 뒤에 화면을 놓은 것으로 생각하고, 물체를 본 시선과 그 화면이 만나는 각 점을 연결하여 물체를 그리는 투상법은?
 ① 투시도법 ② 사투상도법 ③ 정투상법 ④ 표고 투상법

67. 인접한 두 면이 각각 화면과 기면에 평행한 때의 투시도를 무엇이라 하는가?
 ① 평행 투시도 ② 유각 투시도 ③ 경사 투시도 ④ 정사 투시도

68. 멀고 가까운 거리감을 느낄 수 있도록 하나의 시점과 물체의 각 점을 방사선상으로 이어서 그리는 도법으로 구조물의 조감도에 많이 쓰이는 투상법은?
 ① 투시도법 ② 사투상도법 ③ 표고 투상법 ④ 정투상법

69. 물체를 본 시선이 그 화면과 교차하는 각 점을 이어서 생기는 도면은?
 ① 등각 투상도 ② 정투상도 ③ 사투상도 ④ 투시도

정답 62. ④ 63. ② 64. ④ 65. ④ 66. ① 67. ① 68. ① 69. ④

70. 물체의 앞이나 뒤에 화면을 놓은 것으로 생각하고, 물체를 본 시선이 그 화면과 만나는 각 점을 연결하여 우리 눈에 비치는 모양과 같게 물체를 그리는 방법은?
   ① 투시도법 ② 투영도법 ③ 용기화적법 ④ 입화면법

71. 소점 수에 따른 투시도의 종류가 아닌 것은?
   ① 1소점 투시도 ② 2소점 투시도 ③ 3소점 투시도 ④ 4소점 투시도

   해설 ㉠ 소점 수에 따른 분류 : 1소점 투시도, 2소점 투시도, 3소점 투시도
   ㉡ 물체가 화면에 투시되는 방향에 따른 분류 : 평행 투시도, 유각 투시도, 경사 투시도

72. 투시도에 사용되는 기호의 연결이 틀린 것은?
   ① P.P. - 화면 ② G.P. - 기면 ③ H.L. - 수평선 ④ V.P. - 시점

   해설

용어	영표기	설명
화면	P.P(Picture Plane)	물체를 투시하여 도면을 그리는 입화면
기면	G.P(Ground Plane)	화면과 수직으로 놓인 기준이 되는 평화면
기선	G.L(Ground Line)	기면과 화면이 만나는 선
수평면	H.P(Horizontal Plane)	눈 높이와 수평한 면
수평선	H.L(Horizontal Line)	입화면과 수평면이 만나는 선
시점	E.P(Eye Point)	보는 사람의 눈의 위치
소점	V.P(Vanishing Point)	시점이 화면 위에 투상되는 점으로 물체가 기면에 평행으로 무한히 멀리 있을 때 수평선 위의 한 점에 모이게 되는 점
정점	S.P(Station Point)	시점이 기면 위에 투상되는 점
시선축	A.V(Axis of Vision)	시점에서 입화면에 수직하게 통하는 투상선

73. 물체가 기면에 평행으로 무한히 멀 때 수평선위의 1점에 모이게 되는데 이 점을 무엇이라 하는가?
   ① 교점 ② 정점 ③ 소점 ④ 시점

74. KS에서는 제도에 사용하는 투상법은 제 몇 각법에 따라 도면을 작성하는 것을 원칙으로 하는가?
   ① 제1각법 ② 제2각법 ③ 제3각법 ④ 제4각법

75. 축척자(스케일)는 여러 가지 종류가 있으나 일반적으로 사용하는 삼각 스케일의 축척이 아닌 것은?
   ① 1:10 ② 1:200 ③ 1:300 ④ 1:600

   해설 각축척자(삼각스케일) : 일정한 비율로 길이를 줄일 때 사용한다.
   단면이 삼각형으로 $\frac{1}{100}$, $\frac{1}{200}$, $\frac{1}{300}$, $\frac{1}{400}$, $\frac{1}{500}$, $\frac{1}{600}$ 에 해당하는 축척 눈금이 새겨져 있다.

정답 70. ① 71. ④ 72. ④ 73. ③ 74. ③ 75. ①

76. 다음은 어떤 투상법에 대한 설명인가?

각 면에 보이는 물체는 보이는 면과 같은 면에 나타난다. 즉, 물체를 위에서 내려다 본 모양을 유리판에 그린 투상도인 평면도는 정면도 위에, 물체를 우측에서 본 모양을 유리판에 그린 투상도인 우측면도는 정면도 우측에 각각 그린다.

① 제1각법 ② 제3각법 ③ 투시도법 ④ 제4각법

77. 제도에서 투상법은 보는 방법과 그리는 방법을 일정한 규칙에 따르게 한 것으로서 여러 가지 종류가 있는데, 투상법의 종류가 아닌 것은?
① 정투상법 ② 구조 투상법 ③ 등각 투상법 ④ 사투상법

해설 ① 정투상법(제1각법, 제3각법, 표고 투상법)
② 특수 투상도(㉠ 축측 투상도 : 등각 투상도, 부등각 투상도 ㉡ 사투상도)
③ 투시도법

78. 입체 투상도에서 제3상한에 물체를 놓고 투상하는 방법의 투상법은?
① 제1각법 ② 제3각법 ③ 축측 투상법 ④ 사투상법

해설 제3각법
㉠ 제 3상한각에 물체를 놓고 투상하는 방법
㉡ 각 면에 보이는 물체는 보이는 면과 같은 면에 나타낸다.
㉢ 물체를 위에서 내려다 본 모양을 유리판에 그린 투상도인 평면도는 정면도 위에, 물체를 우측에서 본 모양을 유리판에 그린 투상도인 우측면도는 정면도 우측에 각각 그린다.
㉣ 눈 ⇨ 투상도 ⇨ 물체
㉤ KS F 에서는 제3각법으로 도면을 그리는 것을 원칙으로 한다.

79. 투상도에서 물체 모양과 특징을 가장 잘 나타낼 수 있는 면을 일반적으로 어느 도면으로 선정하는 것이 좋은가?
① 평면도 ② 정면도 ③ 측면도 ④ 배면도

80. 다음 물체를 제3각법에 의하여 투상하였을 때 우측면도는?

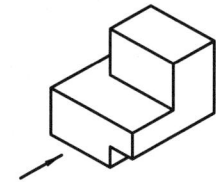

① 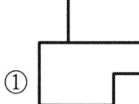   ② 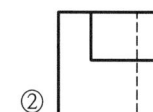   ③ 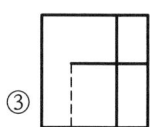   ④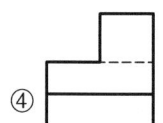

정답 76. ② 77. ② 78. ② 79. ② 80. ④

81. 물체의 상징인 정면 모양이 실제로 표시되며 한쪽으로 경사지게 투상하여 입체적으로 나타내는 투상도는?
   ① 정투상도   ② 사투상도   ③ 등각 투상도   ④ 투시 투상도

82. 정투상도에 의한 제3각법으로 도면을 그릴 때 도면 위치는?
   ① 정면도를 중심으로 평면도가 위에, 우측면도는 평면도의 왼쪽에 위치한다.
   ② 정면도를 중심으로 평면도가 위에, 우측면도는 정면도의 오른쪽에 위치한다.
   ③ 정면도를 중심으로 평면도가 아래에, 우측면도는 정면도의 오른쪽에 위치한다.
   ④ 정면도를 중심으로 평면도가 아래에, 우측면도는 정면도의 왼쪽에 위치한다.

83. 주어진 각(∠AOB)을 2등분할 때 가장 먼저 해야 할 일은?

   ① A와 P를 연결한다.
   ② O점과 P점을 연결한다.
   ③ O점에서 임의의 원을 그려 C와 D점을 구한다.
   ④ C, D점에서 임의의 반지름으로 원호를 그려 P점을 찾는다.

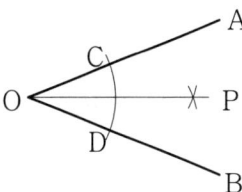

84. 그림은 무엇을 작도하기 위한 것인가?

   ① 사각형에 외접하는 최소 삼각형
   ② 사각형에 외접하는 최대 삼각형
   ③ 삼각형에 내접하는 최대 정사각형
   ④ 삼각형에 내접하는 최소 직사각형

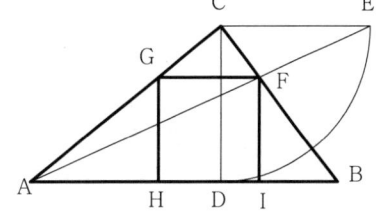

85. 직선의 길이를 측정하지 않고 선분 AB를 5등분하는 그림이다. 두 번째에 해당하는 작업은?

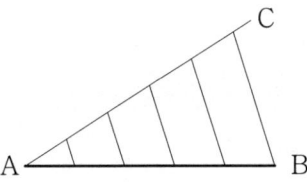

   ① 평행선 긋기
   ② 임의의 선분(AC) 긋기
   ③ 선분 AC를 임의의 길이로 5등분
   ④ 선분 AB를 임의의 길이로 다섯 개 나누기

정답 81. ② 82. ② 83. ③ 84. ③ 85. ③

86. 그림의 정면도와 우측면도를 보고 추측할 수 있는 물체의 모양으로 짝지어진 것은?

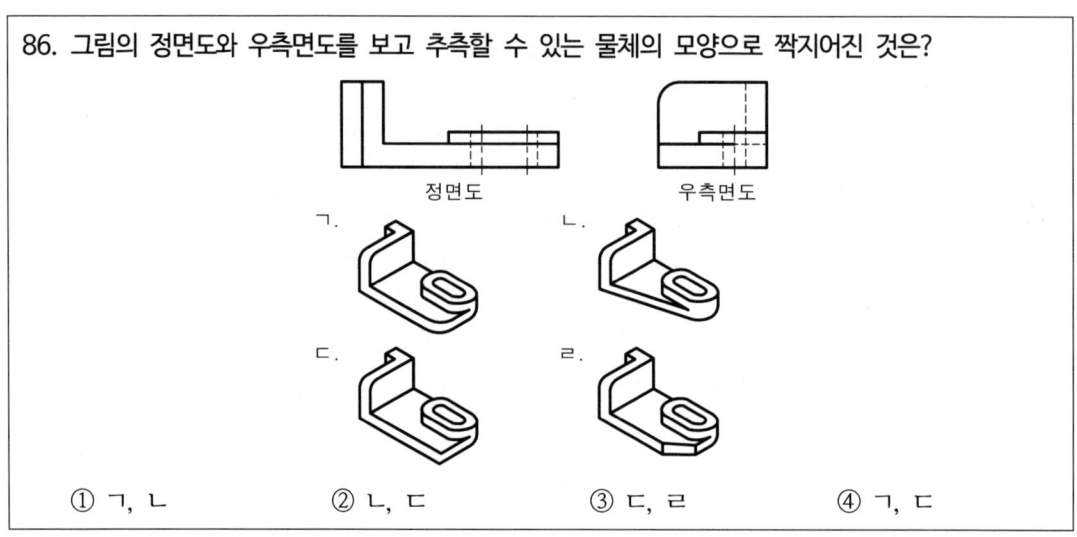

① ㄱ, ㄴ　　② ㄴ, ㄷ　　③ ㄷ, ㄹ　　④ ㄱ, ㄷ

87. 제3각법에 정면도의 위에 위치하는 것은?
① 평면도　　② 저면도　　③ 배면도　　④ 좌측면도

해설 물체를 위에서 내려다 본 모양을 유리판에 그린 투상도인 평면도는 정면도 위에, 물체를 우측에서 본 모양을 유리판에 그린 투상도인 우측면도는 정면도 우측에 각각 그린다.

3장 도면작성

1. 도면의 작성순서

1 기본 사항

① 단면도는 실선으로 주어진 치수대로 정확히 작도한다.
② 단면도에 배근될 철근 수량이 정확하고, 철근 간격이 벗어나지 않도록 주의해야 한다.
③ 단면도에 표시된 철근 길이가 벗어나지 않도록 해야 한다.
④ 철근 치수 및 철근 기호를 표시하고, 누락되지 않도록 주의한다.
⑤ 정면도나 측면도 등의 작도는 단면도에 표시된 간격이나 철근이 누락되지 않고 정확히 표현되도록 주의해야 한다.

2 작도 순서

① 일반적인 도면의 작도 순서
   단면도 - 배근도 - 일반도 - 주철근 조립도 - 철근 상세도
② 일반적인 도면 배치
   단면도를 중심으로 하부에 저판 배근도, 우측에 벽체 배근도, 저판 배근도 우측에 일반도, 나머지 도면은 적절히 배치한다.
③ 도면 상단에 도면 명칭과 각부 도면의 명칭을 도면의 크기에 알맞게 기입한다.
④ 도면 각부에 철근 번호, 철근 치수 등 도면에 표시되어야 할 모든 내용을 빠짐없이 표시하여야 한다.
⑤ 단면도에서 단면으로 표시되는 철근의 수량과 철근 간격을 정확히 균일성 있게 표시한다.
⑥ 배근도에서는 헌치 철근이나 절곡 철근 등의 위치와 길이를 정확하게 실선과 점선 등으로 구분해서 표시하고, 그에 맞추어 배근도에 표시한다.
⑦ 인출선의 화살표를 정확하게 표시하여 철근 단면과 구분하고, 철근 지름이 누락되지 않도록 한다.
⑧ 단면도와 배근도에 표시되는 철근의 길이와 간격을 정확히 표시하고, 실선과 쇄선 등의 구분을 정확히 한다.

3 도면 작도 시 유의 사항

① 도면은 KS 토목 제도 통칙에 따라 정확하게 그려야 한다.
② 치수선, 치수 보조선, 철근 표시선, 구조물 외형선 등의 선의 구분을 명확히 하여 도면을 쉽게 이해할 수 있도록 해야 한다.
③ 글씨는 명확하고 띄어쓰기에 맞게 쓰며, 도면의 크기와 배치에 알맞도록 써야 한다.
④ 치수선의 간격이 정확해야 하여, 화살 표시는 균일성 있게 표시해야 한다.

⑤ 도면은 될 수 있는 대로 간단하게 그리며, 중복을 피한다.
⑥ 도면은 그 배치와 선의 굵기를 고려하여 정확히 작도한다.
⑦ 도면에는 불필요한 사항은 기입하지 않는다.
⑧ 도면에 오류가 없도록 할 것
⑨ 설계자의 의도가 정확하게 전달될 수 있도록 할 것
⑩ 현장이나 그 밖의 지역에서 취급이 쉬울 것
⑪ 깨끗하게 잘 정리할 수 있도록 할 것

2. 도면의 작성방법

1 원도그리기

① 도형을 그리기 전에 부품의 모양에 따른 척도, 투상도의 수 등을 고려하여 용지의 크기를 결정한다. 이 경우, 치수를 기입할 여백과 표제란, 부품란의 여백도 생각해야 한다.
② 그림의 배치를 정하고, 중심선 및 기준선이 되는 선을 가는선으로 그린다.
③ 도형의 윤곽을 가는선으로 간략히 연결한다.
④ 외형선을 긋는다. 이 경우, 원호 및 원, 수평선, 수직선, 사선의 순서로 긋는다. 이때, 숨은선도 외형선에 준하여 긋는다.
⑤ 절단선, 가상선, 파단선 등을 긋는다.
⑥ 불필요한 선은 지우고 도형을 완성한다.
⑦ 도형이 완성되면 치수, 기호, 문자, 치수 숫자 등을 기입한다.
⑧ 필요한 곳에 해칭(hatching), 스머징(smudging)등을 한다.
 ■ 스머징 : 절단면을 전체적으로 흐리게 칠한 것
⑨ 다듬질 기호, 품번 등을 기입한다.
⑩ 표제란, 부품란을 만들고, 필요한 사항을 기입하여 넣는다.
⑪ 도면 전체에 대한 도형, 치수, 그 밖의 기입 사항이 틀림없는지를 검토, 정정하여 도면을 완성한다.

2 트레이스도를 그리는 방법

원도에 준하여 다음순서에 의한다.
① 원호와 원, 그 밖의 곡선을 작은 것부터 먼저 그린 다음 큰 것을 그린다.
② 수평선, 수직선, 사선의 순서로 직선을 긋는다.
③ 숨은선, 절단선, 가상선 등을 그릴 때에는 각각 ①의 순서에 따라 그린다.
④ 중심선, 피치선을 긋는다.
⑤ 도면이 완성되면 치수, 기호, 문자를 기입한다.
⑥ 치수선, 치수 보조선, 지시선 등을 긋고, 화살표를 붙인다.
⑦ 치수 숫자, 다듬질 기호, 품번, 그 밖의 설명 사항을 기입한다.

⑧ 표제란과 부품란을 기입한다.
⑨ 원도와 비교하여 충분히 검토하고, 잘못된 곳을 바로 잡는다.

3 **검 도 :** 도면이 완성되어 현장으로 가기 전에 잘못된 사항이 있는지를 면밀히 검사한다. 검도사항은 다음과 같다.
① 투상법
② 척 도
③ 치 수
④ 가공 기호
⑤ 치수 공차
⑥ 그 밖의 사항

기출 및 예상문제

1. 도면의 작성 방법에서 원도를 그리는 순서로 가장 적절한 것은?
① 도면의 구성→ 선긋기→ 도면배치→ 글자 및 기호쓰기→ 도면검토
② 도면의 구성→ 도면배치→ 선긋기→ 글자 및 기호쓰기→ 도면검토
③ 도면의 구성→ 글자 및 기호쓰기 → 선긋기→ 도면배치→ 도면검토
④ 도면배치→ 도면의 구성→ 선긋기→ 글자 및 기호쓰기→ 도면검토

해설 원도 그리는 순서는 도면의 구성→ 도면배치→ 선긋기→ 글자 및 기호쓰기→ 도면검토

2. 원도를 그리는 순서 중 옳은 것은?
① 도면의 구성→ 선긋기→ 도면배치→ 글자 및 기호쓰기→ 도면검토
② 도면의 구성→ 도면배치→ 선긋기→ 글자 및 기호쓰기→ 도면검토
③ 도면의 구성→ 글자 및 기호쓰기 → 선긋기→ 도면배치→ 도면검토
④ 도면배치→ 도면의 구성→ 선긋기→ 글자 및 기호쓰기→ 도면검토

3. 다음은 트레이싱 페이퍼 또는 켄트지 등에 연필로 기본도를 그리는 순서를 나열한 것이다. 이들 중 가장 먼저 그려야 할 것은?
① 도형을 그린다.   ② 윤곽선을 긋는다.
③ 치수를 써 넣는다.   ④ 표제란을 기입한다.

해설 윤곽선 - 중심선, 기준선 - 도형 - 치수, 기호, 문자 - 표제란

4. 도면을 트레이싱할 때 순서중 제일 먼저 해야 할 사항은?
① 표제란을 기입한다.
② 중심선을 긋는다.
③ 치수선, 치수보조선, 지시선 등을 긋는다.
④ 윤곽선, 외형선, 파단선 등을 굵은 실선으로 긋는다.

5. 구조, 재료 등의 상태를 쉽게 구별할 수 있도록 여러 가지 색을 엷게 칠한 도면을 무엇이라 하는가?
① 연필제도   ② 먹물제도   ③ 착색도   ④ 상세도

6. 물체에서 가장 주된 면을 나타내는 도면은?
① 평면도   ② 정면도   ③ 측면도   ④ 배면도

7. 토목 구조물의 일반적인 도면 작도 순서에서 가장 먼저 그리는 부분은?
① 각부 배근도   ② 일반도   ③ 주철근 조립도   ④ 단면도

정답 1. ②   2. ②   3. ②   4. ④   5. ③   6. ②   7. ④

해설 일반적인 도면의 작도 순서
단면도 - 배근도 - 일반도 - 주철근 조립도 - 철근 상세도

8. 토목 구조물 도면 작성의 순서로 가장 적당한 것은?
① 외형선 → 중심선 → 지시선 → 철근선
② 기준선 → 철근선 → 외형선 → 해칭선
③ 철근선 → 외형선 → 숨은선 → 치수선
④ 중심선 → 외형선 → 철근선 → 치수선

해설 토목 구조물의 도면 작성 순서는 중심선 → 외형선 → 철근선 → 치수선 순서로 한다.

9. 토목 구조물인 옹벽의 일반적인 도면 배치에서 단면도 하부에 그려지는 것은?
① 일반도 ② 저판 배근도 ③ 벽체 배근도 ④ 주철근 조립도

해설 일반적인 도면 배치 : 단면도를 중심으로 하부에 저판 배근도, 우측에 벽체 배근도, 저판 배근도 우측에 일반도, 나머지 도면은 적절히 배치한다.

10. 도면에서 특정한 부분의 형상·치수·구조를 보이기 위하여 큰 축척으로 표시한 것은?
① 일반도 ② 구조도 ③ 상세도 ④ 일반구조도

11. 다음 중 원도를 그리는 방법을 순서 없이 나열한 것으로 마지막 작업에 해당하는 것은?
① 윤곽선, 표제란, 기준선을 긋는다.
② 기호, 문자, 숫자 등을 넣는다.
③ 외형선, 파단선 등을 긋는다.
④ 철근선 및 숨은선을 긋는다.

해설 중심선 및 기준선 ⇒ 외형선, 숨은선 ⇒ 절단선, 가상선, 파단선 ⇒ 치수, 기호, 문자, 치수 숫자 ⇒ 해칭

12. 도면의 작도 방법에 대한 기본 사항 중 틀린 설명은?
① 철근 치수 및 기호를 표시하고 누락되지 않도록 주의한다.
② 단면도는 실선으로 주어진 치수대로 정확히 작도한다.
③ 단면도에 표시된 철근 길이가 벗어나지 않도록 주의한다.
④ 단면도에 배근될 철근 수량은 정확하여야 하나, 철근의 간격은 일정하지 않아도 무방하다.

해설 단면도에서 단면으로 표시되는 철근의 수량과 철근 간격을 정확히 균일성 있게 표시한다.

13. 일반적인 토목 구조물 제도에서 도면배치에 대한 설명으로 바르지 않은 것은?
① 단면도를 중심으로 저판 배근도는 하부에 그린다.
② 단면도를 중심으로 우측에는 벽체 배근도를 그린다.
③ 도면 상단에는 도면 명칭을 도면 크기에 알맞게 기입한다.
④ 일반도는 단면도의 상단에 위치하도록 그린다.

해설 일반적인 도면 배치 : 단면도를 중심으로 하부에 저판 배근도, 우측에 벽체 배근도, 저판 배근도 우측에 일반도, 나머지 도면은 적절히 배치한다.

14. 내부의 보이지 않는 부분을 나타낼 때 물체를 절단하여 내부 모양을 나타낸 도면은?
① 단면도 ② 전개도 ③ 투상도 ④ 입체도

정답 8. ④ 9. ② 10. ③ 11. ② 12. ④ 13. ④ 14. ①

15. 구조물 설계 제도에서의 도면 작도 방법에 대한 기본 사항으로 옳지 않은 것은?
① 단면도는 실선으로 주어진 치수대로 정확히 그린다.
② 철근 치수 및 기호를 표시하고 누락되지 않도록 주의한다.
③ 단면도에 배근될 철근 수량이 정확하고, 철근 간격이 벗어나지 않도록 주의해야 한다.
④ 일반적으로 일반도를 먼저 그리고 철근 상세도, 배근도를 완성 후 단면도를 그리는 것이 편하다.

해설 단면도 - 배근도 - 일반도 - 주철근 조립도 - 철근 상세도

정답 15. ④

4장 건설재료의 표시

1. 건설재료의 단면표시

1 금속재 및 비금속재의 단면 표시

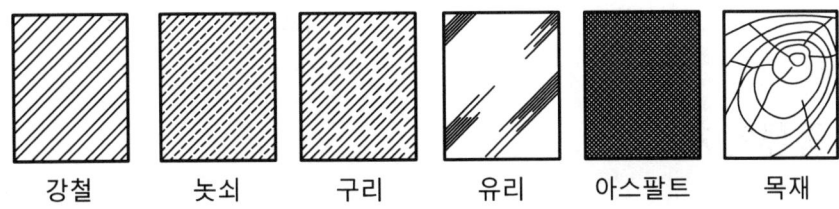

강철　놋쇠　구리　유리　아스팔트　목재

2 석재 및 콘크리트재의 단면 표시

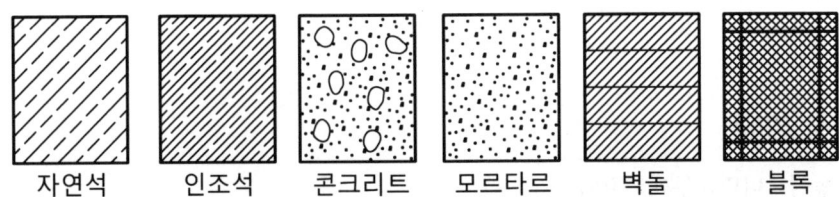

자연석　인조석　콘크리트　모르타르　벽돌　블록

3 골재의 단면표시

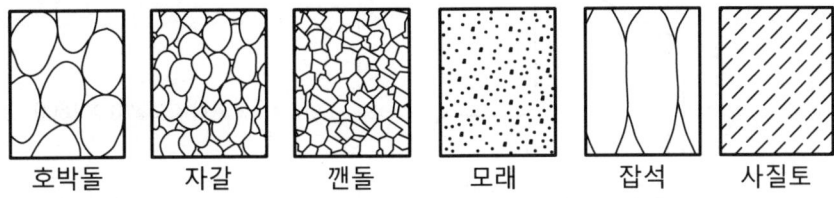

호박돌　자갈　깬돌　모래　잡석　사질토

2. 재료단면의 경계 표시

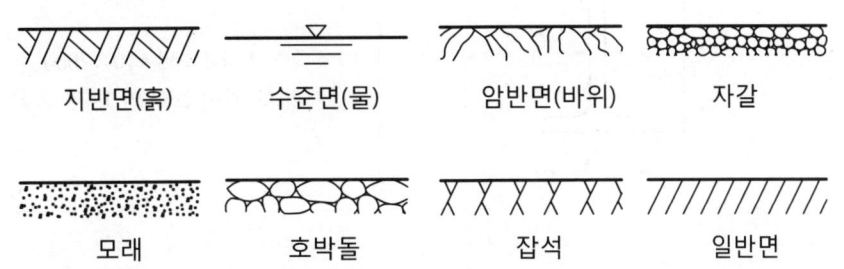

지반면(흙)　수준면(물)　암반면(바위)　자갈

모래　호박돌　잡석　일반면

3. 단면의 형태에 따른 절단면 표시

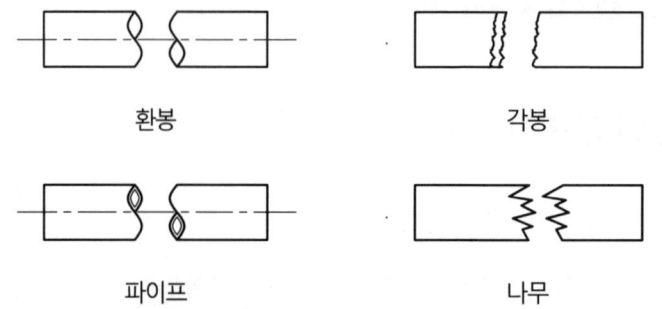

환봉	각봉
파이프	나무

4. 판형재의 종류와 치수

1 판의 치수 표시

판의 수 - 판의 기호 판의 폭 × 판의 두께 × 판의 길이
  1   -   PL   300 ×   9   ×   500

2 강재의 표시 방법

수량 - 종류 높이×너비×두께×길이

종류	단면 모양	표시 방법
L 형강		L 100×75×10×1800
I 형강		2 - I 60×30×10×2000 (축 방향 길이 2000인 I형강 2개)

3 판형재의 치수 표시

종류	단면 모양	표시 방법	종류	단면 모양	표시 방법
등변 ㄱ형강		L A×B×t−L	경 Z 형강		⌐ H×A×B×t−L
부등변 ㄱ형강		L A×B×t−L	립 ㄷ형강		⊏ H×A×C×t−L
부등변 부등두께 ㄱ형강		L A×B×t_1×t_2−L	립 Z 형강		⌐ H×A×C×t−L
I 형강		I H×B×t−L	모자 형강		⊓ H×A×B×t−L
ㄷ 형강		[H×B×t_1×t_2−L	환 강		보통 ∅ A−L 이형 D A−L
구평형강		J A×t−L	강 관		∅ A×t−L
T 형강		T B×H×t_1×t_2−L	각강관		☐ A×B×t−L
H 형강		H H×A×t_1×t_2−L	각 강		☐ A−L
경 ㄷ형강		[H×A×B×t−L	평 강		▭ B×A−L

기출 및 예상문제

1. 단면으로 재료를 나타낼 때 강재의 표시로 옳은 것은?

① 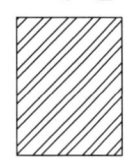 ② 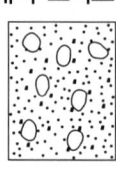 ③ 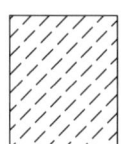 ④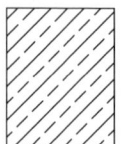

해설 ① 강재(강철), ② 콘크리트, ③ 사질토, ④ 석재(자연석)

2. 그림은 어떠한 구조물 재료의 단면을 나타낸 것인가?

① 점토   ② 석재
③ 콘크리트   ④ 주철

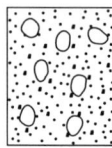

3. 다음 중 콘크리트 단면을 표시한 것은?

①  ② 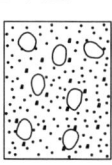 ③  ④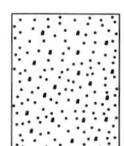

해설 ① 인조석, ② 콘크리트, ③ 벽돌, ④ 모르타르(모래)

4. 다음은 재료의 단면표시이다. 무엇을 표시하는가?

① 석재   ② 목재
③ 강재   ④ 콘크리트

5. 다음 그림에서 콘크리트 재료를 표시하는 것은?

①  ② 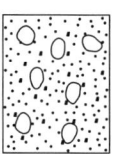 ③ 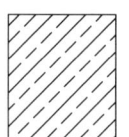 ④

해설 ① 지반면(흙), ② 콘크리트, ③ 자연석(석재), ④ 모래

정답 1. ① 2. ③ 3. ② 4. ① 5. ②

6. 단면에서 특별히 재료를 나타낼 필요가 있는 경우 사용하는 도시방법 중 석재를 나타낸 것은?

① 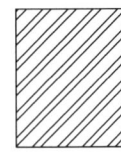   ② 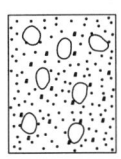   ③    ④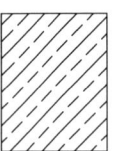

해설 ① 강철, ② 콘크리트, ③ 목재, ④ 자연석

7. 아래 재료의 기호 중에서 석재를 나타내는 것은?

①    ② 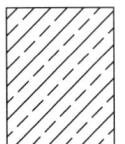   ③ 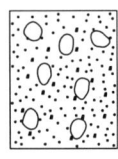   ④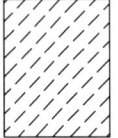

해설 ① 강철, ② 자연석(석재), ③ 콘크리트, ④ 사질토

8. 다음 그림은 어느 재료의 도시인가?

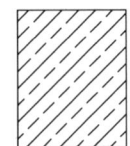

① 강재   ② 석재   ③ 목재   ④ 콘크리트

9. 골재의 단면 표시 중 잡석을 나타내는 것은?

①    ②    ③ 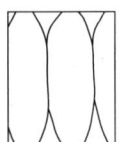   ④

해설 ① 호박돌, ② 자갈, ③ 잡석, ④ 깬돌

	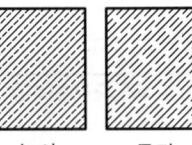				
강철	놋쇠	구리	유리	아스팔트	목재

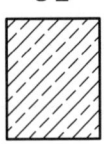	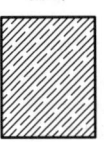	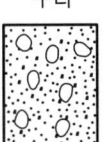		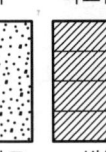	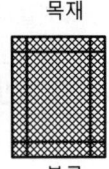
자연석	인조석	콘크리트	모르타르	벽돌	블록

정답 6. ④ 7. ② 8. ② 9. ③

10. 다음은 골재의 단면을 표시한 그림이다. 잡석을 바르게 나타낸 것은?

① 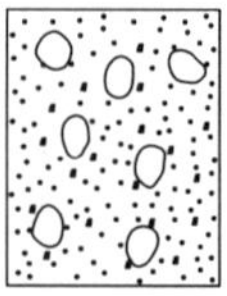 ② 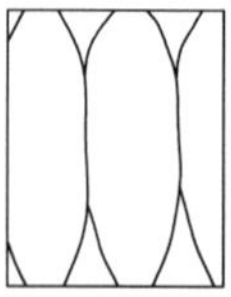 ③ 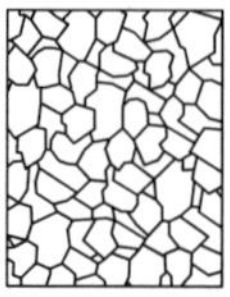 ④

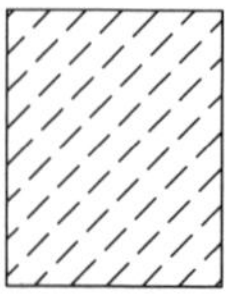

해설 ① 콘크리트, ② 잡석, ③ 깬돌, ④ 사질토

11. 다음 그림은 무엇을 표시하는 것인가?

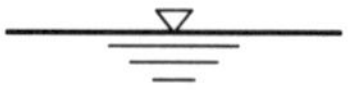

① 암반면　② 지반면　③ 일반면　④ 수준면

해설　재료 단면의 경계 표시

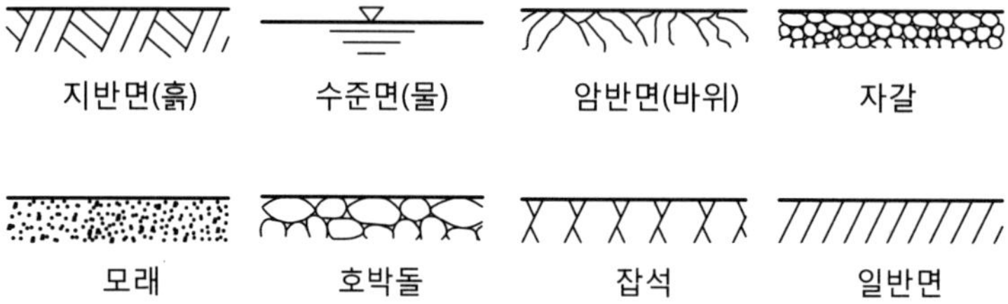

지반면(흙)　수준면(물)　암반면(바위)　자갈

모래　호박돌　잡석　일반면

12. 아래 그림의 재료경계 표시는 무엇을 나타내는 것인가?

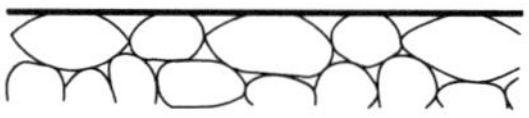

① 흙　② 호박돌　③ 암반　④ 콘크리트

13. 자갈을 나타내는 재료의 경계 표시는?

①  ② 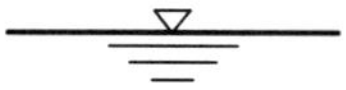 ③  ④

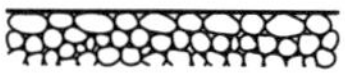

해설 ① 지반면(흙), ② 수준면(물), ③ 호박돌, ④ 자갈

14. 건설재료의 단면 경계 표시 기호 중 지반면(흙)을 나타내는 것은?

①  ② 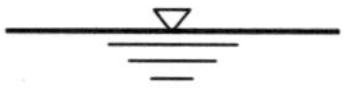 ③ 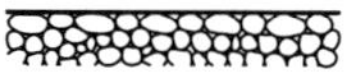 ④

해설 ① 모래, ② 수준면(물), ③ 자갈, ④ 지반면(흙)

15. 재료 단면의 경계표시 중 지반면(흙)을 나타내는 것은?

①  ② 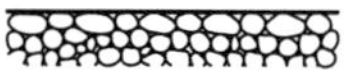 ③  ④

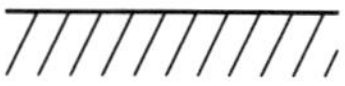

해설 ① 지반면(흙), ② 자갈, ③ 모래, ④ 일반면

정답　10. ②　11. ④　12. ②　13. ④　14. ④　15. ①

16. 재료 단면의 경계 표시 기호 중 흙을 나타내는 것은?

해설 ① 일반면, ② 암반면(바위), ③ 지반면(흙), ④ 모래

17. 다음 중 지반면(흙)을 표시하는 기호는?

해설 ① 강철, ② 블록, ③ 지반면(흙), ④ 콘크리트

18. 구조용 재료의 단면 표시 중 모래를 나타낸 것은?

해설 ① 사질토, ② 잡석, ③ 모래(모르타르), ④ 깬돌

19. 재료 단면의 경계 표지 중 암반면을 나타내는 것은?

해설 ① 지반면(흙)일반면, ② 수준면(물), ③ 암반면(바위), ④ 잡석

지반면(흙) 수준면(물) 암반면(바위) 자갈

모래 호박돌 잡석 일반면

20. 긴 부재의 단면 형상 중 각봉의 표시는?

해설 ① 환봉, ② 각봉, ③ 파이프, ④ 나무

정답 16. ③ 17. ③ 18. ③ 19. ③ 20. ②

21. 다음 판의 치수를 옳게 나타낸 것은?
   ① PL 두께×폭×길이
   ② PL 폭×두께×길이
   ③ PL 길이×폭×두께
   ④ PL 폭×길이×두께

   해설 판의 수 판의 기호 판의 폭×판의 두께×판의 길이

22. 철판의 표시 2-PL 500×10×350 이란?
   ① 2장의 철판, 크기가 500㎜, 두께가 10㎜, 갯수가 350개이다.
   ② 2장의 철판, 나비가 500㎜, 두께 10㎜, 길이가 350㎜이다.
   ③ 2장의 L 형강 500㎜×10㎜×350 개이다.
   ④ 철판 가로가 500㎜, 세로가 10㎜, 두께가 350 ㎜이다.

23. 2-L 90×90×10×6000은 판의 표시를 나타낸 것이다. 여기서 10은 무엇을 의미 하는가?
   ① 두께   ② 나비   ③ 길이   ④ 무게

   해설 강재의 표시 방법 : 수량 -종류 높이×너비×두께×길이

24. 그림과 같은 ㄷ 형강의 치수 표시 방법 중 옳은 것은? (단, ℓ : 형강의 길이)

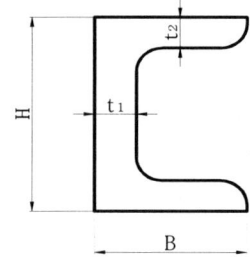

   ① ㄷH×B×t1×t2×ℓ
   ② ㄷB×H×t1×t2×ℓ
   ③ ㄷℓ×B×H×t1×t2
   ④ ㄷH×t1×t2×B×ℓ

25. 그림과 같은 모양의 I형강 2개를 바르게 표시한 것은? (축방향 길이=2000)

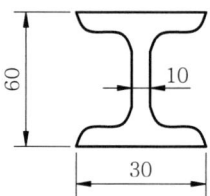

   ① 2-I 30×60×10×2000
   ② 2-I 60×30×10×2000
   ③ I-2 10×60×30×2000
   ④ I-2 10×30×60×2000

26. 다음 그림을 바르게 표시한 것은?

① 1-I 400×175×10×1200
② 1-I 175×400×10×1200
③ 1-I 10×400×175×1200
④ 1-I 10×1200×175×400

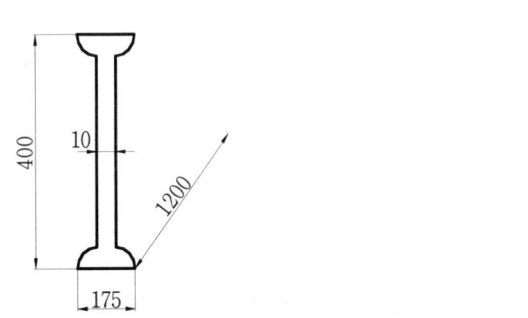

27. 원강이 직경 50mm이고 길이가 5,000mm인 것이 15개라는 표시는?
① ∅50×5000×15
② 15-∅50×5000
③ 15-∅50
④ 15-∅15×50×500

28. 그림과 같은 L형강의 재료표시가 옳게 된 것은?

① L 10×75×100×1800
② L 1800×75×100×10
③ L 100×75×1800×10
④ L 100×75×10×1800

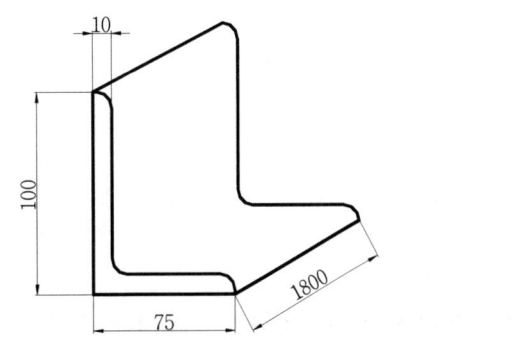

29. 다음 그림의 재료기호는?
① 목재
② 구리
③ 유리
④ 강철

30. 건설재료의 단면표시 중 석재를 나타내는 것은?

① 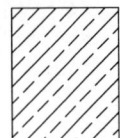 ② 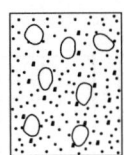 ③ 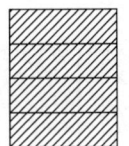 ④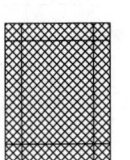

해설 ① 자연석(석재), ② 콘크리트, ③ 벽돌, ④ 블록

정답 26. ① 27. ② 28. ④ 29. ① 30. ①

31. 다음 단면의 표시방법 중 모래를 표시한 것은?

① (빗금) ② (자갈 무늬) ③ (가로줄) ④ (점 무늬)

해설 ① 인조석, ② 콘크리트, ③ 벽돌, ④ 모래

32. 재료단면의 경계면 표시 중 지반면(흙)을 나타내는 것은?

① ② ③ ④

해설 ① 지반면(흙)일반면, ② 수준면(물), ③ 암반면(바위), ④ 잡석

33. 보기의 철강 재료 기호 표시에서 재료의 종류, 최저 인장강도, 화학 성분값 등을 표시하는 부분은?

〈보기〉 KS D 3503　S　S　330
　　　　　　 ㉠　　 ㉡ ㉢ ㉣

① ㉠　　② ㉡　　③ ㉢　　④ ㉣

해설 ㉠ KS D 3503 : KS 분류번호
㉡ S : 재질을 나타내는 기호(강)
㉢ S : 제품의 형상별 종류나 용도 표시(강)
㉣ 330 : 재료의 종류, 최저 인장 강도, 화학 성분값등 표시(최저 인장강도 330)

34. 건설재료 중 각 강(鋼)의 치수 표시 방법은?

① □A-L　　② □A×B×t-L　　③ DA-L　　④ A-L

35. 그림은 어떤 건설 재료 단면을 나타낸 것인가?

① 호박돌　　② 사질토　　③ 모래　　④ 자갈

해설 호박돌, 자갈, 깬돌, 모래, 잡석, 사질토

정답 31. ④　32. ①　33. ④　34. ①　35. ②

36. 그림과 같이 길이가 L인 I형강의 치수 표시로 가장 적합한 것은?

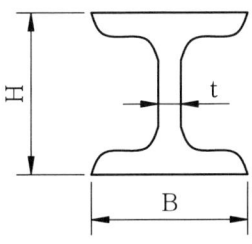

① I H-B×L×t   ② I L-B×H×t   ③ I H×B×t×L   ④ I B-L×H×t

37. 나무의 절단면을 바르게 표시한 것은?

① 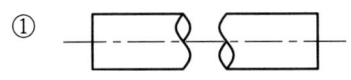 ②

③ ④

해설 ① 환봉, ② 각봉, ③ 파이프, ④ 나무

38. 아래 그림과 같은 강관의 치수 표시 방법으로 옳은 것은? (단, B: 내측지름, L: 축방향 길이)

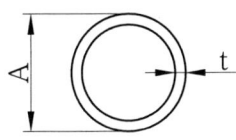

① 이형 D A-L   ② ∅A×t-L   ③ □A×B-L   ④ B×A×L-t

39. 강재에서 볼트 구멍을 뺀 폭에 판 두께를 곱한 것을 무엇이라 하는가?
① 너트의 단면적
② 인장재의 총 단면적
③ 인장재의 순단면적
④ 고장력 볼트의 단면적

해설
■ 총단면적 : 부재의 전체 단면적
■ 순단면적 : 볼트구멍 등의 결손 면적을 제외한 면적

정답 36. ③   37. ④   38. ②   39. ③

5장 구조물 표시

1. 콘크리트 구조물 표시

1 도면의 종류와 축척

도 면	내 용	표준 축척
일반도	- 구조물 전체의 개략적인 모양을 표시한 도면 - 구조물 주위의 지형 지물을 표시하여 지형과 구조물과의 연관성을 명확하게 표시할 필요가 있다.	$\frac{1}{100}, \frac{1}{200}, \frac{1}{300}$ $\frac{1}{400}, \frac{1}{500}, \frac{1}{600}$
구조 일반도	- 구조물의 모양 치수를 모두 표시한 도면 - 이것에 의해 거푸집을 제작할 수 있어야 한다.	$\frac{1}{50}, \frac{1}{100}, \frac{1}{200}$
구조도	- 콘크리트 내부의 구조 주체를 도면에 표시한 것 - 철근, PC 강재 등 설계상 필요한 여러 가지 재료의 모양, 품질 등을 표시한 도면 - 일반적으로 배근도라 하며, 현장에서는 이 도면에 따라 철근의 가공, 배치 등을 하는 중요한 도면	$\frac{1}{20}, \frac{1}{30}, \frac{1}{40}, \frac{1}{50}$
상세도	- 구조도의 일부를 취하여 큰 축척으로 표시한 도면	$\frac{1}{1}, \frac{1}{2}, \frac{1}{5}, \frac{1}{10}, \frac{1}{20}$

2 철근 상세도

① 구조도에서 필요에 따라 철근을 별도로 꺼내어 도면에 표시한다.
② 철근 상세도는 될 수 있는 대로 배근도에 가깝게 그리고, 철근의 가공 치수를 재료표에 표시함으로써 상세도를 생략할 수 있다.

3 도면의 배치

일반적으로 정면도, 평면도, 측면도 및 단면도를 적절하게 배치하고, 필요에 따라서는 재료표를 작성하여 표시한다.

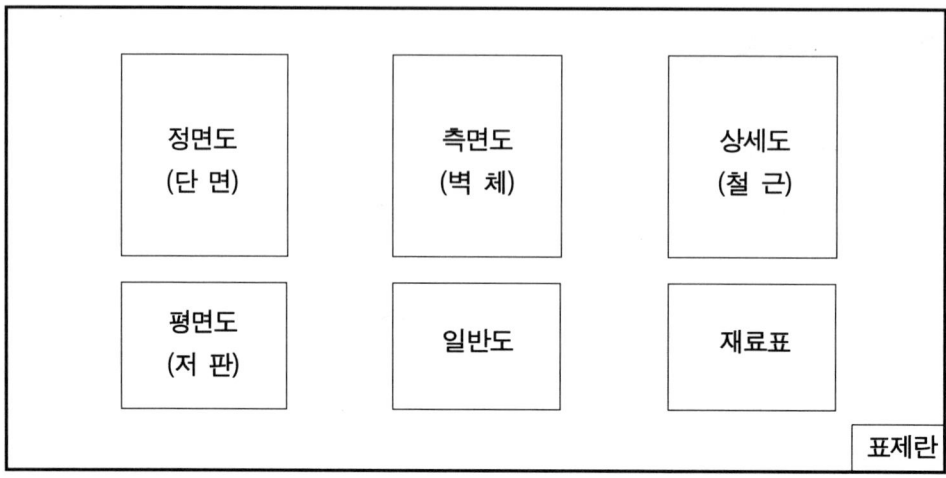

4 철근의 표시법

① 철근의 형태
  ㉠ 철근을 표시하는 선은 그 지름에 따라서 실선을 사용하고, 그 절단면에 나타난 철근만을 표시하는 것을 원칙으로 한다. 그러나 그 면에 나타나지 않는 철근을 표시할 경우는 파선이나 1점 쇄선을 사용할 수 있다.
  ㉡ 철근은 그 지름에 따라 여러 가지 굵기의 선으로 나타내지만 이들을 전부 지름에 따라 구분하여 표시할 수 없으므로 선의 굵기를 반드시 축척에 따른 굵기로 작도할 필요는 없다.
  ㉢ 철근의 단면은 그 지름에 따라 원을 검은색(●)으로 칠해서 표시하는 것을 원칙으로 한다. 다만, 단면이 명확하게 구분되어 있을 때에는 반드시 원형을 칠하지 않아도 좋다.
  ㉣ 철근의 갈고리 측면도는 그 모양을 축척에 따라 표시하거나 45° 경사진 짧은 직선의 기호로 표시한다.

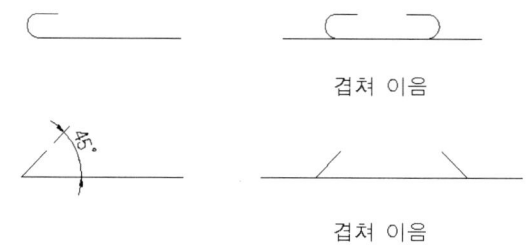

⑭ 철근의 갈고리가 앞으로 또는 뒤로 가려져 있을 때에는 갈고리가 없는 철근과 구분하기 위하여 철근의 끝에 30° 경사진 짧고 가는 직선으로 된 화살표를 붙인다.

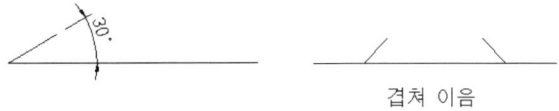
겹쳐 이음

⑮ 철근 끝에 갈고리가 없을 때에는 철근 끝에 직각으로 짧고 가는 직선을 붙인다.

겹쳐 이음

⊗ 배근을 표시하는 측면도에 있어서는 같은 단면에 없는 철근을 실선으로 표시할 수 있다.

◎ 철근을 표시하는 평면도에 있어서는 그 평면도상에 없는 철근은 표시하지 않음을 원칙으로 하며, 필요할 경우에는 파선으로 표시할 수 있다.

② 철근의 이음
  ㉠ 철근의 겹이음

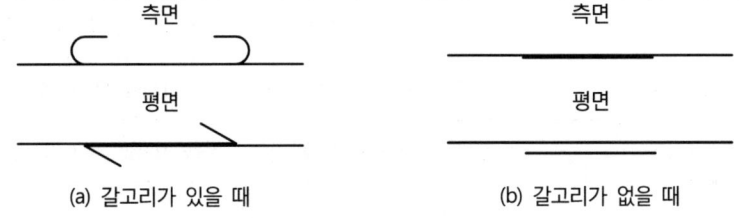

  ㉡ 철근의 용접 이음

  ㉢ 철근의 기계적 이음 및 슬리브(sleeve) 이음

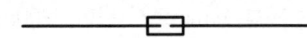

③ 철근 가공
  ㉠ 철근 구부리기는 될 수 있는 대로 설계모양으로 그리지만, 갈고리 이외에는 절선하여 표시하는 경우도 있다.
  ㉡ 철근 가공 치수는 도면에 따로 표시해야 한다. 철근 가공 치수표를 사용할 때에는 특별히 표시하지 않아도 된다.

④ 철근의 배근
　㉠ 배근을 표시하는 측면도는 동일한 단면에 없는 철근이라도 실선으로 표시한다. 이는 측면도의 주철근을 파선으로 표시할 경우 번거로우며, 배치 상태가 명확하지 못하기 때문에 종래의 관습에 따라서 이와 같이 표시한다.
　㉡ 배근을 표시하는 평면도는 보이지 않는 철근을 도면에 표시하지 않는 것을 원칙으로 한다.
　㉢ 스트럽(stirrup)은 측면도 및 정면도에 기호로 표시한다.
　㉣ 이음 철근, 나선 철근 및 띠철근은 기호로 나타낸다.
　㉤ 철근 표시의 생략은 슬래브 철근 및 보의 스트럽등과 같은 동일한 모양의 철근을 일정한 간격으로 배치할 경우, 치수선으로 그 간격과 치수를 표시하며, 중간 철근의 도면 표시는 생략할 수 있다.

⑤ 철근의 치수 및 기호 표시
　㉠ 철근 기호는 구분하기 편하게 다음과 같이 표시한다.
　　　Ⓑ ⇒ Base, Beam, Bottom　　　Ⓦ ⇒ Wall
　　　Ⓗ ⇒ Haunch　　　　　　　　　Ⓕ ⇒ Foundation, Footing
　　　Ⓢ ⇒ Spacer, Slab　　　　　　　Ⓒ ⇒ Column
　㉡ 철근의 표시법

표시법	설 명
Ⓐ ∅ 13	철근 기호(분류 번호) Ⓐ의 지름 13mm의 원형 철근
Ⓑ D 16	철근 기호(분류 번호) Ⓑ의 지름 16mm의 이형 철근(일반 철근)
Ⓒ H 16	철근 기호(분류 번호) Ⓒ의 지름 16mm의 이형 철근(고강도 철근)
D ∅ 13	공칭지름 13mm의 이형 철근
5× 450=2250	전장 2250mm를 450mm로 5등분
24@200=4800	전장 4800mm를 200mm로 24등분
∅ 12 @ 300	지름 12mm의 원형 철근을 300mm 간격으로 배치
(D19 L=2200 N=20)	지름 19mm로서 길이 2200mm의 이형 철근 20개
@400 C.T.C	철근의 간격이 400mm (center to center)

ⓒ 철근의 치수 배치 등을 기입하기 위한 인출선은 가로 및 세로로 하고, 경사질 때에는 45°로 한다.

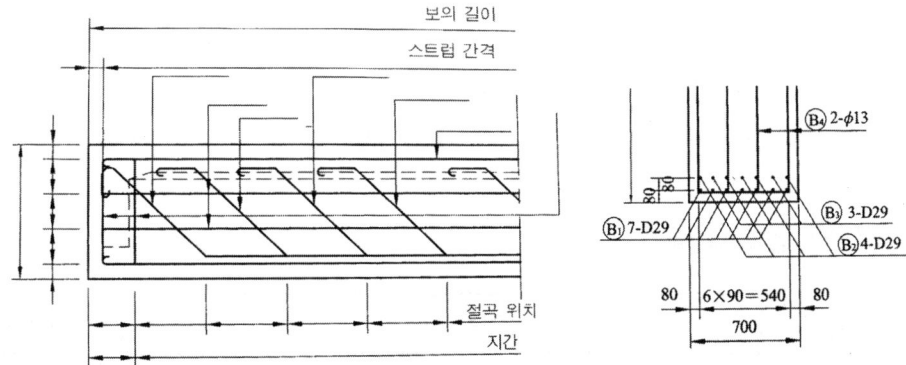

ⓔ 철근 기호의 배열은 인출선 없이 철근 단면에 표시해도 된다.

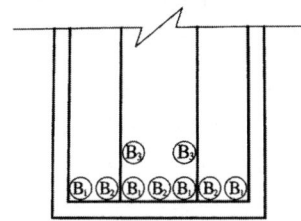

ⓜ 철근의 가공 치수 표시는 철근의 상세도에서 형태를 그대로 축척 없이 그리고, 치수는 정확히 기입하는 것이 일반적이다.
ⓗ 콘크리트의 타설 이음부를 표시할 경우에는 가는 실선으로 표시하고, 타설 이음부라고 기입한다.
ⓢ 철근의 치수는 모양 및 위치를 명확하게 표시하고, 중복되지 않게 그리고 계산하지 않고서도 알 수 있게 쓴다.
ⓞ 치수의 단위는 ㎜를 원칙으로 하며, 단위기호는 쓰지 않는다.
ⓩ 치수의 단위가 ㎜가 아닌 때에는 단위 기호를 쓰거나 또는 기타의 방법으로 그 단위를 명시해야 한다.

2. 강 구조물의 표시

강 구조물이란 주로 강철로 만들어진 구조물로서 콘크리트 등으로 만들어진 기초에 의해서 지지되며 교량, 수압 철관, 수문, 파이프 라인, 탱크, 굴뚝, 해양 구조물, 가설용 구조물 등이 있다. 이들은 많은 소재가 조합되어 커다란 부재가 만들어지며, 부재의 길이도 매우 길고 간격도 넓은 것이 보통이므로 강구조물의 제도는 주요 세목을 중점적으로 확실하게 표현하는 것을 원칙으로 한다.

1 도면의 종류와 축척

도 면	내 용	표준 축척
일반도	- 강 구조물 전체의 계획이나 형식 및 구조의 대략을 표시하는 도면 - 내용면에서 구조물의 주위환경이 표시 되는 계획 일반도와 강 구조물만의 형식과 구조가 표시되는 설계 일반도가 있다.	$\frac{1}{100}, \frac{1}{200}, \frac{1}{500}$
구조도	- 강 구조물의 부재의 치수, 부재를 구성하는 소재의 치수와 그 제작 및 조립 과정 등을 표시한 도면 - 설계도나 제작도를 의미하며 사용 강재의 종류와 치수, 리벳이나 용접에 의한 부재의 조립, 이음을 하기 위한 방법 등을 표시	$\frac{1}{10}, \frac{1}{20}, \frac{1}{25}$ $\frac{1}{30}, \frac{1}{40}, \frac{1}{50}$
상세도	- 특정한 부분을 상세하게 나타낸 도면 - 용접의 마무리, 받침 등의 주강품, 주철품, 기계 가공 부분, 특수 볼트 등을 표시	$\frac{1}{1}, \frac{1}{2}, \frac{1}{5}$ $\frac{1}{10}, \frac{1}{20}$

2 도면의 배치

강 구조물의 도면 배치는 정면도, 측면도 및 평면도와 함께 몇 개의 단면으로 절단한 단면도를 적절히 배치한다.
① 강 구조물은 너무 길고 넓어 많은 공간을 차지하므로 몇 가지의 단면으로 절단하여 표현한다.
② 강 구조물의 도면은 제작이나 가설을 고려하여 부분적으로 제작 단위마다 상세도를 작성한다.
③ 평면도, 측면도, 단면도 등을 소재나 부재가 잘 나타나도록 각각 독립하여 그려도 된다.
④ 도면을 잘 보이도록 하기 위해서 절단선과 지시선의 방향을 붙이는 것이 좋다.

3 부재의 표시

① 얇은 판의 구조 및 형강 모양은 1개의 굵은 실선으로 두께를 표시할 수 있다. 판의 두께를 표시하기 위해서는 2개의 선으로 표시하기도 하고, 중요 단면의 경우는 검게 칠하기도 한다.

② 부재의 단면, 주철품, 주강품 및 주요 부재 상세도의 단면은 필요에 따라 해칭을 하거나 엷게 먹칠을 할 수 있다.

③ 이음판 및 채움재의 측면은 해칭을 하여야 한다. 한편, 이들의 길이가 길거나 면적이 넓으면 중간부를 생략해도 된다.

4 치수의 기입

① 치수를 표시하는 구간 끝은 반드시 화살표를 해야 한다. 화살표를 하기가 어려울 경우 두께를 나타내는 보조선을 표시하며, 판의 단면을 1개의 선으로 표시할 경우에는 두께의 중심을 기준으로 한다.

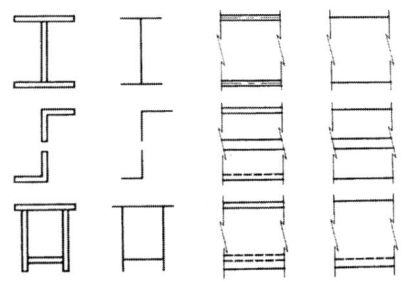

② 치수선에 치수를 기입하기가 좁아서 어려운 경우에 치수선 위 또는 아래에 기입해야 한다.
③ 형강의 리벳이나 볼트 구멍의 위치는 직각의 뒷면을 기준으로 하여 치수를 기입한다.
④ 판의 모서리각을 따는 것은 길이로 표시하고, 각으로 표시하지 않음을 원칙으로 한다.
⑤ 뼈대 구조를 표시하는 구조선도에 있어서 치수선을 생략하여 뼈대를 나타내는 선 위에 치수를 기입할 수도 있다.

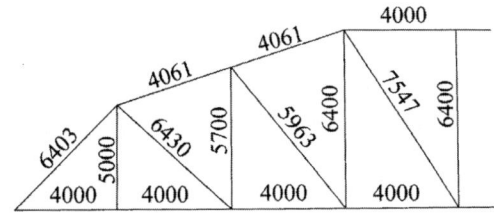

⑥ 휨 부재의 곡률 반지름은 구부러진 부재의 안쪽에 나타내고, 길이는 바깥쪽에 나타낸다.

5 부재의 이음

판형이나 형강을 조립할 때 서로 다른 부재나 같은 부재를 접합하는 것

① 리 벳 : 강재를 서로 겹쳐서 구멍을 뚫고 여기에 리벳을 끼워 결합시키는 것이다.
　㉠ 리벳 기호는 리벳선을 가는 실선으로 그리고, 리벳선 위에 기입하는 것을 원칙으로 한다.
　㉡ 같은 도면에 다른 지름의 리벳을 사용할 경우, 리벳마다 그 지름을 기입하는 것을 원칙으로 한다.
　㉢ 리벳이 같은 피치로 연속되는 경우에는 리벳선에 직각으로 짧고 가는 실선으로 나타낸다. 다만, 리벳이 다른 선과 만나는 곳에 있는 리벳은 규정된 기호(○)로 표시하여야 한다.
　㉣ 현장 리벳은 그 기호를 생략하지 않음을 원칙으로 한다.
　㉤ 축이 투상면에 나란한 리벳은 그리지 않음을 원칙으로 한다.

② 볼 트
　㉠ 볼트 기호는 보통 ○나 +로 표시하고, 종류 및 지름을 구별할 필요가 있을 때에는 ●, ◎, ×, ⊙, ϕ 등의 기호를 쓴다.

(a) 현장 볼트　　　　　　(b) 공장 볼트

　㉡ 볼트와 리벳을 공용할 경우에는 볼트의 기호는 그림과 같이 그리고, 앵커 볼트나 그 밖의 필요가 있을 경우에는 볼트의 모양을 그려서 표시한다.

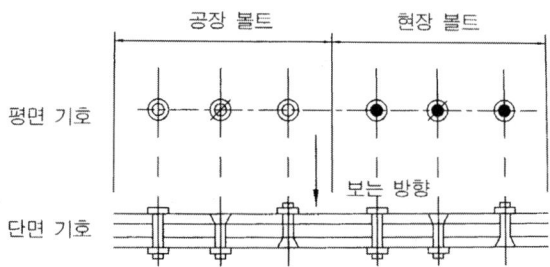

　㉢ 볼트 및 너트의 상세도는 KS 0003의 규정인 나사 제도에 의한다.

기출 및 예상문제

1. 콘크리트 일반도는 구조물 전체의 개략적인 모양을 표시하는 도면으로 이때 사용하는 축척 표준이 아닌 것은?

① $\dfrac{1}{100}$ ② $\dfrac{1}{400}$ ③ $\dfrac{1}{600}$ ④ $\dfrac{1}{1200}$

해설 콘크리트 구조물을 표시하는 일반도의 표준 축척은 $\dfrac{1}{100}$, $\dfrac{1}{200}$, $\dfrac{1}{300}$, $\dfrac{1}{400}$, $\dfrac{1}{500}$, $\dfrac{1}{600}$ 이다.

2. 콘크리트 구조물 제도에서 구조물 전체의 개략적인 모양을 표시한 도면은?
① 일반도 ② 구조도 ③ 상세도 ④ 구조 일반도

해설 일반도
㉠ 구조물 전체의 개략적인 모양을 표시하는 도면
㉡ 구조물 주위의 지형 지물을 표시하여 지형과 구조물과의 연관성을 명확하게 표시할 필요가 있다.

3. 콘크리트 구조물 제도에 있어서 거푸집을 제작할 수 있도록 구조물의 모양 치수를 모두 표시한 도면은?
① 일반도 ② 구조 일반도 ③ 구조도 ④ 상세도

해설 구조 일반도
㉠ 구조물의 모양 치수를 모두 표시한 도면
㉡ 이것에 의해 거푸집을 제작할 수 있어야 한다.

4. 철근의 치수와 배치를 나타낸 도면은?
① 일반도 ② 구조 일반도 ③ 배근도 ④ 외관도

해설 배근도 : 철근콘크리트 구조의 설계도 중에서 철근의 품질·지름·개수를 표시하고, 철근을 구부리는 위치와 치수, 이음매의 위치·방법·치수를 포함해서 철근의 길이 방향의 치수를 나타내면서 철근의 배치·조립방법 등을 상세히 나타낸 도면

5. 콘크리트 구조물 도면 중 구조도의 축척으로 적당하지 못한 것은?
① 1 : 30 ② 1 : 40 ③ 1 : 50 ④ 1 : 100

해설 구조도의 표준 축척은 $\dfrac{1}{20}$, $\dfrac{1}{30}$, $\dfrac{1}{40}$, $\dfrac{1}{50}$ 이다.

6. 콘크리트 내부의 구조 주체를 도면에 표시한 것으로서, 철근, PC 강재 등 설계상 필요한 여러 가지 재료의 모양, 품질 등을 표시한 도면에 사용하는 표준 축척이 아닌 것은?
① 1 : 10 ② 1 : 20 ③ 1 : 30 ④ 1 : 50

정답 1. ④ 2. ① 3. ② 4. ③ 5. ④ 6. ①

7. 철근의 표시법에 대한 설명으로 틀린 것은?
   ① 철근을 표시하는 선은 그 지름에 따라서 실선을 사용하는 것을 원칙으로 한다.
   ② 절단면에 나타나지 않은 철근도 실선으로 나타내는 것을 원칙으로 한다.
   ③ 철근의 단면을 그 지름에 따라 원형으로 칠하여 표시하는 것을 원칙으로 한다.
   ④ 철근 단면이 명확한 구분이 있을 때에는 반드시 원형을 칠하여 메우지 않아도 좋다.

해설 철근을 표시하는 선은 그 지름에 따라서 실선을 사용하고, 그 절단면에 나타난 철근만을 표시하는 것을 원칙으로 한다. 그러나 그 면에 나타나지 않는 철근을 표시할 경우는 파선이나 1점 쇄선을 사용할 수 있다.

8. 철근의 갈고리가 앞으로 또는 뒤로 가려져 있을 때 갈고리가 없는 철근과 구별하기 위한 방법으로 옳은 것은?
   가. ├──────
   나. ⊂
   다. ╱30°
   라. ╱45°

해설 철근의 갈고리가 앞으로 또는 뒤로 가려져 있을 때에는 갈고리가 없는 철근과 구분하기 위하여 철근의 끝에 30°경사진 짧고 가는 직선으로 된 화살표를 붙인다.

9. 철근 끝에 갈고리가 없을 때 그림을 표시한 것은?
   가. ⊂
   나. ╱
   다. ╱45°
   라. ├──────┤

해설 철근 끝에 갈고리가 없을 때에는 철근 끝에 직각으로 짧고 가는 직선을 붙인다.
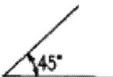

10. 철근의 기계적 이음을 표시하고 있는 것은?
    ① ─────□────
    ② ─────●─────
    ③ ╱─────
    ④ ╱────╲

해설 철근의 기계적 이음 및 슬리브(sleeve) 이음

11. 다음 그림이 표시하는 철근 이음 방법은?
    ─────●─────
    ① 겹침 이음   ② 용접 이음   ③ 나사 이음   ④ 슬리브 이음

정답 7. ② 8. ③ 9. ④ 10. ① 11. ②

12. 다음 그림과 같은 철근 이음 표시방법은?

① 철근의 기계적 이음 ② 가스용접이음 ③ 겹침이음 ④ 맞대기 용접이음

13. 철근의 이음시 방법이 간단하여 보편적으로 가장 많이 사용되는 방법은?
① 맞댐 이음 ② 겹침 이음 ③ 용접 이음 ④ 기계적 이음

해설 겹침 이음이 가장 일반적으로 이용된다.

14. 철근의 이음에 대한 표시 방법으로 옳은 것은?

가. 철근 용접 이음 : 
나. 철근의 기계적 이음 : 
다. 갈고리가 있을 때 겹침이음 :
    (측면) 
라. 갈고리가 없을 때 겹침이음 :
    (평면)

15. 다음 중 벽체에 사용된 철근의 기호는?
① Ⓗ ② Ⓦ ③ Ⓢ ④ Ⓕ

해설 철근 기호는 구분하기 편하게 다음과 같이 표시한다.
Ⓑ ⇒ Beam, Beam, Bottom   Ⓦ ⇒ Wall
Ⓗ ⇒ Haunch   Ⓕ ⇒ Foundation, Footing
Ⓢ ⇒ Spacer, Slab   Ⓒ ⇒ Column

16. 철근 표시 기호 중 헌치(경사철근) 표시하는 기호는?
① Ⓦ ② Ⓗ ③ Ⓕ ④ Ⓢ

17. 기둥에 사용되는 철근 기호로 가장 적합한 것은?
① Ⓦ ② Ⓑ ③ Ⓕ ④ Ⓒ

18. 아래 표의 철근 표시법에 대한 설명으로 옳은 것은?
    24@200=4800
① 전장 4800m를 24m로 200등분
② 전장 4800mm를 200mm로 24등분
③ 전장 4800m를 24m와 200m를 적당한 비율로 등분
④ 전장 4800mm를 24mm로 배분하고 마지막 1칸은 200mm로 1회 배분

해설 철근의 표시법 : 24@200=4800 ⇒ 전장 4800mm를 200mm로 24등분

정답 12. ① 13. ② 14. ③ 15. ② 16. ② 17. ④ 18. ②

19. 콘크리트 구조물의 제도에서 지름 22mm 일반 이형 철근의 표시법으로 옳은 것은?
① R22　　② Ø 22　　③ D22　　④ H22

해설 철근의 표시법

표시법	설 명
Ⓐ Ø 13	철근 기호(분류 번호) Ⓐ의 지름 13mm의 원형 철근
Ⓑ D 16	철근 기호(분류 번호) Ⓑ의 지름 16mm의 이형 철근(일반 철근)
Ⓒ H 16	철근 기호(분류 번호) Ⓒ의 지름 16mm의 이형 철근(고강도 철근)
D Ø 13	공칭지름 13mm의 이형 철근
5× 450=2250	전장 2250mm를 450mm로 5등분
24@200=4800	전장 4800mm를 200mm로 24등분
Ø 12 @ 300	지름 12mm의 원형 철근을 300mm간격으로 배치
(D19 L=2200 N=20)	지름 19mm로서 길이 2200mm의 이형 철근 20개
@400 C.T.C	철근의 간격이 400mm(center to center)

20. 철근의 치수에서 Ø12@300은 무엇을 나타내는 것인가?
① 지름 12mm 철근 300개이다.
② 공칭지름 12mm 철근 300개이다.
③ 지름 12mm 철근을 300mm 간격으로 배치한다.
④ 공칭지름 12mm 철근을 300등분한다.

21. 철근의 표시법에 따라 @400 C.T.C 라고 하였을 경우 바르게 설명한 것은?
① 철근의 전장이 400mm
② 철근의 간격이 400mm
③ 철근의 지름이 400mm
④ 철근의 강도가 400kgf/cm²

22. Ø12@300 이란?
① 지름 12mm의 철근을 300mm 간격으로 배치
② 공칭지름 이형 철근 12mm를 300개 배치
③ 300mm 간격으로 12개 배치
④ 지름 12mm의 철근을 300개 배치

23. 철근의 치수 및 배치에 대한 설명 중 옳지 않은 것은?
① Ø12는 지름 12mm인 원형철근을 의미한다.
② D12는 반지름 12mm인 이형철근을 의미한다.
③ 5×100=500이란 전체길이 500mm를 100mm로 5등분한 것이다.
④ 12@300=3600이란 전체길이 3600mm를 12등분한 것이다.

해설 D12 : 지름 12mm인 이형철근

정답 19. ③　20. ③　21. ②　22. ①　23. ②

24. 그림은 콘크리트 구조물의 제도에서 어떤 철근 배근을 나타낸 것인가?

① 절곡 철근　② 스터럽　③ 티 철근　④ 나선 철근

25. 강 구조물의 표시에서 강 구조물 부재의 치수, 부재를 구성하는 소재의 치수와 그 제작 및 조립 과정 등을 표시한 도면은?
① 일반도　② 구조도　③ 상세도　④ 재료표

해설 강 구조물의 표시 도면의 종류와 축척

도 면	내 용	표준축척
일반도	- 강 구조물 전체의 계획이나 형식 및 구조의 대략을 표시하는 도면 - 내용면에서 구조물의 주위환경이 표시되는 계획 일반도와 강구조물만의 형식과 구조가 표시되는 설계 일반도가 있다.	$\frac{1}{100}, \frac{1}{200}, \frac{1}{500}$
구조도	- 강 구조물의 부재의 치수, 부재를 구성하는 소재의 치수와 그 제작 및 조립 과정 등을 표시한 도면 - 설계도나 제작도를 의미하며 사용 강재의 종류와 치수, 리벳이나 용접에 의한 부재의 조립, 이음을 하기 위한 방법 등을 표시	$\frac{1}{10}, \frac{1}{20}, \frac{1}{25}$ $\frac{1}{30}, \frac{1}{40}, \frac{1}{50}$
상세도	- 특정한 부분을 상세하게 나타낸 도면 - 용접의 마무리, 받침 등의 주강품, 주철품, 기계 가공 부분, 특수 볼트 등을 표시	$\frac{1}{1}, \frac{1}{2}, \frac{1}{5}$ $\frac{1}{10}, \frac{1}{20}$

26. 강구조의 설계도면 중 가설하고자 하는 강교 전체의 계획이나 강교의 형식과 구조의 대략을 보인 도면은?
① 구조도　② 완성상상도　③ 응력도　④ 일반도

27. 강 구조물의 일반도 축척의 표준으로 적당하지 않은 것은?
① 1/100　② 1/200　③ 1/300　④ 1/500

28. 강구조의 상세도에 쓰이는 표준 축척이 아닌 것은?
① 1:1　② 1:10　③ 1:20　④ 1:40

29. 리벳에 대한 설명 중 옳은 것은?
① 현장 리벳은 그 기호를 생략함을 원칙으로 한다.
② 리벳기호는 리벳선을 가는 파선으로 그린다.
③ 축이 투상면에 나란한 리벳은 그리지 않음을 원칙으로 한다.

정답 24. ②　25. ②　26. ④　27. ③　28. ④　29. ③

④ 같은 도면 중에 다른 지름의 리벳을 사용할 경우, 리벳마다 그 지름을 기입 하지 않음을 원칙으로 한다.

해설 리벳 : 강재를 서로 겹쳐서 구멍을 뚫고 여기에 리벳을 끼워 결합시키는 것이다.
㉠ 리벳 기호는 리벳선을 가는 실선으로 그리고, 리벳선 위에 기입하는 것을 원칙으로 한다.
㉡ 같은 도면에 다른 지름의 리벳을 사용할 경우, 리벳마다 그 지름을 기입하는 것을 원칙으로 한다.
㉢ 리벳이 같은 피치로 연속되는 경우에는 리벳선에 직각으로 짧고 가는 실선으로 나타낸다. 다만, 리벳이 다른 선과 만나는 곳에 있는 리벳은 규정된 기호(○)로 표시하여야 한다.
㉣ 현장 리벳은 그 기호를 생략하지 않음을 원칙으로 한다.
㉤ 축이 투상면에 나란한 리벳은 그리지 않음을 원칙으로 한다.

30. 리벳의 표시에 관한 설명으로 옳지 못한 것은?
① 리벳선은 가는 실선으로 한다.
② 현장 리벳은 그 기호를 생략한다.
③ 축이 투영면에 평행인 리벳은 도면에 넣지 않는다.
④ 리벳의 기호는 리벳선 위에 그린다.

해설 현장 리벳은 그 기호를 생략하지 않음을 원칙으로 한다.

31. 리벳을 설명한 것 중 옳지 않은 것은?
① 리벳의 기호는 리벳선상에 기입한다.
② 리벳 지름의 기입에 있어서 같은 도면에 다른 지름의 리벳을 사용할 경우, 리벳마다 그 지름을 기입하는 것을 원칙으로 한다.
③ 현장 리벳기호는 생략하지 않음을 원칙으로 한다.
④ 축이 투영면에 평행인 리벳은 ○을 그려서 표시한다.

해설 축이 투상면에 나란한 리벳은 그리지 않음을 원칙으로 한다.

32. 리벳 이음은 강재를 서로 겹쳐서 구멍을 뚫고 여기에 리벳을 끼워 기계적으로 결합시키는 것이다. 이러한 리벳을 표시할 때 다음 중 옳은 것은?
① 리벳 기호는 리벳선을 가는 실선으로 그리고, 리벳선 위에 그리는 것을 원칙으로 한다.
② 리벳이 같은 피치로 연속될 경우 리벳선 위에 파선으로 그리는 것을 원칙으로 한다.
③ 현장 리벳은 그 기호를 생략하는 것을 원칙으로 한다.
④ 축이 투상면에 나란한 리벳은 그 기호를 생략하지 않음을 원칙으로 한다.

33. 리벳의 작도 원칙에 관한 설명 중 옳지 않은 것은?
① 리벳의 기호는 가는 리벳선 위에 기입한다.
② 리벳선이 다른 선과 교차하는 곳에 있는 리벳은 규정된 기호로 표시하여야 한다.
③ 현장 리벳은 그 기호를 생략한다.
④ 같은 도면에서 지름이 다른 리벳을 사용할 때는 리벳마다 지름을 쓴다.

해설 현장 리벳은 그 기호를 생략하지 않음을 원칙으로 한다.

정답 30. ② 31. ④ 32. ① 33. ③

34. 리벳의 설명 중 옳지 않은 것은?
   ① 리벳 기호에는 현장 리벳과 공장 리벳이 있다.
   ② 리벳의 기호는 리벳선 위에 넣는다.
   ③ 현장 리벳은 기호를 생략함을 원칙으로 한다.
   ④ 같은 도면 중에 다른 지름의 리벳을 사용할 때에는 리벳마다 그 지름을 쓰는 것을 원칙으로 한다.

   해설 현장 리벳은 그 기호를 생략하지 않음을 원칙으로 한다.

35. 리벳 기호는 리벳선을 (   )으로 표시하고, 리벳선 위에 기입 하는 것을 원칙으로 한다." 에서 (   )에 알맞은 선의 종류는?
   ① 1점 쇄선   ② 2점 쇄선
   ③ 가는 점선   ④ 가는 실선

36. 리벳에 대한 설명 중 옳지 않은 것은?
   ① 리벳의 기호는 리벳선 위에 그린다.
   ② 리벳선은 가는 파선으로 한다.
   ③ 다른 선과 교차하는 곳에 있는 리벳은 ○을 그려 표시한다.
   ④ 축이 투영면에 평행인 리벳은 도면에 넣지 않는다.

   해설 리벳 기호는 리벳선을 가는 실선으로 그리고, 리벳선 위에 기입하는 것을 원칙으로 한다.

37. 리벳이 다른 선과 만나는 곳에 있는 리벳은 어떻게 나타내는 것이 좋은가?
   ① ○로 나타냄   ② ◎로 나타냄
   ③ ◍로 나타냄   ④ ●로 나타냄

   해설 리벳이 다른 선과 만나는 곳에 있는 리벳은 규정된 기호(○)로 표시하여야 한다.

38. 볼트(bolt)의 종류와 지름을 구별할 필요가 있을 때 사용되는 기호가 아닌 것은?
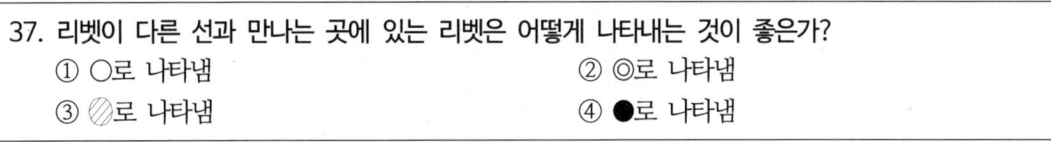

   해설 볼트 기호는 보통 ○나 +로 표시하고, 종류 및 지름을 구별할 필요가 있을 때에는 ●, ◎, ×, ⊙, ∅ 등의 기호를 쓴다.

39. 볼트 종류와 지름을 구별할 필요가 있을 때 표시기호 중 옳지 않은 것은?
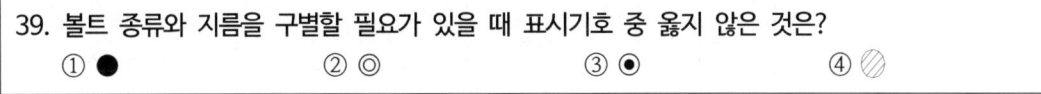

40. 강 구조물의 도면 배치 설명으로 바르지 않은 것은?
① 도면을 잘 보이도록 하기 위하여 절단선과 지시선의 방향을 붙이는 것이 좋다.
② 평면도, 측면도, 단면도 등을 소재나 부재가 잘 나타나도록 각각 독립하여 그려도 된다.
③ 강 구조물이 길고 많은 공간을 차지하여도 단면을 절단하거나 생략하여 표시 하여서는 안된다.
④ 강 구조물의 도면은 가설을 고려하여 부분적으로 제작 단위마다 상세도를 작성 한다.

해설 강 구조물은 너무 길고 넓어 많은 공간을 차지하므로 몇 가지의 단면으로 절단하여 표현한다.

41. 다음은 콘크리트 구조물의 어떤 도면에 대한 설명인가?

일반적으로 배근도라고도 하며, 현장에서는 이 도면에 따라 철근의 가공, 배치 등을 행하는 중요한 도면이다.

① 일반도　　② 평면도　　③ 구조도　　④ 상세도

42. 철근의 표시법과 그에 대한 설명으로 바른 것은?
① ∅13 - 반지름 13mm의 원형 철근
② D16 - 공칭지름 16mm의 이형 철근
③ H16 - 높이 16mm의 고강도 이형철근
④ ∅13 - 공칭지름 13mm의 이형철근

해설 철근의 표시법

표 시 법	설　명
Ⓐ ∅ 13	철근 기호(분류 번호) Ⓐ의 지름 13mm의 원형 철근
Ⓑ D 16	철근 기호(분류 번호) Ⓑ의 지름 16mm의 이형 철근(일반 철근)
Ⓒ H 16	철근 기호(분류 번호) Ⓒ의 지름 16mm의 이형 철근(고강도 철근)
D ∅ 13	공칭지름 13mm의 이형 철근
5× 450=2250	전장 2250mm를 450mm로 5등분
24@200=4800	전장 4800mm를 200mm로 24등분
∅ 12 @ 300	지름 12mm의 원형 철근을 300mm간격으로 배치
(D19 L=2200 N=20)	지름 19mm로서 길이 2200mm의 이형 철근 20개
@400 C.T.C	철근의 간격이 400mm(center to center)

43. 3각법에 의한 도면배치 방법이다. ㉠, ㉡에 배치하는 도면으로 가장 적합한 것은?

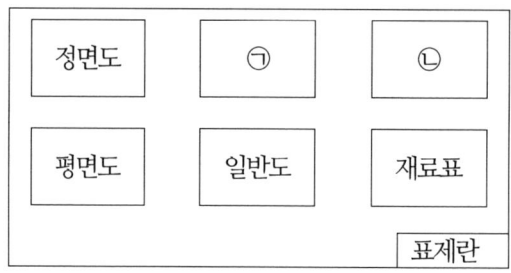

① 측면도, 상세도　　② 측면도, 저면도　　③ 상세도, 측면도　　④ 상세도, 구조도

정답 40. ③　41. ③　42. ②　43. ①

44. 강 구조물에 치수를 기입하는 방법으로 옳지 않은 것은?
① 휨 부재의 길이는 부재의 바깥쪽에 나타낸다.
② 뼈대 구조를 표시하는 구조선도에서는 뼈대를 나타내는 선 위에 치수선을 생략하여 치수를 기입할 수 있다.
③ 판의 모서리 각을 따는 것은 각으로 표시하는 것을 원칙으로 한다.
④ 치수를 치수선 위 또는 아래에 기입할 수 있다.

해설 판의 모서리각을 따는 것은 길이로 표시하고, 각으로 표시하지 않음을 원칙으로 한다.

45. 그림은 콘크리트 옹벽 구조물 제도의 도면 배치를 나타낸 것이다. ( )에 가장 알맞은 도면은?

단면도	벽체 측면도	철근 상세도
저판도	( )	재료표

① 구조도　　② 일반도　　③ 정면도　　④ 평면도

46. 강 구조물에 대한 도면의 종류가 아닌 것은?
① 일반도　　② 구조도　　③ 상세도　　④ 흐름도

47. 다음 중 보통의 공장 리벳 표시로 알맞은 것은?
① ⊙　　② ×　　③ ○　　④ ◎

해설 리벳은 규정된 기호(○)로 표시

48. 철근의 물량 산출 방법에 대한 설명으로 옳지 않은 것은?
① 철근 상세도에 의해 철근 종류별로 산출한다.
② 총 중량에 대한 할증을 원형 철근은 15%를 가산해서 계산한다.
③ 배근도와 상세도에서 C.T.C와 철근 숫자로 철근의 수량을 계산한다.
④ 철근의 직경에 따라 총 길이와 철근의 단위 중량을 곱해서 총 중량을 계산한다.

해설 이음, 정착 길이, 손실량을 계산해서 총중량에 대한 할증을 원형 철근은 3%를 가산해서 계산한다.

49. 철근, PC 강재 등 설계상 필요한 여러 가지 재료의 모양, 품질 등을 표시한 도면으로 현장에서 철근의 가공, 배치 등을 행하는 데 중요한 도면은?
① 구조도　　② 일반도　　③ 설계도　　④ 상세도

정답 44. ③　45. ②　46. ④　47. ③　48. ②　49. ①

6장 측량제도

1. 측량제도 일반

① 치수를 기입하지 않는 대신 척도의 그림을 그려 넣고 그림에서 직선 길이를 측정할 수 있도록 하며 또한 축척도 명기한다.

② 축척은 일반적으로 $\frac{1}{100} \sim \frac{1}{5000}$ 정도까지 사용하지만, 시공용으로서는 $\frac{1}{100}$, $\frac{1}{250}$, $\frac{1}{500}$ 등이 있다.

③ 일반적으로 평면도는 위쪽을 북으로 하고 도면의 좌상쪽에 방위를 그린다.

④ 지물, 구조물 등의 구별을 식별하기 쉽도록 축도 기호(범례)를 명기한다.

⑤ 측점은 최소의 원으로 표시하고 측선은 가는 선으로 그리도록 한다.

2. 거리 측량 제도

① 체인이나 테이프로 간략하게 지형도를 작성할 때는 먼저 지거 측량을 하고 지물, 구조물 등의 위치를 지거 노트에 기입한다.

② 측량 지역이 협소할 때에는 약도법도 좋으나 비교적 넓을 때에는 약도법이 번잡하게 되므로 종란법으로 지거 노트를 한다.

③ 종란법으로 노트하는 것은 중앙에 폭이 약 2cm 정도의 종란을 만들고 그 안에 본선 거리를 기입하고, 좌우에는 목적물의 기호와 지거를 기입한다.

　㉠ 기입 방법은 아래에서 위로 향하고 본선에서 좌측의 지거는 좌측란에 우측의 지거는 우측란에 기입한다.

　㉡ 지거 노트에 기입하는 목적물이나 그 위치는 정확하게 그릴 필요가 없다.

　㉢ 각 측점의 장소에는 측선의 방향을 표시하기 위하여 계선삼각형을 그리고 각 변의 거리를 기입하여 둔다.

1 측선의 제도

① 그림과 같은 다각형을 제도하려면, 전체의 배치를 고려하여 적당한 방향으로 AB선을 긋고 A점에서 적당한 축척으로 42.65m를 취하고 B점의 위치를 정한다.

② B점에서 C방향의 측선을 긋는데는 계선법에 의해 B점에 작도한 삼각형의 세 변의 길이를 이용하면 된다.(B점에서 10m에 상당하는 점 b1을 정하고 컴퍼스로 B에서 10m, b1에서 8.85m의 원호를 그리면 그 교점 c1이 BC 측선의 방향이 된다.)

③ C, D, E측점에서 같은 방법으로 차례로 다각형을 제도한다.

④ 실측상 및 제도상의 오차에 의해 최종점 A'가 출발점 A에 일치하지 않고 다소의 폐합 오차가 발생하는데, 이것을 수정하여 다각형을 결정해야 한다.

⑤ 이상과 같이 하여 골조를 그리면 다음에 지물 구조물 등의 세부를 그려 완성시킨다.

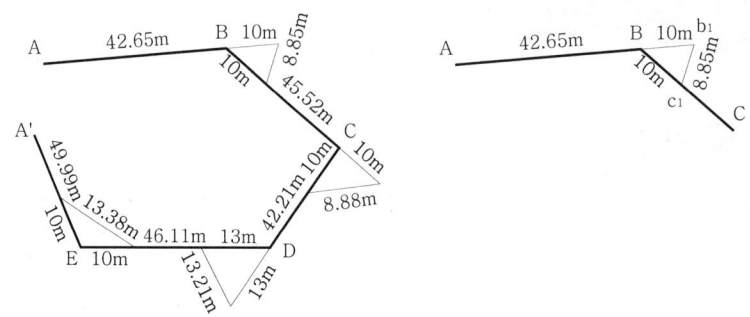

■ 폐합 오차 수정 방법

(1) 도식에 의한 방법

① 그림(b)와 같이 일직선상에 임의의 축척으로 AB, BC, CD, DE, EA'를 취한다.
② A'에서 수선을 세워 AA'의 길이를 Ao로 한다.
③ A, Ao를 연결하여 B, C, D, E에서 각각 수선을 세워 AAo선과의 교점을 B', C', D', E'로 한다.
④ BB', CC', DD', EE'의 길이를 그림(a)의 B, C, D, E에서 AA'에 그은 평행선상에 취하고 이것을 연결하면 수정된 다각형이 된다.

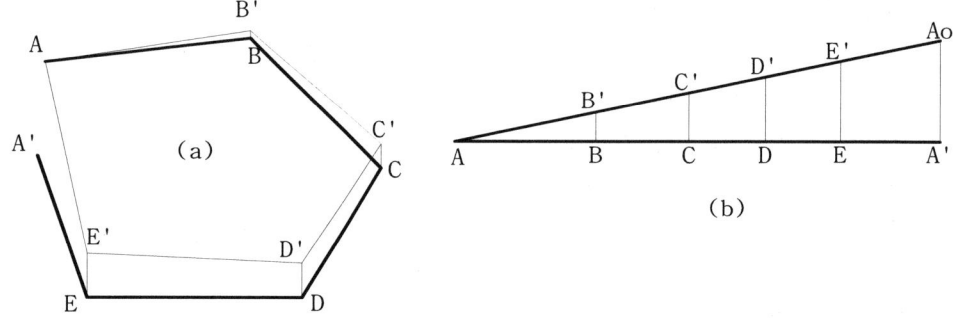

(2) 계산에 의한 방법

① $\dfrac{A'A_0}{AB+BC+CD+DE+EA'} = \dfrac{EE'}{AB+BC+CD+DE} = \dfrac{DD'}{AB+BC+CD}$
$= \dfrac{CC'}{AB+BC} = \dfrac{BB'}{AB}$

② $AB+BC+CD+DE+EA' = \rho$ 로 하면,

㉠ $BB' = AB \times \dfrac{A'A_0}{\rho}$

㉡ $CC' = (AB+BC) \times \dfrac{A'A_0}{\rho}$

㉢ $DD' = (AB+BC+CD) \times \dfrac{A'A_0}{\rho}$

② $EE' = (AB + BC + CD + DE) \times \dfrac{A'A_0}{\rho}$

2 세부 제도

① 지거를 낸 점의 본선 거리를 측선상에 표시하고 여기서 직각으로 지거로 세부점을 결정한다.
② 주척과 지거척에 의한다.(그림과 같이 AB 측선에 지거를 취하려면 주척의 0 눈금을 측점 A에 맞추고 지거척의 0 눈금이 본선과 일치하도록 주척을 본선에 평행으로 놓고, 다음에 지거척을 본선의 읽기에 직각으로 이동하여 지거를 취해서 차례대로 세부점을 그리면 된다.)

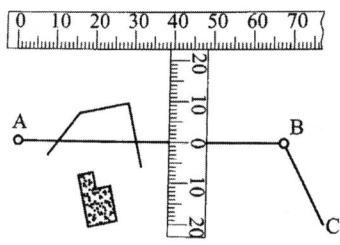

3 면적을 구하는 방법

① 곡선으로 둘러싸인 지역의 면적을 구하려면, 곡선으로 둘러싸이는 적당한 다각형을 작도한다.
② 다각형을 삼각형으로 구분하여 다각형 내의 면적을 구한다.
③ 곡선 부분의 지거 면적(a, b, c, d, e)을 가감하면 곡선형 내의 면적은 A1 + A2 + A3 + a - b + c + d - e 가 된다.

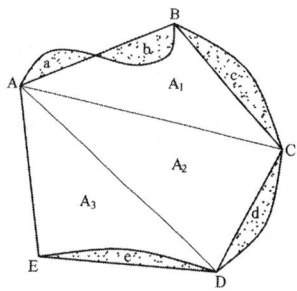

3. 트래버스 제도

1 직각좌표에 의한 방법

① 실측상의 오차나 제도상의 오차가 제도면 위에 일정하게 분포하므로 폐합 오차가 발생하지 않는다.
② 트래버스 측량이나 삼각 측량 등의 골조와 같이 정확을 요할 때는 좌표 방법으로 제도해야 한다.
③ 측선 1~2, 2~3, 3~4의 경거를 각각 D1, D2, D3 위거를 L1, L2, L3로 하고, 각 측점의 좌표를 $(x_1,\ y_1)$, $(x_2,\ y_2)$, $(x_3,\ y_3)$로 하면 다음과 같이 나타낸다.
 ㉠ $x_2 = x_1 + L_1$
 ㉡ $y_2 = y_1 + D_1$
 ㉢ $x_3 = x_1 + L_1 + L_2 = x_2 + L_2$

② $y_3 = y_1 + D_1 + D_2 = y_2 + D_2$
③ $x_n = x_{n-1} + L_{n-1}$
④ $y_n = y_{n-1} + D_{n-1}$

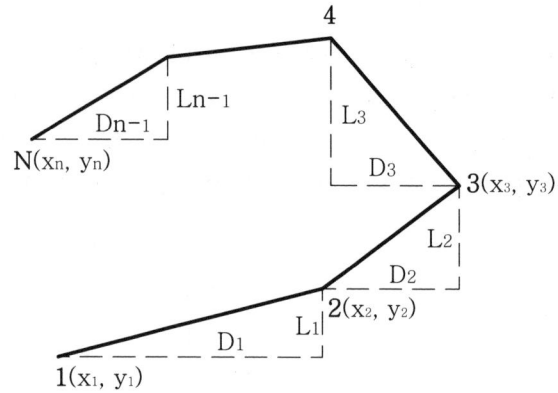

2 각도기에 의한 방법

① 각도기로 기점에서 방향을 잡고 차례로 거리를 스케일로 측정하여 측점의 위치를 정해 가는 것으로 가장 간단한 방법이다.
② 철도, 도로, 상하수도 등의 중심선과 같은 폐합 트래버스의 경우에 사용
③ 좌표 계산을 할 시간이 없을 때나 정밀도를 별로 필요로 하지 않을 때
④ 각도기는 1분 또는 20초 정도의 유표가 부착된 것을 사용하면 상당히 정밀하게 그릴 수 있으나 어느 정도의 폐합 오차가 발생한다.

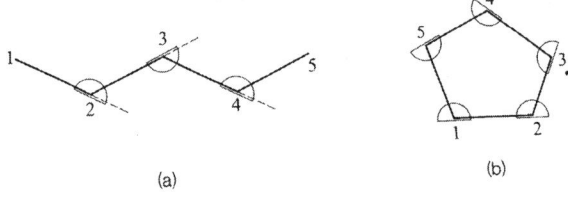

(a)　　　　　　　(b)

3 삼각함수의 진수에 의한 방법

각도기를 사용하지 않고 트래버스의 편각이나 변의 길이를 알고 측선의 방향을 결정 하는 것으로 폐합 오차가 발생하지 않는다.

① 탄젠트법

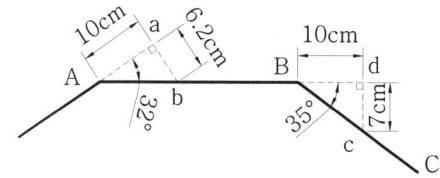

㉠ ∠A=32°, tan 32° = 0.62, Aa=10cm 이면, ab = Aa× tan 32° = 10× 0.62 = 6.2cm
㉡ ∠B=35°, tan 35° = 0.70, Bd=10cm 이면, cd = Bd× tan 35° = 10× 0.70 = 7.0cm
㉢ ㉠㉡과 같이 ab 및 cd를 구하여 Ab 및 Bc의 측선 방향을 각 대신 거리만으로 구할 수 있다.

② 사인과 코사인에 의한 방법

㉠ sin 32° = 0.53
㉡ cos 32° = 0.85
㉢ ab=10× 0.53 = 5.3cm
㉣ Aa=10× 0.85 = 8.5cm
㉤ Aa 및 ab 두 선분으로 Ab의 방향을 결정한다.

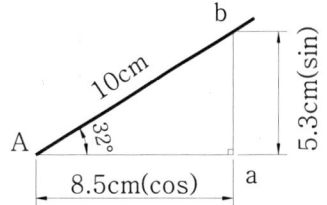

③ 현장법

㉠ Bb = 10cm, ∠α=30°, Bb=Bb1으로 하면,
㉡ Bb = Bb1 = R
㉢ 현의 길이 $bb_1 = 2R\sin\dfrac{\alpha}{2} = 2\times 10 \times \sin\dfrac{30°}{2} = 5.18\,\text{cm}$
㉣ B를 중심으로 하고 Bb=10cm를 반지름으로 원호 Bb1을 그리고, b를 중심으로 하여 5.18cm인 원호의 교점을 b1로 하면 BC선의 방향을 정할 수 있다.

4 세부 제도 도법

① 트래버스의 제도를 완성한 후 평판으로 세부 측량을 하므로 도판에 충분히 적합하도록 여러 구획으로 구분하고 그 중의 각 측점을 도판에 옮기기 위하여 도판에 정확하게 모눈을 실시하여 세부를 완성한다.
② 각 구획의 도면을 종합하려면 각 도면을 트레이싱지에 옮기고 뒷면에 연한 연필가루를 엷게 칠하고 골조도와 트레이싱지를 걸쳐 측점과 십자점을 정확하게 겹치게 하고 위에서 2H 정도의 굳은 연필로 자선을 그리면 세부를 그릴 수 있다.
③ 평판 측량으로 그린 한 구획을 트레이싱지에 옮기고 다시 골조도에 옮겨 전체를 완성하면 된다.

4. 하천 측량 제도

1 평면도

① 개수, 그 밖의 하천 공사 계획의 기본도
② 삼각 측량 및 트래버스 측량의 결과에 따라 측점은 반드시 좌표에 의해 전개해야 한다.
③ 원도에 50m 정도의 방안을 정확히 그리고, 경위 계산의 순서에 의해 차례로 각 측선의 경정 위거 및 경정 경거를 각각 계산하면서 그들의 합계를 구하여 각 측점의 좌표를 결정한다.
④ 세부 제도를 하려면 평판의 도판에 적당한 범위로 삼각망을 구분하여 각 도판에 방안을 그리고 주어진 구역에 측점을 내리고 평판 측량을 실시
⑤ 외업이 끝나면 각 구역의 평면도를 트레이싱지에 옮기고 뒷면에 연한 연필 가루를 칠한 다음 원도에 트레이싱지를 겹쳐 양자의 측점과 모눈을 일치시키고 굳은 연필로 자선을 따라 그리면 원도에 세부를 그려 넣을 수 있다.
⑥ 다음에 먹넣기로 마무리하면 된다.
⑦ 평면도의 축척은 1/2500으로 하지만 하천 폭이 50m 이하일 때는 1/1000로 하고 도면에는 축척, 방위 및 측량 연월일, 측량자의 성명 등을 기입하여 둔다.
⑧ 도면의 부호는 육지 측량부 지형도 도식에 의해 기입한다.

2 종단면도

① 축척은 보통 세로 1/100, 가로 1/10,000로 하고 세로 축척은 가로 축척의 100~1000배 정도로 취하여 경사를 명확히 한다.
② 하류를 좌측으로 제도하고 하저 경사와 수면 경사를 명시함과 동시에 양안의 제방의 고저, 고수위(H.W.L), 저수위(L.W.L), 거리표 그 밖의 하중의 구조물, 예를 들면 댐, 교량, 둑 등의 위치 및 높이 등도 기입
③ 하저 경사는 하천의 가장 깊은 곳의 경사이지만 하천의 최심부는 반드시 중심과 일치하는 것은 아니다.
④ 횡단 측량에 의해 최심부를 발견하여 평면도로 옮기고 다음에 평면도에서 거리를 구하고 최심점을 연결하여 하저 경사를 그리는 것이다. 그러나 종단면도에 기입하는 하저 경사는 횡단 측량 개소의 최심점을 단순히 연결하여도 무방하다.
⑤ 횡단 측량은 보통 200m마다 동일 번호의 양안의 거리표를 연결하는 선을 따라 시행한다.

3 횡단면도

① 횡단면도의 축척은 폭을 1/1000, 높이를 1/100으로 그리는 것이 보통이다.
② 좌안은 왼쪽으로 하고 좌안의 거리표를 기점으로 하여 제도
③ 댐, 저수지의 계획에서 배수 계산을 할 때에 사용하는 도면에서는 좌안이 오른쪽이 되도록 그린다.
④ 제방, 하상의 고저와 거리 및 고수위, 저수위 등을 기입한다.

⑤ 유량을 산출하는 경우에는 수면 이하의 횡단면적 및 윤변 등을 그린다.

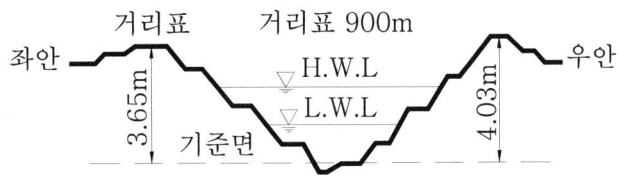

5. 도로 설계 제도

① 도로를 신설할 때는 먼저 그 지방의 지형도에 의해 도면에서 가장 경제적이라고 생각되는 노선을 계획
② 노선의 중심선을 따라 종단 측량 및 횡단 측량 실시
③ 평면 측량을 하여 노선의 종단면도, 횡단면도 및 평면도를 작성하고 이를 토대로 도로 공사에 필요한 토공의 수량이나 도로 부지 등을 구한다.

1 평면도

① 평면도의 축척은 1/500~1/2000로 하고 기점은 왼쪽에 두도록 한다.
② 노선 중심선 좌우 약 100m, 지형 및 지물(교량, 옹벽, 용지, 경계 등)을 표시하지만 평탄한 전답으로 별다른 지물이 없을 때는 좌우 30~40m 정도면 된다.
③ 산악이나 구릉부의 지형은 등고선을 기입하여 표시한다. 등고선은 개략적으로 표시하여도 되므로 축척이 1/2000인 경우에는 10m마다, 1/1000에서는 5m마다 기입하면 된다.

(1) 굴곡부 노선
① 교점 (I.P)의 위치를 결정
② 교각(I)을 각도기로 정확히 측정하고 방향선을 긋는다.
③ 이 선 위의 교점에서 접선 길이(T.L)와 동등하게 시곡점(B.C) 및 종곡점(E.C)을 결정
④ 시곡점과 종곡점을 중심으로 반지름 R의 원호를 그리고, 그 교점을 굴곡부의 중심으로 하여 굴곡부를 그린다.

(2) 등고선의 설정법
등고선을 설치하려면 종단 측량의 결과에서 각 점의 높이를 정하고 비례 배분에 의해 등고선의 위치를 구하면 된다.

(3) 굴곡부와 직선부의 연결
① 굴곡부에서의 확대폭부와 직선부와의 연결에는 완화 곡선을 사용
② 확폭량은 비례 배분에 의해 구한다.

③ 간단히 완화 곡선을 그리려면 A, A'를 직선으로 연결한다. 이때 A' 점에 몇 개의 굴곡이 발생하나 이것은 시공할 때 적당히 처리한다.

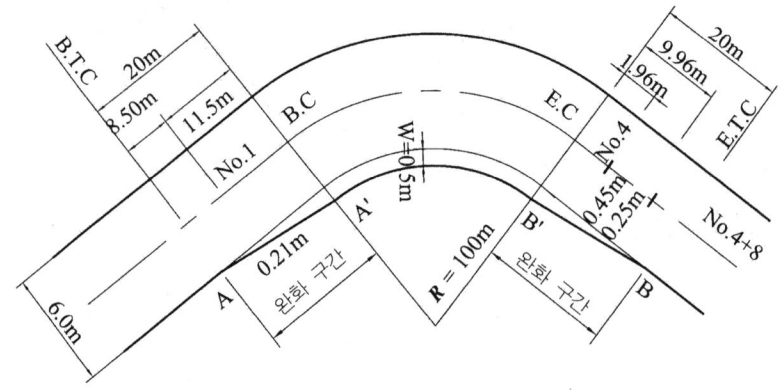

2 종단면도

① 축척은 세로 1/100~1/200, 가로 1/500~1/2000로 한다. 일반적으로 세로 축척은 가로 축척의 3~10배를 취하여 지반 고저의 변화를 명확히 하도록 한다.
② 용지는 방안지 또는 종단면 용지를 사용하면 편리하다.
③ 종단면도를 작성하려면 밑에서 곡선, 측점, 거리, 추가거리, 지반고, 계획고, 절토고, 성토고, 경사 등의 기입란을 만들고 종단 측량의 결과를 차례로 기입한다.

(1) 기입란

① 곡선란 : 커브 노선이 있는 곳은 좌회, 우회에 대응하여 지형상의 凹凸을 작성하고 여기에 교각(I), 반지름 (R), 접선장(T.L), 외선장 (S.L) 등을 기입한다.
② 측점란 : 20M마다 박은 중심 말뚝의 위치를 왼쪽에서 오른쪽으로 No.0, No.1, No.2 ...의 순으로 기입한다. 이 때 지형의 변화를 표시하는 + 말뚝 및 시곡점(B.C), 종곡점(E.C) 도 기입하여 둔다. (NO.3+9.8이라고 쓴 것은 NO.3에서 9.8m의 점의 + 말뚝을 표시한 것이다.)
③ 거리 및 추가 거리란 : 거리란에는 No.말뚝이던지 + 말뚝이던지 각 측점의 구간 거리를 기입하고, 추가 거리란에는 각 측점의 기점(No.0)에서부터 합산한 거리를 기입하면 된다.
④ 지반고란 : 지반고란에는 야장에서 각 중심말뚝의 표고를 기재한다.
⑤ 종단면 형상도 : 위쪽에 기준선 (D.L)을 설정하고 밑의 각 점에서 수선을 세워 각각의 점을 연결
⑥ 기준선은 반드시 지반고와 계획고 이하가 되도록 한다.
⑦ 계획고란 : 각 점의 계획고를 산출하려면 사전에 계획 경사를 정해야 한다. 계획 경사는 도로의 구조 시설 기준에 관한 규칙에 따르며 가능하면 절토와 성토를 비슷하게 정하여 토공비를 절약하는 것이 중요하다.
⑧ 절토 및 성토 :
  (지반고) > (계획고) 일 때에는 절토
  (지반고) < (계획고) 일 때에는 성토

(2) 종단 곡선의 설정법
① 도로의 경사가 변하는 곳에 차량이 통과하면 자동차에 심한 충격을 주어 원활한 교통을 유지하지 못한다. 이러한 문제점을 해결하기 위하여 두 경사선 사이에 종곡선을 설치한다.
② 종곡선은 원호와 포물선의 두 가지가 있는데, 원호는 철도에서, 포물선은 도로에서 사용하였으나, 근래에는 양쪽 다 같이 포물선을 사용하고 있다.

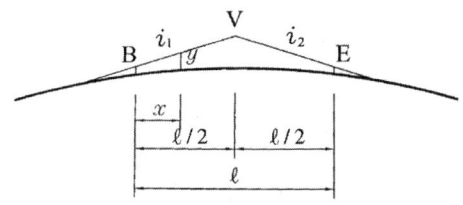

③ 도로의 구조 시설 기준에 관한 규칙에서 양 경사의 대수차 $(i_1 - i_2)$에 대한 곡선장 l을 정한다.
④ 교점 V에서 수평으로 $l/2$씩 취하여 B,E점을 구한다.
⑤ BE곡선의 방정식은 $y = \dfrac{i_1 - i_2}{200\,l} x^2$이고 식에서 종거 y를 구하고 종곡선을 설정하면 된다.
⑥ 보통 수평 거리 x는 5m 또는 10m마다에 대한 y를 구하여 측설한다.

3 횡단면도

① 축척은 보통 종단면도의 세로 (1/100~1/200) 축척과 동등하게 한다.
② 용지는 방안지를 사용한다.
③ 기점은 좌하단에 정하고 위로 차례로 그린다. 또는 기점을 좌상단에 취하고 아래로 그려도 된다.
④ 기점을 정한 후에 각 중심 말뚝의 위치를 정하고 횡단 측량의 결과를 중심 말뚝의 좌우에 취하여 지반선을 그린다.
⑤ 종단면도에서 각 측점의 절토 또는 성토의 단면을 그린다.
⑥ 횡단면도에는 중심 말뚝, 측점 번호, 계획선, 절토 높이(C.H), 성토의 높이(B.H), 절토 단면적 (C.A), 성토 단면적 (B.A)등을 기입한다.

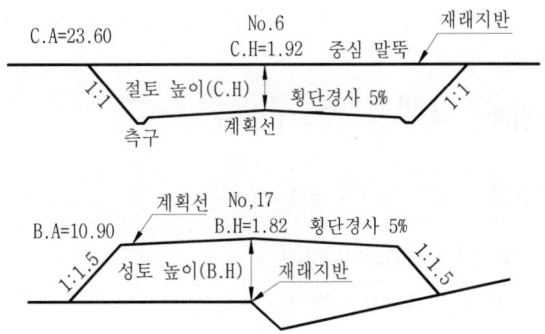

4 편경사 설정법

① R=100m의 굴곡부에 편경사를 설정한다면 편경사 e=6%가 된다.
  W (유효 나비):6.0m, n(직선부의 횡단 경사):5%, ω(확대 폭):0.5m로 하면

$$h_e(곡선\ 외측의\ 고도) = \frac{W}{200} \times (e+n)$$

$$= \frac{6}{200} \times (6+5) = 40.33m$$

$$h_i(곡선\ 내측의\ 고도) = \frac{W}{200} \times (e+n) + \frac{e\omega}{100}$$

$$= \frac{6}{200} \times (6+5) + \frac{6 \times 0.5}{100} = 0.06m$$

② 곡선부에서 편경사의 제한은 완화 구간에서 적용된다.

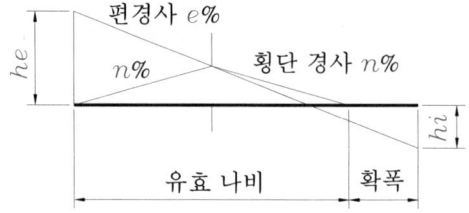

5 토량 계산표

① 종단면도와 횡단면도가 작성되면 이것을 기본으로 토량표를 작성한다.
② 기입란을 만들고 종단면도에서 측점과 거리를 찾아 기입한다.
③ 횡단면도에서 각 측점의 단면적을 절토, 성토의 경우를 사용하거나 방안지의 눈금을 읽어서 구한다.
④ 단면적을 구하려면 구적기(planimeter)를 사용하거나 방안지의 눈금을 읽어서 구한다.
⑤ 평균 단면적을 구하려면 인접한 양단면적의 합을 2등분 하면 된다.
⑥ 토량은 횡단면도에서 구한 평균 단면적에 양단면 사이의 거리를 곱하면 된다.
⑦ No.0 ~ No.1에서는

  ㉠ 절토 평균 단면적 $= \dfrac{0.36 + 3.24}{2} = 1.80 m^2$

  ㉡ 성토 평균 단면적 $= \dfrac{0.6 + 2.20}{2} = 1.40 m^2$

  ㉢ 절토 토량 $= 1.80 m^2 \times 20m = 36 m^3$

  ㉣ 성토 토량 $= 1.40 m^2 \times 20m = 28 m^3$

⑧ No.1 ~ BC1에서는

  ㉠ 절토 평균 단면적 $= \dfrac{3.24 + 6.80}{2} = 5.02 m^2$

ⓒ 성토 평균 단면적 = $\dfrac{2.20+5.10}{2}=3.65\,\text{m}^2$

ⓒ 절토 토량 = $5.02\,\text{m}^2 \times 11.5\,\text{m} = 57.73\,\text{m}^3$

ⓔ 성토 토량 = $3.65\,\text{m}^2 \times 11.5\,\text{m} = 41.98\,\text{m}^3$

측 점	거리(m)	단면적(㎡) 절토	단면적(㎡) 성토	평균 단면적(㎡) 절토	평균 단면적(㎡) 성토	절토량 (㎥)	성토량 (㎥)
No.0	20.00	0.36	0.60	1.80	1.40	36.00	28.00
No.1	11.50	3.24	2.20	5.02	3.65	57.73	41.98
BC1	8.50	6.80	5.10	15.05	2.55	127.93	20.40
No.2	20.00	23.30	0	17.35	0	347.00	0
No.3	6.50	11.40	0	5.70	4.30	37.05	27.95
No.3+6.5	11.50	0	8.60	0	14.85	0	171.37
EC1	1.96	0	21.10	0	21.00	0	41.16
No.4	8.00	0	20.90	0	20.00	0	160.00
No.4+8	12.00	0	19.10	4.35	9.55	52.20	114.60
No.5	20.00	8.70	0	16.15	0	323.00	0
No.6	19.60	23.60	0	48.75	0	905.50	0
No.7	20.00	73.90	0	77.60	0	155.20	0
No.8	14.21	81.30	0	71.90	0	1021.70	0
No.8+14.2	5.79	62.50	0	60.05	0	347.69	0
No.9	20.00	57.60	0	38.55	0	771.00	0
No.10	12.40	9.50	0	90.75	2.85	120.90	35.34
BC2	7.60	0	5.70	0	9.70	0	73.72
No.11	20.00	0	13.70	0	20.35	0	407.00
No.12	20.00	0	27.00	0	17.50	0	350.00
No.13	20.00	0	8.00	0	6.45	0	129.00
No.14	20.00	0	4.90	0	7.75	0	155.00
No.15	10.34	0	10.60	0	11.55	0	119.43
EC2	9.66	0	12.50	0	13.00	0	125.58
No.16	20.00	0	13.50	0	12.20	0	244.00
No.17	8.00	0	10.90	0	11.55	0	92.40
No.17+8	12.00	0	12.20	0	6.55	0	138.60
No.18	20.00	0	0.90	0	1.50	0	30.00
No.19	—	0	2.10	—	—	—	—

기출 및 예상문제

1. 측량도를 작성할때 그림의 상단이 어느 방향이 되는 것이 원칙인가?
① 서북   ② 북   ③ 동북   ④ 남

해설 측량제도 일반
① 치수를 기입하지 않는 대신 척도의 그림을 그려 넣고 그림에서 직선 길이를 측정할 수 있도록 하며 또한 축척도 명기한다.
② 축척은 일반적으로 $\frac{1}{100} \sim \frac{1}{5000}$ 정도까지 사용하지만, 시공용으로서는 $\frac{1}{100}$, $\frac{1}{250}$, $\frac{1}{500}$ 등이 있다.
③ 일반적으로 평면도는 위쪽을 북으로 하고 도면의 좌상쪽에 방위를 그린다.
④ 지물, 구조물 등의 구별을 식별하기 쉽도록 축도 기호(범례)를 명기한다.
⑤ 측점은 최소의 원으로 표시하고 측선은 가는 선으로 그리도록 한다.

2. 교량에서 하천의 유수방향에서 본 도면을 무엇이라고 하는가?
① 정면도   ② 측면도   ③ 평면도   ④ 저면도

해설 교량에서 하천의 유수방향에서 본 도면은 측면도이다.

3. 도로, 철도, 하천 등의 길이 방향에 직각인 단면의 형상을 나타낸 도면은?
① 평면도   ② 정면도   ③ 횡단면도   ④ 종단면도

해설 도로, 철도, 하천 등의 길이 방향에 직각인 단면의 형상을 나타낸 도면은 횡단면도이다.

4. 도로 종단면도에 표시하지 않는 것은?
① 절토고   ② 성토면적   ③ 곡률도   ④ 측점번호

해설 종단면도를 작성하려면 밑에서 곡선, 측점, 거리, 추가거리, 지반고, 계획고, 절토고, 성토고, 경사 등의 기입란을 만들고 종단 측량의 결과를 차례로 기입한다.

5. 도로 종단면도에 기재하는 종단 선형 요소에 해당하지 않는 것은?
① 절토고   ② 기계고   ③ 계획고   ④ 지반고

6. 측량도면 중 횡단면도에 기입할 사항이 아닌 것은?
① 현 지반선   ② 토질주상도
③ 도로 중심선, 측점 번호   ④ 토공재료의 구별

해설 횡단면도에는 중심 말뚝, 측점 번호, 계획선, 절토 높이(C.H), 성토의 높이(B.H), 절토 단면적(C.A), 성토 단면적(B.A) 등을 기입한다.

7. 도로 설계에 필요한 도면으로 거리가 먼 것은?
① 종단면도   ② 횡단면도

정답 1. ②   2. ②   3. ③   4. ②   5. ②   6. ②   7. ④

③ 지형도에 계획 노선을 기입한 평면도   ④ 완성 상상도(투시도)

해설 완성 상상도(투시도) : 투시도법 등에 의하여 그려진 구조물의 도면

8. 도로설계제도에서 평면도를 표현할 때 산악이나 구릉부의 지형을 나타내는데 사용되는 것은?
① 거리표   ② 축척   ③ 개다각형   ④ 등고선

해설 산악이나 구릉부의 지형은 등고선을 기입하여 표시한다.

9. 트래버스 제도에서 삼각함수의 진수에 의한 방법이 아닌 것은?
① 탄젠트법   ② 사인과 코사인에 의한 방법
③ 실측법   ④ 현장법

해설 삼각함수의 진수에 의한 방법 : 탄젠트법, 사인과 코사인에 의한 방법, 실측법

10. 도로폭을 10m로하고 3m높이의 흙쌓기를 그림과 같이 하였을 때 횡단면도에 나타내는 H의 길이는?

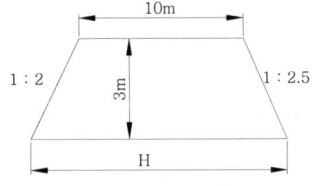

① 13m   ② 16.5m   ③ 23.5m   ④ 28.5m

해설 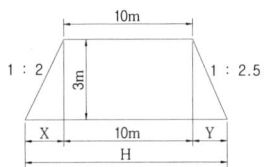 1:2=3:X에서 X=6m, 1:2.5=3:Y에서 Y=7.5m
∴H=X+10m+Y=6m+10m+7.5m=23.5m

11. 도로 설계시 골곡부 노선에 사용되는 기호 중 접선 길이를 표시한 것은?
① I.P   ② I   ③ T.L   ④ B.C

해설 I.P : 교점, I : 교각, T.L : 접선장, B.C : 시곡점

12. 하천 측량 제도에서 하천 공사 계획의 기본도가 되는 도면은?
① 종단면도   ② 평면도   ③ 횡단면도   ④ 하저경사도

해설 개수, 그 밖의 하천 공사 계획의 기본도 ⇒ 평면도

13. 도로 설계에서 자동차의 운행을 원활하게 하기 위하여 원곡선부와 직선부 사이의 곡률 반지름이 변화하는 곡선을 무엇이라 하는가?
① 완화 곡선   ② 확폭량   ③ 반향 곡선   ④ 포물선

정답 8. ④   9. ④   10. ③   11. ③   12. ②   13. ①

14. 하천 측량 제도에서 H.W.L에 대한 의미가 바른 것은?
① 제방 높이　　② 기준면　　③ 고수위　　④ 저수위

해설 고수위(H.W.L), 저수위(L.W.L)

15. No.0의 지반고는 10m, 중심말뚝의 간격은 20m, 오르막 경사가 4%일 때 No.4+5의 계획고는?
① 10m　　② 13.4m　　③ 14.5m　　④ 20m

해설 No.4+5 까지의 거리는 85m, 경사가 4% ⇒ 85 : h = 100 : 4로부터 h = 3.4
No.0의 지반고는 10m이므로 No.4+5의 계획고는 10m +3.4m =13.4m

16. 도면제도에 있어서 등고선의 종류 중 지형표시의 기본이 되는 선으로 가는 실선으로 나타내는 것은?
① 계곡선　　② 주곡선　　③ 간곡선　　④ 조곡선

해설

등고선의 종류	표시 방법	등고선 간격(m)			
		1 : 1,000	1 : 5,000	1 : 25,000	1 : 50,000
주곡선	가는 실선	1	5	10	20
계곡선	굵은 실선	5	25	50	100
간곡선	가는 긴 파선	0.5	2.5	5	10
조곡선	가는 짧은 파선	0.25	1.25	2.5	5

17. 다음 4개의 기울기중 경사가 가장 급한 것은?
① 1:6　　② 13%　　③ 120‰　　④ 9°

해설 수평거리 100m에 대한 높이를 계산하면 1:6(높이:수평거리) = x:100에서 16.6m, 13%는 13m, 120‰은 천분율이기 때문에 백분율로 고치면 12m, 100tan9°=15.8m 이다.

18. 기울기가 1 : 0.02일 때 수직거리가 4500mm이면 수평 거리는 몇mm인가?
① 22.5　　② 45　　③ 90　　④ 180

해설 1:0.02 = 4500:수평거리　∴수평거리=90mm

19. 경사가 있는 L형 옹벽 벽체에서 도면에 1:0.02로 표시할 수 있는 경우는?
① 연직거리 1m일 때 수평거리 2mm인 경사
② 연직거리 4m일 때 수평거리 8mm인 경사
③ 연직거리 1m일 때 수평거리 40mm인 경사
④ 연직거리 4m일 때 수평거리 80mm인 경사

해설 경사 = 연직거리:수평거리 = 1:0.02 = 4:0.08 ⇒ 연직거리 4m일 때 수평거리 80mm인 경사

20. No.0의 지반고는 10m, 중심말뚝의 간격은 20m일 때 No.3+10에 대한 계획고의 기울기와 성, 절토고는?

정답 14. ③　15. ②　16. ②　17. ①　18. ③　19. ④　20. ②

측점	No.0	No.1	No.2	No.3	No.3+10	No.4
계획고	10.00	10.20	10.40	10.60	10.70	10.80
지반고	10.00	10.35	10.22	10.55	10.73	10.92

① 상향 1%, 성토(흙쌓기) 0.03m ② 상향 1%, 절토(땅깎기) 0.03m
③ 하향 1%, 성토(흙쌓기) 0.03m ④ 하향 1%, 절토(땅깎기) 0.03m

해설 경사 = $\frac{수직 거리}{수평 거리} \times 100 = \frac{0.7}{70} \times 100 = 1\%(상향)$, 지반고-계획고=10.73-10.70=0.03m만큼 절토

21. 도로 평면도의 기재사항이 아닌 것은?
① 계획고   ② 측점번호   ③ 곡선의 기점   ④ 곡선의 반지름

해설 계획고는 종단면도에 기입한다.

22. 도로 경사를 표시할 때 4%의 의미는?
① 수평거리 1m당 수직거리 4m의 경사   ② 수평거리 10m당 수직거리 4m의 경사
③ 수평거리 100m당 수직거리 4m의 경사   ④ 수평거리 1,000m당 수직거리 4m의 경사

해설 경사 = $\frac{수직 거리}{수평 거리} \times 100 = \frac{4}{100} \times 100 = 4\%$

23. 도로 설계 제도에서 평면의 곡선부에 기입하지 않는 것은?
① 교각   ② 반지름   ③ 접선장   ④ 계획고

해설 계획고는 종단면도에 기입한다.

24. 도로 설계제도에서 평면도를 그릴 때 평탄한 전답으로 별다른 지물이 없을 경우에 일반적으로 노선 중심선 좌우를 중심으로 표시하는 거리 범위로 가장 적당한 것은?
① 1 ~ 5m   ② 10 ~ 20m   ③ 30 ~ 40m   ④ 100 ~ 200m

해설 노선 중심선 좌우 약 100m, 지형 및 지물(교량, 옹벽, 용지, 경계 등)을 표시하지만 평탄한 전답으로 별다른 지물이 없을 때는 좌우 30~40m 정도면 된다.

25. 도로의 제도에서 종단 측량의 결과 NO.0의 지반고가 105.35M이고 오름 경사가 1.0% 일 때 수평거리 40m 지점의 계획고는?
① 105.35m   ② 105.51m   ③ 105.67m   ④ 105.75m

해설 경사가 1%⇒ 40 : x = 100 : 1로부터 x= 0.4
No.0의 지반고는 105.35m이므로 수평거리 40m의 계획고는 105.35m +0.4m =105.75m

26. 하천 측량 제도에 포함되지 않는 것은?
① 평면도   ② 구조도   ③ 종단면도   ④ 횡단면도

해설 하천 측량 제도 : 평면도, 종단면도, 횡단면도

정답 21. ① 22. ③ 23. ④ 24. ③ 25. ④ 26. ②

27. 도로 설계를 할 때 평면도에 대한 설명으로 옳지 않은 것은?
   ① 평면도의 기점은 일반적으로 왼쪽에 둔다.
   ② 축척이 1/1000인 경우 등고선 5m마다 기입한다.
   ③ 노선 중심선 좌우 약 100m 정도의 지형 및 지물을 표시한다.
   ④ 산악이나 구릉부의 지형은 등고선을 기입하지 않는다.

해설 산악이나 구릉부의 지형은 등고선을 기입하여 표시한다.

정답 27. ④

7장 CAD일반

1. CAD 시스템

1 CAD의 개념

① CAD : "Computer Aided Drafting" 혹은 "Computer Aided Design" 의 약어로써 말뜻 그대로 "컴퓨터를 이용한 설계"를 의미한다.
② 좁은 의미에서의 CAD는 컴퓨터가 그래픽 분야를 지원하여 설계에 조금이라도 도움을 주는 것이다.
③ 넓은 의미에서의 CAD는 설계시에 컴퓨터가 분석기능, 해석기능, 편집기능 등을 제공하여 설계도면 작성, 설계도면 산출, 도면에 관계된 견적서 작성, 도면자료 관리에 도움을 주는 것이다.
④ 설계자가 컴퓨터에 설치된 프로그램을 실행하여 명령어를 입력하거나, 위치에 도형을 정확하게 그릴 수 있고, 필요에 따라 도면을 확대 ,축소, 이동, 복사, 회전, 변형 등이 가능하게 할 수 있다.
⑤ 복잡한 형상의 물체는 3차원 모델링 (3-dimensional modeling)을 하여 도형의 이해를 입체적으로 쉽게 할 수 있으며, 설계를 하는데 있어서는 방대한 자료를 저장하여 데이터베이스를 구축함으로써 설계의 비용 감소, 시간 단축 등 설계의 생산성을 향상시킬 수 있다.

2 CAD의 응용분야

① 설계의 시간 단축, 정확도 향상 등 설계의 질을 높이고 도면의 표준화와 문서화를 통하여 설계의 생산성을 높일 수 있다.
② 기계 분야에서는 각종 기계의 설계, 자동차, 항공기, 금형 등의 설계에 이용되고 있다.
③ 전기·전자 분야에서는 각종전기부품, 프린트 기판의 설계에 이용
④ 토목 및 건축 분야에서는 옹벽, 암거, 교량, 주택 등의 설계에 이용
⑤ 산업 공학에서는 생산 공정 설계, 공장 설비 배치에 이르기까지 산업의 전 분야에 걸쳐 매우 광범위하게 활용되고 있다.

3 CAD의 4가지 기능

① 컴퓨터 설계
② 부품 설계 분석을 위한 컴퓨터 보조 엔지니어링(CAE)기능
③ 생산의 질 향상 및 준비 기간 단축
④ 3차원 표현으로 복잡성 감소

4 CAD시스템의 구성

① 연필 제도에 비하여 설계자가 좀더 편리하게 설계할 수 있도록 해주는 일종의 도구(tool)로서 하드웨어와 소프트웨어로 이루어져 있다.
② 하드웨어는 소프트웨어의 운영에 충분한 성능과 처리 능력을 갖춘 컴퓨터와 입력 장치 및 출력 장치로 이루어져 있다.
③ 도면 작성을 위한 각종 명령의 입력과 실행을 통하여 도형 작성, 편집 및 수정을 할 수 있으며, 도면의 데이터베이스(Database)를 구축하여 기타 응용 프로그램과 파일의 교환이 가능하도록 되어 있다.

2. CAD프로그램에 의한 좌표설정

1 절대 좌표계 (Absolute Coordinate)

① 절대 좌표계는 항상 도면의 원점인 0, 0, 0에서부터 측정하게 된다. 캐드에서는 2차원인 경우 X, Y로 나타내고 3차원일 경우에는 X, Y, Z 등의 좌표를 키보드로 직접 입력한다.
② 절대 극좌표계는 임의 점에서 다른 점으로 이동하거나 표기시에 그 위치를 거리와 각도로 지정한다. 거리와 각도는 왼쪽 방향 꺽쇠(〈)를 이용해 나타낸다. line 명령으로 시작점을 '10,10'이고 끝점을 '100〈45'로 입력하면 끝점은 '0,0'에서 길이가 100이고 X축으로 45도 방향인 점이 선택된다.

2 상대 좌표계 (Relative Orthogonal Coordinate)

① 임의 점에서부터 도면을 그리기 시작하는 경우 유용하게 사용된다.
② 원점에서부터 좌표가 시작되는 것이 아니라 가장 최근에 입력한 점을 기준으로 하여 좌표가 시작된다.
③ 절대 좌표와 상대 좌표를 구분하기 위하여 '@'기호를 맨 앞에 붙여서 사용한다.
④ '@20,30'이라는 의미는 이전 점에서부터 X축 방향으로 20, Y축 방향으로 30만큼 이동된다는 의미이다.
⑤ 상대 극좌표는 절대 극좌표와 구분하기 위하여 '@'기호를 맨 앞에 붙여서 사용한다.

3. CAD 시스템에 의한 도형처리

1 캐드 화면 이해하기

AutoCAD 2005의 화면 구성과 도구막대를 알아두면 도면 작업을 더욱 간단하고 편리하게 할 수 있으며 Options을 조정하여 색상을 변경하거나 도구막대를 추가 또는 제거하였을 경우, 다시 AutoCAD 2005를 시작하면 마지막으로 변경된 화면이 초기 화면이 된다.

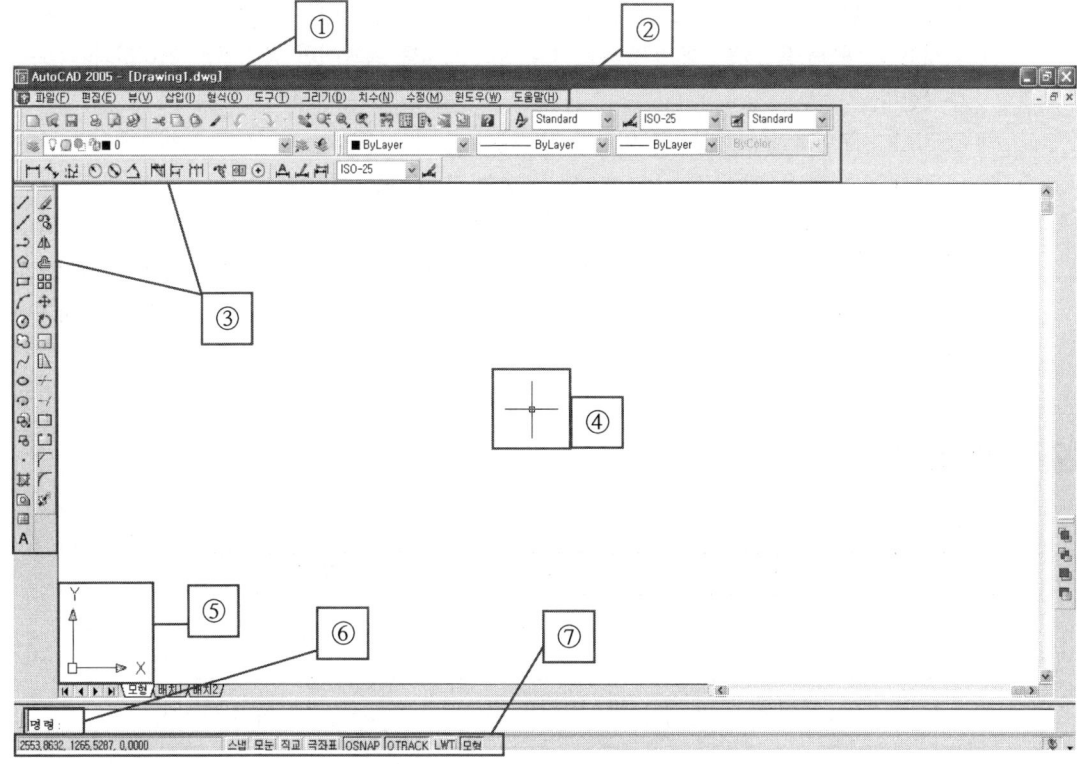

① 제목 표시줄 : 캐드 버전과 작업 중인 도면의 파일명을 표시한다.
② 메뉴 표시줄 : 캐드에서 사용되는 명령들을 나열한 것으로 메뉴를 선택하면 풀다운 메뉴가 나타난다.
③ 도구막대 : 자주 사용되는 명령을 아이콘으로 정리해 놓은 도구막대이며 열기, 저장, 인쇄, 철자 검사 같은 표준 버튼들과 다시 그리기, 명령취소, 줌과 같이 자주 사용되는 버튼들이 포함되어 있다.
④ 십자커서 : 마우스나 기타 좌표입력 장치로 연필과도 같다.
⑤ 좌표계 아이콘 : 보는 방향과 기준점 위치 등을 보여준다.
⑥ 명 령 창 : 명령을 실행할 경우 문자나 정보를 보여 주며, 직접 명령어를 입력하는 곳이다. 프롬프트와 메시지를 표시한다.
⑦ 상태 표시줄 : 십자커서가 움직이는 좌표를 표시하고 정밀한 도면을 작성 할 수 있도록 도와주는 제도 보조 옵션이 있다.

3439.4511, 1433.2114, 0.0000	스냅	모눈	직교	극좌표	OSNAP	OTRACK	LWT	모형
㉠	㉡	㉢	㉣	㉤	㉥	㉦	㉧	㉨

㉠ 좌표 화면표시 : 십자커서가 이동하는 위치나 필요에 따라 특정 부분의 위치에 대한 정보 표시
㉡ 스냅 : 십자커서를 Snap 명령으로 설정한 간격만큼 이동시킬 수 있다.
㉢ 모눈 : 화면상에서 가시적으로 볼 수 있는 점들을 표시하며, Snap 명령과 같이 사용되는 경우가 많다.

ⓔ 직교 : 커서를 수평이나 수직으로만 움직이게 할 수 있으며, 임의의 방향으로도 움직이게 한다.
ⓜ 극좌표 : 대상물을 그릴 때 동서남북 방향으로 커서를 움직이면 움직이는 거리값과 각도를 추적한다.
ⓗ OSNAP : 도면작업에서 정확한 위치를 지정해야 할 때 사용되는 명령으로 객체스냅이라 한다.
ⓢ OTRACK : 객체스냅의 Tracking(추적) 옵션의 On/Off를 설정한다.
ⓞ LWT : 대상물에 부여한 선두께의 표시를 설정한다.
ⓩ 모형 : 도면을 MODEL(모형) 공간과 PAPER(도면) 공간 사이에서 전환시킨다. 일반적으로 모형 공간에서 설계도를 작성한 다음, 도면 공간에서 배치도를 작성하여 도면을 플롯하거나 인쇄한다.

2 도면 열기

① 열기 : 기존의 도면 열기

아이콘	풀다운 메뉴	명령어
	File(파일) - Open(열기)	open

② File(파일) - Open(열기) - 대화창에서 파일을 선택하고 Open(열기) 하면 도면이 열린다.

3 도면 저장

① 저장

아이콘	풀다운 메뉴	명령어
	File(파일) - Save(저장)	save

② 도면 저장하기
  ㉠ 캐드 작업시에는 자주 저장을 해 주는 것이 좋다.
  ㉡ 도면 원본에 영향을 미치지 않고 새로운 버전의 도면을 작성하려면, Save As(다른 이름으로 저장)하면 된다.
  ㉢ 도면을 한번도 저장하지 않은 상태에서는 Save As(다른 이름으로 저장)으로 입력되어 파일 선택창이 열리고, 덮어쓰기인 경우에는 곧바로 저장된다.

4 기능키와 명령어 단축키

① 캐드에서 사용되는 기능키

기능키	기 능
F3	OSNAP(객체 스냅) ON/OFF(켜기/끄기)
F6	좌표 표시 켜기/끄기, 화면 좌하단의 좌표 표시를 활성/비활성
F7	GRID(모눈) ON/OFF(켜기/끄기), 도면에 모눈을 나타내거나 감추기
F8	ORTHO(직교) ON/OFF(켜기/끄기), 포인터의 움직임을 직교 좌표로만 제한
F9	SNAP(스냅) ON/OFF(켜기/끄기),
F10	POLAR(원형) ON/OFF(켜기/끄기), 작도, 편집시 포인터의 극좌표를 표시
F11	OTRACK(객체 스냅 출력하기) ON/OFF(켜기/끄기) OSNAP 점과의 거리, 각도를 나타내는 기능

② 명령어 단축키(Aliaes)

캐드는 모든 명령어가 영어로 되어 있기 때문에 간단하게 줄여 놓으면 효과적으로 도면을 그릴 수 있다. 이러한 축약된 명령이름을 앨리어스라고 부른다. 키보드로 명령어를 입력할 때 사용자에 맞게 단축하는 것이다. 예를 들어, COPY는 CO로 BLOCK은 B로 설정할 수 있다.

도구 - 사용자화 - 사용자 파일 편집 - 프로그램 매개변수를 클릭, 그림과 같은 ACAD.PGP이 메모장에 나타나면 사용자에 맞게 수정하여 저장하면 된다.

방식은 그림에서 보이는 것처럼 [단축키, *명령어] 형태로 입력 후 저장한 다음, 캐드를 다시 실행하면 단축화된 명령어를 사용할 수 있다. 단, 동일한 단축키가 지정되면 실제 캐드상에서 작동하지 않는다.

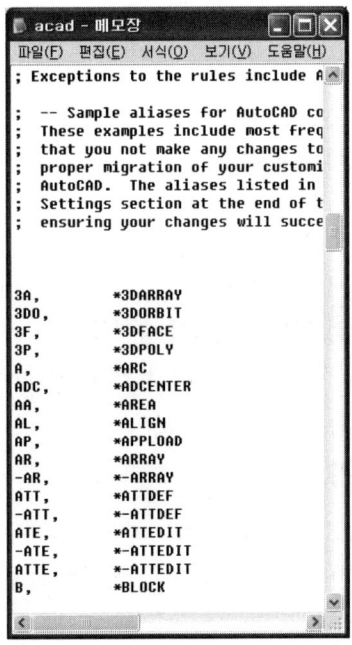

5 도면 한계 [LIMITS]

① 좌측 하단과 우측 상단의 점을 지정하여 도면의 크기를 정하는 명령
② 도면창의 좌측 하단을 지정한다.

```
명령: LIMITS Enter↵
모형 공간 한계 재설정:
왼쪽 아래 구석 지정 또는 [켜기(ON)/끄기(OFF)] <0.0000,0.0000>: Enter↵
```

③ 도면창의 우측 상단을 지정한다.

```
오른쪽 위 구석 지정 <420.0000,297.0000>: 420,297 Enter↵
```

④ A3 도면 크기로 설정된다.

4. GIS 개요와 데이터 이해

1 지리정보시스템 (GIS - Geographic Information System)

국토계획, 지역계획, 자원개발계획, 공사계획 등의 각종 계획을 성공적으로 수행하기 위해서는 토지, 자원, 환경 또는 이와 관련된 각종 정보 등을 컴퓨터에 의해 종합적, 연계적으로 처리하는 방식이 GIS 이다.
지형정보와 공간정보를 시, 공간적으로 분석하여 신속, 정확하고 융통성, 완결성 있게 처리하여 모든 사항의 의사결정, 편의 제공 등을 극대화시켜준다.

2 GIS의 특징

① 지도의 축소·확대가 자유롭고 계측이 용이하다.
② 복잡한 정보의 분류나 분석에 유용하다.
③ 대량의 정보를 저장하고 관리할 수 있다.
④ 원하는 정보를 쉽게 찾을 수 있다.
⑤ 새로운 정보의 추가와 수정이 용이하다.
⑥ 자료의 중첩을 통하여 종합적 정보의 획득이 용이하다.
⑦ 표현방식이 다른 여러 가지 지도나 도형으로 표현이 가능하다.

3 GIS의 활용 및 응용분야

① 토지 관련분야 - 공공기관의 토지 관련 정책 수립에 정보를 제공하며 민원인에게 토지 정보 제공
② 시설물 관리분야 - 시설물 관리에 소요되는 비용과 인력을 절감하고 재난을 사전에 방지하는 것이 목적

③ 교통분야 – 교통정보 제공 (교통개선, 도로 유지보수 등)
④ 도시계획 및 관리분야 – 도시 현황 및 도시계획 수립, 도시정비, 도시기반 시설물 관리
⑤ 환경분야 – 각종 환경 영향 평가와 환경 변화 예측 등에 활용
⑥ 농업분야 – 토양특성에 적합한 작목추천, 수확량 예측 등 과학정 영농지원
⑦ 재해 재난분야 – 지진 예측, 재난 발생 시 긴급 출동 및 피해 최소화 방안 수립에 활용
⑧ 기타 분야 – 건설, 금융, 보험, 부동산 등 많은 민간산업에 활용

5. 측량 데이터 관리

1 GIS 구성요소

GIS는 자료의 입력과 저장에 필요한 하드웨어, 소프드웨어, 데이터베이스, 인적자원으로 구성된다.

① 하드웨어(Hardware)
GIS를 운용하는데 필요한 컴퓨터와 각종 입, 출력장치 및 자료관리장치를 말하며 데스크탑 PC, 워크스테이션, 스캐너, 프린터, 디지타이저, 플로터 등 각종 주변 장치를 말한다.
㉠ 입력장치 : 디지타이저, 스캐너, 키보드 등
㉡ 저장장치 : 워크스테이션, 자기디스크, 자기테이프, 개인용컴퓨터 등
㉢ 출력장치 : 프린터, 모니터, 플로터 등

② 소프트웨어(Software)
자료를 입력, 출력, 관리하기 위해서 반드시 필요하며, 자료입력을 위한 입력소프트웨어, 저장 및 관리하는 관리소프트웨어 그리고 분석결과를 출력할 수 있는 출력소프트웨어로 구성
㉠ 입력 소프트웨어 : 디지타이저, 스캐너, 단말기, 마그네틱 테이프 등
㉡ 출력 소프트웨어 : 프린터, 플로터, 자기테이프 등

③ 데이터 베이스(Database)
GIS의 주된 작업은 자료의 입력에 관련된 일이다. 보다 정확하고 핵심적인 요소의 자료가 다양하게 입력되어야 더욱 효율성 있는 운용체계를 구축할 수 있다.

④ 인적자원(Man Power)
GIS의 모든 요소들을 운영하는 것으로서 데이터를 구축하고 관리하는 전문가뿐만 아니라 일상, 실제 업무에 GIS를 활용하는 사용자들 모두를 포함한다.

2 GIS의 자료처리

GIS의 자료처리는 크게 자료입력, 자료처리, 자료출력으로 나눌 수 있다.

① 자료의 입력
  ㉮ 자료 입력
    ㉠ 자료 입력 방식은 수동방식과 자동방식이 있다.
    ㉡ 기본의 투영법 및 축척 등에 맞도록 재편집

  ㉯ 부호화
    ㉠ 점, 선, 면, 다각형 등에 포함되어 있는 변량을 부호화
    ㉡ 부호화는 선추적 방식(벡터), 격자방식(래스터)이 있다.

② 자료 처리
  ㉮ 자료정비 (DBMS 데이터베이스)
    ㉠ GIS의 효율적 작업의 성공여부에 매우 중요하다.
    ㉡ 모든 자료의 등록, 저장, 재생, 유지 등 관련의 프로그램 구성

  ㉯ 조작처리
    ㉠ 표면분석 : 하나의 자료층상 변량들 간 관계분석
    ㉡ 중첩분석 : 2개 이상의 자료층상 변량들 간 관계분석

③ 자료출력
    ㉠ 도면 또는 도표로 검색 및 출력
    ㉡ 사진 또는 필름기록으로 출력

3 GIS의 자료구성

① 위치자료
    ㉠ 절대위치 : 경도, 위도, 좌표, 표고 등 실제 공간의 위치 자료
    ㉡ 상대위치 : 설계도 같이 임의의 기준으로부터 결정되는 model 공간의 위치

② 특성자료
    ㉠ 도형자료 : 위치자료를 이용하여 대상을 가시화한 것으로 지형지물의 위치와 모양을 나타냄
    ㉡ 영상자료 : 센서(스캐너, 레이저, 항공사진기 등)에 의해 얻은 정보
    ㉢ 속성자료 : 도형이나 영상 속의 내용

기출 및 예상문제

1. CAD 시스템의 특징을 나열한 것이다. 틀린 것은?
   ① 도면의 분석, 수정, 삽입, 제작이 정확하고 빠르다.
   ② 방대한 도면을 여러 사람이 동시에 작업하여 표준화를 이룰 수 있다.
   ③ 2차원은 물론 3차원의 설계 도면과 움직이는 도면까지 그릴 수 있다.
   ④ 편리한 점은 많으나 설계 도면의 데이터베이스 구축이 불가능하다.

   해설 방대한 자료를 저장하여 데이터베이스를 구축함으로써 설계의 비용 감소, 시간 단축 등 설계의 생산성을 향상시킬 수 있다.

2. CAD소프트웨어의 기능 중 기본기능에 속하지 않는 것은?
   ① 도면 요소 편집 및 도면화 기능
   ② 도면 요소 작성 및 변환 기능
   ③ 데이터 관리 및 가공정보 기능
   ④ 화면제어 및 플로팅 기능

3. CAD 시스템으로 도형을 작성할 때 기본요소가 아닌 것은?
   ① 점   ② 선   ③ 면   ④ 부피

4. CAD 시스템에서 입력 장치에 포함되지 않은 것은?
   ① 태블릿   ② 키보드   ③ 마우스   ④ 모니터

   해설 모니터는 출력 장치에 포함

5. CAD 시스템의 입력 장치가 아닌 것은?
   ① 마우스   ② 키보드   ③ 플로터   ④ 펜마우스

   해설 플로터는 출력 장치에 포함

6. 다음에서 CAD시스템의 출력장치가 아닌 것은?
   ① 모니터   ② 디지타이저   ③ 프린터   ④ 플로터

   해설 디지타이저(Digitizer) : 입력 원본의 좌표를 판독하여 컴퓨터에 설계도면이나 도형을 입력하는 데 사용되는 입력 장치.

7. 플로터의 출력속도를 나타내는 단위로 맞는 것은?
   ① CPS(Charactor Per Second)
   ② IPS(Inch Per Second)
   ③ BPS(Bits Per Second)
   ④ DPI(Dots Per Inch)

8. CAD 시스템으로 작성된 도면을 출력할 때 주로 쓰이는 장치는?
   ① 디지타이저   ② 플로터   ③ 터치 패드   ④ 스캐너

   해설 플로터 : X축과 Y 축을 마음대로 움직이는 펜을 사용하여 그래프, 도면, 그림, 사진 등의 이미지를 정밀하게 인쇄하고자 할 때에 사용하는 출력 장치이다.

정답 1. ④ 2. ③ 3. ④ 4. ④ 5. ③ 6. ② 7. ② 8. ②

9. CAD작업에서 가장 최근에 입력한 점을 기준으로 하여 좌표가 시작되는 좌표계는?
   ① 절대 좌표계   ② 사용자 좌표계   ③ 표준 좌표계   ④ 상대 좌표계

해설 상대 좌표계 (Relative Orthogonal Coordinate)
   ㉠ 임의 점에서부터 도면을 그리기 시작하는 경우 유용하게 사용된다.
   ㉡ 원점에서부터 좌표가 시작되는 것이 아니라 가장 최근에 입력한 점을 기준으로 하여 좌표가 시작된다.

10. CAD 작업의 특징이 아닌 것은?
    ① 설계자가 컴퓨터 화면을 통하여 대화방식으로 도면을 입·출력 할 수 있다.
    ② 도면분석, 수정, 제작이 수작업에 비하여 더 정확하고 빠르다.
    ③ 설계 도면을 여러 사람이 동시에 작업할 수 없으며, 표준화 작업이 어렵다.
    ④ 설계시간의 단축으로 일의 생산성을 향상 시킨다.

해설 방대한 도면을 여러 사람이 동시에 작업하여 표준화를 이룰 수 있다.

11. 도면을 그릴 때 좌표 원점으로부터의 거리를 나타내는 좌표 방법은?
    ① 절대 좌표   ② 상대 좌표   ③ 극 좌표   ④ 원 좌표

해설 절대 좌표계는 항상 도면의 원점인 0, 0, 0에서부터 측정하게 된다.

12. 다음 중 CAD 시스템을 사용하기 위해 요구되는 컴퓨터 소프트웨어 및 하드웨어 중 반드시 필요한 것으로 보기 어려운 것은?
    ① 운영체제   ② CPU   ③ RAM   ④ 사운드 카드

13. CAD시스템에서 성격이 다른 장치는?
    ① 키보드   ② 디지타이져   ③ 태블릿   ④ 플로터

해설 플로터 : X축과 Y 축을 마음대로 움직이는 펜을 사용하여 그래프, 도면, 그림, 사진 등의 이미지를 정밀하게 인쇄하고자 할 때에 사용하는 출력 장치이다.

14. CAD를 이용한 생산성 향상의 영역으로 볼 수 없는 것은?
    ① 복잡한 도면을 작성할 때   ② 프리핸드로 스케치하고 싶을 때
    ③ 반복되는 부품을 설계할 때   ④ 이미 작성한 도면을 편집할 때

15. 대형 도면을 인쇄하기 위하여 사용되는 출력 장치는?
    ① 캠코더   ② 플로터   ③ 스캐너   ④ 팩시밀러

16. CAD 시스템에서 입력 장치에 포함되지 않는 것은?
    ① 태블릿   ② 키보드   ③ 마우스   ④ 프린터

정답 9. ④ 10. ③ 11. ① 12. ④ 13. ④ 14. ② 15. ② 16. ④

해설 프린터는 출력 장치에 포함

17. CAD소프트웨어의 기능 중 기본기능에 속하지 않는 것은?
① 도면 요소 편집기능 ② 도면 요소 작성기능
③ 기계 등의 가공 및 제조기능 ④ 도면 내용 출력기능

해설 CAD소프트웨어의 기능 중 기본기능 : 도면 요소 편집 및 도면화 기능, 도면 요소 작성 및 변환 기능, 화면 제어 및 플로팅 기능

18. 입력 장치로만 나열된 것은?
① 마우스 – 플로터 – 키보드 ② 마우스 – 스캐너 – 키보드
③ CRT – 스캐너 – 프린터 ④ 키보드 – OMR – CRT

해설 플로터, CRT(모니터), 프린터 : 출력 장치

19. CAD란 어떤 프로그램인가?
① 컴퓨터를 이용한 설계 프로그램 ② 컴퓨터를 이용한 생산 프로그램
③ 컴퓨터를 이용한 소비 프로그램 ④ 컴퓨터를 이용한 설비 프로그램

20. CAD의 좌표계 종류가 아닌 것은?
① 절대좌표 ② 상대직교좌표 ③ 상대극좌표 ④ 상대접합좌표

해설 CAD의 좌표계 종류 : 절대 좌표(절대 직교 좌표), 절대 극좌표, 상대 좌표(상대 직교 좌표), 상대 극좌표

21. CAD 시스템을 도입하는 것으로 얻을 수 있는 효과 중 거리가 가장 먼 것은?
① 높은 정밀도 ② 생산성 향상
③ 신뢰성의 향상 ④ 사업의 타당성 향상

해설 CAD 시스템을 도입하는 것으로 얻을 수 있는 효과
높은 정밀도, 생산성 향상, 원가 절감, 품질의 향상, 신뢰성의 향상, 표준화, 호환성

22. CAD 시스템을 이용하여 설계할 때 장점으로 볼 수 없는 것은?
① 설계 과정에서 능률이 저하되지만 출력이 용이하다.
② 도면 작성 시간을 단축시킬 수 있다.
③ 컴퓨터를 통한 계산으로 수치 결과에 대한 정확성이 증가한다.
④ 설계제도의 표준화와 규격화로 경쟁력을 향상시킬 수 있다.

해설 설계의 시간 단축, 정확도 향상 등 설계의 질을 높이고 도면의 표준화와 문서화를 통하여 설계의 생산성을 높일 수 있다.

23. A3 도면으로 나타내기 위한 도면영역의 한계점(단위:㎜)은?
① 1189, 841 ② 841, 594 ③ 420, 297 ④ 297, 210

정답 17. ③ 18. ② 19. ① 20. ④ 21. ④ 22. ① 23. ③

해설 명령: limits
모형 공간 한계 재설정:
왼쪽 아래 구석 지정 또는 [켜기(ON)/끄기(OFF)] <0.0000,0.0000>: 0,0
오른쪽 위 구석 지정 <420.0000,297.0000>: 420,297

24. CAD 시스템을 도입하였을 때 얻어지는 효과와 거리가 먼 것은?
① 도면의 표준화
② 작업의 효율화
③ 제품 원가의 증대
④ 설계의 신용도 상승

해설 CAD 시스템을 도입하는 것으로 얻을 수 있는 효과
높은 정밀도, 생산성 향상, 원가 절감, 품질의 향상, 신뢰성의 향상, 표준화, 호환성

25. 컴퓨터 파일 압축 형식이 아닌 것은?
① ZIP   ② RAR   ③ ARJ   ④ LOG

해설 LOG : 로그파일

26. CAD 작업의 특징으로 옳지 않은 것은?
① 도면의 수정, 보완이 편리하다.
② 도면의 관리, 보관이 편리하다.
③ 도면의 분석, 제작이 정확하다.
④ 도면의 크기 설정, 축척 변경이 어렵다.

해설 도면의 크기 설정, 축척 변경이 쉽다.

27. 컴퓨터 하드웨어의 처리절차를 나타낸 것으로 ( )에 가장 적당한 것은?

[데이터 → 입력 → ( ) → 출력 → 정보]

① 처리   ② 저장   ③ 명령   ④ 이동

해설 데이터 → 입력 → 처리 → 출력 → 정보

28. 토목제도에서 캐드(CAD)작업으로 할 때의 특징으로 볼 수 없는 것은?
① 도면의 수정, 재활용이 용이하다.
② 제품 및 설계 기법의 표준화가 어렵다.
③ 다중 작업(Multi-tasking)이 가능하다.
④ 설계 및 제도 작업이 간편하고 정확하다.

해설 방대한 도면을 여러 사람이 동시에 작업하여 표준화를 이룰 수 있다.

29. 점, 선, 면 또는 입체적 특징을 갖는 자료를 공간적 위치 기준에 맞추어 다양한 목적과 형태로서 분석, 처리할 수 있는 최신 정보 체제는?
① DTM (Digital Terrain Model)
② GIS (Geographic Information System)
③ GPS (Global Positioning System)
④ WGS (World Geodetic System)

정답 24. ③ 25. ④ 26. ④ 27. ① 28. ② 29. ②

30. GIS의 특징과 가장 거리가 먼 것은?
   ① 복잡한 정보의 분류나 분석에 유용하다.
   ② 대량의 정보를 저장하고 관리할 수 있다.
   ③ 원하는 정보를 쉽게 찾을 수 있다.
   ④ 높은 정밀도를 얻기 쉽다.

   해설 GIS는 각종 정보를 컴퓨터에 의해 종합적, 연계적으로 처리하는 방식으로 높은 정밀도로 처리하기 위해서는 데이터의 양이 크게 증가하는 단점이 있다.

31. 다음 중 지형 공간 정보 체계의 자료처리 체계로 가장 옳게 배열된 것은?
   ① 부호화 - 자료입력 - 자료정비 - 조작처리 - 출력
   ② 자료입력 - 부호화 - 자료정비 - 조작처리 - 출력
   ③ 자료입력 - 자료정비 - 부호화 - 조작처리 - 출력
   ④ 자료입력 - 조작처리 - 자료정비 - 부호화 - 출력

32. GIS의 주요 구성요소와 가장 관계가 먼 것은?
   ① H/W ② S/W ③ D/B ④ AS

   해설 AS(Anti Spooting)는 군사 목적의 P코드를 적의 교란으로부터 방지하기 위한 암호화 기법이다.

33. 지리정보시스템(GIS)에 대한 설명 중 맞지 않는 것은?
   ① 지리정보의 전산화 도구
   ② 고품질의 공간정보 획득 도구
   ③ 합리적인 의사결정을 위한 도구
   ④ CAD 및 그래픽 전용 도구

   해설 지리정보시스템(GIS)는 토지, 자원, 환경 등의 각종 정보를 컴퓨터에 의해 종합적, 연계적으로 처리하는 방식이다.

정답 30. ④ 31. ② 32. ④ 33. ④

전산응용토목제도기능사 필기

II. 철근콘크리트

1장 철근
2장 콘크리트

1장 철근

1. 철근의 간격

1 보의 주철근 수평 순간격

25㎜ 이상, 굵은 골재 최대치수의 4/3배 이상, 철근 공칭지름 이상 중 가장 큰 값

2 보의 주철근을 2단 이상 배치하는 경우

(정, 부철근을 2단 이상 배치)
① 연직 순간격은 25㎜ 이상
② 상하 철근을 동일 연직면 이내에 두어야 한다.

3 나선 철근과 띠철근 기둥에서 축 방향 철근의 순간격

① 40㎜ 이상
② 철근지름의 1.5배 이상
③ 굵은 골재 최대치수의 4/3배 이상

4 현장 치기 보의 정(+), 부(-)철근의 수평 순간격

40㎜ 이상, 굵은 골재 최대치수의 1.5배, 철근 공칭지름의 1.5배 중 가장 큰 값

2. 표준갈고리

1 설치목적

철근정착을 위하여 설치하고 원형철근은 반드시 갈고리를 만듦, 중요부재에서 이형철근도 갈고리를 붙임

2 설치효과

① 갈고리는 압축저항 증가 효과가 없다. 따라서 인장철근에만 붙인다.
② 철근이 콘크리트와 부착력을 다 발휘한 후 기계적 부착력으로 철근과 콘크리트의 이탈에 저항하기 위한 물리적인 수단

3 표준갈고리 종류

① 반원형 갈고리 또는 180° 갈고리
② 직각 갈고리 또는 90° 갈고리
③ 예각 갈고리 또는 135° 갈고리

4 표준갈고리 연장길이

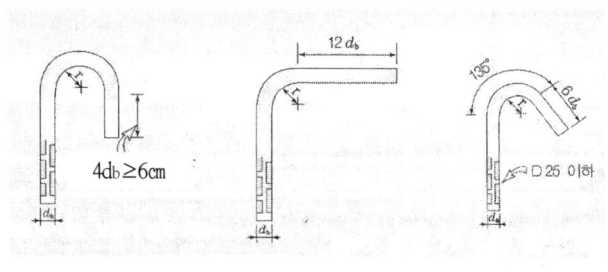

(a) 반원형갈고리   (b) 직각갈고리   (c) 예각갈고리

5 표준갈고리 최소 반지름

철근지름	최소 반지름(r)
D10~D25	3db
D29~D35	4db
D38 이상	5db

3. 철근의 이음

1 일반사항

① 철근은 이음을 하지 않는 것을 원칙으로 한다.
② 부득이 철근이음을 둘 경우
　㉠ 최대 인장응력이 작용하는 곳에서 이음을 하지 않는다.
　㉡ 여러 철근의 이음을 한 단면에 집중시키지 말고 서로 엇갈리게 하는 것이 좋다.

2 철근이음의 종류

철근이음에는 겹침 이음, 용접이음, 슬리브너트이음(기계적 이음) 의 3가지 종류가 있으나, 겹침 이음을 널리 사용한다.

3 겹침 이음

① 콘크리트 칠 때까지 서로 떨어지지 않도록 철사로 잡아맨다.
② 겹침 이음 길이 ℓ은 철근이 모든 강도를 발휘할 수 있도록 충분한 길이 만큼 겹쳐져야 한다.
③ 이형 철근을 겹침 이음 할 때에는 갈고리를 하지 않는다.
④ D35를 초과하는 철근은 겹침 이음을 해서는 안 되고 용접에 의한 맞대기 이음을 한다. 이음부가 철근의 항복강도의 125% 이상의 인장을 발휘할 수 있도록 한다.
⑤ 지름이 서로 다른 두 철근을 이을 때 겹침 이음 길이는 지름이 큰 철근의 정착길이와 지름이 작은 철근의 겹침 이음 길이 중 큰 값으로 한다. 따라서 D35를 초과하는 철근은 D35 이하 철근과 겹침 이음이 가능하다.
⑥ 철근 다발 겹침 이음은 다발내의 각 철근에 요구되는 겹침 이음 길이에 따라 결정되어야 하며, 다발내 각 철근의 겹침 이음이 같은 위치에서 중첩 되서는 안 된다. 따라서 철근에 규정된 겹침 이음 길이는 3개의 철근 다발에는 20%, 4개의 철근 다발에는 33%를 증가시켜야 한다.
⑦ 휨 부재에서 서로 접촉되지 않는 겹침 이음으로 이루어진 철근의 순 간격을 길이의 $\frac{1}{5}$ 이하, 15cm 이하라야 한다.

4 인장철근 겹침 이음

이형 철근을 인장철근으로 사용 할 경우 겹침 길이는 다음과 같으며, 또 300mm 이상이라야 한다.
① A급 이음 : $1.0\ell_d$ (ℓ_d: 인장철근 정착길이)
② B급 이음 : $1.3\ell_d$

■ A급 기준 : $\frac{겹침이음된\ As}{총\ As} \leq \frac{1}{2}$ 이고, $\frac{배근된\ As}{소요\ As} \geq 2$

■ B급 기준 : A급을 제외한 나머지

5 압축 철근의 겹침이음

① 콘크리트 설계기준강도 $f_{ck} \geq 21\mathrm{MPa}$ 일 때

압축철근의 겹침이음	철근의 항복강도	겹침이음 길이	
$\ell_s = \left(\dfrac{1.4f_y}{\lambda\sqrt{f_{ck}}} - 52\right)d_b$	$f_y \leq 400\mathrm{MPa}$	$\ell_s \leq 0.072d_b f_y$	– 300mm 이상 – 인장철근의 겹침 이음길이 이하
	$f_y > 400\mathrm{MPa}$	$\ell_s \leq (0.13f_y - 24)d_b$	

② 콘크리트 설계기준강도 $f_{ck} > 21\mathrm{MPa}$ 일 때

위에서 계산된 겹침이음 길이를 $\frac{1}{3}$ 증가시킨다.

4. 피복 두께

1 부위별 피복두께

부 위		피복두께(mm)	
흙, 옥외 공기에 접하지 않는 부위	슬래브, 장선, 벽체	D35 초과	40mm
		D35 이하	20mm
	보, 기둥	40mm	
흙, 옥외공기에 접하는 부위	노출되는 콘크리트	D29 이상	60mm
		D25 이하	50mm
		D16 이하	40mm
	영구히 묻히는 콘크리트	80mm	
수중에서 타설 하는 콘크리트		100mm	

2 피복 두께를 두는 이유

① 철근의 부식 방지
② 내화성 증진
③ 부착강도 증진

5. 철근 구부리기

① 절곡철근의 구부리는 내면 반지름은 $5d_b$ 이상으로 해야 한다.
② 라멘구조의 모서리 부분의 외측에 연하는 철근의 구부리는 내면 반지름은 $10d_b$ 이상으로 해야 한다.

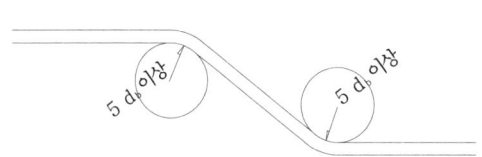
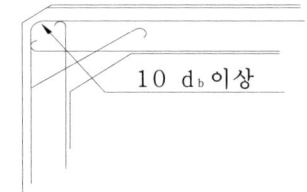

6. 철근의 부착과 정착

1 철근의 부착과 정착

① 철근과 콘크리트 경계면에서 활동에 저항하는 것을 부착이라 함.
② 철근의 단부가 콘크리트 속에서 빠져 나오지 않도록 고정하는 것을 철근의 정착(anchorage)이라 함.

2 부착작용의 세 가지 원리

① 시멘트 풀과 철근 표면의 점착 작용
② 콘크리트와 철근 표면의 마찰작용
③ 이형 철근 표면의 요철에 의한 기계적 작용

3 부착강도에 영향을 주는 요소

① 철근의 표면 상태
  ㉠ 이형 철근의 부착강도가 원형철근보다 크다.
  ㉡ 직각마디의 이형철근이 경사마디의 이형철근보다 부착강도가 크다.
  ㉢ 적당한 녹은 부착에 유리하다.
② 콘크리트의 강도
  ㉠ 콘크리트의 강도가 클수록 부착강도가 크다.
  ㉡ 콘크리트의 인장강도는 부착과 밀접한 관계가 있다.
③ 철근의 지름 : 지름이 가는 철근을 여러 개 사용하는 것이 지름이 굵은 철근을 적게 사용하는 것보다 표면적이 증대되어 부착강도가 커진다.
④ 철근의 덮개 : 덮개가 클수록 부착강도가 크다. (단, 균열에는 불리하다.)
⑤ 철근의 배치방향
  ㉠ 수평철근은 블리딩(bleeding)으로 인해 연직 철근보다 부착강도가 작아진다.
  ㉡ 상부 수평철근이 하부 수평철근보다 부착강도가 작다.

4 철근의 정착방법

① 갈고리에 의한 정착
  ㉠ 원형 철근에는 반드시 갈고리를 두어야 한다.
  ㉡ 압축을 받는 구역에서는 갈고리가 정착효과가 없다.

5 인장 이형철근 및 이형철선의 정착길이

① 정착길이(ℓ_d) : ℓ_d = 기본정착길이 × 보정계수 (= $\frac{계산\ A_S}{사용\ A_S}$) = 300mm

② 기본 정착길이 (ℓ_{db}) 인장 이형철근 : $\ell_{db} = \frac{0.6 \cdot d_b \cdot f_y}{\sqrt{f_{ck}}}$ (d_b : 철근의 지름)

③ 보정계수
상부철근(정착길이 또는 이음부 아래 30cm 이상 콘크리트에 묻힌 수평 철근) : 1.3
α : 철근배치 위치계수
β : 에폭시 도막계수
λ : 경량콘크리트계수

6 압축 이형철근의 정착길이

① 정착길이(ℓ_d) : ℓ_d = 기본정착길이 × 보정계수 (= $\dfrac{\text{계산 } A_S}{\text{사용 } A_S}$) = 200mm

② 기본 정착길이 $\ell_{db} = \dfrac{0.25 \cdot d_b \cdot f_y}{\sqrt{f_{ck}}} \geq 0.04 \cdot d_b \cdot f_y$ (d_b : 철근의 지름)

③ 보정계수 : 지름이 6mm 이상이고 나선간격이 10cm 이하인 나선 철근 : 0.75

7 다발철근의 정착길이

인장 또는 압축을 받는 철근다발 중의 각 철근의 정착길이는 철근다발이 아닌 경우에 각 철근의 정착길이에 3개로 된 철근다발에 대해서는 20%, 4개로 된 철근다발에 대해서는 33%를 증가시킨다.

8 인장을 받는 표준 갈고리의 정착

① 정착길이(ℓ_d) = 기본정착길이×보정계수 = $8d_b$ 이상 또는 150mm 이상
② 표준갈고리의 정착길이는 위험단면에서 갈고리 외측까지의 거리이다.

9 휨 철근의 정착

① 휨 철근의 정착에 대한 위험단면 : 철근이 절단된 점, 철근이 굽혀진(절곡된) 점, 지간 내의 최대 응력 점
② 정착의 일반사항
　㉠ 단순지간의 받침부와 캔틸레버의 자유단을 제외하고 철근은 휨을 저항하는데 더 이상 필요하지 않은 점에서 보의 유효 높이 또는 $12d_b$ 중 큰 값만큼 더 연장해야 한다.
　㉡ 연속 철근은 절곡되거나 끊은 철근이 휨을 저항하는데 더 이상 필요하지 않은 점에서 정착길이 ℓ_d 이상의 매입길이를 가져야 한다.

7. 수축·온도 철근

1 수축·온도 철근

건조수축 또는 온도변화에 의하여 콘크리트에 발생하는 균열을 방지하기 위한 목적으로 배근되는 철근

2 배력 철근(distributing bar)

중 하중을 분포시키거나 균열을 제어할 목적으로 주 철근과 직각에 가까운 방향으로 배치한 보조 철

근으로 응력을 고르게 분포시키고 주 철근 간격을 유지시켜주며, 콘크리트의 건조수축이나 온도 변화에 의한 수축을 감소시키며, 균열을 분포시키는 데에 유효하다.

3 수축·온도철근의 보강

① 수축·온도철근으로 배근되는 이형철근의 철근비는 어떠한 경우에도 0.0014 이상이어야 한다. 여기서의 철근비는 콘크리트 전체 단면적에 대한 수축·온도철근의 단면적이다.
② 설계항복강도가 4,000kgf/㎠ 이하인 이형철근을 사용한 슬래브는 0.0020 이상이어야 한다.
③ 0.0035의 항복변형률에서 측정한 철근의 설계기준항복강도가 4,000kgf/㎠을 초과하는 슬래브는 0.0020×4,000/fy 이상이어야 한다.
④ 수축·온도철근의 간격은 슬래브 두께의 5배 이하, 또는 450mm 이하로 한다.

8. 전단철근

콘크리트 자신이 전단응력에 저항할 수 있는 한도를 초과 하면 전단응력에 의해 균열이 발생하게 되는데, 이를 전단 균열이라 하고, 이 균열을 방지하기 위하여 철근을 배치하여 보강하는데 이 철근을 전단철근 또는 사인장철근이라 함

1 전단철근 종류

① 부재의 축에 직각인 스터럽
② 주인장 철근에 45° 이상의 경사로 배치하는 경사 스터럽
③ 주인장 철근에 30° 이상의 경사로 구부린 굽힘 철근
④ 나선철근
☞ 스터럽 : 주 철근에 직각 또는 직각에 가까운 각도로 주 철근을 둘러 감은 철근
☞ 굽힘 철근 : 휨모멘트에 의해 더 연장할 필요가 없는 인장 철근을 30° 이상의 각도로 휘어 올린 철근

2 전단균열

① 전단균열은 중립축과 45°를 이룬다.
② 전단균열은 지점으로부터 유효높이 d만큼 떨어진 곳에서 발생

3 전단철근의 상세

① 전단철근의 설계기준항복강도는 400MPa 를 초과할 수 없다.
② 전단철근은 압축연단에서 유효깊이 d 거리까지 연장되어야 한다.

4 전단 철근의 간격 제한

① 부재축에 직각으로 설치되는 스터럽의 간격은
  ㉠ 철근 콘크리트 부재에서는 $0.5d$ 이하
  ㉡ 프리스트레스 부재에서는 $0.75d$ 이하
  ㉢ 어느 경우이든 600mm 이하라야 한다.
② 경사 스터럽과 절곡철선은 부재의 중간 높이 $0.5d$에서 반력점 방향으로 주인장 철근까지 연장된 45° 선과 한번 이상 교차되도록 배치

기출 및 예상문제

철근의 간격

1. 휨 부재를 제작할 때 사용되는 철근으로 D25(공칭지름25.4mm)를 쓰고 굵은 골재의 최대치수가 30mm라 한다면 이때 정철근과 부철근의 수평 순간격은 얼마 이어야 하는가?
① 40mm 이상 ② 30mm 이상 ③ 25mm 이상 ④ 20mm 이상

해설 수평 순간격은 ① 25mm 이상 ② 철근 공칭 지름 이상 ③ 굵은 골재 최대치수의 4/3배 이상 중 가장 큰 값

2. 보의 주철근을 상단과 하단에 2단 이상으로 배치하는 경우에 대한 다음 설명 중 옳은 것은?
① 상하 철근은 지그재그로 배치하여야 한다.
② 상하 철근의 순간격은 25mm 이상으로 하여야 한다.
③ 상하 철근을 서로 교차하여 배치하여야 한다.
④ 상하 철근의 순간격은 철근의 공칭 지름 이하로 하여야 한다.

해설 상하 2단 배근인 경우 ① 상, 하 철근은 동일 연직면 내 배근 ② 상, 하 철근의 순간격은 25mm 이상

3. 정철근 또는 부철근을 2단 이상으로 배치할 경우에 관한 설명으로 옳은 것은?
① 간격은 최소 4.5cm 이상으로 해야 한다.
② 간격은 최대 2.5cm 이하로 해야 한다.
③ 상·하 철근을 동일 연직면 내에 두어야 한다.
④ 상·하 철근을 연직면으로 엇갈리게 해 두어야 한다.

해설 상하 2단 배근인 경우 ① 상, 하 철근은 동일 연직면 내 배근 ② 상, 하 철근의 순간격은 25mm 이상

4. 최대 휨모멘트가 일어나는 단면에서 1방향슬래브의 정철근 및 부철근의 중심 간격 설명으로 옳은 것은?
① 슬래브두께의 2배 이하, 또는 30cm 이하
② 슬래브두께의 2배 이하, 또는 40cm 이하
③ 슬래브두께의 3배 이하, 또는 30cm 이하
④ 슬래브두께의 3배 이하, 또는 40cm 이하

해설 슬래브 두께의 2배 이하, 30cm 이하

5. 보의 주철근의 수평 순간격은 최소 얼마 이상인가?
① 2.5cm 이상 ② 3.5cm 이상 ③ 4.5cm 이상 ④ 5.5cm 이상

해설 수평 순간격은 ① 25mm이상 ② 철근 공칭 지름 이상 ③ 굵은 골재 최대치수의 4/3배 이상 중 가장 큰 값

6. 동일 평면에서 평행하는 철근 사이의 수평 순간격은 최소 얼마 이상으로 하여야 하는가?
① 1.5cm 이상 ② 2.5cm 이상 ③ 3.5cm 이상 ④ 4.5cm 이상

해설 상하 2단 배근인 경우 ① 상, 하 철근은 동일 연직면 내 배근 ② 상, 하 철근의 순간격은 25mm 이상

정답 1. ① 2. ② 3. ③ 4. ① 5. ① 6. ②

7. 보의 주철근의 수평 순간격은 굵은 골재 최대 치수의 몇 배 이상이어야 하는가?
   ① 2/3배　② 3/4배　③ 4/5배　④ 4/3배

8. 다음 중 보의 주철근에 대한 설명으로 옳지 않은 것은?
   ① 동일 평면에서 평행하는 철근 사이의 수평 순간격이 2.5cm 이상이어야 한다.
   ② 수평 순간격은 굵은 골재의 최대치수의 2배 이상이어야 한다.
   ③ 수평 순간격은 철근의 공칭지름 이상이어야 한다.
   ④ 2단으로 배치할 경우 상,하 철근을 동일 연직면 내에 두어야 한다.

9. 나선철근과 띠철근 기둥에서 축방향 철근의 순간격은 40mm이상, 또한 철근 공칭지름의 몇 배 이상으로 하여야 하는가?
   ① 0.5배　② 0.8배　③ 1.5배　④ 3배

   해설 ① 40mm 이상 ② 철근지름의 1.5배 이상 ③ 굵은 골재 최대치수의 4/3배 이상

10. 나선 철근 기둥에서 나선 철근 순간격의 최소값과 최대값이 옳은 것은?
    ① 최소값 2.5cm, 최대값 7.5cm
    ② 최소값 3.5cm, 최대값 8.5cm
    ③ 최소값 4.5cm, 최대값 9.5cm
    ④ 최소값 5.5cm, 최대값 10.5cm

    해설 나선 철근의 순간격 범위: 25mm~75mm

11. 300×400mm의 띠철근압축부재에 축방향 철근으로 D25(공칭지름 25.4mm)를 사용하고 굵은골재의 최대치수가 25mm 일 때 이 기둥에 대한 축방향 철근의 순간격은 최소 얼마 이상이어야 하는가?
    ① 25mm 이상　② 38mm 이상　③ 40mm 이상　④ 45mm 이상

    해설 나선철근과 띠철근 기둥에서 축방향 철근의 순간격
    ① 40mm 이상 ② 철근지름의 1.5배 이상 ③ 굵은 골재 최대치수의 4/3배 이상

12. 단면의 폭 b=400mm, 유효깊이 d=500mm인 단철근 직사각형 보에 D22의 정철근을 2단으로 배치할 경우 그 연직 순간격은?
    ① 25mm 이상　② 35mm 이상　③ 45mm 이상　④ 55mm 이상

    해설 상하 2단 배근인 경우 ① 상, 하 철근은 동일 연직면 내 배근 ② 상, 하 철근의 순 간격은 25mm 이상

13. 철근 콘크리트 구조물에서 최소 철근간격의 제한 규정이 필요한 이유와 가장 거리가 먼 것은?
    ① 콘크리트 타설을 용이하게 하기 위하여
    ② 전단 및 수축 균열을 방지하기 위하여
    ③ 철근과 철근사이의 공극을 방지하기 위하여
    ④ 철근의 부식을 방지하기 위하여

    해설 철근의 부식을 방지하기 위하여 피복 두께를 둔다.

정답　7. ④　8. ②　9. ③　10. ①　11. ③　12. ①　13. ④

14. 나선철근과 띠철근 기둥에서 축방향 철근의 순간격은 최소 얼마 이상인가?
   ① 40mm 이상   ② 50mm 이상   ③ 60mm 이상   ④ 70mm 이상

   해설 나선철근과 띠철근 기둥에서 축방향 철근의 순간격
        ① 40mm 이상 ② 철근지름의 1.5배 이상 ③ 굵은 골재 최대치수의 4/3배 이상

15. 주철근을 2단 이상으로 배치할 경우에는 그 연직 순간격은 최소 얼마 이상으로 하여야 하는가?
   ① 15mm   ② 20mm   ③ 25mm   ④ 30mm

   해설 상하 2단 배근인 경우 ① 상, 하 철근은 동일 연직면 내 배근 ② 상, 하 철근의 순 간격은 25mm 이상

갈 고 리

1. 다음 중 표준갈고리의 구부리는 각도에 해당되지 않는 것은?
   ① 90°   ② 135°   ③ 140°   ④ 180°

   해설 표준 갈고리 종류 ① 반원형 갈고리(180°) ② 직각 갈고리(90°) ③ 예각 갈고리(135°)

2. 반원형 주철근의 표준 갈고리의 사용된 철근의 공칭지름이 db라면 ℓ의 값으로 옳은 것은?
   (단, db는 15mm이상의 철근임)
   ① 4db 이상   ② 6db 이상   ③ 10db 이상   ④ 12db 이상

   해설 반원형갈고리(180°) : 4db≥6cm

3. D22인 철근 갈고리의 최소 반지름은 얼마 이상이어야 하는가? (단, db는 철근의 공칭지름)
   ① 3db   ② 4db   ③ 5db   ④ 6db

   해설 갈고리의 최소 반지름 ① D10 ~ D25 : 3db ② D29 ~ D35 : 4db ③ D38 ~ : 5db

4. 주철근의 표준갈고리는 90° 구부린 끝에서 철근지름의 몇 배 이상 연장해야 하는가?
   ① 4배   ② 6배   ③ 8배   ④ 12배

   해설 직각갈고리(90°) : 철근지름의 12db 이상 연장

5. D22 이형철근으로 135° 표준갈고리를 제작할 때, 135° 구부린 끝에서 최소 얼마 이상 더 연장 하여야 하는가? (단, db는 철근의 지름이다.)
   ① 6db   ② 9db   ③ 12db   ④ 15db

   해설 예각갈고리(135°) : 철근지름의 6db 이상 연장

6. D25를 사용한 90도 표준갈고리의 구부리는 최소 반지름은 최소 얼마 이상이어야 하는가?
   (단, db는 철근의 공칭지름)
   ① 3db   ② 4db   ③ 5db   ④ 6db

   해설 갈고리의 최소 반지름 ① D10 ~ D25 : 3db ② D29 ~ D35 : 4db ③ D38 ~ : 5db

정답 14. ①. 15. ③ ■ 1. ③ 2. ① 3. ① 4. ④ 5. ① 6. ①

7. 유효 깊이 d=45cm 인 캔틸레버에서 D29(공칭지름: 2.86cm)가 인장 철근으로 배치되어 있을 경우 표준 갈고리의 최소 구부림 내면 반지름은?
   ① 5.72cm   ② 8.58cm   ③ 11.44cm   ④ 14.30cm

   해설 갈고리의 최소 반지름 ① D10 ~ D25 : 3db ② D29 ~ D35 : 4db ③ D38 ~ : 5db
   ∴ 4db이므로 4× 2.86 = 11.44cm

8. 다음 중에서 철근의 표준갈고리에 해당되지 않는 것은?
   ① 반원형(180°)갈고리   ② 직각(90°)갈고리
   ③ 스터럽과 띠철근의 135° 갈고리   ④ 원형(360°)갈고리

   해설 표준 갈고리 종류 ① 반원형 갈고리(180°) ② 직각 갈고리(90°) ③ 예각 갈고리(135°)

9. D25 이하의 스터럽과 띠철근의 135°표준갈고리는 구부린 끝에서 철근지름의 최소 몇 배 이상 연장해야 하는가?
   ① 3배   ② 4배   ③ 5배   ④ 6배

   해설 예각갈고리(135°) : 철근 지름의 6db 이상 연장

10. D16 이하의 스터럽과 띠철근 표준갈고리의 구부리는 내면 반지름은 철근 지름의 최소 몇 배 이상이라야 하는가?
    ① 1배   ② 2배   ③ 3배   ④ 4배

    해설 D16이하 스터럽 띠철근 갈고리 내면 반지름은 2db 이상

11. D22 이형철근으로 135° 표준갈고리를 제작할 때, 135° 구부린 끝에서 최소 얼마 이상 더 연장하여야 하는가? (단, db는 철근의 지름이다.)
    ① 6db   ② 9db   ③ 12db   ④ 15db

    해설 예각갈고리(135°) : 철근 지름의 6db 이상 연장

12. 주철근의 갈고리는 90° 원의 끝에서 철근 지름의 몇 배 이상 더 연장해야 하는가?
    ① 4배   ② 6배   ③ 10배   ④ 12배

    해설 직각갈고리(90°) : 철근 지름의 12db 이상 연장

13. 철근 크기에 따른 180° 표준 갈고리의 구부림 최소 반지름으로 옳지 않은 것은?
    (단, db는 철근의 공칭지름)
    ① D10 : 2db   ② D25 : 3db   ③ D35 : 4db   ④ D38 : 5db

    해설 갈고리의 최소 반지름: ① D10 ~ D25 : 3db ② D29 ~ D35 : 4db ③ D38 ~ : 5db

14. 180° 표준 갈고리는 180° 구부린 반원 끝에서 최소 몇 cm 이상 더 연장하여야 하는가?
    ① 2cm   ② 4cm   ③ 6cm   ④ 8cm

    해설 반원형갈고리(180°) : 4db≥6cm

정답 7. ③ 8. ④ 9. ④ 10. ② 11. ① 12. ④ 13. ① 14. ③

15. 표준갈고리가 아닌 경우의 최소 구부림 내면 반지름은 얼마 이상인가?
   (db : 철근의 공칭지름)
   ① 4db   ② 5db   ③ 6db   ④ 7db

해설
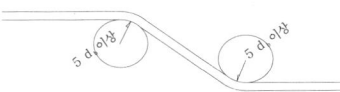

16. 철근의 갈고리에 대한 설명 중 틀린 것은?
   ① 표준갈고리는 3가지가 있다.
   ② 큰 응력을 받는 곳에서 철근을 구부릴 때는 구부림 내면 반지름을 더 크게 하여야 한다.
   ③ 반원형 갈고리는 구부림 각도가 90°이다.
   ④ D16이하 스터럽과 띠철근으로 사용하는 표준갈고리는 구부림 내면 반지름을 철근지름의 2배 이상으로 하여야한다.

해설 반원형 갈고리 각도는 180°

17. 표준 갈고리는 몇 종인가?
   ① 2종   ② 3종   ③ 4종   ④ 5종

해설 표준 갈고리 종류 ① 반원형 갈고리(180°) ② 직각 갈고리(90°) ③ 예각 갈고리(135°)

18. 180° 표준갈고리는 반원끝에서 철근지름의 몇 배 이상 또는 몇 cm 이상 더 연장해야 하는가?
   ① 4배, 6cm   ② 3배, 6cm   ③ 3배, 5cm   ④ 4배, 5cm

해설 반원형갈고리(180°): 4db≥6cm

19. 표준갈고리의 최소 내면 반지름을 두는 이유로 가장 적절한 것은?
   ① 철근을 잘 구부리기 위하여   ② 작업을 편하게 하기 위하여
   ③ 철근의 사용량을 줄이기 위하여   ④ 철근의 재질을 손상시키지 않기 위하여

해설 최소 내면 반지름을 두는 이유는 철근 손상방지

20. 철근의 끝에 표준갈고리를 붙일 때 D19, D22, 및 D25인 철근의 90°갈고리는 90°원의 끝에서 최소 얼마 이상 더 연장되어야 하는가? (단, db는 철근의 공칭지름)
   ① 4db 이상   ② 8db 이상   ③ 10db 이상   ④ 12db 이상

해설 직각갈고리(90°) : 철근 지름의 12db 이상 연장

정답 15. ② 16. ③ 17. ② 18. ① 19. ④ 20. ④

21. D29 철근의 반원형갈고리의 길이(L)는 최소 얼마 이상이 되어야 하는가?
    (단, D29철근의 단면적 As : 642.4mm², 철근의 공칭지름 db : 28.6mm)

    ① 60mm 이상　　② 80mm 이상　　③ 114.4mm 이상　　④ 171.6mm 이상

    해설　반원형갈고리(180°) : 4db ≥ 6cm ⇒ 4×28.6mm = 114.4mm 이상

22. 철근 크기 D10~D25에서 180° 표준갈고리와 90° 표준갈고리의 구부림 최소 내면 반지름은 철근지름(db)의 몇 배인가?
    ① 2배　　② 3배　　③ 4배　　④ 5배

    해설　갈고리의 최소 반지름: ① D10 ~ D25 : 3db　② D29 ~ D35 : 4db　③ D38 ~ : 5db

23. 180° 표준갈고리는 구부린 반원 끝에서 철근지름의 최소 몇 배 이상을 연장하여야 하는가?
    ① 2배 이상　　② 3배 이상　　③ 4배 이상　　④ 5배 이상

    해설　반원형갈고리(180°) : 4db≥6cm

24. 180° 표준갈고리와 90° 표준갈고리의 구부리는 최소 내면 반지름은 D38이상일 때 철근지름의 몇 배 이상이어야 하는가?
    ① 5배　　② 4배　　③ 3배　　④ 2배

    해설　갈고리의 최소 반지름: ① D10 ~ D25 : 3db　② D29 ~ D35 : 4db　③ D38 ~ : 5db

25. D38 이상 철근의 표준 갈고리의 구부림 최소 내면 반지름은?
    (여기서 db : 철근의 공칭지름[mm])
    ① 3db　　② 4db　　③ 5db　　④ 6db

    해설　갈고리의 최소 반지름: ① D10 ~ D25 : 3db　② D29 ~ D35 : 4db　③ D38 ~ : 5db

26. 스터럽과 띠철근에서 90° 표준갈고리에 대한 설명으로 옳은 것은?
    ① D16 철근은 구부린 끝에서 철근지름의 6배 이상 연장하여야 한다.
    ② D19 철근은 구부린 끝에서 철근지름의 3배 이상 연장하여야 한다.
    ③ D22 철근은 구부린 끝에서 철근지름의 6배 이상 연장하여야 한다.
    ④ D25 철근은 구부린 끝에서 철근지름의 3배 이상 연장하여야 한다.

    해설　스터럽과 띠철근의 표준갈고리는 90°표준갈고리와 135°표준갈고리로 분류되며, 다음과 같이 제작하여야 한다.
    ① 90°표준갈고리
    　㉠ D16 이하의 철근은 구부린 끝에서 6 db 이상 더 연장하여야 한다.

정답　21. ③　22. ②　23. ③　24. ①　25. ③　26. ①

ⓒ D19, D22 및 D25 철근은 구부린 끝에서 12 db 이상 더 연장하여야 한다.
② 135°표준갈고리 : D25 이하의 철근은 구부린 끝에서 6 db 이상 더 연장하여야 한다.

철근의 이음

1. 다음 중 철근의 이음 방법이 아닌 것은?
① 신축 이음   ② 겹침 이음   ③ 용접 이음   ④ 기계적 이음

해설 철근 이음 방법 ① 겹침 이음 ② 용접 이음 ③ 기계적 이음(슬리브 너트 이음)

2. 철근의 직경이 최소 어느 값 이상이면 겹침이음 해서는 안 되는가?
① 32mm   ② 35mm   ③ 38mm   ④ 41mm

해설 D35를 초과하는 철근은 겹침이음을 해서는 안되고 용접에 의한 맞대기 이음을 한다.

3. 인장력을 받는 D25 철근을 겹침 이음할 때 A급 이음 이라면 겹침 이음 길이는 얼마인가?
(단, 기본정착길이 ℓ_d=50cm이며 수정계수는 없다.)
① 36cm   ② 50cm   ③ 70cm   ④ 88cm

해설 A급 겹침 이음 길이 : $1.0\ell_d$=1.0×50=50cm

4. 압축 철근의 겹침 이음에서 콘크리트 설계 기준 강도가 210kgf/cm² 미만인 경우에 겹침 이음 길이는 규정된 길이 보다 얼마나 증가시켜야 하는가?
① 1/2 증가   ② 1/3 증가   ③ 1/4 증가   ④ 1/5 증가

해설 압축 철근에서 fy=21Mp(210kgf/cm²) 이하인 경우 겹침 이음은 1/3배증가

5. 다음 중 겹침 이음을 할 수 없는 철근은?
① D10   ② D19   ③ D29   ④ D38

해설 D35를 초과하는 철근은 겹침 이음을 해서는 안 된다

6. 철근의 용접 이음은 철근의 설계기준항복강도의 최소 몇 % 이상을 발휘할 수 있는 완전 용접으로 하여야 하는가?
① 100%   ② 110%   ③ 120%   ④ 125%

해설 용접 또는 기계적 연결을 할 때 설계 기준 강도 fy의 125%이상 인장을 발휘할 수 있도록 완전히 연결

7. 다음 중 보에서 철근을 다발로 사용해서는 안 되는 것은?
① D16   ② D19   ③ D25   ④ D39

해설 D35이상 철근은 다발로 사용해서는 안되고 용접을 해야 한다.

8. 인장 이형 철근의 겹침 이음에서 A급 이음 일 때 이음의 최소길이는?
(단, ℓ_d는 인장 이형 철근의 정착길이)

정답 1. ① 2. ② 3. ② 4. ② 5. ④ 6. ④ 7. ④ 8. ①

① $1.0\ell_d$ 이상　　② $1.3\ell_d$ 이상　　③ $1.5\ell_d$ 이상　　④ $2.0\ell_d$

해설 A급이음: $1.0\ell_d$ (ℓ_d : 인장철근 정착길이)

---

9. 다발철근을 사용하기 위한 규정으로 틀린 것은?
① 보에서 D35를 초과하는 철근은 다발로 사용할 수 없다.
② 이형철근을 4개 이하로 사용한다.
③ 다발철근은 스터럽이나 띠철근으로 둘러싸여져 있어야 한다.
④ 다발철근은 갈고리를 만들 수 없다.

---

10. 이형 철근을 인장 철근으로 사용할 경우의 겹침 이음 길이로 맞는 것은?
(단, ℓ_d는 인장 철근의 정착 길이)
① 30cm 이상
② A급 이음 : $1.2\ell_d$ 이상
③ B급 이음 : $1.5\ell_d$ 이상
④ C급 이음 : $1.8\ell_d$ 이상

해설 ① A급 이음 : $1.0\ell_d$ (ℓ_d : 인장 철근 정착 길이)
② B급 이음 : $1.3\ell_d$
③ 겹침 이음 길이 : 30cm 이상

---

11. 다음 중 철근의 겹침이음에 대한 설명으로 옳은 것은?
① 이형철근을 겹침이음할 때는 갈고리를 적용한다.
② D35를 초과하는 철근은 겹침이음으로 연결한다.
③ 인장 이형철근의 겹침이음길이는 A급이 B급보다 짧다.
④ 압축 이형철근의 겹침이음길이는 A, B, C급으로 분류한다.

---

12. 철근의 이음시 방법이 간단하여 보편적으로 가장 많이 사용되는 방법은?
① 맞댐 이음　　② 겹침 이음　　③ 용접 이음　　④ 기계적 이음

해설 철근이음 방법은 겹침 이음, 용접 이음, 기계적 이음(슬리브 너트 이음)이 있으나, 가장 보편적으로 많이 쓰이는 것은 겹침 이음이다.

---

13. 철근의 이음에 대한 설명으로 옳지 않은 것은?
① 철근은 이어대지 않는 것을 원칙으로 한다.
② 최대 인장응력이 작용하는 곳에서 이음을 하는 것이 좋다.
③ 이음부는 서로 엇갈리게 하는 것이 좋다.
④ 이음 방법에는 겹침이음이 가장 많이 사용된다.

해설 철근은 이음하지 안는 것을 원칙으로 하나, 부득이 철근이음을 둘 경우
① 최대 인장응력이 작용하는 곳에서는 이음을 하지 않는다.
② 여러 철근의 이음을 한 단면에 집중시키지 말고, 서로 엇갈리게 한다.

정답 9. ④　10. ①　11. ③　12. ②　13. ②

14. 공칭지름이 몇 ㎜를 초과하는 철근은 겹침 이음을 해서는 안 되는가?
   ① 35㎜   ② 32㎜   ③ 29㎜   ④ 25㎜

   해설   D35 이상 철근은 겹침 이음을 해서는 안되고 용접이음을 한다.

15. 철근의 이음에 관한 설명으로 잘못된 것은?
   ① 철근은 가능하면 잇지 않는 것을 원칙으로 한다.
   ② 최대 인장응력이 집중되는 곳에서는 이음을 두지 않는다.
   ③ 이음부는 서로 엇갈리게 배치하는 것이 좋다.
   ④ 이음부는 가급적이면 한단면에 집중시켜 배치한다.

   해설   여러 철근의 이음을 한 단면에 집중시키지 말고, 서로 엇갈리게 한다.

16. 휨 부재에 철근을 배치할 때 철근을 묶어서 다발로 사용하는 경우가 있다. 이에 대한 설명 중 옳지 못한 것은?
   ① 반드시 이형 철근이라야 하며, 묶는 갯수는 최대 3개 이하라야 한다.
   ② D35를 초과하는 철근은 보에서 다발로 사용하면 안 된다.
   ③ 각 철근 다발이 지점이외에서 끝날 때는 철근지름의 40배 길이로 엇갈리게 끝내야 한다.
   ④ 다발철근은 스터럽이나 띠철근으로 둘러싸여야 한다.

17. 철근의 이음에 대한 설명 중 틀린 것은?
   ① 철근은 이어대지 않는 것을 원칙으로 한다.
   ② 최대 인장 응력이 작용하는 곳에는 이음을 하지 않는 것이 좋다.
   ③ 이형 철근을 겹침 이음 할 때는 일반적으로 갈고리를 하지 않는다.
   ④ D35를 초과하는 철근은 겹침 이음을 해야 한다.

   해설   D35를 초과하는 철근은 겹침 이음을 해서는 안되고, 용접에 의한 맞대기 이음을 한다.

18. 지름이 35㎜를 초과하는 철근은 용접에 의한 맞댐 이음을 한다. 이음부가 설계기준항복강도의 얼마 이상의 인장력을 발휘 할 수 있어야 하는가?
   ① 85% 이상   ② 100% 이상   ③ 125% 이상   ④ 150% 이상

   해설   D35를 초과하는 철근은 용접에 의한 맞대기 이음을 할 때 이음부 철근 항복강도가 125% 이상 발휘 하도록 한다.

19. 철근 콘크리트 보의 배근에 있어서 주철근의 이음 장소로 가장 적당한 곳은?
   ① 임의의 곳   ② 보의 중앙
   ③ 지점에서 d/4인 곳   ④ 인장력이 가장 작은 곳

   해설   철근이음은 인장력이 가장 작은 곳에 이음

정답   14. ①   15. ④   16. ①   17. ④   18. ③   19. ④

20. 다발 철근을 사용할 때 따라야 할 규정으로 틀린 것은?
① 이형철근이어야 한다.
② 다발로 사용하는 철근 개수는 4개 이하이어야 한다.
③ 스터럽이나 띠철근으로 둘러싸여져야 한다.
④ 보에서 D19를 초과하는 철근은 다발로 사용할 수 없다.

해설 보에서 D35를 초과하는 철근은 다발로 사용할 수 없다.

21. 지름이 35mm를 초과하는 철근의 이음에 대한 설명 중 옳지 않은 것은?
① 겹침이음을 해서는 안된다.
② 용접에 의한 맞댐 이음을 한다.
③ 일반적으로 갈고리를 하여 이음한다.
④ 이음부가 철근 항복 강도의 125% 이상의 인장력을 발휘할 수 있어야 한다.

해설 이형 철근을 겹침 이음 할 때는 갈고리를 하지 않는다.

22. 인장 이형철근을 사용하여 B급 겹침 이음을 할 경우 겹침 이음의 길이로 적당한 것은?
(단, ℓ_d는 계산에 의한 인장 이형철근의 정착길이)
① $1.0\ell_d$ 미만
② $1.0\ell_d$ 이상
③ $1.3\ell_d$ 미만
④ $1.3\ell_d$ 이상

해설 A급 이음 : $1.0\ell_d$, B급 이음 : $1.3\ell_d$

23. 보에서 다발철근으로 사용할 수 있는 최대 공칭지름의 철근은?
① D19 ② D25 ③ D32 ④ D35

24. 일반적으로 겹침이음을 사용할 수 있는 철근의 최대직경은?
① D19 ② D25 ③ D35 ④ D40

해설 D35를 초과하는 철근은 겹침 이음을 해서는 안된다.

25. 인장 이형철근의 겹침이음의 최소 길이는?
① 10cm ② 20cm ③ 30cm ④ 40cm

해설 겹침이음 길이 : 30cm 이상

26. 철근의 이음에 대한 설명으로 옳은 것은?
① 최대 인장 응력이 작용하는 곳에 철근의 이음을 하여야 한다.
② 이음이 한 단면에 집중하도록 하는 것이 유리하다.
③ 철근의 이음 방법에는 겹침이음, 용접이음 및 기계적이음이 있다.
④ 인장 이형철근의 겹침이음 길이는 A급, B급, C급, D급으로 분류하며 A급의 경우 겹침이음 길이가 가장 길다.

해설 ① 철근은 이음을 하지 않는 것을 원칙으로 하지만 부득이 철근이음을 둘 경우

정답 20. ④ 21. ③ 22. ④ 23. ④ 24. ③ 25. ③ 26. ③

㉠ 최대 인장응력이 작용하는 곳에서 이음을 하지 않는다.
㉡ 여러 철근의 이음을 한 단면에 집중시키지 말고 서로 엇갈리게 하는 것이 좋다.
② 철근이음에는 겹침 이음, 용접이음, 슬리브너트이음(기계적 이음) 의 3가지 종류가 있으나, 겹침 이음을 널리 사용한다.
③ 이형 철근을 인장철근으로 사용 할 경우 겹침 길이는 다음과 같으며, 또 30cm 이상이라야 한다.
㉠ A급 이음 : $1.0\ell_d$, ㉡ B급 이음 : $1.3\ell_d$ (ℓ_d : 인장철근 정착길이)

27. 인장을 받는 곳에 겹침이음을 할 수 있는 철근은?
① D25　　　② D38　　　③ D41　　　④ D51

해설 D35를 초과하는 철근은 겹침 이음을 해서는 안된다.

28. 인장 이형철근의 겹침이음 분류에서 아래 설명에 해당되는 겹침이음은?

> 배치된 철근량이 이음부 전체 구간에서 해석결과 요구되는 소요철근량의 2배 이상이고, 소요 겹침이음길이 내 겹침이음된 철근량이 전체 철근량의 1/2 이하인 경우

① A급 이음　　② B급 이음　　③ C급 이음　　④ D급 이음

해설 A급 이음 : 배근 철근 량이 소요 철근 량의 2배 이상이고, 겹침 이음 된 철근량이 총길이의 0.5 이하인 경우
B급 이음 : A급을 제외한 나머지

29. D25 이형철근(d_b=25.4mm)을 압축 철근으로 사용할 경우, $f_y = 350MPa$ 이라면 겹침이음 길이는 얼마 이상이어야 하는가?
① 340mm　　② 440mm　　③ 540mm　　④ 640mm

해설 $f_y \leq 400MPa$일 때 $0.072f_yd_b$이상, $f_y > 400MPa$일 때 $(0.13f_y - 24)d_b$이상이라야 한다.
$f_y = 350MPa$이므로 0.072×350×25.4=640.08mm

30. 철근의 겹침이음 길이를 결정하기 위한 요소 중 옳지 않은 것은?
① 철근의 종류
② 철근의 재질
③ 철근의 공칭지름
④ 철근의 설계기준항복강도

해설 철근의 겹침이음 길이를 결정하기 위한 요소 : 철근의 종류, 철근의 공칭지름, 철근의 설계기준항복강도

정답 27. ①　28. ①　29. ④　30. ②

철근의 정착

1. 인장 또는 압축을 받는 다발 철근 중의 각 철근의 정착 길이는 다발철근이 아닌 각 철근의 정착 길이에 비해 일정량을 증가시켜야 한다. 4개로 된 다발철근에 대해서는 몇 %를 증가 시켜야 하는가?
① 25%   ② 33%   ③ 38%   ④ 42%

해설 다발철근의 정착길이 : 4개로 된 철근다발에 대해서는 33%를 증가시킨다.

2. 인장 이형철근의 정착 길이는 기본 정착 길이에 보정계수를 곱하여 구한다. 다음 중 이 보정계수에 포함되지 않는 것은?
① α(철근배치 위치계수)
② β(에폭시 도막계수)
③ λ(경량콘크리트계수)
④ θ(철근 근입계수)

해설 보정계수 ⇒ α : 철근배치 위치계수, β : 에폭시 도막계수, λ : 경량콘크리트계수

3. 위험단면에서 철근의 설계기준항복강도를 발휘하는 데 필요한 길이로서 철근을 더 연장하여 묻어 넣은 길이를 무엇이라 하는가?
① 매입길이   ② 정착길이   ③ 이음길이   ④ 초과길이

4. 압축과 인장을 받는 이형철근의 정착길이는 다음의 무엇과 반비례 하는가?
① 콘크리트 설계기준 강도의 평방근
② 철근 1개의 단면적
③ 철근의 항복점 강도
④ 철근의 공칭 지름

해설 아래 식에서 $\sqrt{f_{ck}}$ 즉, 콘크리트 설계기준 강도의 평방근에 반비례
$$\ell_{db} = \frac{0.6 \cdot d_b \cdot f_y}{\sqrt{f_{ck}}} \ (d_b : 철근의\ 지름)$$

5. 철근의 단부를 콘크리트에 효과적으로 정착시키는 방법으로 효율성이 가장 떨어지는 방법은?
① 묻힘 길이를 증대시킨다.
② 갈고리를 만든다.
③ 이형철근을 사용한다.
④ 약간 녹슨 철근을 사용한다.

6. 평균 쪼갬인장강도가 주어지지 않은 경량 콘크리트에서는 일반 콘크리트의 경우보다 몇 배의 철근 정착 길이를 필요로 하는가?
① 1.3배   ② 1.0배   ③ 0.8배   ④ 0.5배

7. 인장 이형철근의 정착 길이는 최소 얼마 이상이어야 하는가?
① 15cm 이상   ② 20cm 이상   ③ 30cm 이상   ④ 40cm 이상

해설 인장 이형철근 정착길이(ℓ_d) = 기본정착길이 × 보정계수(= $\frac{계산\ A_s}{사용\ A_s}$) = 300 mm

정답 1. ② 2. ④ 3. ② 4. ① 5. ④ 6. ① 7. ③

8. 인장을 받는 이형철근의 정착 길이를 계산할 때 기본 정착 길이에 곱해 주는 보정계수는 상부철근 (정착 길이 또는 이음부 아래 30㎝를 초과되게 굳지 않은 콘크리트를 친 수평철근)인 경우에 얼마를 적용 하는가?
   ① 1.2   ② 1.3   ③ 1.4   ④ 1.5

   해설 상부철근(정착길이 또는 이음부 아래 30 ㎝ 이상 콘크리트에 묻힌 수평 철근) : 1.3

9. 철근의 인장력을 부착으로만 전달할 수 없을 경우 즉 필요한 정착길이를 확보할 수 없을 경우 사용되는 것은?
   ① 충분한 피복두께   ② 갈고리
   ③ 압축철근의 사용   ④ 원형철근의 사용

10. 인장철근에서 기본 정착길이에 곱해주는 보정계수 λ는 경량 콘크리트 계수이다. 일반 콘크리트의 경우 λ값으로 옳은 것은?
    ① 1.3   ② 1.2   ③ 1.1   ④ 1.0

11. 모든 철근은 받침부를 제외하고 휨 응력을 받지 않는 곳을 넘어서 연장해야 하며, 그 연장길이는 철근지름의 최소 몇 배 이상 되어야 하는가?
    ① 16배   ② 8배   ③ 10배   ④ 12배

    해설 보의 유효 높이 또는 $12d_b$ 중 큰 값만큼 더 연장해야 한다.

12. 위험단면에서 철근의 설계기준항복강도를 발휘하는데 필요한 길이로서 철근을 더 연장하여 묻어 넣은 길이를 무엇이라 하는가?
    ① 매입길이   ② 단정착   ③ 정착길이   ④ 겹침이음길이

13. 인장을 받는 이형철근의 정착 길이를 계산할 때 수정계수는 상부철근인 경우 얼마인가?
    ① 1.2   ② 1.3   ③ 1.4   ④ 1.5

14. 철근의 최소 정착 길이는 그 길이에 걸쳐서 도달될 수 있는 무엇에 기초를 둔 것인가?
    ① 평균 부착응력   ② 평균 접착응력   ③ 평균 전단응력   ④ 평균 허용응력

15. 압축 이형철근의 정착 길이는 최소 얼마 이상인가?
    ① 20㎝   ② 30㎝   ③ 40㎝   ④ 50㎝

16. 표준 갈고리를 가지는 인장 이형 철근의 보정계수가 0.7이고 기본 정착 길이가 57㎝ 이었다. 이 인장 철근의 정착 길이를 구하면?
    ① 32㎝   ② 34㎝   ③ 38㎝   ④ 40㎝

    해설 인장 이형철근 정착길이(ℓ_d) = 기본정착길이× 보정계수=57× 0.7=39.9≒40㎝

정답 8. ② 9. ② 10. ④ 11. ④ 12. ③ 13. ② 14. ① 15. ① 16. ④

17. 표준 갈고리를 갖는 인장 이형철근의 기본정착길이는 철근지름의 몇 배 이상이어야 하는가?
   ① 8배   ② 9배   ③ 10배   ④ 11배

   해설 ℓ_d =기본 정착 길이× 보정계수 = 8db

18. 단부에 표준갈고리가 있는 인장 이형철근의 정착길이는 얼마 이상인가?
   (단, db는 철근의 공칭지름이다.)
   ① 6db 이상, 15cm 이상   ② 6db 이상, 20cm 이상
   ③ 8db 이상, 15cm 이상   ④ 8db 이상, 20cm 이상

   해설 ① 기본 정착 길이 : 30cm 이상
   ② 표준 갈고리 정착 : 15cm 이상, 8db 이상
   ③ 압축 철근 정착 : 20cm, 0.04db·fy

19. 철근을 배치할 때 표준갈고리를 사용할 경우 표준갈고리의 정착길이는 기본 정착길이에 무엇을 곱해서 구해야 하는가?
   ① 증가계수   ② 철근의 개수   ③ 갈고리 철근의 개수   ④ 보정계수

20. 갈고리 없이 묻힌 길이만으로 철근을 정착할 경우, 인장철근의 정착길이는 최소 몇 cm 이상인가?
   ① 30cm 이상   ② 40cm 이상   ③ 45cm 이상   ④ 60cm 이상

21. 3개의 철근으로 구성된 다발철근의 정착 길이는 다발철근이 아닌 경우의 정착길이에 대하여 약 몇 %를 증가 시키는가?
   ① 20%   ② 25%   ③ 33%   ④ 35%

   해설 다발철근의 정착길이 증가 : ① 3개 다발인 경우 : 20%증가 ② 4개 다발인 경우 : 33%증가

22. 압축을 받는 이형 철근의 정착 길이에서 지름이 6mm 이상인 나선 철근이 10cm 이하의 핏치로 철근을 둘러싼 경우 보정계수 값으로 옳은 것은?
   ① 0.95   ② 0.90   ③ 0.85   ④ 0.75

   해설 지름이 6mm 이상이고 나선간격이 10cm 이하인 나선 철근 : 0.75

23. 다음 중 철근의 정착에 대한 설명으로 옳은 것은?
   ① 철근의 정착은 묻힘 길이에 의한 방법만을 의미한다.
   ② 묻힘 길이에 의한 정착에서 철근의 정착길이는 철근의 간격이 크면 정착길이는 길어져야 한다.
   ③ 철근이 콘크리트 속에서 미끄러지거나 뽑혀 나오지 않도록 하기 위하여 연장하여 묻어놓은 철근의 길이를 정착길이라 한다.
   ④ 묻힘 길이에 의한 정착에서 철근의 정착길이는 철근의 피복두께가 크면 길어져야 한다.

정답 17. ① 18. ③ 19. ④ 20. ① 21. ① 22. ④ 23. ③

24. 압축부재에 사용되는 나선철근의 정착은 나선철근의 끝에서 추가로 몇 회전 만큼 더 확보 하여야 하는가?
① 1.0 회전　② 1.5 회전　③ 2.0 회전　④ 2.5 회전

해설 나선철근의 정착은 나선철근의 끝에서 추가로 1.5 회전 만큼 더 확보하여야 한다.

25. 압축을 받는 이형철근의 정착길이에서 지름이 6mm 이상이고, 나선간격이 100mm 이하인 나선철근으로 둘러싸인 압축 이형철근의 기본 정착길이에 대한 감소량은?
① 20%　② 25%　③ 27%　④ 33%

해설 지름이 6mm 이상이고 나선간격이 100mm 이하인 나선철근 또는 중심간격 100mm 이하로 D13 띠철근으로 둘러싸인 압축 이형철근의 보정 계수 : 0.75, 정착길이=기본 정착길이×0.75 이므로 25% 감소

26. 표준갈고리를 갖는 인장 이형철근의 정착길이를 계산할 때 철근의 설계기준항복강도가 400MPa 이외인 철근의 경우에 적용되는 보정계수 값(산출식)은?

① $\dfrac{\text{소요}A_s}{\text{배근}A_s}$　② $\dfrac{f_y}{400}$　③ $\dfrac{320d_b}{\sqrt{f_{ck}}}$　④ 0.8

해설 철근의 설계기준항복강도가 400MPa 이외인 철근의 경우에 적용되는 보정계수 : $\dfrac{f_y}{400}$

피복두께

1. 현장치기 콘크리트에서 옥외의 공기나 흙에 직접 접하지 않는 보나 기둥의 최소 피복두께는?
① 20mm　② 30mm　③ 40mm　④ 50mm

해설

흙, 옥외 공기에 접하지 않는 부위	슬래브, 장선, 벽체	D35 초과	40mm
		D35 이하	20mm
	보, 기둥		40mm

2. 철근을 소요두께의 콘크리트로 덮는 이유를 설명한 것 중 잘못된 것은?
① 철근의 산화를 방지하기 위하여　② 시공의 편의를 위하여
③ 부착응력을 확보하기 위해서　④ 내화적으로 만들기 위해서

해설 피복 두께를 두는 이유 : ① 철근 부식방지, ② 내화성 증진, ③ 부착강도 증진

3. 흙에 직접 접하지 않는 현장치기 콘크리트에서 보, 기둥의 피복두께는 최소 얼마 이상이어야 하는가?
① 3cm　② 4cm　③ 5cm　④ 6cm

4. 구조물 시공시에 철근을 묶어 다발로 쓸 때 철근다발의 피복두께는 다음 어느 값 이상이어야 하는가?

정답 24. ②　25. ②　26. ②　■ 1. ③　2. ②　3. ②　4. ①

① 철근다발의 등가지름　　　　② 굵은골재의 최대치수
③ 단면의 최대치수　　　　　　④ 단면의 최소치수

해설　다발철근의 피복두께 ⇒ ① 다발의 등가지름 이상 ② 60mm보다 작게

---

5. 흙에 접하거나 외기에 노출되는 콘크리트로 D29 이상의 철근의 경우 최소 피복 두께는 얼마인가? (단, 현장치기 콘크리트의 경우임)
① 2cm　　　② 4cm　　　③ 6cm　　　④ 8cm

해설

흙, 옥외공기에 접하는 부위	노출되는 콘크리트	D29 이상	60mm
		D25 이하	50mm
		D16 이하	40mm
	영구히 묻히는 콘크리트	80mm	

---

6. 철근 콘크리트 구조물에 대해 콘크리트 최소 피복두께를 규정하고 있다. 이러한 철근 피복의 역할에 대한 설명 중 틀린 것은?
① 철근의 부식을 방지한다.　　② 부착력을 증진시킨다.
③ 내화구조가 되도록 한다.　　④ 철근량을 줄일 수 있다.

해설　피복 두께를 두는 이유⇒① 철근 부식방지 ② 내화성 증진 ③ 부착강도 증진

---

7. 흙에 접하여 콘크리트를 친 후 영구히 흙에 묻혀 있는 현장치기 콘크리트의 최소 피복두께는?
① 2cm 이상　　② 4cm 이상　　③ 6cm 이상　　④ 8cm 이상

해설　흙, 옥외공기에 접하는 부위⇒영구히 묻히는 콘크리트⇒80mm

---

8. 철근콘크리트에서 철근의 피복두께에 대한 설명으로 적당한 것은?
① 철근의 표면과 콘크리트 표면간의 최단거리이다.
② 철근의 중심과 콘크리트 표면간의 거리이다.
③ 철근의 표면과 콘크리트 표면간의 최장거리이다.
④ 철근의 표면과 콘크리트 중심간의 거리이다.

해설　피복두께: 콘크리트 표면과 철근의 표면의 가장 가까운 거리

---

9. 화재로 인해 구조물에 손상이 가지 않게 하기 위한 내화구조물의 철근 피복 두께 결정에 관계없는 사항은?
① 골재의 성질　　② 화열의 지속시간　　③ 화열의 온도　　④ 물·시멘트비

---

10. 콘크리트 피복두께에 대한 정의로 옳은 것은?
① 콘크리트 표면과 그에 가장 가까이 배근된 철근 표면사이의 콘크리트 두께
② 콘크리트 표면과 그에 가장 가까이 배근된 철근 중심사이의 콘크리트 두께
③ 콘크리트 중심과 그에 가장 가까이 배근된 철근 표면사이의 콘크리트 두께

정답　5. ③　6. ④　7. ④　8. ①　9. ④　10. ①

④ 콘크리트 중심과 그에 가장 가까이 배근된 철근 중심사이의 콘크리트 두께

해설 피복두께 : 콘크리트 표면과 철근 표면의 가장 가까운 거리

11. 내화구조물의 피복 두께 중 기둥 및 보에서의 일반적인 표준은?
① 2.5cm 이상　② 3.0cm 이상　③ 5.0cm 이상　④ 7.5cm 이상

해설 철근콘크리트 시방서(피복두께) 개정 전 내용이므로 개정 후 내용참조

12. 수중에 가설된 콘크리트 구조물의 경우 다발철근의 최소 피복두께는 얼마 인가?
① 2cm　② 4cm　③ 6cm　④ 8cm

해설 수중에서 콘크리트를 타설하는 경우 100mm 이상

13. 현장치기 콘크리트가 심한 침식이나 염해 또는 화학작용을 받는 경우에는 피복두께를 증가시켜야 하는데 일반적으로 벽체는 얼마 이상이어야 하는가?
① 5cm　② 8cm　③ 10cm　④ 12cm

해설 철근 부식 방지를 위하여 벽체 및 슬래브는 50mm, 기타 부재는 80mm의 최소 피복 두께 확보

14. 현장치기 콘크리트에서 흙에 접하거나 외기에 노출되는 콘크리트이며 D16 이하인 철근의 피복두께는 최소 얼마이어야 하는가?
① 2cm　② 4cm　③ 8cm　④ 10cm

해설

흙, 옥외공기에 접하는 부위	노출되는 콘크리트	D29 이상	60mm
		D25 이하	50mm
		D16 이하	40mm
	영구히 묻히는 콘크리트		80mm

15. 흙에 접하지 않고 기상작용을 받지 않는 D35를 초과하는 철근의 경우 피복 두께는 얼마 이상이어야 하는가? (단, 현장치기 콘크리트이며 슬래브인 경우임)
① 2cm　② 3cm　③ 4cm　④ 6cm

해설

흙, 옥외 공기에 접하지 않는 부위	슬래브, 장선, 벽체	D35 초과	40mm
		D35 이하	20mm
	보, 기둥		40mm

16. 흙에 접하지 않고 기상작용을 받지 않는 슬래브 설계시 D22 철근을 사용 했다면 최소 피복두께는 얼마인가?
① 2cm　② 3cm　③ 4cm　④ 5cm

해설 철근콘크리트 시방서(피복두께) 개정 전 내용이므로 개정 후 내용참조

정답 11. ③　12. ④　13. ①　14. ②　15. ③　16. ①

17. 다음 현장치기 콘크리트 중 피복두께를 가장 크게 해야 하는 것은?
    ① 수중에서 치는 콘크리트
    ② 흙에 접하여 콘크리트를 친 후 영구히 흙에 묻혀 있는 콘크리트
    ③ 옥외의 공기에 직접 노출되는 콘크리트
    ④ 옥외의 공기나 흙에 직접 접하지 않는 콘크리트

    해설 수중에서 치는 콘크리트의 피복두께는 100mm로서 가장 크게 해야 한다.

18. 철근을 소요 두께의 콘크리트로 덮는 이유에 대한 설명으로 옳지 않은 것은?
    ① 시공상의 편의를 위해서   ② 철근의 부식방지를 위해서
    ③ 화해(火害)를 받지 않도록 하기 위해서   ④ 부착 응력 확보를 위해서

    해설 피복 두께를 두는 이유 ⇒ ① 철근 부식방지 ② 내화성 증진 ③ 부착강도 증진

19. 철근 콘크리트에서 철근의 피복두께에 대한 설명으로 적당한 것은?
    ① 콘크리트 표면과 그에 가장 가까이 배치된 철근 표면 사이의 최단거리이다.
    ② 콘크리트 표면과 그에 가장 가까이 배치된 철근 중심 사이의 거리이다.
    ③ 콘크리트 표면과 그에 가장 가까이 배치된 철근 사이의 최장거리이다.
    ④ 콘크리트 표면과 그에 가장 가까이 배치된 철근 사이의 간격 1/2에 해당하는 거리이다.

20. 흙에 접하거나 옥외의 공기에 직접 노출되는 현장치기 콘크리트에서 D16 이하의 철근, 지름 16 mm 이하의 철선이 사용될 때 최소 피복두께는?
    ① 20mm   ② 30mm   ③ 40mm   ④ 60mm

    해설

흙, 옥외공기에 접하는 부위	노출되는 콘크리트	D29 이상	60mm
		D25 이하	50mm
		D16 이하	40mm
	영구히 묻히는 콘크리트	80mm	

21. 철근콘크리트 구조물에서 철근의 최소 피복두께를 결정하는 요소로 가장 거리가 먼 것은?
    ① 콘크리트를 타설하는 조건에 따라   ② 거푸집의 종류에 따라
    ③ 사용 철근의 공칭지름에 따라   ④ 구조물이 받는 환경조건에 따라

정답 17. ① 18. ① 19. ① 20. ③ 21. ②

철근 구부리기

1. 철근의 구부리기에 관한 설명으로 옳지 않은 것은?
① 모든 철근은 가열해서 구부리는 것을 원칙으로 한다.
② 표준갈고리의 구부림 내면 반지름은 철근의 지름에 따라 다르다.
③ 콘크리트 속에 일부가 묻혀 있는 철근은 구부리지 않는 것이 원칙이다.
④ 큰 응력을 받는 곳에서 철근을 구부릴 때는 구부리는 내면 반지름은 더욱 크게 하는 것이 좋다.

해설 모든 철근은 상온에서 구부린다.

2. 절곡 철근의 구부리는 내면 반지름은 철근 지름의 최소 몇 배 이상으로 해야 하는가?
① 6배 이상 ② 5배 이상 ③ 4배 이상 ④ 3배 이상

3. 접합부 모서리 부분의 외측에 연하는 철근의 구부림 내면 반지름으로 알맞은 것은?
① 철근지름의 최소 10배 이상
② 철근지름의 최소 5배 이상
③ 철근지름의 최소 12배 이상
④ 철근지름의 최소 6배 이상

해설

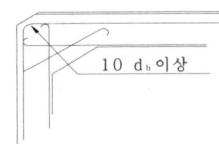

4. 철근의 구부리기에 관한 다음 설명 중 옳지 않은 것은?
① 모든 철근은 가열해서 구부려야 한다.
② D38 이상의 철근은 구부림 내면 반지름이 철근지름의 5배 이상으로 하여야 한다.
③ 콘크리트속에 일부가 매립된 철근은 구부리지 않는 것이 원칙이다.
④ 큰 응력을 받는 곳에서 철근을 구부릴 때는 구부리는 내면 반지름을 더욱 크게 하는 것이 좋다.

해설 모든 철근은 가열해서 구부리면 안되고 상온에서 구부린다.

5. 콘크리트 속에 일부가 매립된 철근은 책임 기술자의 승인하에 구부림 작업을 해야 한다. 현장에서 철근을 구부리기 위한 작업 방법으로 적절하지 않은 것은?
① 가급적 상온에서 실시한다.
② 콘크리트에 손상이 가지 않도록 한다.
③ 구부림 작업 중 균열이 발생하더라도 상관없다.
④ 가열된 철근은 서서히 냉각시킨다.

해설 구부림 작업 중 발생한 균열철근은 사용해서는 안 된다.

정답 1. ① 2. ② 3. ① 4. ① 5. ③

6. 철근 구부리기에 대한 설명으로 잘못된 것은?
   ① 철근은 상온에서 구부리는 것을 원칙으로 한다.
   ② 콘크리트 속에 일부가 묻혀 있는 철근은 현장에서 구부리지 않도록 한다.
   ③ 큰 응력을 받는 곳에서 철근을 구부릴 경우는 구부림 내면 반지름을 규정값 보다 작게 하여야 한다.
   ④ 표준갈고리가 아닌 경우의 최소 구부림 내면 반지름은 철근지름의 5배 이상으로 하여야 한다.

7. 철근 구부리기에 대한 설명으로 옳지 않은 것은?
   ① 책임기술자가 승인을 한 경우를 제외하고 철근은 상온에서 구부려야 한다.
   ② 콘크리트 속에 일부가 묻혀있는 철근은 현장에서 구부리지 않는다.
   ③ D35 이상 철근은 서서히 가열하여 구부린다.
   ④ 설계도면에 도시되어 있으면 콘크리트 속에 묻혀 있는 철근도 구부릴 수 있다.

해설 모든 철근은 가열해서 구부리면 안되고 상온에서 구부린다.

8. 콘크리트 속에 일부가 매립된 철근은 책임기술자의 승인하에 구부림 작업을 해야 한다. 현장에서 철근을 구부리기 위한 작업 방법으로 옳지 않은 것은?
   ① 가급적 상온에서 실시한다.
   ② 구부리기 위한 철근의 가열은 콘크리트에 손상이 가지 않도록 한다.
   ③ 구부림 작업 중 균열이 발생하면 가열하여 나머지 철근에서 이러한 현상이 발생하지 않도록 한다.
   ④ 800°C 정도까지 가열된 철근은 냉각수 등을 사용하여 급속히 냉각하도록 한다.

해설 모든 철근은 가열해서 구부리면 안되고 상온에서 구부린다.

수축 온도 철근

1. 수축 및 온도철근의 간격은 슬래브 두께의 최대 몇 배 이하로 하여야 하는가?
   ① 2배   ② 3배   ③ 4배   ④ 5배

해설 수축·온도철근의 간격은 슬래브 두께의 5배 이하, 또는 450mm 이하

2. 배력철근에 대한 설명으로 틀린 것은?
   ① 집중하중을 분포시키는 역할을 한다.
   ② 주철근과 직각에 가까운 방향으로 배치한다.
   ③ 균열을 제어하는 역할을 한다.
   ④ 기둥에서 종방향 철근의 위치를 확보하고 전단력에 저항하는 역할을 한다.

해설 배력철근 : 집중하중분포목적, 균열제어목적, 주철근과 직각에 가까운 방향으로 배치

3. 1방향 프리스트레스트 콘크리트 슬래브에 수축·온도철근으로 프리스트레싱 긴장재를 설치하는 경우에 대한 설명으로 잘못된 것은?

정답 6. ③ 7. ③ 8. ④ ■ 1. ④ 2. ④ 3. ④

① 긴장재의 간격은 최대 180cm를 넘지 않아야 한다.
② 전체 단면적에 평균 압축응력이 7kgf/cm²(=0.7MPa) 이상이 되도록 긴장재를 배치한다.
③ 긴장재 간격이 130cm를 초과하면 수축·온도철근을 추가로 배치한다.
④ 슬래브 단면의 핵거리 밖에 배치되어야 한다.

4. 1방향 철근콘크리트 슬래브의 수축·온도 철근의 간격으로 옳은 것은?
① 슬래브 두께의 5배 이하, 또한 450mm 이하
② 슬래브 두께의 6배 이하, 또한 500mm 이하
③ 슬래브 두께의 5배 이상, 또한 450mm 이상
④ 슬래브 두께의 6배 이상, 또한 500mm 이상

띠철근

1. 기둥에서 종방향 철근의 위치를 확보하고 전단력에 저항하도록 정해진 간격으로 배치된 횡방향의 보강철근을 무엇이라 하는가?
① 띠철근　　② 절곡 철근　　③ 인장 철근　　④ 주 철근

전단철근

1. 보에서의 전단에 관한 설명 중 틀린 것은?
① 전단철근에는 스터럽과 절곡철근이 있다.
② 전단균열의 형태는 45°의 경사방향이다.
③ 휨모멘트에 대하여 먼저 검토한후 전단을 검토한다.
④ 보에서 최대 전단응력이 발생하는 부분은 압축측이다.

해설　보에서 최대 전단응력이 발생하는 부분은 양단부 지점에서 발생

2. 일반적인 경우에 전단철근의 설계기준 항복강도는 얼마 이상 초과할 수 없는가?
① 300MPa　　② 350MPa　　③ 400MPa　　④ 500MPa

해설　전단철근의 설계기준 항복강도는 400MPa(4000kgf/cm²)

3. 최대 사인장 응력의 작용선이 중립축과 이루는 각도는?
① 30°　　② 45°　　③ 60°　　④ 75°

해설　전단균열은 중립축과 45°를 이룬다.

4. 전단 철근으로 수직 스터럽의 간격은 어떠한 경우이든 최대 얼마 이하로 하여야 하는가?
① 20 cm 이하　　② 30 cm 이하　　③ 40 cm 이하　　④ 60 cm 이하

해설　부재축에 직각으로 설치되는 스터럽의 간격은, 철근 콘크리트 부재에서는 $0.5d$ 이하, 프리스트레스 부재에서는 $0.75d$ 이하, 또 어느 경우이든 600mm 이하라야 한다.

정답　4. ①　■ 1. ①　■ 1. ④　2. ③　3. ②　4. ④

5. 철근콘크리트 보의 주철근을 둘러싸고 이에 직각되게 또는 경사지게 배치한 복부 보강근으로서 전단력 및 비틀림모멘트에 저항하도록 배치한 보강철근을 무엇이라 하는가?
   ① 스터럽   ② 배력철근   ③ 절곡철근   ④ 띠철근

6. 보의 전단 응력에 의한 균열에 대비해 보강된 철근이 아닌 것은?
   ① 굽힘 철근   ② 경사 스터럽   ③ 수직 스터럽   ④ 조립 철근

7. 철근콘크리트 보에서 사용하는 전단철근에 해당되지 않는 것은?
   ① 주인장 철근에 45°의 각도로 구부린 굽힘철근
   ② 주인장 철근에 60°의 각도로 설치된 스터럽
   ③ 주인장 철근에 30°의 각도로 설치된 스터럽
   ④ 스터럽과 굽힘철근의 조합

> **해설** 철근콘크리트 부재의 경우 다음과 같은 형태의 전단철근을 사용할 수 있다.
> ① 주인장 철근에 45° 이상의 각도로 설치되는 스터럽
> ② 주인장 철근에 30° 이상의 각도로 구부린 굽힘철근
> ③ 스터럽과 굽힘철근의 조합

정답 5. ① 6. ④ 7. ③

2장   콘크리트

1. 콘크리트의 구성 및 특징

1 콘크리트 구성

콘크리트를 만들려면 필요로 하는 재료는 시멘트, 잔 골재(모래), 굵은 골재(자갈), 물, 혼화재료를 혼합하여 만들어진 것을 콘크리트라 한다.
① 시멘트 풀 (Cement paste) : 시멘트 + 물
② 시멘트 모르타르(Cement mortar) : 시멘트 + 물 + 잔 골재
③ 콘크리트(Concrete) : 시멘트 + 물 + 잔 골재 + 굵은 골재
④ 철근콘크리트 : 시멘트 + 물 + 잔 골재 + 굵은 골재 + 철근

2 콘크리트 장점

① 재료의 크기, 모양에 의한 제한을 받지 않고 마음대로 만들 수 있다.
② 압축강도가 크고 내구성, 내화성이 크다.
③ 재료의 운반과 시공이 쉽다.
④ 구조물 유지관비가 적게 든다.
⑤ 철근과의 부착력이 크다

3 콘크리트 단점

① 콘크리트 자체 무게가 무겁다. 그러나 자중이 크므로 중력댐이나 중력식옹벽은 장점이 된다.
② 압축강도에 비해 인장강도, 휨강도가 작다 .
③ 건조수축에 의한 균열이 생기기 쉽다.

2. 콘크리트의 재료

2-1. 골 재

1 골재(잔 골재, 굵은 골재)

(1) 개요

골재는 콘크리트 부피의 약 70%를 차지하는 재료로 모르타르, 콘크리트를 만드는 주재료가 된다. 여기서 잔 골재의 대표적인 것은 모래이고, 굵은 골재의 대표적인 것은 자갈이다.

(2) 골재 종류
① 골재 크기에 따른 분류
- ㉠ 잔 골재
    - ⓐ 10mm체를 전부 다 통과하고 5mm체를 무게비로 85%이상 통과하고 0.08mm체에 다 남은 골재
    - ⓑ 5mm체를 다 통과하고 0.08mm체에 다 남은 골재
- ㉡ 굵은 골재
    - ⓐ 5mm체에 무게비로 85%이상 남은 골재
    - ⓑ 5mm체에 다 남은 골재

☞ ⓐ의 정의는 자연 상태 또는 가공후의 모든 골재에 적용됨
☞ ⓑ의 정의는 시방 배합을 정할 때에 적용
☞ 잔 골재와 굵은 골재를 구분하는 체는 5mm체가 기준이 되고, 5mm체 이상에 남은 골재는 굵은 골재, 5mm체를 통과한 골재는 잔 골재

② 골재 비중에 따른 분류
- ㉠ 보통골재 : 비중이 2.50 ~ 2.65인 골재
- ㉡ 경량골재 : 비중이 2.50 이하인 골재
- ㉢ 중량골재 : 비중이 2.70 이상인 골재

☞ 단위 체계 개편으로 비중은 밀도로 바뀌었으며, 밀도는 단위가 g/cm³으로 무게 개념이다. 경량(輕量)은 무게가 가볍다는 뜻이고, 중량(重量)은 무게가 무거우므로 숫자가 크면 중량골재가 된다.

③ 생산 방법에 따른 분류
- ㉠ 천연골재 : 강모래.자갈, 산모래.자갈, 바닷모래.자갈, 천연 경량 잔 골재, 굵은 골재
- ㉡ 인공골재 : 부순 잔 골재, 굵은 골재, 고로 슬래그 잔 골재, 굵은 골재, 인공 경량 잔 골재, 굵은 골재, 중량 골재, 재생 골재

☞ 천연골재는 자연 상태에서 얻을 수 있는 골재를 말하고, 인공골재는 사람이나 기계의 힘을 빌어 얻어지는 골재를 말함

(3) 골재가 갖추어야 할 성질
① 골재는 강하며, 물리 화학적으로 안정되어 내구적일 것
② 알맞은 입도를 가질 것
③ 연한 석편, 가느다란 석편을 함유하지 않고, 둥글거나, 정육면체에 가까울 것
④ 먼지, 흙, 유기 불순물, 염화물 등의 유해량을 함유하지 않고, 깨끗할 것
⑤ 마멸에 대한 저항성이 크고, 필요한 무게를 가질 것

(4) 골재의 성질
① 잔 골재 비중 : 2.50 ~ 2.65
② 굵은 골재 비중 : 2.55 ~ 2.70
③ 골재 비중이라 함은 보통 표면건조 포화상태 비중을 말함
④ 비중이 큰 골재는 빈틈이 적고, 흡수량이 적어 내구성과 강도가 크다
⑤ 잔 골재, 굵은 골재 비중 값을 알아야 콘크리트 배합설계에서 시방배합 계산을 할 수 있다.

(5) 함수량
① 골재의 함수 상태

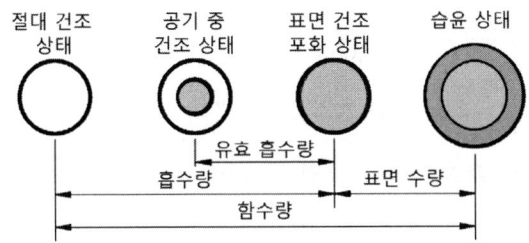

㉠ 절대 건조 상태 : 골재속의 공극에 있는 물을 전부 제거된 상태
㉡ 공기 중 건조 상태 : 공기 중에서 자연건조 시킨 상태로 골재속의 내부 일부는 물로 차 있는 상태
㉢ 표면 건조 포화 상태 : 골재 표면은 물기가 없고, 내부 빈틈은 물로 포화된 상태
㉣ 습윤 상태: 골재 표면에 물기가 있고, 내부 빈틈도 물로 차 있는 상태

☞ 절대 건조 상태(절건상태, 노건조상태) : 건조로에서 물기를 완전히 제거한 상태
☞ 공기 중 건조 상태(기건상태) : 공기 중에서 자연건조 시킨 상태
☞ 습윤 상태 : 금방 하천 등에서 채취한 골재
☞ 표면 건조 포화 상태(표건상태) : 자연적으로는 얻을 수 없는 함수상태로 실험실에서 인위적으로 만들어지며, 보통 비중은 표건상태 비중을 말하고, 시방배합의 기준이 된다.

② 골재의 수량

㉠ 유효흡수율(%) = $\dfrac{표면\ 건조\ 포화상태 - 공기\ 중\ 건조상태}{공기\ 중\ 건조\ 상태} \times 100(\%)$

㉡ 흡수율(%) = $\dfrac{표면\ 건조\ 포화상태 - 절대\ 건조\ 상태}{절대\ 건조\ 상태} \times 100(\%)$

㉢ 표면수율(%) = $\dfrac{습윤상태 - 표면\ 건조\ 포화\ 상태}{표면\ 건조\ 포화\ 상태} \times 100(\%)$

㉣ 함수율(%) = $\dfrac{습윤상태 - 절대\ 건조\ 상태}{절대\ 건조\ 상태} \times 100(\%)$

③ 굵은 골재 비중 및 흡수율

    ⊙ 절대 건조 상태의 비중 $= \dfrac{A}{B-C}$ ⓒ 표면 건조 포화 상태의 비중 $= \dfrac{B}{B-C}$

    ⓒ 진비중 $= \dfrac{A}{A-C}$ ② 흡수율 $= \dfrac{B-A}{A} \times 100$

    여기서, A : 대기 중 시료의 노 건조 중량(g)
            B : 대기 중 시료의 표면 건조 포화상태의 중량(g)
            C : 물속에서 시료의 중량(g)

④ 잔 골재 비중 및 흡수율 시험

    ⊙ 절대 건조 상태의 비중 $= \dfrac{A}{B+500-C}$ ⓒ 표면 건조 포화 상태의 비중 $= \dfrac{500}{B+500-C}$

    ⓒ 진비중 $= \dfrac{A}{B+A-C}$ ② 흡수율 $= \left(\dfrac{500-A}{A}\right) \times 100$

    여기서, A : 대기 중 노 건조 시료의 무게 (g)
            B : 물을 채운 플라스크의 무게 (g)
            C : 시료와 물을 검정선까지 채운 플라스크의 무게 (g)

☞ 골재무게 순서는 습윤 상태 > 표건 상태 > 기건 상태 > 노건 상태
☞ 콘크리트 시방배합은 표면건조포화 상태를 기준으로 하고 있으므로, 시방배합을 현장 배합으로 변경 할 때는 골재의 함수상태에 따라 보정 한다.
☞ 보통 골재의 흡수율은 잔 골재는 1 ~ 6%, 굵은 골재는 0.5 ~ 4%

(6) 골재의 실적율과 공극률

① 골재 공극률이 작으면 (실적률이 크면)
    ⊙ 시멘트풀이 줄어들어 경제적 콘크리트를 만들 수 있음
    ⓒ 콘크리트 밀도, 마멸성, 수밀성, 내구성 증대
    ⓒ 건조 수축이 적고 균열이 적음
    ② 골재 알의 모양이 좋고, 입도가 알맞다.
    ⑩ 일반적으로 공극률은 잔 골재는 30 ~ 40%, 굵은 골재는 35 ~ 40%, 잔 골재와 굵은 골재가 섞여 있는 경우는 25%이하

② 골재의 실적률

$$실적률(\%) = 100 - 공극률(\%) = \dfrac{단위용적\ 질량}{비중} \times 100(\%)$$

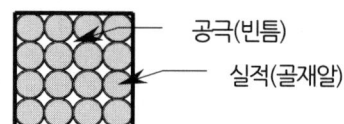

(7) 입도

① 입도의 정의 : 골재의 크고 작은 알갱이가 섞여 있는 정도
② 입도를 표시하는 방법 : 체분석에 의한 입도곡선과 조립률을 구하는 방법이 있다.
③ 조립률(F.M)
　㉠ 조립률을 구하기 위한 10개체
　　80mm, 40mm, 20mm, 10mm, 5mm, 2.5mm, 1.2mm, 0.6mm, 0.3mm, 0.15mm
　㉡ 체분석을 실시하여 각체에 남은 양을 구하여 조립률(F.M)을 구한다.

$$조립률(F.M) = \frac{10개\ 각체에\ 남은\ 양의\ 누계의\ 합}{100}$$

　㉢ 조립률의 적절한 범위 (골재의 조립률은 알의 지름이 클수록 크다)
　　ⓐ 잔 골재 : 2.3 ~ 3.1
　　ⓑ 굵은 골재 : 6 ~ 8
　㉣ 잔 골재와 굵은 골재가 혼합 되었을 때 조립률을 구하는 방법

$$f_a = \frac{p}{p+q} \cdot f_s + \frac{q}{q+p} \cdot f_g$$

　여기서　f_a : 혼합골재의 조립률
　　　　　f_s, f_g : 잔 골재 및 굵은 골재 각각의 조립률
　　　　　p, q : 무게로 된 잔 골재 및 굵은 골재 각각의 혼합비

☞ 입도분포가 좋다는 뜻은 굵고 작은 알갱이가 골고루 섞여 있어 공극을 작은 입자들이 채워져 실적을 크게 하고, 빈틈을 적게 함으로서 모르타르가 적게 들고, 그러므로 시멘트가 적게 사용되어 경제적이며, 강도, 내구성도 커지게 된다.
☞ 일반적으로 골재의 입경이 클수록 F.M 값이 커진다.
☞ 10개체를 암기 방법 : 가장 큰 규격부터 절반씩 암기하면 편리

(8) 굵은 골재 최대 치수

① 질량(무게)으로 90% 이상 통과 하는 체 중 체눈금이 최소인 것의 호칭 치수로 나타내는 굵은 골재의 크기
② 골재의 최대치수가 크면
　㉠ 시멘트 풀의 양이 적어져 경제적
　㉡ 재료분리가 일어나기 쉽다.
　㉢ 시공하기가 어렵다.

(9) 단위 무게

① 기건상태에서 골재 1m³의 무게
② 단위 무게는

$$\text{골재의 단위 무게}(kg/m^3) = \frac{\text{시험 용기속의 시료 무게}(kg)}{\text{용기의 부피}(m^3)}$$

(10) 내구성
① 화학적인 작용, 기후에 의한 작용, 주변 환경에 의해 골재가 견딜 수 있는 성질
② 내구성을 알기 위해서는 안정성 시험을 실시
③ 안정성 시험은 황산나트륨용액에 대한 저항성 측정
④ 안정성 시험에서 골재 손실 무게비는 잔 골재는 10%이하, 굵은 골재는 12% 이하로 규정하고 있다.

(11) 마모저항 (닳음 저항)
골재 마모 시험은 로스엔젤레스 마모시험기(LA마모시험기)실시

(12) 유해물
① 골재 속에 실트, 점토, 연한 편석, 부식토와 같은 유기물이 들어 있으면, 강도와 내구성이 떨어진다.
② 염화물이 들어 있으면 철근을 부식 시킨다.(바다 모래, 자갈)

(13) 중량 골재
중량 골재는 비중이 큰 철광석을 사용하며, 주로 원자로 등 방사선 차폐 콘크리트에 사용

(14) 골재의 저장
① 잔 골재, 굵은 골재 및 입도가 다른 골재는 각각 구분하여 따로 저장
② 골재 대소 알이 분리되지 않도록 하고, 먼지. 잡물이 혼입되지 않도록 한다.
③ 겨울에 동결이나 빙설이 혼입되지 않도록 하고, 여름에는 장기간 뙤약볕에 방치하지 않도록 한다.
④ 골재 저장 장소는 적절한 배수 시설을 한다.

2-2. 시멘트

1 시멘트 일반

(1) 개요
시멘트(Cement)는 골재를 접착제, 결합재 등을 의미 하지만, 콘크리트로 보면 시멘트가 물과 반응하여 굳어지는 수경성 시멘트를 말함.

(2) 시멘트의 원료
① 석회석(CaO)과 점토[실리카(SiO_2), 산화알루미나(Al_2O_3) 및 산화제2철(Fe_2O_3) 함유, 규석, 철광석 등임

② 응결지연제로 3%의 석고($CaSO_4 \cdot 2H_2O$)가 첨가된다.

(3) 시멘트의 화학성분
① 주성분 : 석회(CaO), 실리카(SiO_2), 알루미나(Al_2O_3), 산화철(Fe_2O_3)
② 부성분 : 산화마그네슘(MgO), 무수황산(SO_3), 알칼리(K_2O, Na_2O) 등.

(4) 클링커 화합물의 특성
☞ 클링커 : 시멘트의 원료를 소성로에서 소성하여 제조된 것으로서 여기에 석고를 첨가하여 미분쇄하면 시멘트가 제조된다.
① 규산 3석회(C_3S) : 수화열이 C_2S에 비해 비교적 크며 조기강도가 크다.
② 규산 2석회(C_2S) : 수화열이 작아서 강도발현은 늦지만 장기강도 발현성과 화학저항성이 우수하다.
③ 알민산 3석회(C_3A) : 수화속도가 매우 빠르고 발열량과 수축이 크다.
④ 알민산철 4석회(C_4AF) : 수화열이 적고 수축도 적으며 강도증진에는 큰 효과가 없으나 화학저항성이 양호하다.
⑤ 포틀랜드시멘트 중 클링커 화합물 성분량 크기 : $C_3S > C_2S > C_3A > C_4AF$

(5) 시멘트의 수화
① 수화반응(hydration) : 시멘트와 물과 화학반응을 일으켜 수화물을 생성하는 반응을 말하며 이때 발생한 열을 수화열이라 한다.
② 수화열은 한중콘크리트에 좋지만, 매스콘크리트는 온도 응력을 일으켜, 균열이 발생

(6) 응결과 경화
① 응결은 시멘트가 수화작용에 의해 유동성을 잃고 굳어지는 현상
② 경화는 응결이 끝난 후 수화작용이 계속되면 시멘트가 굳어져 강도를 나타내는 현상
③ 응결시간 측정 시험은 비카(Vicat)침에 의한 방법과 길 모어(Gillmire)침에 의한 방법이 있다.
④ 응결이 빨라지는 경우
   ㉠ 분말도가 클수록, ㉡ C_3A가 많을수록, ㉢ 온도가 높을수록, ㉣ 습도가 낮을수록
⑤ 응결이 지연되는 경우
   ㉠ 석고첨가량이 많을수록, ㉡ 물-시멘트비가 클수록, ㉢ 시멘트가 풍화될수록

(7) 풍화
① 시멘트가 공기 중의 수분과 이산화탄소와 반응하여 수화반응을 일으켜 탄산염을 만들어 시멘트 품질을 저하시키는 현상.

시멘트 + H_2O → $Ca(OH)_2$ + CO_2 → $CaCO_3$ + H_2O
(수분) (수산화칼슘)(이산화탄소)(탄산칼슘) (물)

② 풍화된 시멘트는 비중이 작아지고, 응결이 늦어지며, 강도가 늦게 나타난다.
③ 시멘트 풍화도 측정방법은 강열감량시험에 의해 실시하고, 시멘트 감량은 3%이하로 규정
☞ 강열감량 : 시멘트 시료를 강열했을 때의 중량손실

(8) 비중
① 시멘트 단위무게, 콘크리트 배합설계에 쓰임
② 일반적으로 시멘트 비중은 3.14 ~ 3.2 정도이다.
③ 시멘트 비중 시험법은 르샤트리에 비중병으로 시험한다.

(9) 분말도
① 시멘트 입자의 가는 정도를 분말도라 함
② 시멘트 분말도가 높으면(입자가 가늘면)
  ㉠ 수화작용이 빠르다.
  ㉡ 조기강도가 커진다.
  ㉢ 풍화하기 쉽다.
  ㉣ 수화열이 많아 콘크리트에 균열 발생
  ㉤ 건조수축이 커진다.
③ 분말도는 비표면적으로 나타내며, 비표면적(cm^2/g)은 1g의 시멘트가 가지고 있는 전체 입자의 총 표면적(cm^2), 비표면적은 조강포틀랜드 시멘트는 3300 cm^2/g, 그 밖의 시멘트는 2800cm^2/g
④ 시험방법은 블레인(Blaine)공기투과장치에 의한다.

(10) 안정성
① 시멘트가 굳어 가는 도중에 부피가 팽창하는 정도
② 시험법은 오토클레이브 팽창도 시험법에 의한다.

(11) 강도
① 시멘트 강도는 콘크리트 강도와 관계있으며 여러 성질 중 가장 중요
② 시험법은 시멘트모르타르 압축강도시험에 의해 실시하고, 5×5×5cm의 공시체를 23±2℃의 수중 양생 후 시험

(12) 시멘트의 저장
① 방습적인 구조로 된 사일로 또는 창고에 품종별로 구분하여 저장
② 지면으로부터 30cm이상, 쌓아 올리는 포대 수는 13포 이하, 저장기간이 길어질 경우 7포대 이상 쌓지 않는 것이 좋다.
③ 시멘트 입하 순서대로 사용
④ 저장 중 약간이라도 굳은 시멘트는 사용해서는 안 되고, 장기간 저장된 시멘트는 품질시험을 한 후에 사용해야 한다.

2 시멘트 종류

(1) 보통 포틀랜드 시멘트
① 가장 보편적으로 사용되는 시멘트
② 비중은 3.15 정도, 중용열과 조강 포틀랜드 시멘트의 중간적 성질을 나타냄.

(2) 중용열 포틀랜드 시멘트
① 수화열을 적게 만듬
② 수화열이 적어 건조수축이 작으며, 장기 강도가 크다.
③ 계절적으로는 수화열이 작아 여름(서중콘크리트)에 사용.
④ 화학성분은 C_2S, C_4AF가 비교적 많고 C_3S와 C_3A는 적다.
⑤ 수화열과 건조수축이 작아 댐이나 매스콘크리트(Mass Concrete) 사용
☞ 매스콘크리트 : 부재 단면치수가 80㎝ 이상이고, 콘크리트 내 외부 온도차가 25℃ 이상인 콘크리트

(3) 저열 포틀랜드 시멘트
① 중용열 보다 수화열이 더 작다.
② 사용 용도는 중용열과 비슷

(4) 조강 포틀랜드 시멘트
① 분말을 높게 하여 수화열이 크다.
② 수화열이 커서 조기강도가 크고, 재령 7일에 보통포틀랜드 시멘트 28일 강도를 나타냄
③ C_3S의 양이 많고 분말도가 보통시멘트 보다 크다
④ 계절적으로 수화열이 커서 겨울(한중콘크리트)에 사용
⑤ 조기강도를 필요로 하는 긴급공사에 사용

(5) 내 황산염 포틀랜드 시멘트
해수, 광천수 등 황산염을 포함한 물이나 흙에 접하는 콘크리트에 사용
☞ 황산염 : 해수 중에 많으며 시멘트 수화물과 반응하여 팽창성 물질을 생성 시켜 콘크리트의 균열 박리, 붕괴를 일으켜 열화 시키는 화학 물질

(6) 백색 시멘트
Fe_2O_3 양을 0.3% 이하로 줄이면 흰색의 시멘트가 얻어져, 건축용, 장식용, 인조석 제조에 사용 된다.

(7) 고로 슬래그 시멘트
보통 포틀랜드 시멘트 클링커에 급냉한 잠재수경성을 가진 고로 슬래그를 혼합재로서 이용한 시멘트

① 수화열이 작고, 장기강도가 크다
② 수밀성이 크다.
③ 황산염 등 화학적 저항성이 크다.
④ 알카리 골재반응을 억제한다.
⑤ 댐, 하천, 항만 등의 구조물에 사용
☞ 잠재수경성 : 고로슬래그가 시멘트수화물 중 수산화칼슘과 반응, 경화하여 장기 강도를 발휘하는 성질.
☞ 알카리골재반응: 골재중에 실리카 광물이 시멘트 중의 알카리 성분과 화학적으로 반응을 하는 것을 말하며, 팽창을 유발하여 균열을 발생시켜 콘크리트의 내구성을 저하

(8) 플라이애시 시멘트

화력발전소에서 미분탄 연소할 때 굴뚝을 통해 대기 중으로 확산되는 미립자를 집진기로 포집한 것을 플라이애시 라고 하며, 포졸란 반응을 지닌다. 플라이애시는 구형의 형태로 볼 베어링 효과가 있어 워커빌리티 개선
① 유동성이 좋다.(워커빌리티가 좋다)
② 수화열이 적고, 장기 강도가 크다.
③ 해수 등 화학적 저항성이 크다.
④ 수밀성이 좋다.
⑤ 알카리 골재반응을 억제 한다.
⑥ 건조수축을 감소

(9) 포틀랜드 포졸란 시멘트(실리카 시멘트)

포졸란 반응성을 가진 실리카질(규산백토, 화산재) 혼입한 시멘트로 플라이애시 시멘트의 특징과 비슷하나, 소요 단위수량을 증가 하고, 포졸란 반응이 지연되며, 중성화가 빠르다.

(10) 알루미나 시멘트

보크사이트와 석회석을 혼합하여 만든 것으로 재령 1일에 보통포틀랜드 시멘트 재령 28일 압축강도를 나타낸다.
① 시멘트 중에서 가장 빨리 강도 발현
② 조기강도가 커서 긴급공사에 사용
③ 한중콘크리트에 사용
④ 내화학성이 커서 해수공사에 사용

(11) 팽창 시멘트

굳어지는 과정에 콘크리트를 팽창시켜 건조수축에 대해 보상하는 시멘트
① 콘크리트 균열을 막고
② 방수성이 좋아 콘크리트 포장에 사용되고

③ 그라우트 모르타르에 사용

(12) 초조강 시멘트
알루미나 시멘트와 조강시멘트의 중간적 정도

☞ 시멘트 조기강도 발현 순서
  알루미나 〉 초속경 〉 초조강 〉 조강 〉 보통 포틀랜드
☞ 장기강도가 큰 시멘트 : 중용열, 저열 포틀랜드 시멘트, 고로 시멘트, 플라이애시 시멘트, 실리카 시멘트
☞ 시멘트 수화열이 크면 조기강도가 크고, 균열이 발생하며 매스 콘크리트에 부적합하고, 계절적으로는 추운 겨울에 적합하여 한중 콘크리트 사용
☞ 반대로 수화열이 작으면 장기강도가 크고, 균열이 적어 매스 콘크리트에 적합 하고, 계절적으로는 더운 여름에 적합하여 서중 콘크리트 사용

2-3. 혼화재료

1 개 요
콘크리트의 성질을 개선하기 위하여 콘크리트에 더 넣는 재료로 사용량에 따라 혼화제와 혼화재로 구분한다.

2 혼화재 정의 및 종류
① 정의 : 사용량이 시멘트 중량의 5% 이상으로 콘크리트의 배합설계 계산에 고려해야 하는 혼화재료를 말함.
② 종류 : 플라이애시, 규조토, 화산회, 규산백토, 고로슬래그 미분말 등

3 혼화제 정의 및 종류
① 정의 : 사용량이 시멘트 중량의 1% 이하로 비교적 적어서 콘크리트의 배합계산에 무시되는 혼화재료
② 종류 : AE제, AE감수제, 유동화제, 고성능감수제, 촉진제, 지연제, 방청제, 고성능 AE감수제

4 혼화재료를 쓰는 목적
① 콘크리트의 워커빌리티의 개선
② 강도 및 내구성의 증진
③ 응결 경화시간 조정
④ 수화작용 및 발열량의 촉진 및 감소

⑤ 수밀성 및 화학저항성의 증진
⑥ 철근의 부식방지
⑦ 기타 콘크리트에 특수한 성능 부여

5 AE제

AE제는 연행 공기제라고도 하며, 발포성이 현저한 계면활성제로서, 콘크리트중에 미소한 독립된 기포를 고르게 발생시켜 내동결융해성, 내식성등 내구성을 개선한다.

(1) AE제 장점
① 워커빌리티를 좋게 하고, 블리딩 개선
② 빈배합일수록 워커빌리티를 개선효과가 크다.
③ 단위수량을 감소시켜 블리딩 등의 재료분리를 작게 한다.
④ 기상작용에 대한 저항성과 수밀성을 증진한다.

(2) AE제 사용량이 많아지면
① 강도가 작아진다.
② 철근과의 부착강도가 작아진다.

(3) AE제를 사용한 콘크리트의 특징
① 공기량이 1% 증가하면 슬럼프가 약 2.5cm 증가한다.
② 공기량이 1% 증가하면 압축강도는 약 4~6%, 휨강도는 2~3%감소하고, 철근과의 부착강도 저하 등이 일어나므로 적정 사용량 권장
③ 일반적인 콘크리트의 공기량은 4~7% 정도가 표준
④ 슬럼프가 커지면 공기량 감소
⑤ 시멘트 분말도가 높으면 공기량 감소
⑥ 단위 시멘트량이 증가하면 공기량 감소
⑦ 콘크리트 온도가 높으면 공기량 감소
⑧ 빈배합일수록 워커빌리티 개선 효과가 크다.

☞ 계면활성제: 수용액 속에서 그 표면에 흡착하여 그 표면장력을 현저하게 저하시키는 물질
☞ 갇힌공기 : 콘크리트중의 자연상태로 존재하는 1% 전후의 공기로서 비교적 입경이 크고, 불규칙하게 분포되어 있음.
☞ 연행공기 : AE제에 의해 생성된 공기로서 입경이 작고, 균일하게 분포
☞ 공기량 시험법 : 무게법, 부피법, 공기실 압력법(워싱턴형 공기량 측정기)이 있다.

6 감수제, AE 감수제

감수제는 시멘트 입자를 분산시켜 콘크리트의 단위 수량을 감소시키는 효과를 나타내고, 감수제에 AE 공기도 함께 생기도록 한 것을 AE 감수제라 한다.
① 시멘트 분산작용을 이용 워커빌리티를 개선하고
② 소요의 슬럼프 및 강도를 확보하기 위해 단위수량 및 단위시멘트를 감소시킬 목적으로 사용
③ 재료분리가 적어진다.
④ 동결융해에 대한 저항성을 향상

☞ 워커빌리티(Workability) : ① 작업하기 어렵고 쉬운 정도 ② 재료분리 정도
☞ 재료분리 : 굵은 골재가 모르터로부터 분리되는 현상

7 고성능 감수제 (유동화제)

AE 감수제 보다 탁월한 감수 능력을 가지며, 단위 수량이 일정할 경우 유동성이 크므로 유동화제 라고도 함.

8 촉진제, 급결제

시멘트 수화작용을 촉진시키기 위한 것으로 순간적인 응결과 경화가 요구 되는 경우에 사용하며 염화칼슘($CaCl_2$)을 사용
① 급속공사, 숏크리트(뿜어 붙이기 콘크리트)에 사용
② 발열량이 많아 한중콘크리트에 알맞다.

9 지연제

콘크리트의 응결이나 초기경화를 지연시키기 위해 사용
① 레디믹스트 콘크리트의 운반거리가 멀 경우에 사용
② 콘크리트를 연속적으로 칠 때 콜드죠인트가 생기지 않도록 할 경우 사용
③ 서중 콘크리트에 적당

☞ 콜드죠인트(cold joint) : 계속하여 콘크리트를 칠 때, 먼저 친 콘크리트와 나중에 친 콘크리트 사이에 완전히 일체화가 되지 않은 시공 불량에 의한 이음
☞ 숏크리트(shotcrete) : 압축공기를 이용하여 호스 속에서 운반한 콘크리트, 모르터 재료를 시공면에 뿜어서 만든 콘크리트 또는 모르터
☞ 레디믹스트콘크리트(ready mixed concrete) : 정비된 콘크리트 제조설비를 갖춘 공장에서 생산되며 굳지 않은 상태로 운반차에 의하여 구입자에게 배달될 수 있는 굳지 않은 콘크리트를 말하며 레미콘이라 약칭하기도 한다.

10 발포제

알루미늄 또는 아연가루를 넣어, 화학반응으로 발생하는 가스에 의해 기포를 생성하는 것으로 프리팩트용 그라우트, 프리스트레스트 콘크리트용 그라우트에 사용

11 기포제

콘크리트 속에 거품을 일으켜 콘크리트를 경량화나 단열을 위해 사용

12 기타

① 방청제 : 염분에 의한 녹 방지
② 방수제 : 수밀성 향상
③ 수중 불 분리제 : 수중에서 재료분리를 방지

13 혼화제의 저장

① 혼화제는 먼지, 기타의 불순물이 혼입되지 않도록, 분말상의 혼화제는 습기를 흡수하거나 굳어지는 일이 없도록 하고, 액상의 혼화제는 분리하거나 변질하거나 하는 일이 없도록 저장해야 한다.
② 장기간 저장한 혼화제나 이상이 인정된 혼화제는 이것을 사용하기 전에 시험하여 그 성능이 떨어져 있지 않다는 것을 확인한 후에 사용해야 한다.

14 플라이애시(fly ash)

분탄을 연소시킬 때 얻어지는 석탄재로 입자가 구형이고, 그 자체는 수경성이 없지만 실리카 성분이 수산화칼슘과 반응하여 경화하는 포졸란 반응을 한다.
① 워커빌리티가 양호하며 단위수량이 감소된다.
② 포졸란 반응에 의해서 조직이 치밀해지므로 수밀성과 내구성를 향상 시킨다.
③ 블리딩을 감소, 장기강도는 향상된다.
④ 알칼리 실리카 반응의 억제에 효과가 있다.
⑤ 황산염 등의 화학저항성이 우수하다.

☞ 포졸란을 사용한 콘크리트 특징
① 수밀성이 크다.
② 해수 등에 대한 화학적 저항성이 크다.
③ 재료분리를 막고 워커빌리티, 피니셔빌리티가 좋아 진다
④ 발열량이 적다
⑤ 강도 증진은 느리나 장기강도가 크다
☞ 포졸란은 천연산(화산재, 규조토, 규산백토)과 인공산(고로슬래그, 플라이애시)

15 고로슬래그 미분말

용광로에서 나오는 슬래그(slag)를 급랭시켜 만든 미분말
① 워커빌리티를 좋게 한다.
② 수화열이 적으며, 장기 강도가 크다
③ 수밀성의 향상
④ 염화물 이온 침투에 대한 저항성 향상
⑤ 황산염 등에 대한 화학저항성 향상
⑥ 블리딩이 적고 유동성을 향상시키는 효과

16 실리카 흄

실리카흄은 실리콘, 페로실리콘, 실리콘 합금 등을 제조할 때 발생되는 폐가스중에 포함된 SiO_2를 집진기로 모아서 얻어지는 초미립자의 산업부산물
① 고강도 콘크리트 제조용으로 사용.
② 포졸란 반응으로 강도증진 효과가 뛰어나다.
③ 투수성이 작아 수밀성이 향상된다.
④ 수화초기에 발열량이 작아 온도상승 억제 효과가 있다.
⑤ 비표면적이 매우 커서 단위수량이 증가하므로 고성능 감수제를 사용
⑥ 점착성이 증대되어 재료분리저항성이 커지며 블리딩이 감소된다.

17 팽창재

콘크리트가 굳을 때 부피를 팽창시켜 건조수축에 의한 균열을 막아주기 위한 것

18 착색재

착색재는 콘크리트에 색을 입히는 혼화재로서 칼라 콘크리트 제조용

19 혼화재의 저장

① 혼화재는 일반적으로 습기를 흡수하는 성질이 있으며, 습기를 흡수하면 덩어리가 생기거나 그 성능이 저하되는 수가 있다. 따라서 혼화재는 방습적인 사일로 또는 창고 등에 품종별로 구분하여 저장하고, 입하의 순으로 사용해야 한다.
② 장기 저장한 혼화재는 이것을 사용하기 전에 시험하여 품질을 확인
③ 혼화재는 일반적으로 미분말로 되어 있고 비중이 작기 때문에 포대를 푸는 곳이나 사일로의 출구에서는 공중으로 날려서 계기류의 고장 원인이 되기 쉽고 또 습도가 높은 시기에는 사일로나 수송설비 등의 벽에 붙게 된다. 따라서 혼화재는 날리지 않도록 그 취급에 주의해야 한다.

20 혼합수(물)

① 물은 기름, 산, 유기불순물, 혼탁물 등 콘크리트나 강재의 품질에 나쁜 영향을 미치는 물질의 유해량을 함유해서는 안 된다.
② 혼합수는 콘크리트의 응결경화, 강도의 발현, 체적변화, 워커빌리티 등의 품질에 나쁜 영향을 미치거나 강재를 녹슬게 하는 물질의 함유량을 초과해서는 안 된다.
③ 해수는 강재를 부식시킬 염려가 있으므로 철근콘크리트, 프리스트레스트 콘크리트, 철골 철근 콘크리트 및 가외철근이 배치된 무근 콘크리트에서는 혼합수로서 해수를 사용해서는 안 된다.

3. 콘크리트의 성질

1 굳지 않은 콘크리트의 성질

굳지 않은 콘크리트(fresh concrete)는 믹싱 후 시간이 경과함에 따라 유동성을 상실하고, 응결을 거쳐 소정의 강도를 나타낼 때까지의 콘크리트를 말하며, 치기에 알맞은 유동성을 가져야 하고, 재료의 분리가 생기지 않고, 마무리성이 좋아야 한다.

① 워커빌리티(workability) : 굳지 않은 콘크리트에서 가장 중요한 것으로 반죽질기에 따른 작업이 어렵고 쉬운 정도(작업의 난이정도) 및 재료분리에 저항하는 정도를 나타내는 성질.
② 반죽질기(consistency) : 주로 물의 양이 많고 적음에 따른 반죽의 되고 진 정도를 나타내는 성질.
③ 성형성(plasticity) : 거푸집에 쉽게 다져 넣을 수 있고, 거푸집을 제거하면 천천히 형상이 변하기는 하지만 허물어지거나 재료분리하지 않는 성질.
④ 피니셔빌리티(finishability) : 굵은 골재의 최대치수, 잔 골재율, 잔 골재의 입도, 반죽 질기 등에 따른 마무리하기 쉬운 정도를 나타내는 성질.
☞ 응결 : 응결은 시멘트가 수화작용에 의해 유동성을 잃고 굳어지는 현상
☞ 경화 : 응결 후 수화작용이 계속되면 시멘트가 굳어져 강도를 나타내는 현상
☞ 응결 시험법 : 비이카침, 길모어침 시험법

■ 워커빌리티(workability)

(1) 워커빌리티(workability)에 영향을 끼치는 요소

☞ 물은 워커빌리티에 가장 큰 영향을 끼치는 요소로 수량이 많아지면, 묽은 반죽이 되어 재료 분리가 쉽고, 강도가 현저하게 저하되어 워커빌리티가 좋아진다고 말할 수 없다.
☞ 단위수량이 1.2% 증가하면 슬럼프는 1cm 증가 한다.
☞ 잔 골재량이 증가되면 동일한 워커빌리티를 얻기 위해 단위수량이 증가해야 한다.

요 소	워커빌리티가 좋아지는 경우	워커빌리티가 나빠지는 경우
시멘트	- 시멘트 양이 많을수록(부 배합) - 분말도가 높을수록 - 혼합시멘트	- 시멘트 양이 작을수록(빈배합) - 분말도가 낮을수록 - 풍화된 시멘트를 사용하는 경우
혼화재료	- 혼화재 및 혼화제를 사용한 경우 (플라이애시, 고로슬래그 미분말, AE제, AE감수제)	
골 재	- 시멘트 양에 비해 골재양이 적을 수록 - 골재알 모양이 둥글수록	- 시멘트 양에 비해 골재양이 많을 수록 - 골재알 모양이 편편하고, 모난 경우 (부순 골재) - 굵은 골재 량이 많은 경우
물		- 수량이 적을수록

(2) 그 밖에 굳지 않은 콘크리트에 영향을 주는 요소

① 온도 : 콘크리트 온도가 높을수록 컨시스턴시(consistency) 저하된다. 일반적으로 비빔온도가 10℃ 상승에 슬럼프가 2 ~ 3㎝ 증가
② 공기량 : AE제나 AE감수제 등은 공기포의 볼베아링(ball bearing) 작용에 의해 워커빌리티를 개선시킨다. 공기량이 1% 증가하면 슬럼프가 2.5㎝ 증가된다.
☞ **볼베어링효과** : 구름베어링의 하나, 리테이너에 의해 항상 같은 간격을 유지 하도록 되어 있는 볼(綱球)이 내륜과 외륜 사이에 끼워져 있고 축은 볼을 매개로 지탱되고 있기 때문에, 마찰이 적어지고 축의 회전이 원활하게 하는 효과
③ 비빔시간 : 혼합시간이 불충분하거나 과도하게 비빔시간을 길게 하면 워커빌리티에 나쁜 영향을 준다.

(3) 워커빌리티 측정 방법

워커빌리티는 반죽질기에 좌우되므로 일반적으로 반죽질기(컨시스턴시)을 측정하여 판단한다. 그 중에서 슬럼프 시험을 가장 보편적으로 사용
① 워커빌리티 판정시험 : 슬럼프 시험, 구관입 시험, 흐름시험
② 그 밖에 워커빌리티 시험 : 비비 시험 (Vee-Bee test), 리몰딩 시험

▣ 재료의 분리

굵은 골재가 모르터로부터 분리되는 현상으로 콘크리트의 구성 재료 중 입경이 큰 재료가 차지하는 비율이 클수록 재료분리가 발생이 쉽고, 입경이 작은 재료가 차지하는 재료의 비율이 클수록 재료분리 저항성이 증가.

(1) 작업 중 재료분리

작업 중 재료분리가 발생하는 경우	재료분리 발생 대책
- 굵은 골재의 최대치수가 지나치게 큰 경우 - 단위 골재량과 단위수량 너무 많은 경우 - 배합이 적절하지 않은 경우 (제조, 운반, 타설시에 재료분리 발생) - 묽은 반죽의 콘크리트를 높은 곳에서 낙하시키는 경우 (슈트) - 혼합시간의 부족하든지 또는 과다하게 혼합하는 경우	- 콘크리트의 성형성(plasticity)을 증가. - 잔 골재율을 크게 - 물-시멘트비를 작게 - AE제, 플라이애시 등의 혼화재료 사용

(2) 작업 후의 재료분리

① 블리딩(bleeding) : 콘크리트를 친 후 시멘트와 골재 알이 가라앉으면서 물이 올라와 표면에 떠오르는 현상

② 레이턴스(laitance) : 물이 표면에 떠올라 가라앉으면서 발생한 미세물질

③ 블리딩 발생 대책
  ㉠ 단위수량을 적게 한다.
  ㉡ 분말도가 높은 시멘트 사용
  ㉢ AE제, 감수제를 사용
  ㉣ 플라이애시, 슬래그 미분말, 실리카흄 등의 혼화재 사용

☞ 블리딩이 커지면 콘크리트 윗부분의 강도가 작아지고 수밀성과 내구성이 작아지며, 레이턴스는 강도가 거의 없어 제거 후 덧치기 한다.

2 굳은 콘크리트의 성질

(1) 단위 중량(무게) (kg/㎥)

① 콘크리트 단위 무게는 굵은 골재의 비중, 굵은 골재 최대치수, 골재의 사용량에 따라 다르다.

② 무근 콘크리트 단위무게 : 2,300 ~ 2,350 kg/㎥
  철근 콘크리트 단위무게 : 2,400 ~ 2,500 kg/㎥
  경량 콘크리트 단위무게 : 1,500 ~ 1,900 kg/㎥

☞ 단위 : 단위무게, 단위수량, 단위 잔 골재량, 단위 굵은 골재량 등 앞에 붙는 "단위"의 의미는 숫자 1을 기준으로 함.(예, 단위 무게는 부피 1㎥을 기준으로 할 때 무게를 말함)

(2) 압축강도

① 콘크리트 강도는 주로 압축강도를 말함.
② 압축강도는 재령 28일 강도를 말함
③ 압축강도에 영향을 주는 요인은 물-시멘트비, 굵은 골재 최대치수, 혼화재료의 종류, 혼합, 비비기, 공기량, 워커빌리티

④ 원추형 공시체 (∅ 15× 30cm, 또는 ∅ 10× 20cm)를 제작하여 규정된 일수까지 양생 후 압축강도 시험기로 파괴 하여 최대 하중을 단면적으로 나눔

$$압축강도(kgf/cm^2) = \frac{P(kg)}{A(cm^2)}$$

여기서 P : 파괴 최대하중, A : 원의 단면적($\frac{\pi D^2}{4}$)

⑤ 콘크리트 압축강도용 공시체

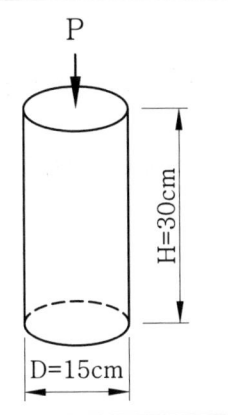	㉠ 공시체 지름 : 높이의 비는 1:2가 되어야 한다. ㉡ 재령의 의미 : 콘크리트의 압축강도 발현은 재령 7~14일 까지의 사이에 가장 급격한 강도 증가가 나타나고, 수분 이 공급되면 일반적으로 재령 6개월부터 1년까지 강도 증가, 재령 28일은 콘크리트 강도가 90% 이상 발현되어 콘크리트 구조물의 설계기준으로 이용

(3) 인장강도

① 콘크리트 인장강도는 압축강도의 $\frac{1}{10} \sim \frac{1}{13}$ 정도

② 인장강도에 영향을 주는 요인은 압축강도와 동일

③ 인장강도 공시체 몰드는 압축강도용을 쓰고, 옆으로 눕혀 놓고 파괴하여 구한 최대 하중으로 구한다. ⇒ 쪼갬 인장강도(kgf/cm²)

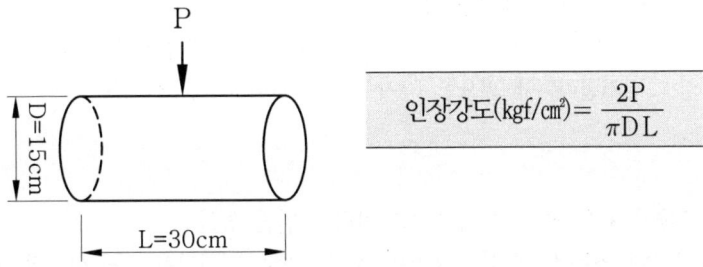

$$인장강도(kgf/cm^2) = \frac{2P}{\pi DL}$$

(4) 휨강도

① 콘크리트 휨 강도는 압축강도의 $\frac{1}{5} \sim \frac{1}{8}$ 정도

② 콘크리트 휨 강도는 도로 포장용 콘크리트 품질 결정에 사용

③ 휨 강도용 공시체(15×15×53cm, 또는 10×10×38cm)를 만들어 양생 후 시험체를 시험기에 3등분

하여 놓고 파괴하여 구한 최대 하중으로 구한다.
㉠ 시험체가 지간의 3등분 중앙에서 파괴 될 때

$$휨\ 강도(kgf/cm^2) = \frac{PL}{bd^2}$$

㉡ 시험체가 지간의 3등분 바깥 부분에서 파괴 되고, 하중점에서 파괴 단면까지의 거리가 지간의 5% 이내 일 때

$$휨\ 강도(kgf/cm^2) = \frac{3Pa}{bd^2}$$

여기서, a : 파괴 단면과 이것에 가까운 쪽의 지점과의 거리를 보의 밑면 중심선에 따라 측정한 평균 거리(cm)

㉢ 시험체가 지간의 3등분 바깥 부분에서 파괴 되고, 하중점에서 파괴 단면까지의 거리가 지간의 5% 이상 일 때에는 이 시험을 무시하고 재시험

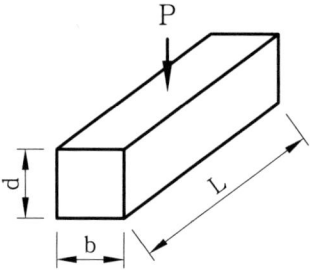

3 그 밖에 콘크리트의 성질

(1) 균열
① 소성수축균열 : 시멘트-페이스트는 경화할 때, 절대체적의 1%정도가 감소하게 되며, 이에 따라 소성상태에 있는 콘크리트의 체적이 감소
② 침하균열 : 콘크리트의 타설 후 콘크리트는 자중에 의하여 계속 압밀이 되어 수축하는 현상
③ 건조수축 균열 : 워커빌리티에 필요한 잉여수가 건조하면서 콘크리트는 수축

(2) 내구성
① 콘크리트 구조물이 오랫동안 외부작용에 저항하기 위한 성질
② 콘크리트 내구성에 영향을 끼치는 요인은 동결, 융해, 기상작용, 물, 산, 염, 화학적 침식, 물 흐름에 대한 침식, 철근의 녹에 의한 균열

(3) 크리프 : 콘크리트에 일정하게 하중을 계속주면, 응력의 변화는 없는데 변형이 재령과 함께 커지는 현상

4. 콘크리트의 종류

1 한중 콘크리트

① 기온이 낮을 때 시공하는 콘크리트
② 1일 평균기온이 4℃ 이하로 될 때 한중콘크리트 시공
③ 한중콘크리트를 쳐 넣었을 때의 온도는 5 ~ 20℃로 한다.
④ 콘크리트를 쳐 넣은 뒤 초기에 얼지 않도록 잘 보호한다.
⑤ 바람을 막아야 하며, 양생 중에는 콘크리트의 온도를 5℃ 이상 유지
⑥ 수화열에 의한 균열의 문제가 없는 경우에는 조강 포틀랜드 시멘트나 초조강 포틀랜드 시멘트의 사용이 효과적
⑦ 시멘트는 절대로 직접 가열해서는 안 된다.
⑧ 한중콘크리트는 AE제, AE감수제의 사용을 표준으로 한다.
⑨ 콘크리트 제조시 가열한 재료의 믹서 투입 순서
      더운 물→굵은 골재→잔 골재→시멘트 투입

2 서중콘크리트

① 기온이 높을 때 시공하는 콘크리트
② 하루 평균 기온이 25℃ 또는 최고 온도 30℃를 넘으면 서중 콘크리트로 시공
③ 콜드죠인트(cold joint)가 발생하기 쉽다.
④ 서중 콘크리트는 쳐 넣었을 때 온도는 35℃ 이내
⑤ 콘크리트를 비벼 쳐 넣을 때까지의 시간은 1.5시간 이내
⑥ 배합은 필요한 강도 및 워커빌리티를 얻는 범위 내에서 단위 수량과 시멘트량을 될 수 있는 대로 적게 한다.
⑦ 중용열 포틀랜드 시멘트나 혼합시멘트를 사용
⑧ 콘크리트 치기가 끝나면 곧바로 양생을 시작하고, 콘크리트 표면 건조를 막아야 한다.

3 수중콘크리트

① 콘크리트를 물 속에서 치는 콘크리트
② 정수 중에 치는 것을 원칙으로 하며 완전히 물막이를 할 수 없는 경우에도 유속은 1초간 5cm 이하로 되는 것이 좋다.
③ 콘크리트를 수중에 직접 낙하시켜서는 안 된다.
④ 콘크리트의 타설 면은 수평을 유지하며 소정의 높이 또는 수면위로 나올 때까지 연속해서 타설
⑤ 물-시멘트비는 50% 이하를 표준
⑥ 단위 시멘트 량은 370kg/m³ 이상을 표준
⑦ 수중콘크리트는 다짐이 불가능하기 때문에 적당한 유동성이 필요하다. 슬럼프는 시공방법에 따라

10~18cm를 표준으로 한다.
⑧ 수중 콘크리트는 재료분리를 적게 하기 위하여 단위 시멘트량이 크고, 잔 골재율도 크게 하여 점성이 풍부한 콘크리트를 사용한다. 잔 골재율은 40~45%를 표준으로 하고, 굵은 골재는 둥근 모양의 입도가 좋은 자갈을 사용하는 것이 좋다.
⑨ 수중 콘크리트 치는 방법은 트레미, 포대 콘크리트, 밑 열림 상자 및 밑 열림 포대, 콘크리트 펌프 및 프리팩트 콘크리트
⑩ 트레미를 사용하여 수중에서 콘크리트를 치면 강도가 공기 중에서 시공한 것의 약 60% 정도이다. 콘크리트가 수중으로 쳐지는 과정에서 물에 씻기는 작용 때문에 강도 저하를 일으킨다.

4 프리팩트 콘크리트

① 굵은 골재를 거푸집에 채워 넣고, 그 공극 속에 특수한 모르터를 적당한 압력으로 주입하여 만든 콘크리트
② 굵은 골재의 최소치수는 15mm 이상, 굵은 골재의 최대치수는 부재단면 최소치수의 1/4이하, 철근 순간격의 2/3이하
③ 용도
　㉠ 수중 콘크리트 시공 : 재료분리가 적고 타설 관리가 용이
　㉡ 매스 콘크리트 시공 : 경화 후 수축이 적다.
　㉢ 구조물 보수
　㉣ 중량 콘크리트 시공 : 재료분리가 없으므로 비중이 큰 중량 콘크리트에 적합
④ 특징
　㉠ 부착 성능이 향상
　㉡ 시공이음 대형 구조물시공이 가능
　㉢ 건조수축이 일반 콘크리트에 비해 1/2정도로 감소된다.
　㉣ 장기강도가 크다.
　㉤ 내구성 및 수밀성이 뛰어나다.

5 숏크리트 (shotcrete)

① 압축 공기를 이용하여 콘크리트나 모르터를 시공 면에 뿜어 붙여서 만든 콘크리트
② 터널이나 큰 공동 구조물의 라이닝, 비탈면, 법면 또는 벽면의 풍화나 박리, 박락의 방지, 터널, 댐 및 교량의 보수보강 공사 등에 적용되는 콘크리트
③ 숏크리트 시공법은
　㉠ 건식공법 : 노즐에서 물과 드라이믹스(drymix)된 재료를 혼합하는 것으로 리바운드 량이 많다
　㉡ 습식공법 : 물을 포함한 각 재료를 미리 계량하고 충분히 혼합할 수 있으므로 품질 관리가 쉽고 분진의 발생 및 리바운드 량도 적다.

6 경량 골재 콘크리트

① 콘크리트의 건조 비중이 2.0 이하의 콘크리트를 경량 콘크리트라 하며, 경량 골재를 사용한다.
② 경량 골재 콘크리트는 사용 골재를 프리웨팅(pre-wetting)할 필요가 있으며 반드시 AE콘크리트 시공

7 방사선차폐용 콘크리트

① 비중이 큰 골재를 사용하여 방사선 차폐용과 같은 특수한 목적으로 사용 되는 콘크리트로 원자력 발전용으로 사용
② 철광석, 중정석 기타의 중량 골재를 사용

8 매스콘크리트 (mass concrete)

① 매스콘크리트는 부재 또는 구조물의 치수가 커서 시멘트의 수화열에 의한 온도 상승을 고려하여 시공하는 콘크리트
② 넓이가 넓은 슬래브에서는 두께 80cm 이상, 하단이 구속된 벽에서는 두께 50cm이상이면 매스콘크리트
③ 수화열에 의한 열응력으로 균열이 생기므로, 온도를 낮추는 방법에는 파이프쿨링(pipe-cooling)과 프리쿨링(pre-cooling)
④ 균열 방지법으로는 균열 유발 줄눈(joint)설치, 팽창 콘크리트의 사용에 의한 균열 방지 방법, 균열 제어 철근의 배치에 의한 방법

9 섬유보강 콘크리트

① 콘크리트의 약점인 인장 강도, 내충격성, 균열 등의 취성을 개선하기 위해 콘크리트 속에 섬유를 혼합시켜 균열에 대한 저항성을 증진시키고 인성을 부여 할 목적으로 제조된 콘크리트
② 섬유의 종류는 강섬유, 유리 섬유 등이 있다.

10 해양 콘크리트

해양에 위치한 항만이나 조류의 작용을 받는 구조물은 해수중의 염류에 크게 영향을 받아서 콘크리트가 열화 되고 철근이 부식하는 등의 내구성이 저하

(1) 일반사항

① 단위 시멘트 량은 280 ~ 330kg/m³로 한다.
② 최대 물 - 시멘트 비는 45 ~ 50%로 한다.
③ 해양 구조물에서는 성능 저하를 방지하기 위하여 가능한 범위 내에서 시공 이음을 두지 말아야 한다.
④ 콘크리트는 재령 5일이 되기까지 바닷물에 씻기지 않도록 보호해야 한다.

(2) 해수에 의한 콘크리트의 열화방지 방안
   ① 양질의 감수제 및 AE제 사용
   ② 중용열 시멘트, 고로 시멘트, 플라이애시 시멘트, 포졸란이 다량 함유된 시멘트 등의 혼합 시멘트 사용
   ③ 부배합의 콘크리트 사용
   ④ 물-시멘트 비를 작게 한다.
   ⑤ 최소한 재령4일 까지 해수영향을 받지 않도록 보호

11 수밀 콘크리트

① 물이 새지 않도록 치밀하게 만든 콘크리트
② 수밀콘크리트는 양질의 AE제, 감수제, AE감수제, 고성능 감수제 또는 포졸란 등을 사용하는 것을 원칙
③ 소요 품질이 얻어지는 범위 내에서 단위 수량 및 물-시멘트비를 가급적 적게 하고, 단위 굵은 골재량을 가급적 크게 한다.
④ 혼화제를 사용하여도 공기량은 4%이하가 되게 한다.
⑤ 물-시멘트 비는 50% 이하를 표준으로 한다.

12 레디믹스트 콘크리트 (레미콘)

콘크리트 제조 설비를 갖는 공장(레미콘 공장)에서 생산되고, 아직 굳지 않은 상태로 현장에 운반되는 콘크리트
① 레미콘의 장점
   ㉠ 현장에 설비가 없어도 콘크리트를 구입할 수 있다.
   ㉡ 공사 진행에 차질이 없다.
   ㉢ 품질이 보증된다.
   ㉣ 콘크리트를 치기가 쉬워 능률적이다.
② 콘크리트 펌프를 이용하여 콘크리트를 칠 때는 슬럼프 15cm 이상의 콘크리트를 사용해야 한다.
③ 강도 시험을 한 경우 다음 규정을 만족시켜야 한다.
   ㉠ 1회의 시험결과는 구입자가 지정한 호칭강도의 85% 이상이어야 한다.
   ㉡ 3회의 시험결과의 평균치는 구입자가 지정한 호칭강도의 값 이상이어야 한다.
④ 공기량은 보통 콘크리트의 경우 4.5%이며, 경량 콘크리트의 경우 5%로 하되, 그 허용 오차는 ±1.5%로 한다.
⑤ 콘크리트 운반차는 트럭믹서 또는 트럭애지데이터의 사용을 원칙으로 하고, 슬럼프가 2.5cm 이하의 낮은 콘크리트를 운반할 때는 덤프트럭을 사용

13 프리스트레스트 콘크리트

콘크리트에 생기는 인장응력을 상쇄시키거나 감소시키기 위해서, 강선이나, 강봉을 미리 긴장시켜 압축응력을 주어 만든 것

기출 및 예상문제

콘크리트 일반 및 성질

1. 콘크리트의 휨강도 시험용 공시체의 폭과 높이는 최소한 콘크리트에 사용 될 굵은 골재 최대치수의 몇 배 이상이어야 하는가?
① 2배 ② 3배 ③ 4배 ④ 5배

해설 시험체의 한 변의 길이는 골재 최대 치수의 4배 이상이며, 100㎜ 이상으로 한다.

2. 콘크리트의 반죽질기 여하에 따르는 작업의 난이 정도 및 재료의 분리에 저항하는 정도를 나타내는 굳지 않은 콘크리트의 성질을 무엇이라 하는가?
① 워커빌리티(workability)
② 반죽질기(consistency)
③ 성형성(plasticity)
④ 피니셔빌리티(finishability)

해설 워커빌리티(workability) : 반죽질기에 따른 작업이 어렵고 쉬운 정도(작업의 난이정도) 및 재료분리에 저항하는 정도를 나타내는 성질.

3. 주로 물의 양이 많고 적음에 따른 반죽이 되고 진 정도를 나타내는 굳지 않은 콘크리트의 성질은?
① 반죽질기
② 워커빌리티
③ 성형성
④ 피니셔빌리티

해설 반죽질기(consistency) : 컨시스턴시
주로 물의 양이 많고 적음에 따른 반죽의 되고 진 정도를 나타내는 성질.

4. 경량 골재 콘크리트에 대한 설명으로 틀린 것은?
① 운반과 치기가 쉽다.
② X선, γ선, 중성자선의 차폐 재료로서 사용 된다.
③ 강도와 탄성계수가 작다.
④ 자중이 가벼워서 구조물 부재의 치수를 줄일 수 있다.

해설 ㉠ 경량콘크리트는 비중이 작은 골재(가벼운 골재)를 사용하여 만든 콘크리트
㉡ X선, γ선, 중성자선의 차폐용은 중량콘크리트

5. 콘크리트의 강도를 좌우하는 요인 중에서 가장 큰 것은?
① 공기량
② 굵은 골재와 잔 골재량
③ 물-시멘트비(W/C)
④ 절대 잔 골재율

해설 콘크리트 강도에 가장 큰 영향을 미치는 것은 단위수량, 즉 사용수량이다.
∴ 단위수량이 크면 물-시멘트비(W/C)도 커진다.

정답 1. ③ 2. ① 3. ① 4. ② 5. ③

6. 콘크리트의 압축강도는 재령 며칠의 강도를 설계의 표준으로 하고 있는가?
   ① 3일   ② 7일   ③ 21일   ④ 28일

   해설 압축강도는 재령 28일 강도를 말함

7. 경량골재 콘크리트란 콘크리트의 단위무게가 얼마정도 이하인 것을 말하는가?
   ① 1.7t/m³ 이하   ② 2.0t/m³ 이하   ③ 2.3t/m³ 이하   ④ 2.5t/m³ 이하

   해설 무근 콘크리트 단위무게 : 2,300 ~ 2,350 kg/m³
   철근 콘크리트 단위무게 : 2,400 ~ 2,500 kg/m³
   경량 콘크리트 단위무게 : 1,500 ~ 1,900 kg/m³

8. 물-시멘트비가 50%인 콘크리트에서 재령 28일 강도는?
   ① 102.5 kgf/cm²   ② 105.0 kgf/cm²   ③ 205.5 kgf/cm²   ④ 220.0 kgf/cm²

   해설 $\dfrac{W}{C} = \dfrac{215}{f_{28}+210}$ 에서 $f_{28} = -210 + 215 \times \dfrac{C}{W} = -210 + 215 \times \dfrac{1}{0.5} = 220 \text{kg}f/\text{cm}^2$

   여기서, $\dfrac{C}{W} = \dfrac{1}{0.5}$ 는 $\dfrac{W}{C} = 0.5$ 의 역수임

9. 블리딩(bleeding)에 관한 다음 설명 중 잘못된 것은?
   ① 시멘트의 분말도가 높고 단위 수량이 적은 콘크리트는 블리딩이 작아진다.
   ② 블리딩이 많으면 레이턴스는 작아지므로 콘크리트의 이음부에서는 블리딩이 많은 콘크리트가 유리하다.
   ③ 블리딩이 많은 콘크리트는 강도와 수밀성이 작아지며 철근콘크리트에서는 철근과의 부착을 감소시킨다.
   ④ 콘크리트의 치기가 끝나면 블리딩이 일어나며 대략 2~4시간에 끝난다.

   해설 콘크리트를 친 후 시멘트와 골재 알이 가라앉으면서 물이 올라와 표면에 떠오르는 현상을 블리딩이라 하고, 물이 표면에 떠올라 가라앉으면서 발생한 미세 물질을 레이턴스(laitance)라 함. 블리딩이 커지면 콘크리트 윗부분의 강도가 작아지고 수밀성과 내구성이 작아 지며, 레이턴스는 강도가 거의 없어 제거 후 덧치기 한다.

10. 콘크리트의 휨 강도는 압축 강도의 몇 % 정도인가?
    ① 20~30%   ② 5~10%   ③ 10~15%   ④ 15~20%

    해설 콘크리트 휨 강도는 압축강도의 $\dfrac{1}{5} \sim \dfrac{1}{8}$ 정도

11. 다음 콘크리트 1m³를 만드는데 쓰이는 각 재료량을 무엇이라 하는가?
    ① 잔 골재율   ② 물-시멘트비
    ③ 증가계수   ④ 단위량

    해설 단위량 : 단위무게, 단위수량, 단위 잔 골재량, 단위 굵은 골재량등 앞에 붙는 "단위"의 의미는 숫자 1을 기준으로 하며, 콘크리트 1m³를 만드는데 쓰이는 각 재료량

정답 6. ④   7. ①   8. ④   9. ②   10. ④   11. ④

12. 굳지 않은 콘크리트 또는 모르타르(mortar)에 있어서 골재 및 시멘트 입자의 침강으로 물이 분리하여 상승하는 현상을 무엇이라고 하는가?
   ① 워커빌리티(Workability)   ② 성형성(Plasticity)
   ③ 피니셔 빌리티(Finishability)   ④ 블리딩(Bleeding)

   해설) 콘크리트를 친 후 시멘트와 골재 알이 가라앉으면서 물이 올라와 표면에 떠오른다. 이 현상을 블리딩이라 하고, 물이 표면에 떠올라 가라앉으면서 발생한 미세 물질을 레이턴스(laitance)라 함.

13. 재료에 일정하중이 작용하면 시간의 경과와 함께 변형이 증가하는데 이러한 현상을 무엇이라 하는가?
   ① 포와송비   ② 크리프   ③ 연성   ④ 취성

   해설) 크리프 : 콘크리트에 일정하게 하중을 주면, 응력의 변화는 없는데 변형이 재령과 함께 커지는 현상

14. 다음 중 워커빌리티에 영향을 끼치는 요소 중 가장 중요한 것은?
   ① 단위 시멘트량   ② 단위 수량   ③ 단위 잔 골재량   ④ 단위 혼화재량

   해설) 콘크리트 강도에 가장 큰 영향을 미치는 것은 단위수량, 즉 사용수량이다.

15. 블리이딩(bleeding)이 심하면 콘크리트에 어떤 영향을 미치는가?
   ① 강도, 수밀성, 내구성 등이 작아진다.   ② 성형성이 나빠진다.
   ③ 워커빌리티가 나빠진다.   ④ 레이턴스(laitance)가 작아진다.

   해설) 블리딩이 커지면 콘크리트 윗부분의 강도가 작아지고 수밀성과 내구성이 작아진다.

16. 시멘트와 물을 반죽한 것을 무엇이라 하는가?
   ① 모르타르   ② 시멘트 풀   ③ 콘크리트   ④ 반죽질기

   해설) 혼합물에 의한 분류
   ① 시멘트 풀 (Cement paste) : 시멘트 + 물
   ② 시멘트 모르타르(Cement mortar) : 시멘트 + 물 + 잔 골재
   ③ 콘크리트(Concrete) : 시멘트 + 물 + 잔 골재 + 굵은 골재
   ④ 철근콘크리트 : 시멘트 + 물 + 잔 골재 + 굵은 골재 + 철근

17. 콘크리트의 강도라고 하면 일반적으로 어느 것을 말하는가?
   ① 압축강도   ② 인장강도   ③ 휨강도   ④ 전단강도

   해설) 일반적으로 콘크리트의 강도라 함은 압축강도를 말함

18. 지름이 15cm, 길이가 30cm인 공시체를 사용하여 인장강도시험을 하였다. 파괴시의 강도가 18tonf 이었다면 콘크리트의 인장강도는?
   ① 25.5kgf/cm²   ② 102kgf/cm²   ③ 33.4kgf/cm²   ④ 18.5kgf/cm²

   해설) 인장강도(kgf/cm²) = $\frac{2P}{\pi DL} = \frac{2 \times 18000}{3.14 \times 15 \times 30}$ = 25.5 kgf/cm²

정답   12. ④   13. ②   14. ②   15. ①   16. ②   17. ①   18. ①

19. 단위수량이 154kgf일 때 물-시멘트비(W/C) 50%의 콘크리트 1㎥을 만드는데 필요한 단위 시멘트량은 약 얼마인가?

① 308kgf ② 154kgf ③ 77kgf ④ 462kgf

해설 $\frac{W}{C}=0.5$, $\frac{154}{C}=0.5$ ∴ $C=\frac{154}{0.5}=308$ kgf

20. 콘크리트 부재의 설계에서 기준이 되는 재령28일의 압축강도를 무엇이라 하는가?

① 배합강도 ② 배합설계 ③ 설계기준강도 ④ 시방배합

해설 ㉠ 설계기준강도(f_{ck}) : 콘크리트 부재 설계에서 기준으로 한 압축강도, 일반적으로 재령 28일 압축강도를 기준
㉡ 배합강도(f_{cr}) : 현장 콘크리트의 품질변동을 고려하여 콘크리트의 배합강도(f_{cr})를 설계기준강도(f_{ck}) 보다 충분히 크게 정해야 한다.

21. 토목재료 중 무기 재료에 속하지 않는 것은?

① 골재 ② 합성섬유 ③ 시멘트 ④ 혼화재료

해설 합성섬유는 유기 재료이다.

22. 보통 콘크리트의 단위 무게는 무근 콘크리트에서 얼마정도 인가?

① 2300~2350 kg/m³ ② 2250~2300 kg/m³
③ 2000~2050 kg/m³ ④ 1900~2000 kg/m³

해설 무근 콘크리트 단위무게 : 2,300 ~ 2,350 kg/m³
철근 콘크리트 단위무게 : 2,400 ~ 2,500 kg/m³
경량 콘크리트 단위무게 : 1,500 ~ 1,900 kg/m³

23. 굵은 골재의 최대치수, 잔 골재율, 잔 골재 입도, 반죽질기 등에 의한 마무리 하기 쉬운 정도를 나타내는 굳지 않은 콘크리트의 성질을 뜻하는 것은?

① 반죽질기 ② 워커빌리티 ③ 성형성 ④ 피니셔빌리티

해설 피니셔빌리티(finishability) : 굵은 골재의 최대치수, 잔 골재율, 잔 골재의 입도, 반죽질기 등에 따른 마무리하기 쉬운 정도를 나타내는 성질.

24. 콘크리트의 강도 중에서 가장 큰 값을 갖는 것은?

① 인장강도 ② 압축강도 ③ 휨강도 ④ 비틀림강도

해설 콘크리트의 강도가 가장 큰 것은 압축강도

25. 단위 골재량의 절대부피가 0.80㎥, 단위 굵은 골재량의 절대 부피가 0.55㎥일 경우 잔 골재율은 얼마인가?

① 31% ② 35% ③ 41% ④ 55%

해설 잔 골재율(S/a)=$\frac{S}{S+G}\times 100(\%)=\frac{0.25}{0.8}\times 100=31(\%)$

정답 19. ① 20. ③ 21. ② 22. ① 23. ④ 24. ② 25. ①

여기서, 단위 잔 골재량의 절대부피(S) : 0.80 - 0.55 = 0.25㎥, 단위 굵은 골재량의 절대부피(G) : 0.55㎥
단위 골재량의 절대부피(S+G) : 0.80㎥

26. 콘크리트 표면에 떠올라서 가라앉은 미세한 물질을 무엇이라 하는가?
① 블리딩　　　　② 레이턴스　　　　③ 성형성　　　　④ 워커빌리티

27. 콘크리트 재료 배합시 재료의 계량오차가 가장 적게 생기도록 해야 하는 것은?
① 물　　　　② 혼화제　　　　③ 잔 골재　　　　④ 굵은 골재

해설 재료의 계량오차 : 물(1%), 시멘트(1%), 혼화재(2%), 골재(3%), 혼화제(3%)

28. 블리딩을 작게하는 방법으로 잘못된 것은?
① 분말도가 높은 시멘트를 사용한다.　　② 단위 수량을 크게 한다.
③ AE제를 사용한다.　　　　　　　　　④ 포졸라나를 사용한다.

해설 블리딩 발생 대책 : ㉠ 단위수량을 적게 한다. ㉡ 분말도가 높은 시멘트 사용 ㉢ AE제, 감수제를 사용
㉣ 플라이애시, 슬래그 미분말, 실리카흄 등의 혼화재 사용

29. 단면적이 10,000㎟인 원기둥이 하중 300kN의 압축을 받아 파괴가 되었다면 이 원기둥의 파괴시 응력은?
① 15MPa　　　　② 20MPa　　　　③ 30MPa　　　　④ 33MPa

해설 압축강도(MPa) = $\dfrac{P(N)}{A(㎟)} = \dfrac{300,000}{10,000} = 30\,MPa$

30. 콘크리트 구조물에 일정한 힘을 가한 상태에서 힘은 변화하지 않는데 시간이 지나면서 점차 변형이 증가되는 성질을 무엇이라 하는가?
① 탄성　　　　② 크랙(crack)　　　　③ 소성　　　　④ 크리프(creep)

해설 크리프 : 콘크리트에 일정하게 하중을 주면, 응력의 변화는 없는데 변형이 재령과 함께 커지는 현상

31. 물-시멘트비가 55%이고, 단위 수량이 176kg이면 단위 시멘트량은?
① 273kg　　　　② 295kg　　　　③ 320kg　　　　④ 350kg

해설 $\dfrac{W}{C} = 0.55$, $\dfrac{176}{C} = 0.55$ ∴ $C = \dfrac{176}{0.55} = 320\,kg$

32. 비례한도 이상의 응력에서도 하중을 제거하면 변형이 거의 처음 상태로 돌아가는데, 이때의 한도를 칭하는 용어는?
① 상항복점　　　　　　　　　② 극한강도
③ 탄성한도　　　　　　　　　④ 하항복점

정답 26. ②　27. ①　28. ②　29. ③　30. ④　31. ③　32. ③

33. 토목재료로서 콘크리트의 일반적인 특징으로 옳지 않은 것은?
   ① 콘크리트 자체가 무겁다.　　　　② 압축강도에 비해 인장강도가 작다.
   ③ 건조수축에 의한 균열이 생기기 쉽다.　　④ 내구성이 작다.

> **해설** 내구성이 크다.

34. 콘크리트의 강도에 대한 설명으로 옳지 않은 것은?
   ① 재령 28일의 콘크리트의 압축강도를 설계기준강도로 한다.
   ② 콘크리트의 인장강도는 압축강도의 약 1/10~1/13 정도이다.
   ③ 콘크리트의 휨강도는 압축강도의 약 1/5~1/8 정도이다.
   ④ 인장 강도는 도로 포장용 콘크리트의 품질 결정에 이용된다.

> **해설** 휨 강도는 도로 포장용 콘크리트의 품질 결정에 이용된다.

골 재

1. 골재의 빈틈이 적었을 경우 콘크리트에 미치는 영향을 옳게 설명한 것은?
   ① 혼합수량이 증가한다.
   ② 투수성 및 흡수성이 증가한다.
   ③ 내구성이 큰 콘크리트를 얻을 수 있다.
   ④ 콘크리트의 강도가 커지고 건조수축도 커진다.

> **해설** ㉠ 빈틈(공극)적으면 시멘트풀이 줄어들어 경제적 콘크리트를 만들 수 있음, 콘크리트 밀도, 마멸성, 수밀성, 내구성 증대, 건조 수축이 적고 균열이 적음, 골재 알의 모양이 좋고, 입도가 알맞다.
> ㉡ 공극이 적은 골재는 시멘트풀 양이 적어지므로 시멘트량 감소, 투수성, 흡수성감소, 강도가 커지고, 건조 수축은 작아진다.

2. 잔 골재의 조립률 2.3, 굵은 골재의 조립률 6.8을 사용하여 잔 골재와 굵은 골재를 1:1.4의 비율로 혼합하면 이때 혼합된 골재의 조립률은?
   ① 3.0　　　　② 3.7　　　　③ 4.2　　　　④ 4.9

> **해설** $f_a = \dfrac{p}{p+q} \cdot f_s + \dfrac{q}{q+p} \cdot f_g = \dfrac{1}{1+1.4} \times 2.3 + \dfrac{1.4}{1+1.4} \times 6.8 = 4.9$

3. 골재의 단위용적 중량이 1.6t/㎥ 이고 비중이 2.60일 때 이골재의 실적률은?
   ① 61.5%　　　② 53.9%　　　③ 41.6%　　　④ 16.3%

> **해설** 실적률(%) = 100 - 공극률 (%) = $\dfrac{단위용적\ 질량}{비중} \times 100(\%)$ = $\dfrac{1.6}{2.60} \times 100$ = 61.5 %

4. 골재의 안정성 시험에 사용되는 시험용 용액은?
   ① 황산마그네슘　　② 황산나트륨　　③ 수산화칼슘　　④ 염화나트륨

> **해설** 안정성 시험은 황산나트륨용액에 대한 저항성 측정

정답 33. ④　34. ④　■　1. ③　2. ④　3. ①　4. ②

5. 골재의 표면건조 포화상태에서 공기 중 건조상태의 수분을 뺀 물의 양은?
   ① 함수량　　② 흡수량　　③ 표면수량　　④ 유효흡수량

해설 골재의 함수상태

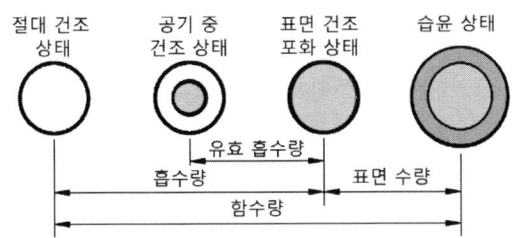

6. 골재에서 F.M(Fineness Modulus)이란 무엇을 뜻하는가?
   ① 입도　　② 조립률　　③ 잔 골재율　　④ 골재의 단위량

해설 조립률 = F M

7. 콘크리트용 골재 중 중량 골재란 골재의 비중이 얼마 이상을 말하는가?
   ① 2.70　　② 2.90　　③ 3.0　　④ 3.1

해설 골재 비중에 따른 분류
   ① 보통골재 : 비중이 2.50 ~ 2.65인 골재
   ② 경량골재 : 비중이 2.50 이하인 골재
   ③ 중량골재 : 비중이 2.70 이상인 골재

8. 콘크리트용 골재로서 요구되는 성질이 아닌 것은?
   ① 골재의 낱알의 크기가 균등하게 분포될 것　　② 필요한 무게를 가질 것
   ③ 단단하고 치밀할 것　　④ 알의 모양은 둥글거나 입방체에 가까울 것

해설 골재의 낱알의 크기가 균등하게 분포되면, 입도분포가 나빠 공극이 커진다.

9. 골재의 저장 방법에 대한 설명으로 틀린 것은?
   ① 골재를 다룰 때에는 굵은 알과 잔 알이 나뉘도록 체가름을 하여 저장 한다.
   ② 먼지나 잡물 등이 섞이지 않도록 한다.
   ③ 골재의 저장 설비에는 알맞은 배수 시설을 한다.
   ④ 골재는 햇볕을 바로 쬐지 않도록 알맞은 시설을 갖추어야 한다.

해설 골재 대소 알이 분리되지 않도록 하고, 먼지. 잡물이 혼입되지 않도록 한다.

10. 굵은 골재의 최대치수는 무게로 몇 % 이상을 통과시키는 체 가운데에서 가장 작은 치수의 체 눈을 체의 호칭치수로 나타낸 것인가?
    ① 80%　　② 85%　　③ 90%　　④ 95%

해설 질량(무게)으로 90% 이상 통과 하는 체 중 체눈금이 최소인 것의 호칭 치수

정답　5. ④　6. ②　7. ①　8. ①　9. ①　10. ③

11. 골재의 빈틈율에 관한 다음 사항 중 옳은 것은?
① 골재의 빈틈율이 작으면 시멘트, 물의 양이 많아지고 경제적이지 못하다.
② 골재의 빈틈율이 작으면 콘크리트의 밀도, 마멸, 내구성이 작아진다.
③ 표준 계량에 의한 굵은 골재의 빈틈율은 35~40%정도이다.
④ 골재의 빈틈율이 작으면 수화열이 증대되고 온도에 의한 터짐 위험도가 많다.

해설 골재의 빈틈율(공극률)이 작으면
① 시멘트풀이 줄어들어 경제적 콘크리트를 만들 수 있음
② 콘크리트 밀도, 마멸성, 수밀성, 내구성 증대
③ 시멘트 사용량이 적어 수화열이 작고, 건조 수축이 적고 균열이 적음
④ 골재 알의 모양이 좋고, 입도가 알맞다.
⑤ 일반적으로 공극률은 잔 골재는 30 ~ 40%, 굵은 골재는 35 ~ 40%, 잔 골재와 굵은 골재가 섞여 있는 경우는 25% 이하

12. 콘크리트 시공에서 시멘트 사용량을 절약하려면 골재로서 다음 중 어느 것에 가장 유의해야 하는가?
① 시멘트 풀과의 부착성
② 골재입도
③ 골재중량
④ 골재밀도

해설 골재의 입도분포(굵고 작은 알갱이가 섞여있는 정도)가 좋아야, 빈틈이 작고, 시멘트 풀 양이 적어져서 시멘트 사용량을 절약할 수가 있다.

13. 굵은 골재가 표면건조 포화상태일 때 공기 중 무게가 1000gf, 수중무게가 600gf이면, 이 골재의 비중은?
① 1.5
② 2.0
③ 2.5
④ 3.0

해설 표면 건조 포화 상태 비중 $= \dfrac{B}{(B-C)} = \dfrac{1000}{(1000-600)} = 2.5$
여기서, B : 대기 중 시료의 표면 건조 포화 상태의 중량(g), C : 물속에서 시료의 중량(g)

14. 품질이 좋은 콘크리트를 만들기 위해 일반적으로 사용되는 잔 골재의 조립률 범위로 옳은 것은?
① 2.3 ~ 3.1
② 3.14 ~ 4.16
③ 4.55 ~ 5.70
④ 6 ~ 8

해설 조립률의 범위 : ① 잔 골재 : 2.3 ~ 3.1 ② 굵은 골재 : 6 ~ 8

15. 콘크리트용 골재가 갖추어야 할 성질 중 틀린 것은?
① 마멸에 대한 저항성이 클 것
② 물리적으로 안정되고 내구성이 클 것
③ 골재 모양이 길고 입경이 클 것
④ 화학적으로 안정할 것

해설 골재가 갖추어야할 조건
① 골재는 강하며, 물리 화학적으로 안정되어 내구적일 것
② 알맞은 입도를 가질 것
③ 연한 석편, 가느다란 석편을 함유하지 않고, 둥글거나, 정육면체에 가까울 것
④ 먼지, 흙, 유기 불순물, 염화물 등을 함유하지 않고, 깨끗할 것
⑤ 마멸에 대한 저항성이 크고, 필요한 무게를 가질 것

정답 11. ③　12. ②　13. ③　14. ①　15. ③

16. 조립률이 3.0인 잔 골재 0.2㎥와 조립률이 7.0인 0.3㎥의 굵은 골재를 혼합한 경우의 조립률은 얼마인가?

① 4.2　　　　② 4.6　　　　③ 5.0　　　　④ 5.4

해설 $f_a = \dfrac{p}{p+q} \cdot f_S + \dfrac{q}{q+p} \cdot f_g = \dfrac{2}{2+3} \times 3.0 + \dfrac{3}{2+3} \times 7.0 = 5.4$

여기서, 잔 골재량 : 굵은 골재량 $= p : q = 0.2 : 0.3 = 2 : 3$

17. 표면건조 포화상태의 잔 골재 500gf을 노 건조 시켰더니 480gf였다면 흡수율은 얼마인가?

① 4.00%　　　② 4.17%　　　③ 4.76%　　　④ 5.00%

해설 잔 골재 흡수율 $= \dfrac{(500-A)}{A} \times 100 = \dfrac{(500-480)}{480} \times 100 = 4.17\%$

여기서, A : 노 건조 시료 무게

18. 다음 설명 중 옳지 않은 것은?
① 굵은 골재의 최대치수 : 중량으로 90%이상을 통과시키는 최소치수의 체의 눈을 공칭치수로 나타낸 굵은 골재의 치수를 말한다.
② 골재의 표면수 : 골재가 가지고 있는 모든 물에서 골재알속에 흡수되어 있는 물을 뺀 나머지의 물을 말한다.
③ 골재의 빈틈율 : 골재의 단위 부피 중 골재 사이의 빈틈비율을 말한다.
④ 골재의 입도 : 골재의 생김새를 말한다.

해설 입도 : 굵고 작은 알갱이가 섞여 있는 정도

19. 골재의 함수상태 네 가지 중 습기가 없는 실내에서 자연 건조시킨 것으로서 골재알 속의 빈틈 일부가 물로 차있는 상태는?
① 습윤 상태　　　　　　　　② 절대건조 상태
③ 표면건조 포화상태　　　　④ 공기 중 건조 상태

해설 골재의 함수 상태
① 절대 건조 상태 : 골재속의 공극에 있는 물을 전부 제거된 상태
② 공기 중 건조 상태 : 공기 중에서 자연건조 시킨 상태로 골재속의 내부 일부는 물로 차 있는 상태
③ 표면 건조 포화 상태 : 골재 표면은 물기가 없고, 내부 빈틈은 물로 포화된 상태
④ 습윤 상태: 골재 표면에 물기가 있고, 내부 빈틈도 물로 차 있는 상태

20. 골재 알의 속이 물로 차 있고 표면에도 물기가 있는 상태를 무엇이라 하는가?
① 습윤 상태　　　　　　　　② 표면 건조포화상태
③ 공기 중 건조상태　　　　　④ 불 포화상태

해설 습윤 상태: 골재 표면에 물기가 있고, 내부 빈틈도 물로 차 있는 상태

정답　16. ④　17. ②　18. ④　19. ④　20. ①

21. 조립률(fineness modulus, Fm)이란?
   ① 굵은 골재 및 잔 골재의 치수를 나타내는 것을 말한다.
   ② 콘크리트에서 잔 골재와 굵은 골재와 비를 말한다.
   ③ 골재의 입도를 개략적으로 나타내는 방법을 말한다.
   ④ 골재의 유기불순물의 양을 나타내는 시험법을 말한다.

   해설 입도를 표시하는 방법 : 체분석에 의한 입도곡선과 조립률로 구하는 방법이 있다.

22. 빈틈율 25%인 골재의 실적율은?
   ① 12.5%   ② 25%   ③ 50%   ④ 75%

   해설 실적률(%) = 100 - 공극률(%) = 100 - 25 = 75%

23. 굵은 골재를 흡수율 시험하여 다음과 같은 결과를 얻었다. 시료의 노건조 무게가 430gf이었고, 이 시료의 표면 건조 포화 상태의 무게가 475gf일 때 흡수율은?
   ① 10.5%   ② 9.5%   ③ 1.1%   ④ 13.4%

   해설 굵은 골재 흡수율(%) $= \dfrac{(B-A)}{A} \times 100 = \dfrac{(475-430)}{430} \times 100 = 10.5\%$

24. 구조물의 중량을 줄이기 위해 사용하는 경량골재의 비중으로 옳은 것은?
   ① 2.50 이상   ② 2.50 이하   ③ 2.50~2.65   ④ 2.70 이상

   해설 골재 비중에 따른 분류
   ① 보통골재 : 비중이 2.50 ~ 2.65인 골재
   ② 경량골재 : 비중이 2.50 이하인 골재
   ③ 중량골재 : 비중이 2.70 이상인 골재

25. 골재의 동결, 융해, 물, 해수, 기상작용 등에 대한 내구성을 알고자 할 때 필요한 시험은?
   ① 비중시험   ② 체가름시험   ③ 안정성시험   ④ 빈틈률시험

   해설 내구성 시험은 안정성 시험으로 실시하며, 안정성 시험은 황산나트륨용액에 대한 저항성 측정

26. 일반적으로 골재의 비중이란 어느 상태의 비중을 말 하는가?
   ① 습윤 상태   ② 공기 중 건조상태   ③ 절대 건조상태   ④ 표면건조 포화상태

   해설 일반적으로 골재의 비중은 표면건조 포화상태 비중을 말함

27. 습윤 상태에 있어서 중량 120gf의 모래를 건조시켜 표면 건조 포화 상태에서 105gf, 공기건조상태에서 100gf, 노 건조 상태에서 97gf의 무게가 되었을 때 흡수율은?
   ① 14.3%   ② 5.5%   ③ 8.2%   ④ 23.7%

   해설 흡수율 $= \dfrac{\text{표면 건조 포화상태} - \text{절대 건조 상태}}{\text{절대 건조 상태}} \times 100(\%) = \dfrac{105-97}{97} \times 100 = 8.2(\%)$

정답 21. ③   22. ④   23. ①   24. ②   25. ③   26. ④   27. ③

28. 일반적으로 잔 골재의 빈틈률은 어느 정도인가?
① 10~20%　　② 20~30%　　③ 25~35%　　④ 30~40%

해설　일반적으로 공극률은 잔 골재는 30 ~ 40%, 굵은 골재는 35 ~ 40%, 잔 골재와 굵은 골재가 섞여 있는 경우는 25% 이하

29. 콘크리트용 골재가 갖추어야 할 성질 중 틀린 것은?
① 마멸에 대한 저항성이 클 것.
② 물리적으로 안정되고 내구성이 클 것.
③ 골재 모양이 길고 입경이 클 것.
④ 화학적으로 안정할 것

30. 골재의 빈틈률이 작을 때에 대한 설명 중 틀린 것은?
① 시멘트 풀의 양이 적게 들어 수화열이 적어진다.
② 건조 수축이 작아진다.
③ 콘크리트의 수밀성 및 닳음 저항성이 작아진다.
④ 콘크리트의 강도와 내구성이 커진다.

해설　골재의 빈틈율(공극률)이 작으면 시멘트 사용량이 적어 경제적 콘크리트를 만들 수 있고, 수화열이 작고, 건조 수축이 적으며, 균열이 적음, 또한 콘크리트 강도, 밀도, 마멸성, 수밀성, 내구성 증대

31. 잔 골재의 단위 무게가 1650kg/㎥이고 비중이 2.65일 때의 골재의 공극률은 얼마인가?
① 32.7%　　② 34.7%　　③ 37.7%　　④ 39.1%

해설　실적률(%) = $\dfrac{단위\ 용적\ 질량}{비중} \times = \dfrac{1.65}{2.65} \times 100 = 62.26(\%)$

∴ 공극률 = 100 − 실적률 = 100 − 62.26 = 37.7(%) (단위 무게가 1650kgf/㎥ = 1.65tf/㎥)

32. 아래와 같은 조건에서 표면건조 포화상태의 비중을 나타내는 식으로 옳은 것은?

A : 공기 중에서의 노 건조 시료의 무게
B : 공기 중에서의 표면건조포화 상태의 시료의 무게
C : 물 속에서의 시료의 무게

① A ÷ (B−C)　　② B ÷ (B−C)　　③ A ÷ (A−C)　　④ B ÷ (B−A)

해설　표면 건조 포화 상태 비중 = $\dfrac{B}{(B-C)}$

33. 골재의 안정성 시험을 하기 위한 시험용액에 사용되는 시약은 어느 것인가?
① 탄닌산
② 염화칼슘
③ 황산나트륨
④ 수산화나트륨

해설　안정성 시험은 황산나트륨용액에 대한 저항성 측정

정답　28. ④　29. ③　30. ③　31. ③　32. ②　33. ③

34. 골재의 표면 수는 없고 골재 알속의 빈틈이 물로 차 있는 상태는?
① 절대건조 상태   ② 기건 상태   ③ 습윤 상태   ④ 표면건조 포화상태

해설 골재의 함수 상태
① 절대 건조 상태 : 골재속의 공극에 있는 물을 전부 제거된 상태
② 공기 중 건조 상태 : 공기 중에서 자연건조 시킨 상태로 골재속의 내부 일부는 물로 차 있는 상태
③ 표면 건조 포화 상태 : 골재 표면은 물기가 없고, 내부 빈틈은 물로 포화된 상태
④ 습윤 상태: 골재 표면에 물기가 있고, 내부 빈틈도 물로 차 있는 상태

35. 골재의 저장에 관한 사항 중 틀린 것은?
① 골재는 직사광선을 피해야 한다.
② 동결을 방지하도록 적당한 시설을 갖춘 곳에 저장한다.
③ 불순물이 섞여 들어가서는 안 된다.
④ 여러 종류의 골재를 될 수 있는 한 한 곳에 저장하였다가 입도에 맞게 섞어서 쓴다.

해설 골재 저장방법
① 잔 골재, 굵은 골재 및 입도가 다른 골재는 각각 구분하여 따로 저장
② 골재 대소 알이 분리되지 않도록 하고, 먼지, 잡물이 혼입되지 않도록 한다.
③ 겨울에 동결이나 빙설이 혼입되지 않도록 하고, 여름에는 장기간 뙤약볕에 방치하지 않도록 한다.
④ 골재 저장장소는 적절한 배수 시설을 한다.

36. 건조시료의 대기 중 무게가 265gf, 표면건조 포화상태 시료의 대기 중 무게가 365gf, 시료의 수중무게가 240gf 이라면 이 굵은 골재의 표면건조 포화 상태의 비중은?
① 2.92   ② 10.6   ③ 37.7   ④ 2.12

해설 표면건조 포화상태 비중 $= \dfrac{B}{(B-C)} = \dfrac{365}{(365-240)} = 2.92$
여기서, A : 공기 중에서의 노 건조 시료의 무게, B : 공기 중에서의 표면건조포화 상태의 시료의 무게
C : 물 속에서의 시료의 무게

37. 다음 중 경량골재의 주원료가 아닌 것은?
① 팽창성 혈암   ② 팽창성 점토
③ 플라이애시   ④ 철분계 팽창재

해설 플라이애시는 혼화재

38. 골재의 표면건조 포화상태의 시료 500gf를 항량이 될 때 까지 건조시킨 후 데시케이터 내에서 실내온도까지 냉각시킨 무게가 480gf이었다. 흡수량은 몇 % 인가?
① 4.2%   ② 4.0%   ③ 3.2%   ④ 3.0%

해설 굵은 골재 흡수율(%) $= \dfrac{(B-A)}{A} \times 100 = \dfrac{(500-480)}{480} \times 100 = 4.2\%$
여기서, A : 대기 중 시료의 노 건조 중량(g),
B : 대기 중 시료의 표면 건조 포화 상태의 중량(g)

정답 34. ④   35. ④   36. ①   37. ③   38. ①

39. 단위 무게가 1589kg/㎥, 비중이 2.65인 잔 골재의 공극률은 얼마인가?
　① 30%　　② 40%　　③ 50%　　④ 60%

> **해설** 실적률(%) = $\dfrac{\text{단위 용적 질량}}{\text{비중}} \times = \dfrac{1.589}{2.65} \times 100 = 60(\%)$
> ∴ 공극률 = 100 − 실적률 = 100 − 60 = 40(%) (단위 무게가 1589kgf/㎥ = 1.589tf/㎥)

40. 중량 골재에 속하지 않는 것은?
　① 중정석　　② 화산암　　③ 자철광　　④ 적철광

> **해설** 화산암은 경량골재에 속한다.

41. 입도가 알맞은 골재를 사용한 콘크리트의 장점에 대한 설명으로 틀린 것은?
　① 내구성 및 수밀성이 좋아진다.
　② 시멘트 풀의 양을 줄일 수 있다.
　③ 빈틈이 적어져 단위무게가 커진다.
　④ 골재의 사용량이 적어지므로 경제적이다.

> **해설** 빈틈을 골재로 채워지므로 골재 사용량이 많아지며, 골재 가격보다 시멘트 가격이 비싸므로 경제적임

42. 시멘트 중의 알칼리 성분이 골재 중의 여러 가지 조암광물과 반응을 일으키는 것을 알칼리 골재 반응이라 하는데 이것이 콘크리트에 미치는 영향은?
　① 수화열을 증가시킨다.
　② 내구성을 증가시킨다.
　③ 균열을 발생시킨다.
　④ 수밀성을 좋게 한다.

> **해설** 알칼리골재반응: 골재 중에 실리카 광물이 시멘트 중의 알칼리 성분과 화학적으로 반응을 하는 것을 말하며, 팽창을 유발하여 균열을 발생시켜 콘크리트의 내구성을 저하

43. 콘크리트에 사용되는 굵은 골재 및 잔 골재를 구분하는데 기준이 되는 체의 공칭치수는?
　① 5mm　　② 10mm　　③ 2.5mm　　④ 1.2mm

> **해설** 굵은 골재 및 잔 골재를 구분하는 체는 5mm체

44. 굵은 골재의 입자가 클 때 콘크리트에 미치는 영향을 옳게 설명한 것은?
　① 시멘트의 소모량이 많아진다.
　② 재료가 분리되기 쉽다.
　③ 콘크리트가 완전히 혼합된다.
　④ 시공하기가 쉽다.

> **해설** 굵은 골재 입자가 크면, 재료분리가 쉽게 일어나고, 시공하기가 어렵다.

45. 습윤 상태에 있어서 중량이 200gf인 모래를 건조시켰을 때 표면 건조상태에서 190gf, 공기 중 건조상태에서 185gf, 노 건조상태(절대 건조상태)에서 182gf이 되었다. 이때 유효 흡수량을 구하면?
　① 5.26%　　② 4.40%　　③ 9.90%　　④ 2.70%

> **해설** 흡수율(%) = $\dfrac{\text{표면 건조 포화상태} - \text{절대 건조 상태}}{\text{절대 건조 상태}} \times 100(\%) = \dfrac{190-185}{185} \times 100 = 2.70(\%)$

정답 39. ②　40. ②　41. ④　42. ③　43. ①　44. ②　45. ④

46. 골재의 단위무게는 공기 중 건조 상태에 있어서 몇 m³의 골재의 무게를 말하는가?
① 0.5m³   ② 1m³   ③ 2m³   ④ 10m³

해설) 단위 : 숫자는 1을 기준으로 하고, 단위무게의 의미는 부피 1m³ 당 무게를 의미

47. 어느 골재의 함수율이 20%, 공극률이 30%일 때 실적률을 구하면 얼마인가?
① 20%   ② 30%   ③ 70%   ④ 80%

해설) 실적률(%) = 100 - 공극률 = 100 - 30 = 70(%)

48. 아래 설명의 ( )에 알맞은 수치는?

굵은 골재는 ( )mm 체에 거의 다 남는 골재, 또는 ( )mm체에 다 남는 골재이다.

① 5   ② 10   ③ 15   ④ 50

해설) 굵은 골재의 정의 : ① 5mm체에 무게비로 85%이상 남은 골재, ② 5mm체에 다 남은 골재

49. 굵은 골재에 대해 나열한 것이다. 옳지 않은 것은?
① 굵은 골재의 비중은 2.55~2.70 정도이다.
② 골재의 비중이 작을수록 조직이 치밀하고 강도가 크다.
③ 콘크리트의 배합설계는 표면 건조 포화 상태의 골재를 기준으로 한다.
④ 흡수량이란 표면 건조 포화 상태일 때의 골재 알에 들어 있는 모든 함수량을 말한다.

해설) 굵은 골재
① 비중 : 2.55 ~ 2.70
② 비중이 큰 골재는 빈틈이 적고, 흡수량이 적어 내구성과 강도가 크다.
③ 표건 비중 값을 알아야 콘크리트 배합설계에서 시방배합계산을 할 수 있다.
④ 흡수량은 표면 건조 포화상태 무게에서 절대 건조 상태무게를 뺀 것 즉, 표면 건조 포화상태 일 때 물 총량

50. 골재의 조립률 시험으로 사용되는 표준체의 종류는 몇 개로 하는가?
① 7개   ② 8개   ③ 9개   ④ 10개

해설) 조립률을 구하기 위해 10개 체가 필요 : 80mm, 40mm, 20mm, 10mm, 5mm, 2.5mm, 1.2mm, 0.6mm, 0.3mm, 0.15mm

51. 골재의 체가름 시험에서 조립률(F.M)이 크다는 것은 다음 중 어느 것을 의미하는가?
① 골재의 입자가 고르다.   ② 골재의 입도가 알맞다.
③ 골재의 비중이 크다.   ④ 골재의 입자가 크다.

해설) 골재의 조립률은 알의 지름이 클수록 크다

52. 골재의 함수상태 네 가지 중 습기가 없는 실내에서 자연건조 시킨 것으로서 골재알 속의 빈틈 일부가 물로 차있는 상태는?
① 습윤 상태   ② 절대건조 상태

정답) 46. ②   47. ③   48. ①   49. ②   50. ④   51. ④   52. ④

③ 표면건조 포화상태 ④ 공기 중 건조 상태

해설 공기 중 건조 상태 : 공기 중에서 자연건조 시킨 상태로 골재속의 내부 일부는 물로 차 있는 상태

53. 보통 굵은 골재의 흡수량은 보통 얼마정도 인가?
① 0.5~4 %   ② 4~7.5 %   ③ 7.5~ 10 %   ④ 10~ 12.5 %

해설 보통 골재의 흡수율은 잔 골재는 1 ~ 6%, 굵은 골재는 0.5 ~ 4%

54. 조립률 3.0의 모래와 7.0의 자갈을 중량비 1:4로 혼합할 때의 조립률을 구하면?
① 3.2   ② 4.2   ③ 5.2   ④ 6.2

해설 $f_a = \dfrac{p}{p+q} \cdot f_s + \dfrac{q}{q+p} \cdot f_g = \dfrac{1}{1+4} \times 3 + \dfrac{4}{1+4} \times 7 = 6.2$

55. 콘크리트에 사용하는 골재에 대한 설명 중 틀린 것은?
① 유해 량의 먼지, 잡물, 흙, 염류를 다소 포함해도 된다.
② 자갈은 내구성이 커야하며 자갈 중에 약한 돌이 섞여있어서는 안된다.
③ 골재의 입도는 크고 작은 돌이 적당히 섞여있어야 한다.
④ 골재의 모양은 둥근 것, 또는 육면체에 가까운 것이 좋다.

해설 골재가 갖추어야 할 성질
① 골재는 강하며, 물리 화학적으로 안정되어 내구적일 것
② 알맞은 입도를 가질 것
③ 연한 석편, 가느다란 석편을 함유하지 않고, 둥글거나, 정육면체에 가까 울 것
④ 먼지, 흙, 유기 불순물, 염화물 등의 유해 량을 함유하지 않고, 깨끗할 것
⑤ 마멸에 대한 저항성이 크고, 필요한 무게를 가질 것

56. 골재알이 공기 중 건조 상태에서 표면 건조 포화 상태로 되기까지 흡수하는 물의 양을 무엇이라 하는가?
① 함수량   ② 흡수량   ③ 유효 흡수량   ④ 표면수량

57. 일반 콘크리트용 골재가 갖추어야 할 성질로 맞지 않는 것은?
① 깨끗하고 강하며 내구적일 것
② 알맞은 입도를 가질 것
③ 연한 석편, 가느다란 석편을 가질 것
④ 먼지, 흙, 염화물 등의 유해량을 함유하지 않을 것

해설 연한 석편, 가느다란 석편을 함유하지 않고, 둥글거나, 정육면체에 가까 울 것

58. 골재의 표면수는 없고 골재알 속의 빈틈이 물로 차 있는 골재의 함수 상태를 무엇이라 하는가?
① 절대 건조 포화 상태   ② 공기 중 건조 상태
③ 표면 건조 포화 상태   ④ 습윤 상태

정답 53. ①   54. ④   55. ①   56. ③   57. ③   58. ③

> **해설** 골재의 함수 상태
> ① 절대 건조 상태 : 골재속의 공극에 있는 물을 전부 제거된 상태
> ② 공기 중 건조 상태 : 공기 중에서 자연 건조시킨 상태로 골재속의 내부 일부는 물로 차 있는 상태
> ③ 표면 건조 포화 상태 : 골재 표면은 물기가 없고, 내부 빈틈은 물로 포화된 상태
> ④ 습윤 상태 : 골재 표면에 물기가 있고, 내부 빈틈도 물로 차 있는 상태

59. 골재의 조립률에 관한 설명으로 옳지 않은 것은?
① 잔골재의 조립률이 콘크리트의 품질특성에 영향을 준다.
② 골재의 입도를 수치적으로 나타낸 것을 조립률이라 한다.
③ 조립률을 구할 때 쓰이는 체는 5개이다.
④ 조립률이 큰 값일수록 굵은 입자가 많이 포함되어 있다는 것을 의미한다.

> **해설** 조립률을 구하기 위해 10개 체가 필요 : 80mm, 40mm, 20mm, 10mm, 5mm, 2.5mm, 1.2mm, 0.6mm, 0.3mm, 0.15mm

60. 콘크리트용 잔골재의 입도에 관한 사항으로 옳지 않은 것은?
① 잔골재는 크고 작은 알이 알맞게 혼합되어 있는 것으로서 입도가 표준 범위 내인가를 확인한다.
② 입도가 잔골재의 표준 입도의 범위를 벗어나는 경우에는 두 종류 이상의 잔골재를 혼합하여 입도를 조정하여 사용한다.
③ 일반적으로 콘크리트용 잔골재의 조립률의 범위는 5.0이상인 것이 좋다.
④ 조립률은 골재의 입도를 수량적으로 나타내는 한 방법이다.

> **해설** 잔골재의 조립률의 범위는 2.3~3.1

시 멘 트

1. 시멘트의 화합물 중 수화속도가 가장 빠른 것은?
① 규산삼석회   ② 규산이석회   ③ 알루민산삼석회   ④ 알루민산철사석회

> **해설**
> ① 규산 3석회(C_3S) : 수화열이 C_2S에 비해 비교적 크며 조기강도가 크다.
> ② 규산 2석회(C_2S) : 수화열이 작아서 강도발현은 늦지만 장기강도 발현성과 화학저항성이 우수하다.
> ③ 알민산 3석회(C_3A) : 수화속도가 매우 빠르고 발열량과 수축이 크다.
> ④ 알민산철 4석회(C_4AF) : 수화열이 적고 수축도 적으며 강도증진에는 큰 효과가 없으나 화학저항성이 양호하다.
> ⑤ 포틀랜드시멘트 중 클링커 화합물 성분량의 크기 : $C_3S > C_2S > C_3A > C_4AF$

2. 플라이애시 시멘트에 관한 설명 중 옳지 않은 것은?
① 유동성이 커서 재료분리가 크다.
② 장기강도가 크다.
③ 해수에 대한 저항성이 크다.
④ 워커빌리티가 좋아 단위수량이 적은 콘크리트를 만들 수 있다.

> **해설** ① 유동성이 좋다.(워커빌리티가 좋다)

정답 59. ③   60. ③   ■ 1. ③   2. ①

② 수화열이 적고, 장기 강도가 크다.
③ 해수 등 화학적 저항성이 크다.
④ 수밀성이 좋다
⑤ 알칼리 골재반응을 억제 한다.
⑥ 건조수축을 감소

3. 다음 시멘트 저장 방법으로 부적당한 것은?
① 지상에서 30㎝ 이상 높은 마루에 저장한다.
② 습기가 차단되도록 방수되는 창고에 저장한다.
③ 시멘트는 13포 이상 쌓도록 한다.
④ 시멘트는 입하 순으로 사용한다.

해설 ㉠ 방습적인 구조로 된 사일로 또는 창고에 품종별로 구분하여 저장
㉡ 지면으로부터 30㎝이상, 쌓아 올리는 포대 수는 13포 이하, 저장기간이 길어 질 경우 7포대 이상 쌓지 않는 것이 좋다.
㉢ 입하순서(시멘트가 들어온 순서)대로 사용

4. 조강 포틀랜드 시멘트의 사용 장소로 적합하지 않은 곳은?
① 공기를 단축해야 하는 장소   ② 한중 콘크리트
③ 서중 콘크리트   ④ 수중 콘크리트

해설 ㉠ 계절적으로 수화열이 커서 겨울(한중콘크리트)에 사용
㉡ 조기강도를 필요로 하는 긴급공사에 사용

5. 시멘트 분말도가 높을 때 나타나는 효과가 아닌 것은?
① 풍화가 늦다.   ② 발열량이 높다.
③ 조기강도가 크다.   ④ 수화작용이 빠르다.

해설 시멘트 분말도가 높으면(입자가 가늘면)
① 수화작용이 빠르고, ② 조기강도가 커진다., ③ 풍화하기 쉽고, ④ 수화열이 많아 콘크리트에 균열 발생

6. 다음 설명 중 시멘트의 저장방법으로 부적당한 것은?
① 시멘트 포대가 넘어지지 않도록 벽에 붙여서 쌓아야한다.
② 지상에서 30㎝ 이상 되는 마루에 저장하여야 한다.
③ 적재시 7포 이상 쌓아 올리지 않도록 하여야 한다.
④ 어느 포대든지 검사에 편리 하도록 통로를 둔다.

7. 우리나라에서 일반적으로 가장 많이 사용되는 시멘트는?
① 고로 시멘트   ② 조강 포틀랜드 시멘트
③ 중용열 포틀랜드 시멘트   ④ 보통 포틀랜드 시멘트

해설 보통 포틀랜드 시멘트가장 보편적으로 사용되는 시멘트

정답 3. ③   4. ③   5. ①   6. ①   7. ④

8. 석고는 시멘트의 응결시간을 조절하기 위하여 사용되는데 클링커를 분쇄할 때 몇%의 석고를 첨가하는가?
   ① 2%   ② 3%   ③ 4%   ④ 5%

   해설 시멘트 응결지연제로 3%의 석고($CaSO_4$ $2H_2O$)가 첨가

9. 다음 중 수중공사 및 한중공사에 적합한 시멘트는?
   ① 고로슬래그 시멘트   ② 보통 포틀랜드 시멘트
   ③ 조강 포틀랜드 시멘트   ④ 중용열 포틀랜드 시멘트

   해설 수중 또는 한중콘크리트는 조기에 강도가 발현 되는 시멘트를 사용해야 한다.

10. 중용열 포틀랜드 시멘트를 필요로 하는 공사는 어느 것인가?
    ① 일반 구조물 콘크리트   ② 수중 콘크리트
    ③ 한중 콘크리트   ④ 댐 콘크리트

    해설 중용열 포틀랜드 시멘트는 수화열과 균열이 적어 매스콘크리트(댐), 서중콘크리트에 적합

11. 시멘트의 응결시간을 조절하기 위해 첨가하는 것은?
    ① 석고   ② 점토   ③ 철분   ④ 광재

    해설 시멘트 응결지연제로 석고 3%를 사용

12. 시멘트의 분말도에 관계된 설명을 나열하였다. 이 중 옳지 않은 것은?
    ① 수화속도에 큰 영향을 준다.
    ② 비표면적(cm^2/gf)으로 표시한다.
    ③ 시멘트의 품질이 일정한 경우 일정량 중에 미립자가 많을수록 수축이 작아지고 풍화에 대해서 유리하다.
    ④ 분말도는 비표면적을 2800이상 KSL 5201(포틀랜드 시멘트)으로 규정 하고 있다.

    해설 미립자가 많으면, 수축이 커지고, 풍화하기 쉽다.

13. 보통 포틀랜드 시멘트의 비중 값으로 가장 적당한 것은?
    ① 2.3 ~ 3.1   ② 3.14 ~ 3.20   ③ 2.50 ~ 2.65   ④ 2.55 ~ 2.70

    해설 보통 포틀랜드 시멘트의 비중 값은 3.14 ~ 3.20

14. 콘크리트를 시공할 때 시멘트 량을 줄이려면 골재의 어느 것을 고려해야 하는가?
    ① 입도   ② 비중
    ③ 유해물의 함유정도   ④ 비표면적

    해설 굵고 작은 알갱이가 골고루 섞여 있어야(양 입도) 공극이 적어지며, 공극이 적어진 만큼 시멘트 풀이 적어지고, 그러므로 시멘트 양도 줄어든다.

정답 8. ②   9. ③   10. ④   11. ①   12. ③   13. ②   14. ①

15. 시멘트 응결에 대한 설명이 맞는 것은?
① 풍화가 되었을 때 응결이 빠르다.
② 수량이 많은 경우일 때 응결이 빠르다.
③ 분말도가 높을수록 응결이 늦다.
④ 온도가 높으며 습도가 낮을 때 응결이 빠르다.

> **해설** 응결이 늦어지는 경우는 시멘트가 풍화되고, 수량이 많고, 분말도가 낮고, 온도가 낮고, 습도가 높으면 응결이 늦어진다.

16. 1g의 시멘트가 가지고 있는 전체 입자의 표면적의 합계를 무엇이라 하는가?
① 비표면적   ② 총 표면적   ③ 단위 표면적   ④ 단위 비표면적

> **해설** 비표면적(㎠/g)은 1g의 시멘트가 가지고 있는 전체 입자의 총 표면적(㎠)

17. 댐과 같은 콘크리트 단면이 큰 공사에 적합한 시멘트는?
① 중용열 포틀랜드 시멘트   ② 보통 포틀랜드 시멘트
③ 고로 시멘트   ④ 백색 포틀랜드 시멘트

> **해설** 댐, 매스콘크리트는 수화열이 적은 중용열 포틀랜드 시멘트 사용, (수화열에 의한 균열방지)

18. 시멘트에 적당한 양의 물을 가하여 혼합한 시멘트풀이 시간이 경과함에 따라 액체 상태에서 소성 상태로 되었을 경우를 무엇이라 하는가?
① 경화   ② 풍화   ③ 응결   ④ 수축

> **해설** 응결은 시멘트가 수화작용에 의해 유동성을 잃고 굳어지는 현상

19. 고로 슬래그 시멘트에 관한 사항 중 옳은 것은?
① 보통 포틀랜드 시멘트에 비해 응결이 빠르다.
② 보통 포틀랜드 시멘트에 비해 발열량이 많아 균열발생이 크다.
③ 보통 포틀랜드 시멘트에 비해 해수 및 화학 작용에 대한 저항성이 크다.
④ 보통 포틀랜드 시멘트에 비해 조기강도가 크다.

> **해설** 고로 슬래그 시멘트
> ① 수화열이 작고, 장기강도가 크다.
> ② 수밀성이 크다.
> ③ 황산염 등 화학적 저항성이 크다.
> ④ 알칼리 골재반응을 억제한다.
> ⑤ 댐, 하천, 항만 등의 구조물에 사용

20. 경화가 빠르고 조기 강도가 커서 공기를 단축 할 수 있고, 한중 콘크리트와 수중 콘크리트 시공에 적합한 시멘트는 어느 것인가?
① 중용열 포틀랜드 시멘트   ② 실리카 시멘트
③ 플라이애시 시멘트   ④ 조강 포틀랜드 시멘트

정답 15. ④   16. ①   17. ①   18. ③   19. ③   20. ④

해설 조강 포틀랜드 시멘트는 조기강도가 커서, 재령 28일 압축강도를 7일에 발현되고, 조기에 강도를 얻어야하는 한중 콘크리트, 수중 콘크리트, 긴급공사에 사용

21. 조강 포틀랜드 시멘트의 재령 7일 강도는 보통 포틀랜드시멘트의 재령 며칠 강도와 비슷한가?
① 7일
② 21일
③ 28일
④ 91일

해설 조강포틀랜드시멘트는 재령 28일 압축강도를 7일에 발현

22. 알루미나 시멘트의 최대 특징은?
① 원료가 풍부하다.
② 조기강도가 크다.
③ 값이 싸다.
④ 타 시멘트와 혼합이 용이하다.

해설 알루미나시멘트는 보통포틀랜드시멘트 재령28일 압축강도를 1일에 발현되어 조기강도가 가장 빠르다.

23. 댐, 매스콘크리트, 방사선 차폐용 등 주로 단면이 큰 콘크리트용으로 사용되는 시멘트는?
① 중용열 포틀랜드 시멘트
② 고로 슬래그 시멘트
③ 보통 포틀랜드 시멘트
④ 조강 포틀랜드 시멘트

해설 중용열 시멘트는 수화열이 적어 균열발생하지 않으므로 댐과 같이 물이 새지 않고, 방사선 차폐에 사용

24. 다음 사항에서 시멘트의 조기 강도가 큰 순서로 되어 있는 것은?
① 포틀랜드 시멘트 > 고로시멘트 > 알루미나 시멘트
② 알루미나 시멘트 > 고로시멘트 > 포틀랜드 시멘트
③ 알루미나 시멘트 > 포틀랜드 시멘트 > 고로 시멘트
④ 고로시멘트 > 포틀랜드 시멘트 > 알루미나 시멘트

해설 보통포틀랜드시멘트 재령은 28일, 알루미나 시멘트는 1일, 고로시멘트는 장기강도가 크다.

25. 시멘트는 저장 중에 공기와 닿으면 수화작용을 일으킨다. 이때 생긴 수산화칼슘[$Ca(OH)_2$]이 공기 중의 이산화탄소(CO_2)와 작용하여 탄산칼슘($CaCO_3$)과 물이 생기게 되는데 이러한 작용을 무엇이라 하는가?
① 응결작용
② 산화작용
③ 풍화작용
④ 탄화작용

해설 시멘트 풍화작용은 공기 중의 수분을 시멘트가 흡수하여 수화작용을 일으킨 시멘트

26. 다음 중 혼합 시멘트가 아닌 것은?
① 고로 슬래그 시멘트
② 플라이애시 시멘트
③ 포틀랜드 포졸라나 시멘트
④ 알루미나 시멘트

해설 혼합시멘트는 고로 슬래그 시멘트, 플라이애시 시멘트, 포틀랜드 포졸란 시멘트(실리카 시멘트)

정답 21. ③ 22. ② 23. ① 24. ③ 25. ③ 26. ④

27. 시멘트의 3대 화합물을 나열한 것은?
① 석회, 실리카, 알루미나
② 석회, 알루미나, 산화철
③ 석회, 실리카, 산화철
④ 석회, 알루미나, 알칼리

해설 주성분 : 석회(CaO), 실리카(SiO_2), 알루미나(Al_2O_3)

28. 시멘트가 풍화하면 나타나는 현상에 대한 설명으로 틀린 것은?
① 비중이 작아진다.
② 응결이 늦어진다.
③ 강도가 늦게 나타난다.
④ 강열 감량이 작아진다.

해설 ㉠ 공기 중의 수분을 흡수하여 풍화한 시멘트는, 비중이 작아지고, 응결이 늦어지며, 강도 발현이 늦고, 강열감량이 크다.
㉡ 강열감량시험 : 시멘트 시료를 강열했을 때의 중량 손실로 풍화정도를 알아보는 시험

29. 보크사이트와 석회석을 혼합하여 만든 것으로 재령 1일에서 보통 포틀랜드 시멘트의 재령 28일의 강도를 내는 시멘트는?
① 알루미나 시멘트
② 플라이애시 시멘트
③ 고로 슬래그 시멘트
④ 포틀랜드 포촐라나 시멘트

해설 알루미나 시멘트 : 보크사이트와 석회석을 혼합하여 만든 것으로 재령 1일에 보통포틀랜드시멘트 재령 28일 압축강도를 나타내는 시멘트

30. 시멘트와 물이 화학반응을 일으켜 수화물을 생성하는 반응을 무엇이라 하는가?
① 수화
② 양생
③ 풍화
④ 응결

31. 산화철과 마그네시아의 함유량을 제한하여 철분이 거의 없으며, 주로 건축물의 미장, 장식용, 인조석 제조 등에 사용되는 시멘트?
① 슬래그 시멘트
② 알루미나 시멘트
③ 백색 포틀랜드 시멘트
④ 조강 포틀랜드 시멘트

32. 플라이애시 시멘트의 특징으로 부적당한 것은 다음 중 어느 것인가?
① 장기강도는 보통 시멘트 보다 낮다.
② 건조 수축이 적다.
③ 수화열이 적다.
④ 화학적 저항성이 강하다.

해설 ① 수밀성과 유동성이 좋다.(워커빌리티가 좋다)
② 수화열이 적고, 장기 강도가 크다.
③ 해수 등 화학적 저항성이 크다.
④ 알칼리 골재반응을 억제 한다.

33. 해중공사 또는 한중 콘크리트 공사에 사용하며 내화용 콘크리트에 적합한 시멘트는?
① 알루미나 시멘트
② 고로 시멘트
③ 보통포틀랜드 시멘트
④ 실리카 시멘트

정답 27. ①　28. ④　29. ①　30. ①　31. ③　32. ①　33. ①

해설 알루미나시멘트
① 시멘트 중에서 가장 빨리 강도 발현
② 조기강도가 커서 긴급공사에 사용
③ 한중콘크리트에 사용
④ 내화학성이 커서 해수공사에 사용

34. 다음 중 시멘트의 성분에 속하는 것은?
    ① A.E제   ② 석고   ③ 염화칼슘   ④ 플라이애시

해설 A.E제(혼화제, 공기연행), 염화칼슘(혼화제, 지연제), 플라이애시(혼화재)

35. 시멘트의 응결속도가 늦어지는 경우 그 이유로서 적당하지 못한 것은?
    ① 분말도가 높다.
    ② 수량(水量)이 많다.
    ③ 온도가 낮다.
    ④ 시멘트가 풍화 되었다.

해설 응결이 늦어지는 이유는, 온도가 낮을 경우, 풍화한 시멘트를 사용한 경우, 물을 많이 사용하는 경우

36. 고로 슬래그 시멘트의 성질에 관한 다음 사항 중 옳은 것은?
    ① 일반적으로 건조수축이 크다.
    ② 양생기간이 짧아서 좋다.
    ③ 한중 콘크리트에 적합하다.
    ④ 해수의 작용을 받는 곳이나 하수의 수로에 적합하다.

37. 시멘트의 응결에 관한 설명 중 옳지 않은 것은?
    ① 물의 양이 많으면 응결이 늦어진다.
    ② 풍화되었을 경우 응결이 빠르다.
    ③ 온도가 높을수록 응결 시간이 단축된다.
    ④ 분말도가 높으면 응결이 빠르다.

38. 시멘트의 분말도란?
    ① 여러 가지 크기의 입자들이 어떤 비율로 섞여 있는가를 나타내는 것
    ② 시멘트 입자의 가는 정도를 나타내는 것
    ③ 시멘트가 굳어 가는 도중에 부피가 팽창하는 정도
    ④ 시멘트 입자의 크기

해설 분말도는 시멘트 입자가 가는 정도

39. 시멘트가 풍화되면 그 성질이 달라지는데 풍화된 시멘트의 성질에 대한 설명으로 옳은 것은?
    ① 비중은 커진다.
    ② 응결 경화가 늦어진다.
    ③ 강도가 증강된다.
    ④ 수화열이 커진다.

정답 34. ② 35. ① 36. ④ 37. ② 38. ② 39. ②

40. 중용열 포틀랜드 시멘트에 대한 설명으로 틀린 것은?
① 규산이석회가 비교적 많다. ② 한중콘크리트 시공에 적합하다.
③ 수화열이 낮아 댐, 터널공사에 적합하다. ④ 조기 강도는 작고 장기 강도가 크다.

해설 한중 콘크리트는 4℃ 이하에서 사용하며, 수화반응이 빠르고, 조기강도가 큰 조강 포틀랜드 시멘트를 사용해야 한다.

41. 다음 중 조기강도가 가장 큰 시멘트는?
① 조강 포틀랜드 시멘트 ② 중용열 포틀랜드 시멘트
③ 석면 단열 시멘트 ④ 알루미나 시멘트

해설 시멘트 조기강도 발현 순서
알루미나시멘트 〉초속경시멘트 〉초조강시멘트 〉조강시멘트 〉보통포틀랜드시멘트

42. 플라이애시 시멘트의 장점에 속하지 않는 것은?
① 수화열이 적고 장기강도가 크다. ② 콘크리트의 워커빌리티가 좋다.
③ 조기강도가 상당히 크다. ④ 단위수량을 감소시킬 수 있다.

해설 플라이애시 시멘트
① 유동성이 좋다.(워커빌리티가 좋다)
② 수화열이 적고, 장기 강도가 크다.
③ 해수 등 화학적 저항성이 크다.
④ 수밀성이 좋다
⑤ 건조수축을 감소

43. 시멘트 분말도는 무엇으로 나타내는가?
① 단위 무게 ② 비표면적 ③ 단위 부피 ④ 표건 비중

해설 시멘트 분말도는 비표면적으로 나타내며, 비표면적(㎠/g)은 1g의 시멘트가 가지고 있는 전체 입자의 총 표면적(㎠)

44. 시멘트가 굳어 가는 도중에 부피가 팽창하는 정도를 무엇이라 하는가?
① 수화 ② 응결 ③ 풍화 ④ 안정성

해설 안정성 : ① 시멘트가 굳어 가는 도중에 부피가 팽창하는 정도, ② 시험법은 오토클레이브 팽창도 시험법

45. 건조 수축에 의한 균열을 막기 위하여 콘크리트에 팽창재를 넣거나 팽창 시멘트를 사용하여 만든 콘크리트를 무엇이라 하는가?
① AE 콘크리트 ② 유동화 콘크리트 ③ 팽창 콘크리트 ④ 철근 콘크리트

46. 시멘트의 분말도에 관한 설명으로 틀린 것은?
① 시멘트의 입자가 가늘수록 분말도가 높다.
② 시멘트의 입자가 가는 정도를 나타내는 것을 분말도라 한다.

정답 40. ② 41. ④ 42. ③ 43. ② 44. ④ 45. ③ 46. ④

③ 시멘트의 분말도가 높으면 조기강도가 커진다.
④ 시멘트의 분말도가 높으면 균열 및 풍화가 생기지 않는다.

해설 시멘트 분말도가 높으면(입자가 가늘면) 수화작용이 빠르고, 조기강도가 커진다.
풍화하기 쉽고, 수화열이 많아 콘크리트에 균열 발생하고 건조수축이 커진다.

47. 시멘트의 분말도에 대한 설명 중 틀린 것은?
① 시멘트입자의 가는 정도를 나타내는 것을 분말도라 한다.
② 시멘트의 분말도가 높으면 수화 작용이 빨라서 조기 강도가 커진다.
③ 시멘트의 분말도가 높으면 풍화하기 쉽고, 건조수축이 커진다.
④ 시멘트의 오토클레이브 팽창도 시험 방법에 의하여 분말도를 구한다.

해설 시험방법은 블레인(Blaine)공기투과장치에 의한다.

48. 다음 시멘트 중 포틀랜드 시멘트가 아닌 것은?
① 중용열 포틀랜드 시멘트   ② 조강 포틀랜드 시멘트
③ 포틀랜드 포졸란 시멘트   ④ 저열 포틀랜드 시멘트

49. 풍화된 시멘트에 대하여 옳게 설명한 것은?
① 비중이 커진다.   ② 응결이 빠르다.
③ 강도가 증가된다.   ④ 강열감량이 증가한다.

해설 ① 공기 중의 수분을 흡수하여 풍화한 시멘트는, 비중이 작아지고, 응결이 늦어지며, 강도 발현이 늦고, 강열감량이 크다.
② 강열감량시험: 시멘트 시료를 강열했을 때의 중량 손실로 풍화정도를 알아보는 시험

50. 다음 시멘트 중에서 수화열이 적고, 해수에 대한 저항성이 커서 댐 및 방파제 공사에 적합한 시멘트는?
① 조강 포틀랜드 시멘트   ② 플라이애시 시멘트
③ 알루미나 시멘트   ④ 팽창 시멘트

혼화재료

1. 콘크리트를 연속으로 칠 경우 콜드 조인트가 생기지 않도록 하기 위하여 사용할 수 있는 혼화제는?
① 지연제   ② 급결제   ③ 발포제   ④ 촉진제

해설 지연제 : 콘크리트의 응결이나 초기경화를 지연시키기 위해 사용
① 레디믹스트 콘크리트의 운반거리가 멀 경우에 사용
② 콘크리트를 연속적으로 칠 때 콜드죠인트가 생기지 않도록 할 경우 사용
③ 서중 콘크리트에 적당

정답 47. ④   48. ③   49. ④   50. ②   ■ 1. ①

2. AE 공기량이 어느 정도일 때 워커빌리티(workability)와 내구성이 가장 좋은 콘크리트가 되는가?
   ① 1~2%   ② 5~8%   ③ 4~7%   ④ 7~9%

   해설 일반적인 콘크리트의 공기량은 4 ~ 7% 정도가 표준

3. AE제를 사용한 콘크리트의 성질로 옳은 것은?
   ① 발열량이 커진다.
   ② 강도가 커진다.
   ③ 철근과의 부착강도가 커진다.
   ④ 수밀성이 커진다.

   해설 AE제를 사용한 콘크리트 : 수밀성, 동결 융해성, 내식성, 기상 작용에 대한 저항성 등 내구성을 개선

4. 콘크리트의 공기량에 영향을 끼치는 요인이 아닌 것은?
   ① AE제의 사용량이 많을수록 공기량은 커진다.
   ② 잔 골재에 있어서 미립자(0.15~0.3mm)가 많을수록 공기량은 적어진다.
   ③ 콘크리트 배합이 부배합일수록 공기량은 줄어든다.
   ④ 콘크리트의 온도가 높을수록 공기량은 줄어든다.

5. 다음 중 인공산 포촐란에 속하는 것은?
   ① 플라이애시   ② 규산백토   ③ 화산회   ④ 규조토

   해설 플라이애시 : 인공산

6. 경화촉진제 사용의 특징으로 옳지 않은 것은?
   ① 재료비가 다소 비싸진다.
   ② 양생 비를 절감할 수 있다.
   ③ 고온 증기 양생을 해야 한다.
   ④ 거푸집을 일찍 떼어낼 수 있다.

   해설 경화 촉진제, 급결제 특징 : 시멘트 수화작용을 촉진시키기 위한 것으로 순간적인 응결과 경화가 요구되는경우에 사용하며 염화칼슘($CaCl_2$)을 사용
   ① 혼화제를 사용하므로 콘크리트 가격이 올라가는 것은 당연하고
   ② 빨리 경화가 되므로 양생기간이 짧아져 양생비가 싸며
   ③ 양생기간이 짧아져 거푸집을 일찍 떼어낼 수가 있다.

7. 혼화재료의 저장에 대한 설명으로 부적당한 것은?
   ① 혼화제는 먼지나 불순물이 혼입되지 않고 변질 되지 않도록 저장한다.
   ② 저장이 오래 된 것은 시험 후 사용여부를 결정하여야 한다.
   ③ 혼화재는 날리지 않도록 그 취급에 주의해야 한다.
   ④ 혼화재는 습기가 약간 있는 창고 내 저장한다.

   해설 혼화재의 저장
   ① 혼화재는 방습적인 사일로 또는 창고 등에 품종별로 구분하여 저장하고, 입하순으로 사용해야 한다.
   ② 장기 저장한 혼화재는 이것을 사용하기 전에 시험하여 품질을 확인해야 한다.
   ③ 혼화재는 날리지 않도록 그 취급에 주의해야 한다.

정답   2. ③   3. ④   4. ②   5. ①   6. ③   7. ④

8. 입자가 둥글고 표면이 매끄러워 콘크리트의 워커빌리티가 좋고 가루석탄을 연소시킬 때 굴뚝에서 전기 집전기로 채취한 실리카질의 혼화재는?
   ① AE제   ② 포졸란   ③ 플라이애시   ④ 리그닐

   해설 플라이애시(fly ash) : 분탄을 연소시킬 때 얻어지는 석탄재로 입자가 구형이고, 그 자체는 수경성이 없지만 실리카 성분이 수산화칼슘과 반응하여 경화(포졸란반응)하는 혼화재로 워커빌리티를 개선하고 단위수량을 감소시키는 혼화재

9. 다음 혼화재료 중 그 사용량이 시멘트 무게의 5% 정도 이상이 되어 그 자체의 부피가 콘크리트의 배합 계산에 관계되는 혼화재료는?
   ① 고로 슬래그   ② AE제   ③ 염화칼슘   ④ 기포제

   해설 ㉠ 혼화재 : 사용량이 시멘트 중량의 5% 이상으로 콘크리트의 배합설계 계산에 고려해야 하는 혼화 재료 (플라이애시, 규조토, 화산회, 규산백토, 고로슬래그 미분말 등)
   ㉡ 혼화제 : 사용량이 시멘트 중량의 1% 이하로 비교적 적어서 콘크리트의 배합계산에 무시되는 혼화 재료 (AE제, AE감수제, 유동화제, 고성능감수제, 촉진제, 지연제, 방청제 등)

10. 서중 콘크리트의 시공이나 레디믹스트 콘크리트에서 운반거리가 멀 경우, 또 연속적으로 콘크리트를 칠 때 시공이음이 생기지 않도록 할 경우 사용하는 혼화재료는?
    ① 발포제   ② 지연제   ③ 급결제   ④ 방수제

    해설 지연제 : 콘크리트의 응결이나 초기경화를 지연시키기 위해 사용
    ① 레디믹스트 콘크리트의 운반거리가 멀 경우에 사용
    ② 콘크리트를 연속적으로 칠 때 콜드죠인트가 생기지 않도록 할 경우 사용
    ③ 서중콘크리트에 적당

11. 알루미늄 또는 아연가루를 넣어, 시멘트가 응결할 때 수소가스를 발생시켜 모르타르 또는 콘크리트 속에 아주 작은 기포를 생기게 하는 혼화제는?
    ① 지연제   ② 발포제   ③ 팽창제   ④ 기포제

    해설 발포제 : 알루미늄 또는 아연가루를 넣어, 화학반응으로 발생하는 가스에 의해 기포를 생성하는 것으로 프리팩트용 그라우트, 프리스트레스트 콘크리트용 그라우트에 사용

12. 천연산의 것과 인공산의 것이 있으며 콘크리트의 워커빌리티를 좋게 하고 수밀성과 내구성 등을 크게 할 목적으로 사용되는 혼화재료는?
    ① 완결제   ② 포졸란   ③ 촉진제   ④ 증량제

    해설 포졸란은 포졸란 반응에 의해서 조직이 치밀해지므로 수밀성과 내구성을 향상

13. 콘크리트에 AE제를 첨가하여 AE콘크리트로 만드는 가장 큰 이유는 무엇인가?
    ① 사용되는 시멘트 량의 절약   ② 강도의 증진
    ③ 양생기간의 단축   ④ 워커빌리티(workability)의 증진

    해설 AE제의 주 사용 목적은 워커빌리티(workability)의 개선에 있다.

정답 8. ③ 9. ① 10. ② 11. ② 12. ② 13. ④

14. AE공기에 대한 설명으로 틀린 것은?
   ① AE콘크리트의 알맞은 공기량은 굵은 골재의 최대치수에 따라 다르다.
   ② 콘크리트 속에 알맞은 AE공기량이 들어 있으면 워커빌리티가 좋아진다.
   ③ AE공기량은 시멘트의 양, 물의 양, 비비기 시간, 온도, 다지기 등에 따라 달라진다.
   ④ AE콘크리트에서 공기량이 많아지면 압축강도가 커진다.

   해설 공기량이 1% 증가하면 압축강도는 약 4 ~ 6%, 휨강도는 2 ~ 3%감소하고, 철근과의 부착강도 저하 등이 일어나므로 적정 사용량 권장, 일반적인 콘크리트의 공기량은 4 ~ 7% 정도가 표준

15. 콘크리트에 AE제를 넣을 경우 설명이 잘못된 것은?
   ① 강도가 증가된다.
   ② 단위수량을 줄일 수 있다.
   ③ 워커빌리티가 개선된다.
   ④ 굳은 뒤에 수밀성과 내구성이 커진다.

   해설 AE제를 사용하는 이유
   ① 워커빌리티를 좋게 하고, 블리딩 개선
   ② 빈배합일수록 워커빌리티 개선효과가 크다.
   ③ 단위수량을 감소시켜 블리딩 등의 재료분리를 작게 한다.
   ④ 기상작용에 대한 저항성과 수밀성을 증진한다.

16. 시멘트가 응결할 때 화학적 반응에 의하여 수소가스를 발생시켜 모르타르 또는 콘크리트 속에 아주 작은 기포를 생기게 하는 혼화제로 알루미늄 가루를 사용하며 프리팩트콘크리트용 그라우트나 PC공 그라우트에 사용하면 부착을 좋게 하는 것은?
   ① 발포제
   ② 방수제
   ③ 촉진제
   ④ 급결제

   해설 발포제 : 알루미늄 또는 아연가루를 넣어, 화학반응으로 발생하는 가스에 의해 기포를 생성하는 것으로 프리팩트용 그라우트, 프리스트레스트 콘크리트용 그라우트에 사용

17. 포졸란은 천연산과 인공산으로 나누는데 다음 중 천연산이 아닌 것은?
   ① 규산백토
   ② 고로슬래그
   ③ 규조토
   ④ 화산재

   해설 포졸란은 천연산(화산재, 규조토, 규산백토)과 인공산(고로슬래그, 플라이애시)

18. 플라이애시 시멘트의 장점에 속하지 않는 것은?
   ① 수화열이 적고 장기강도가 크다.
   ② 콘크리트의 워커빌리티가 좋다.
   ③ 조기강도가 상당히 크다.
   ④ 단위수량을 감소시킬 수 있다.

   해설 플라이애시는 포졸란반응이 있는 혼화재로서 플라이애시를 사용한 콘크리트 특징
   ① 수밀성이 크다.
   ② 해수 등에 대한 화학적 저항성이 크다.
   ③ 재료분리를 막고 워커빌리티, 피니셔빌리티가 좋아 진다.
   ④ 발열량이 적다.
   ⑤ 강도 증진은 느리나 장기강도가 크다.

정답 14. ④ 15. ① 16. ① 17. ② 18. ③

19. 시멘트의 입자를 분산시켜 콘크리트의 필요한 반죽질기를 얻고 단위수량을 줄일 목적으로 사용하는 혼화제는?
① 감수제 ② 경화촉진제 ③ AE제 ④ 수포제

해설 감수제는 시멘트 입자를 분산효과를 나타내고, 감수제에 AE 공기도 함께 생기도록 한 것을 AE 감수제라 한다.

20. 혼화재료인 플라이애시 특성에 대한 설명 중 틀린 것은?
① 가루 석탄재로서 실리카질 혼화재이다.
② 입자가 둥글고 매끄럽다.
③ 콘크리트에 넣으면 워커빌리티가 좋아진다.
④ 콘크리트 반죽 시에 사용수량을 증가시켜야 한다.

해설 플라이애시(fly ash)
① 분탄을 연소시킬 때 얻어지는 석탄재로 입자가 구형이고, 포졸란반응을 한다.
② 워커빌리티가 양호하며 단위수량이 감소된다.
③ 포졸란 반응에 의해서 조직이 치밀해지므로 수밀성과 내구성을 향상 시킨다.
④ 블리딩을 감소시킨다.
⑤ 장기강도는 향상되며, 황산염 등의 화학저항성이 우수하다.

21. 경화촉진제의 사용목적 중 옳지 않은 것은?
① 구조물의 사용개시가 늦다.
② 거푸집 제거가 빠르다.
③ 양생기간을 단축한다.
④ 한중 콘크리트에서 저온으로 늦어지는 경화를 촉진한다.

해설 경화촉진제는 수화열이 많아 콘크리트 경화속도를 빠르게 할 목적으로 사용하는 혼화제

22. 혼화 재료는 혼화제(混和劑)와 혼화재(混和材)로 나뉘며, 사용량이 시멘트 무게의 (   )% 정도 이상이 되어 그 자체의 부피가 콘크리트의 배합 계산에 관계되는 것을 혼화재(混和材)라고 한다. (   )속에 알맞은 수치는?
① 1 ② 3 ③ 5 ④ 8

해설 ㉠ 혼화재 : 사용량이 시멘트 중량의 5% 이상으로 콘크리트의 배합설계 계산에 고려해야 하는 혼화재료
㉡ 혼화제 : 사용량이 시멘트 중량의 1% 이하로 비교적 적어서 콘크리트의 배합계산에 무시되는 혼화 재료

23. 포졸란의 성질 중 잘못된 것은?
① 수화열을 크게 한다.
② 워커빌리티를 좋게 한다.
③ 수밀성을 크게 한다.
④ 내구성을 좋게 한다.

해설 포졸란을 사용한 콘크리트 특징
① 수밀성이 크다.
② 해수 등에 대한 화학적 저항성(내구성)이 크다.
③ 재료분리를 막고 워커빌리티, 피니셔빌리티가 좋아 진다.

정답 19. ① 20. ④ 21. ① 22. ③ 23. ①

④ 발열량이 적다.
⑤ 강도 증진은 느리나 장기강도가 크다.

24. 응결지연제(retarder)를 혼입해서 사용해야 할 콘크리트는?
① 한중 콘크리트　　② 서중 콘크리트　　③ 수중 콘크리트　　④ 진공 콘크리트

해설　㉠ 서중 콘크리트(여름철)에는 수화열이 커서 급속히 응결이 될 우려가 있어 지연제를 사용
　　　㉡ 한중 콘크리트나 수중 콘크리트는 빨리 응결, 경화가 되어야 하므로 촉진제 사용

25. 다음 혼화재료 중에서 사용량이 시멘트 무게의 5% 정도 이상이 되어 그 자체의 부피가 콘크리트의 배합 계산에 관계되는 혼화재료는?
① 포졸란　　② 응결촉진제　　③ AE제　　④ 발포제

해설　㉠ 혼화재 종류 : 플라이애시, 규조토, 화산회, 규산백토, 고로슬래그 미분말, 포졸란 등
　　　㉡ 혼화제 종류 : AE제, AE 감수제, 유동화제, 고성능 감수제, 촉진제, 지연제, 방청제, 고성능 AE감수제

26. 다음 혼화재료 중 사용량이 비교적 많아 그 자체의 부피가 콘크리트의 배합 계산에 영향을 끼치는 것은?
① 플라이애시　　② AE제　　③ 감수제　　④ 유동화제

27. AE제를 사용할 때의 특성을 설명한 것으로 옳지 않은 것은?
① 철근과의 부착 강도가 커진다.
② 동결 융해에 대한 저항이 커진다.
③ 워커빌리티가 좋아지고 단위 수량이 줄어든다.
④ 수밀성은 커지나 강도가 작아진다.

28. 시멘트의 응결 시간을 늦추기 위하여 사용되는 혼화제는?
① 급결제　　② 지연제　　③ 발포제　　④ 감수제

해설　응결 시간 늦추기 위한 혼화제 : 지연제

29. 혼화재 중 용광로에서 나오는 슬래그를 급냉 시켜 만든 가루는?
① 포졸라나(pozzolana)　　② 플라이애시(fly ash)
③ 고로 슬래그 미분말　　④ AE제

해설　고로슬래그 미분말 : 용광로에서 나오는 슬래그(slag)를 급랭시켜 만든 미분말

30. 포졸란(Pozzolan)의 종류에 해당하지 않는 것은?
① 규조토　　② 규산백토
③ 고로슬래그　　④ 포졸리스(Pozzolith)

해설　포졸리스는 감수제 이다.

정답　24. ②　25. ①　26. ①　27. ①　28. ②　29. ③　30. ④

31. 혼화재료 중 일반적으로 사용량이 비교적 많은 혼화재로만 짝지어진 항은?
   ① AE제, 염화칼슘
   ② AE제, 플라이애시
   ③ 고로슬래그 미분말, 염화칼슘
   ④ 고로슬래그 미분말, 플라이애시

   해설 사용량이 비교적 많은 혼화재료는 (사용량이 시멘트 중량의 5%이상) 혼화재로서, 플라이애시, 규조토, 화산회, 규산백토, 고로슬래그 미분말

32. 다음 혼화재료 중 콘크리트 워커빌리티를 개선하는 효과가 없는 것은?
   ① 응결경화촉진제   ② AE제   ③ 플라이애시   ④ 시멘트 분산제

   해설 워커빌리티 개선효과가 있는 혼화 재료는 AE제, AE감수제, 플라이애시, 시멘트 분산제, 고로슬래그 미분말

33. 콘크리트 속에 일반적으로 많이 사용되는 응결경화 촉진제는?
   ① 플라이애시   ② 산화철   ③ 내황산염   ④ 염화칼슘

   해설 촉진제, 급결제: 염화칼슘($CaCl_2$)을 사용

34. 프리팩트 콘크리트용 그라우트, 프리스트레스트 콘크리트용 그라우트 등에 사용하는 혼화제는?
   ① 기포제   ② 발포제   ③ 급결제   ④ 촉진제

   해설 발포제 : 알루미늄 또는 아연가루를 넣어, 화학반응으로 발생하는 가스에 의해 기포를 생성하는 것으로 프리팩트용 그라우트, 프리스트레스트 콘크리트용 그라우트에 사용.

35. 콘크리트 속에 거품을 일으켜 부재의 경량화나 단열을 위해 사용되는 혼화제는?
   ① 감수제   ② 촉진제   ③ 기포제   ④ 지연제

   해설 기포제 : 콘크리트 속에 거품을 일으켜 콘크리트를 경량화나 단열을 위해 사용

36. 가루 석탄을 연소 시킬 때 굴뚝에서 집진기로 모은 아주 작은 입자의 재이며 실리카질 혼화재로 입자가 둥글고 매끄럽기 때문에 콘크리트의 워커빌리티를 좋게 하고 수화열이 적으며, 장기 강도를 크게 하는 것은?
   ① 포촐라나(pozzolana)
   ② 플라이애시(fly ash)
   ③ 고로 슬래그 미분말
   ④ AE제

   해설 플라이애시(fly ash) : 분탄을 연소시킬 때 얻어지는 석탄재

37. 감수제의 성질을 잘못 설명한 것은?
   ① 시멘트의 입자를 흐트러지게 하는 분산제이다.
   ② 워커빌리티가 좋아지므로 단위수량을 줄일 수 있다.
   ③ 내구성 및 수밀성이 좋아진다.
   ④ 단위 시멘트 량이 커지는 단점이 있다.

정답 31. ④ 32. ① 33. ④ 34. ② 35. ③ 36. ② 37. ④

해설 감수제
① 감수제는 시멘트 입자를 분산효과를 나타내고
② 시멘트 분산작용을 이용 워커빌리티를 개선하며
③ 소요의 슬럼프 및 강도를 확보하기 위해 단위수량 및 단위시멘트를 감소시킬 목적
④ 재료분리가 적어지고, 동결융해에 대한 저항성을 향상

38. 콘크리트 속의 공기량에 대한 설명이다. 잘못된 것은?
① AE제에 의하여 콘크리트 속에 생긴 공기를 AE공기라 하고, 이 밖의 공기를 갇힌 공기라 한다.
② AE콘크리트의 알맞은 공기량은 콘크리트 부피의 4~7%를 표준으로 한다.
③ AE콘크리트에서 공기량이 많아지면 압축강도가 커진다.
④ AE공기량은 시멘트의 양, 물의 양, 비비기 시간 등에 따라 달라진다.

해설 AE 공기량이 많아지면 양생 후 AE공기가 차지한 부분은 구멍 난 상태로 철근과의 부착강도, 압축강도가 낮아져 사용량을 제한, 그러나 경량 콘크리트 만드는 데는 유리

39. 콘크리트에 AE제를 혼합하는 주목적은?
① 미세한 기포를 발생시키기 위하여
② 부피를 증대하기 위하여
③ 강도의 증대를 위하여
④ 시멘트 절약을 위하여

해설 AE제는 연행 공기제라고도 하며, 발포성이 현저한 계면활성제로서, 콘크리트중에 미소한 독립된 기포를 고르게 발생시켜 내동결융해성, 내식성등 내구성을 개선한다.

40. AE 콘크리트의 장점이 아닌 것은?
① 공기량에 비례하여 압축강도가 커진다.
② 워커빌리티가 좋다.
③ 수밀성이 좋다.
④ 동결 융해에 대한 저항성이 크다.

해설 AE제 사용량이 많아지면 강도가 작아진다.

41. AE 콘크리트의 특징에 대한 설명으로 틀린 것은?
① 내구성 및 수밀성이 증대된다.
② 워커빌리티가 개선된다.
③ 동결 융해에 대한 저항성이 개선된다.
④ 철근과의 부착 강도가 증대된다.

해설 AE제 사용량이 많아지면 철근과의 부착강도가 작아진다.

여러 가지 콘크리트

1. 레디믹스트 콘크리트(레미콘)의 장점이 아닌 것은?
① 균질의 콘크리트를 얻을 수 있다.
② 공사능률이 향상되고 공기를 단축할 수 있다.
③ 콘크리트의 워커빌리티를 즉시 조절할 수 있다.
④ 콘크리트 치기와 양생에만 전념할 수 있다.

정답 38. ③   39. ①   40. ①   41. ④   ■ 1. ③

해설 레디믹스트 콘크리트(레미콘)의 장점
① 현장에 설비가 없어도 콘크리트를 구입할 수 있다.
② 공사 진행에 차질이 없다.(공기단축)
③ 품질이 보증된다.
④ 콘크리트를 치기가 쉬워 능률적이다.

---

2. 수중 콘크리트에서 물-시멘트 비는 50%이하, 단위 시멘트 량은 370kg/㎥이상, 잔 골재율은 얼마를 표준으로 하는가?
① 10 ~ 25%   ② 20 ~ 35%   ③ 40 ~ 45%   ④ 50 ~ 55%

해설 수중 콘크리트는
① 물-시멘트 비는 50%이하를 표준
② 단위 시멘트 량은 370kg/㎥이상을 표준
③ 잔 골재율은 40~45%를 표준

---

3. 한중 콘크리트 시공시 콘크리트 타설 시의 콘크리트 온도범위로 가장 적당한 것은?
① -50~0℃   ② 0~10℃   ③ 5~20℃   ④ 20~30℃

해설 한중 콘크리트
① 1일 평균기온이 4℃이하로 될 때 한중 콘크리트 시공
② 한중 콘크리트를 쳐 넣었을 때의 온도는 5 ~ 20℃로 한다.
③ 콘크리트를 쳐 넣은 뒤 초기에 얼지 않도록 잘 보호 한다
④ 바람을 막아야 하며, 양생 중에는 콘크리트의 온도를 5℃ 이상 유지

---

4. PS콘크리트의 단점으로 옳지 않은 것은?
① 제작에 손이 많이 간다.   ② 열 피해를 받기 쉽다.
③ 변형이 복구되지 않는다.   ④ 콘크리트 단면변화의 허용범위가 좁다.

해설 프리스트레스트 콘크리트 단점
① 고강도의 재료를 사용하여야 함으로 단가가 비싸다.
② 부재의 강성이 작기 때문에 변형이 크고, 진동하기 쉽다.
③ 설계자나 시공자가 풍부한 경험을 가져야 하고, 제작에 손이 많이 간다.
④ 열 피해를 받기 쉽다.
⑤ 콘크리트 단면변화의 허용범위가 좁다.

---

5. 미리 거푸 집안에 굵은 골재를 채우고 그 틈 사이에 특수 모르타르를 주입하는 콘크리트는?
① 진공 콘크리트
② 프리팩트 콘크리트(Prepacked Concrete)
③ 레디 믹스드 콘크리트(Ready Mixed Conerete)
④ 프리스트레스트 콘크리트(Prestressed Concrete)

해설 프리팩트 콘크리트 : 굵은 골재를 거푸집에 채워 넣고, 그 공극 속에 특수한 모르터를 적당한 압력으로 주입하여 만든 콘크리트

정답 2. ③   3. ③   4. ③   5. ②

6. 레디믹스트(Ready Mixed) 콘크리트(레미콘)에 관한 설명 중 옳지 않은 것은?
   ① 콘크리트를 치기가 쉬워 능률적이다.
   ② 공사비용과 공사기간이 늘어나는 단점이 있다.
   ③ 콘크리트의 품질을 염려할 필요가 없이 시공에만 전념할 수 있다.
   ④ 좋은 품질의 콘크리트를 얻기가 쉽다.

   해설 콘크리트 치기가 쉽고, 능률적이다. 공사기간을 단축할 수 있다.

7. 한중 콘크리트의 시공에 관한 사항 중 옳지 않은 것은?
   ① 물, 골재, 시멘트를 가열하여 적당한 온도에서 비볐다.
   ② 가능한 한 단위 수량을 줄였다.
   ③ 콘크리트를 칠 때의 온도를 10℃ 이상으로 하였다.
   ④ AE콘크리트를 사용하여 시공하였다.

   해설 한중 콘크리트
   ① 한중 콘크리트를 쳐 넣었을 때의 온도는 5 ~ 20℃로 한다.
   ② 시멘트는 어떤 경우에도 직접 가열해서는 안 된다.
   ③ 한중 콘크리트는 AE제, AE감수제의 사용을 표준으로 한다.

8. 해양콘크리트의 물-시멘트비로 가장 적당한 것은?
   ① 45% 이하   ② 45~50%   ③ 50~55%   ④ 55% 이상

   해설 해양콘크리트의 물-시멘트 비는
   해중 : 50%, 해상 대기 중 : 45%, 물보라 지역 : 45% (범위는: 45% ~ 50%)

9. 수중 콘크리트를 시공할 때 물-시멘트비(W/C)와 단위 시멘트량은 얼마를 표준으로 하는가?
   ① 물-시멘트비 50% 이하, 단위 시멘트량 300kgf/m³ 이상
   ② 물-시멘트비 65% 이하, 단위 시멘트량 370kgf/m³ 이상
   ③ 물-시멘트비 50% 이하, 단위 시멘트량 370kgf/m³ 이상
   ④ 물-시멘트비 65% 이하, 단위 시멘트량 300kgf/m³ 이상

   해설 수중콘크리트
   ① 물-시멘트 비는 50% 이하를 표준
   ② 단위 시멘트 량은 370kg/㎡ 이상을 표준

10. 한중 콘크리트에 있어서 양생 중 콘크리트의 온도는 약 몇 ℃ 이상으로 유지 하는 것을 표준으로 하는가?
    ① 5℃   ② 10℃   ③ 15℃   ④ 20℃

    해설 한중콘크리트의 양생 중에는 콘크리트의 온도를 5℃ 이상 유지

11. 수밀 콘크리트에 대한 설명 중 옳지 않은 것은?
    ① 일반적인 경우보다 잔 골재율을 적게 하는 것이 좋다.

정답 6. ② 7. ① 8. ② 9. ③ 10. ① 11. ①

② 물-시멘트 비는 50% 이하가 표준이다.
③ 경화후의 콘크리트는 될 수 있는 대로 장기간 습윤 상태로 유지한다.
④ 혼화재료는 AE감수제, 고성능 감수제 또는 포졸란을 사용한다.

해설 단위 굵은 골재량을 가급적 크게 한다.

12. 포장 콘크리트에 알맞는 굵은 골재의 최대 치수는 몇 mm 이하인가?
① 25mm ② 40mm ③ 100mm ④ 150mm

해설 포장 콘크리트용 굵은 골재는 일반적으로 40mm

13. 다음 중에서 뿜어 붙이기 콘크리트의 시공에 적합하지 않은 것은?
① 콘크리트 표면공사 ② 콘크리트 보수공사
③ 터널(tunnel)공사 ④ 수중 콘크리트 공사

해설 터널이나 큰 공동구조물의 라이닝, 비탈면, 법면 또는 벽면의 풍화나 박리, 박락의 방지, 터널, 댐 및 교량의 보수·보강 공사 등에 적용되는 콘크리트

14. 서중 콘크리트에 대한 설명으로 옳은 것은?
① 월평균 기온이 5℃를 넘을 때 시공한다.
② 중용열 포틀랜드 시멘트나 혼합시멘트를 사용하면 좋다.
③ 배합은 필요한 강도 및 워커빌리티를 얻는 범위 내에서 단위 수량과 시멘트량은 많이 되도록 한다.
④ 콘크리트를 비벼서 쳐 넣을 때까지의 시간은 30분을 넘어서는 안 된다.

해설 서중 콘크리트
① 하루 평균기온이 25℃ 또는 최고온도 30℃를 넘으면 서중콘크리트로 시공
② 콘크리트를 비벼 쳐 넣을 때까지의 시간은 1.5시간 이내
③ 단위 수량과 시멘트 량은 될 수 있는 대로 적게 한다.
④ 중용열 포틀랜드 시멘트나 혼합시멘트를 사용

15. 프리팩트 콘크리트에 사용하는 굵은 골재의 최소 치수는 얼마 이상으로 하는가?
① 5mm ② 8mm
③ 10mm ④ 15mm

해설 굵은 골재의 최소 치수는 15mm 이상, 굵은 골재의 최대 치수는 부재단면 최소 치수의 1/4 이하, 철근 순간격의 2/3 이하

16. 레미콘의 비빔 시작부터 치기 종료까지의 소요 시간으로 적당한 것은?
(단, 외기온도 25℃이상의 경우)
① 1시간 이내 ② 1시간 30분 이내
③ 2시간 이내 ④ 2시간 30분 이내

해설 비비기로부터 치기가 끝날 때까지의 시간은 외기온도가 25℃를 넘었을 때는 1.5시간, 25℃ 이하일 때에는 2시간 이내

정답 12. ② 13. ④ 14. ② 15. ④ 16. ②

17. 프리팩트 콘크리트에 관한 설명 중 옳지 않은 것은?
① 강도의 증진이 보통 콘크리트 보다 빠르다.
② 수중콘크리트, 콘크리트 구조물의 수선 등에 사용한다.
③ 건조 수축이 적고 저 발열성이다.
④ 부착강도가 크며 동결융해 저항성이 크다.

해설 ① 부착 성능이 크고, 동결 융해 저항성이 크다.
② 건조 수축이 일반 콘크리트에 비해 1/2정도로 감소된다.
③ 장기 강도가 크다. (강도 증진이 느리다.)
④ 내구성 및 수밀성이 뛰어나다.

18. 다음에서 수중 콘크리트 공사에 사용하는 도구로 부적당한 것은?
① 슈트   ② 트레미   ③ 포대   ④ 밑열림상자

해설 ① 수중 콘크리트 치는 방법은 트레미, 포대 콘크리트, 밑열림 상자 및 밑열림 포대, 콘크리트 펌프 및 프리팩트 콘크리트
② 슈트는 육상에서 콘크리트 치는 기구

19. 수중 콘크리트에 적합한 물-시멘트 비는 몇 % 이하를 표준으로 하는가?
① 20%   ② 30%   ③ 40%   ④ 50%

해설 수중콘크리트의 물-시멘트 비는 50% 이하

20. 특수 콘크리트의 시공법 중에서 해양 콘크리트에 대한 설명으로 잘못된 것은?
① 단위 시멘트 량은 280 ~ 330 kg/㎥로 한다.
② 최대 물 - 시멘트 비는 45 ~ 50 %로 한다.
③ 해양구조물에서는 성능 저하를 방지하기 위하여 가능한 범위 내에서 시공이음을 만들어야 한다.
④ 콘크리트는 재령 5일이 되기까지 바닷물에 씻기지 않도록 보호해야 한다.

해설 시멘트 량: 280 ~ 330 kg/㎥. W/C:45 ~ 50%, 시공이음 두지 말 것, 바닷물에 씻기지 않도록 보호

21. 수중콘크리트를 칠 때 사용되는 기계 및 기구와 관계가 먼 것은?
① 트레미
② 슬립 폼 페이버
③ 밑열림상자
④ 콘크리트 펌프

해설 콘크리트 슬립 폼 페이버 : 연속적으로 콘크리트 포장하는 기계

22. 수중 콘크리트는 정수 중에서 치면 가장 좋은데, 부득이한 경우 수중 물의 속도가 얼마 이내에 한하여 시공 하는가?
① 5cm/sec   ② 10cm/sec   ③ 15cm/sec   ④ 20cm/sec

해설 정수 중에 치는 것을 원칙으로 하며 완전히 물막이를 할 수 없는 경우에도 유속은 1초간 5cm 이하

정답 17. ① 18. ① 19. ④ 20. ③ 21. ② 22. ①

23. 수밀 콘크리트를 만드는데 적합하지 않은 것은?
① 물-시멘트비는 되도록 적게 한다.
② 단위 굵은 골재량은 되도록 크게 한다.
③ 단위수량은 되도록 적게 한다.
④ AE제의 사용을 금지한다.

해설 ① 수밀 콘크리트는 양질의 AE제, 감수제, AE감수제, 고성능 감수제 또는 포졸란등을 사용
② 단위 수량 및 물-시멘트비를 가급적 적게 하고, 단위 굵은 골재량을 가급적 크게 한다.
③ 혼화제를 사용하여도 공기량은 4% 이하가 되게 한다.
④ 물-시멘트비는 50% 이하를 표준으로 한다.

24. 공장 제품 콘크리트의 강도는 보통 재령 며칠의 압축강도를 기준으로 하는가?
① 7일 ② 14일 ③ 28일 ④ 91일

해설 일반적인 공장제품은 재령 14일 압축강도 시험값

25. 서중 콘크리트로 시공을 할 경우 콘크리트를 비벼서 쳐 넣을 때까지의 시간에 대한 설명으로 옳은 것은?
① 50분을 넘어서는 안 된다.
② 90분을 넘어서는 안 된다.
③ 150분을 넘어서는 안 된다.
④ 200분을 넘어서는 안 된다.

해설 콘크리트를 비벼 쳐 넣을 때까지의 시간은 1.5시간(90분)이내

26. 다음 중 프리팩트 콘크리트의 특징이 아닌 것은?
① 장기 강도가 크다.
② 수중콘크리트에 적합하다.
③ 블리딩 및 레이턴스가 적다.
④ 조기강도가 보통 콘크리트보다 크다.

해설 프리팩트콘크리트 장기강도가 크다.

27. 한중 콘크리트 시공시 동결 온도를 낮추기 위한 방법으로 옳지 않은 것은?
① 적당한 보온장치를 한다.
② 시멘트를 가열한다.
③ 골재를 가열한다.
④ 물을 가열한다.

해설 시멘트는 어떤 경우에도 가열해서는 안 된다.

28. 서중 콘크리트에서 콘크리트를 쳐 넣을 때의 콘크리트온도는 최대 몇 ℃ 이하라야 하는가?
① 20℃ ② 25℃ ③ 15℃ ④ 35℃

해설 서중콘크리트는 쳐 넣었을 때 온도는 35℃이내

29. 미리 거푸집 안에 굵은 골재를 채우고 그 틈 사이에 특수 모르타르를 주입하는 콘크리트는?
① 진공 콘크리트
② 프리팩트 콘크리트(Prepacked Concrete)
③ 레디 믹스트 콘크리트(Ready Mixed Conerete)
④ 프리스트레스트 콘크리트(Prestressed Concrete)

정답 23. ④ 24. ② 25. ② 26. ④ 27. ② 28. ④ 29. ②

30. 콘크리트의 동해 방지를 위해 가장 적절한 대책은?
① 밀도가 작은 경량골재 콘크리트로 시공한다.
② 물-시멘트비를 크게 하여 시공한다.
③ AE 콘크리트로 시공한다.
④ 흡수율이 큰 골재를 사용하여 시공한다.

해설 한중콘크리트는 AE제, AE감수제의 사용을 표준으로 한다.

31. 강섬유보강콘크리트가 주로 사용되는 용도와 거리가 먼 것은?
① 도로 및 활주로의 포장
② 중성자선의 차폐 재료
③ 터널 라이닝
④ 프리캐스트 콘크리트 제품

해설 ① 강섬유보강 콘크리트 : 금속이나 합성수지를 원료로한 불연속 단섬유를 콘크리트중에 균일하게 분산시킴에 따라 콘크리트의 인장 강도, 휨강도, 균열에 대한 저항성, 인성 전단강도 및 내충격성을 대폭 개선 시킬 목적으로 사용
② 방사선 차폐용 콘크리트 : 주로 생체방호를 위하여 감마선과 중성자 등의 방사선을 차폐할 목적으로 사용

32. 한중 콘크리트에 관한 설명으로 옳지 않은 것은?
① 하루의 평균기온이 4°C 이하가 되는 기상조건 하에서는 한중콘크리트로서 시공한다.
② 타설할 때의 콘크리트 온도는 5°C ~20°C의 범위에서 정한다.
③ 가열한 재료를 믹서에 투입할 경우 가열한 물과 굵은골재, 잔골재를 넣어서 믹서안의 재료 온도가 60°C 정도가 된 후 시멘트를 넣는 것이 좋다
④ AE 콘크리트를 사용하는 것을 원칙으로 한다.

해설 골재를 65°C이상 가열하면 취급이 곤란하고, 시멘트를 급결시킬 염려가 있으므로, 일반적으로 물과 골재의 가열온도는 40°C 이하가 좋다.

33. 폴리머 콘크리트(폴리머-시멘트 콘크리트)의 성질로 옳지 않은 것은?
① 강도가 크다.
② 건조수축이 작다.
③ 내충격성이 좋다.
④ 내마모성이 작다.

해설 시멘트 대신에 폴리머를 결합재로 사용한 콘크리트로 플라스틱콘크리트 또는 레진콘크리트(resin concrete)라고도 한다. 압축강도가 우수하고, 방수성과 수밀성(水密性)이 좋으며, 각종 산이나 알칼리, 염류에 강하고 내마모성이 우수하여 바닥재·포장재로 적합하다.

정답 30. ③ 31. ② 32. ③ 33. ④

전산응용토목제도기능사 필기

Ⅲ. 토목일반구조

1장 토목구조물의 역사
2장 토목구조물의 종류

1장 토목 구조물의 역사

1. 토목 구조물 개념

1 세계 토목 구조물 역사(교량 중심으로)

(1) 원시시대
① 자연에 적응하고 이를 극복하는 과정에서 하천, 계곡을 건너는 다리, 왕래 하는 길, 풍우 한설을 피하기 위한 집이 필요
② 통나무, 암석을 이용한 천연 교량

(2) 기원전 1~2세기 : 로마문명 중심으로 아치교 발달(프랑스 가르교)

(3) 9~10세기 : 르네상스와 기술발전에 따른 미적, 구조적 변화

(4) 11~18세기 : 주철사용과 산업 혁명
① 1570년 팔라리오에 의한 트러스구조 발명
② 1796년 프랑스 로만 시멘트 개발

(5) 19~20세기 초 : 재료 및 신기술의 발전과 사회 환경변화로 장대교량 출현(미국의 죠지 워싱턴교, 금문교, 시드니 하버교)
① 1824년 영국의 조지프 애습딘(Aspdin, J:1799~1855)이 포틀랜드 시멘트 개발
② 1850년 프랑스의 람보트(Rambot. J,L)가 철근 콘크리트 고안
③ 19세기 초 하우트러스의 발명과 철도망 구축

(6) 20세기 중엽~21세기 : 컴퓨터의 등장, 신소재 및 신장비의 개발에 따른 교량 기술의 정교화, 복잡화(영국의 세븐교, 일본 아카시대교, 베네수엘라 미라카보이교)

(7) 현존하는 역사적인 토목구조물
고대 이집트의 피라미드와 스핑크스, 중국의 만리장성, 로마시대에 아치교로 축조된 프랑스의 가르교

2 우리나라 토목 구조물 역사(교량 중심으로)

(1) 기원전 37년 : 고구려 본기 ⇒ 어별교

(2) 삼국시대
① 413년 기록상 최초교량 : 신라 ⇒ 평양주대교
② 통일신라 ⇒ 연화교, 철보교

(3) 고려시대
① 1011년 황해도 개성 ⇒ 선죽교, 병부교, 십천교, 궐문교
② 전남 함평의 고막천 ⇒ 석교, 충북 진천의 ⇒ 농교

(4) 조선시대 : 서울의 궁궐과 청계천에 많은 교량축조
① 1396년 경복궁 ⇒ 영제교
② 1411년 창덕궁 ⇒ 금천교
③ 15세기경 청계천 ⇒ 수표교, 충량천 ⇒ 살곶이 다리

(5) 20세기 초 : 1900년 한강철교를 시작으로 근대식 교량시작
① 1911년 압록강 ⇒ 철교
② 1934년 부산의 ⇒ 영도교
③ 1936년 서울의 ⇒ 광진교

(6) 20세기중엽 : 현대식 교량등장
① 1965년 국내기술로 가설된 최초의 장대교량 : 양화대교
② 1970년 강남지역의 개발을 촉진한 한남대교
③ 1981년 국내최초 디비닥(Dywidag)공법을 사용한 프리스트레스 교량 : 원효 대교

(7) 21세기
2000년 국내 최대 사장교 : 서해대교, 현수교 : 영종대교

3 토목 구조물의 종류

(1) 콘크리트 구조 : 무근 콘크리트 구조, 철근 콘크리트 구조(RC), 프리스트레스 콘크리트(PSC)
① 철근 콘크리트 구조(Reinforced Concrete) : RC
② 프리스트레스 콘크리트 구조(Prestress Concrete) : PSC ⇒ 외력에 의하여 일어나게 되는 불리한 응력을 상쇄할 목적으로 미리 인위적으로 내력을 준 콘크리트

(2) 강 구조 (철구조)
① 콘크리트에 비해 강도가 월등히 커 부재 치수를 작게 하고 지간이 긴 교량 축조 가능
② 콘크리트에 비해 품질관리가 쉽고 공사기간 단축
③ 유지관리가 쉬워짐

(3) 합성구조

① 강재보의 보 위에 철근 콘크리트 슬래브를 이어 쳐서 양자가 일체로 작용하도록 함.
② 미리 만들어 놓은 PSC보를 소정 위치에 놓고 그 위에 철근 콘크리트 슬래브를 이어 쳐서 작용하도록 함.

4 토목 구조물 특징

① 일반적으로 규모가 크다. ⇒ 건설에 많은 비용과 시간이 소요
② 대부분 공공의 목적으로 건설 된다. ⇒ 공공의 비용으로 건설되며 사회의 감시와 비판을 받게 된다.
③ 구조물의 수명, 즉 공용기간이 길다. ⇒ 장래를 예측하여 설계하고 건설해야 한다.
④ 대부분 자연 환경 속에 놓인다. ⇒ 자연을 개조하는 결과가 되어 자연으로부터 여러 가지 작용을 받는다.
⑤ 대량생산이 아니다. ⇒ 동일 조건의 동일한 구조물을 2번 이상 건설하는 일이 없다.

2. 토목 구조물의 구성 원리

1 토목구조물 기능 및 구성 (교량 중심)

(1) 교량의 구성

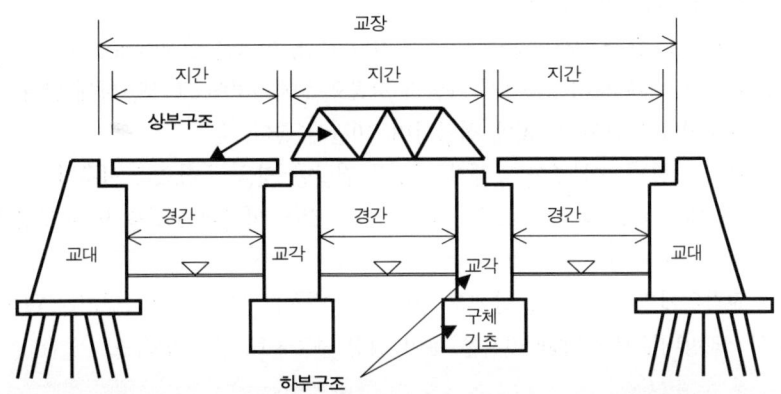

교 량 의 구 성			
상 부 구 조		하 부 구 조	
교량의 주체가 되는 부분으로서 교통의 하중을 직접 받쳐 주는 부분		상부 구조로부터 하중을 지반에 전달 해주는 부분	
바닥판	포장, 슬래브	교각, 교대	상부의 하중을 지반에 전달하는 역할
바닥틀	세로보, 가로보		
주형트러스	트러스, PSC,상자	기초	지반 조건에 따라 말뚝기초 또는 우물통 기초

(2) 교량의 사용재료에 따른 분류
① 콘크리트교 : RC교량, PSC교량
② 강교 : 트러스교, 아치교
③ 목교
④ 석교

(3) 교량의 사용재료에 따른 분류
① 도로교 : 차량 및 보행자 소통을 위한 교량
② 철도교 : 철도 선로를 통하기 위한 교량
③ 육 교 : 계곡, 저지대등 물이 없는 곳 또는 도로나 철도를 넘어가기 위해 가설된 보행자를 위한 교량
④ 고가교 : 원활한 교통을 위해 평지위의 상당구간에 가설된 교량

(4) 교량의 통로상 따른 분류
① 상로교 : 통로가 주형의 위쪽에 있는 교량
② 중로교 : 통로가 주형의 중앙에 있는 교량
③ 하로교 : 통로가 주형의 아래에 있는 교량
④ 2층 교 : 통로가 2층으로 된 교량

(5) 주형의 구조 형식에 따른 분류
① 단순교 : 주형 또는 트러스와 양끝이 단순 지지된 교량, 한쪽은 힌지(hinge) 다른 한쪽은 이동지지
② 연속교 : 주형 또는 주 트러스를 3개 이상의 지점으로 지지하여 그 경간상에 걸쳐 연속 시킨 교량
③ 아치교 : 계곡이나 지간이 긴 곳에 적당하며, 미관이 좋다.
④ 라멘교 : 보와 기둥의 접합부를 일체가 되도록 결합한 것을 주형으로 사용하는 교량
⑤ 현수교 : 양안에 주탑을 세우고 그사이에 케이블을 걸어 여기에 보강형 또는 보강 트러스를 매단 형식
⑥ 사장교 : 교각위에 탑을 세우고 탑에서 경사진 케이블로 주형을 잡아 당기는 형식
⑦ 게르버교 : 교량내부에 적당한 힌지를 두어 정정 구조물로 만든 연속보.

2 설계하중의 종류와 영향

하중구분	하중 종류
주하중	고정하중, 활하중, 충격하중
부하중	풍하중, 온도변화의 영향, 지진하중
특수하중	설하중, 원심하중, 지점이동의 영향, 제동하중, 가설하중, 충돌하중

(1) 고정하중(fixed load, dead load) : 자중을 비롯한 교량에 부설된 모든 시설의 중량

(2) 활하중(live load) : 이동하중(사람, 자동차), 설계기준은 표준트럭 하중(DB) 값으로 한다.

(3) 충격하중
① 자동차와 같은 활하중이 교량 위를 달릴 때에는 교량이 진동하는데 이를 충격하중이라 함.
② 충격은 지간이 짧을수록 또 자중이 작을수록 영향이 크다.
③ 설계시 정지 상태 트럭 하중에 의한 단면력에 충격 계수를 곱한다.

$$i = \frac{15}{40+L} \leq 0.3$$

L(m) : 활하중이 등분포 하중인 경우에 부재에 최대 응력이 일어나도록 활하중이 재하된 지간 부분 길이

(4) 풍하중 : 교축 직각방향으로 부재의 연직투사면에 작용하는 힘

(5) 온도변화에 의한 영향
온도변화에 따라 구조물의 부재에 신축이 생긴 경우 지점이 이동하지 않도록 구속된 구조에서는 부재가 신축할 수 없게 되어 부재내부에 압축 응력 또는 인장 응력이 생긴다. 이 응력을 온도 응력이라 함.

■ DB 하중의 종류 및 크기

교량등급	하중	총중량 1.8W(tf)	전륜하중 0.1W(kgf)	후륜하중 0.4W(kgf)
1등교	DB-24	43.2	2,400	9,600
2등교	DB-18	32.4	1,800	7,200
3등교	DB-13.5	24.3	1,350	5,400

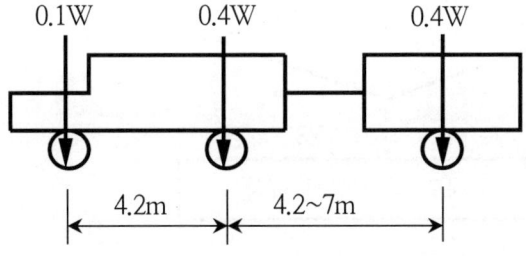

■ 표준 설계 하중
미　　국 : HS(Highway Semitrailer)
우리나라 : DB(표준트럭하중)

3 설계 절차

(1) 설계 개념
① 안정성 ② 사용성과 내구성 ③ 경제성 ④ 미관
위 네 가지를 고려하여 설계

(2) 설계 절차

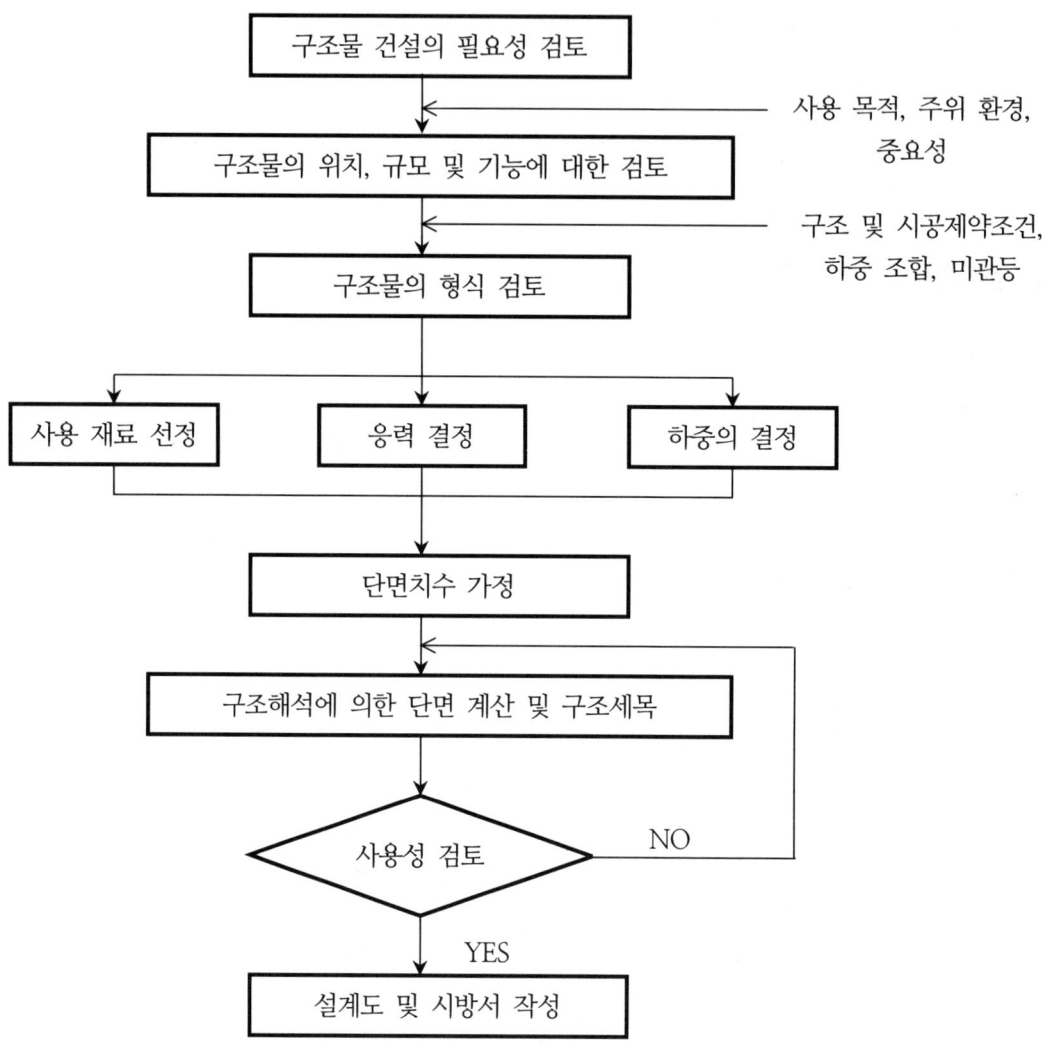

3. 토목 구조물의 특성

1 철근콘크리트(RC)구조 특징

(1) 철근 콘크리트를 널리 이용하는 이유
① 철근과 콘크리트 부착이 매우 잘 된다
② 철근과 콘크리트 온도에 대한 열팽창 계수가 거의 같다.
③ 콘크리트 속에 묻힌 철근은 녹슬지 않는다.

(2) 철근 콘크리트의 장점
① 내구성, 내화성, 내진성이 우수하다.
② 여러 가지 모양과 크기의 구조물을 만들기 쉽다.
③ 각 부재를 일체로 만들 수 있으므로 전체적으로 강성이 큰 구조가 된다.
④ 다른 구조물에 비하여 유지 관리비가 적게 든다.

(3) 철근 콘크리트의 단점
① 자중이 크다.
② 균열이 생기기 쉽고 또 부분적으로 파손되기 쉽다.
③ 검사 및 개조, 파괴 등이 어렵다.

(4) 철근 콘크리트에 사용되는 용어
① 콘크리트의 탄성계수 (Ec)
  탄성계수의 의미 : 응력-변형률 선도에서의 초기 직선 부분의 기울기
$$fc = Ec \cdot \varepsilon c$$
② 콘크리트의 Creep (크리프)
  ㉠ 정의 : 일정한 하중의 작용 하에서 시간의 경과에 따라 발생하는 소성변형을 크리프라 한다. 이때의 변형률을 크리프 변형률 이라 한다. 하중이 재하 되는 순간 일어나는 변형률을 탄성변형률 이라 한다.
  ㉡ 크리프 계수 (∅)

$$크리프 계수(∅) = \frac{크리프\ 변형률}{탄성\ 변형률} = \frac{\varepsilon_c}{\varepsilon_e}$$

  ㉢ 크리프의 특징
    ⓐ 크리프가 증가하는 경우 : 응력이 클수록, 재하 기간이 클수록, 재하 속도가 빠를수록, W/C 비가 클수록, 단위 시멘트 량이 많을수록, 온도가 높을수록
    ⓑ 크리프가 감소하는 경우 : 크리프의 강도가 클수록, 재령이 클수록, 철근비가 많을수록, 온도가 높을 수록, 고온 증기 양생, 체적이 클수록, 온도가 낮을 수록
③ 콘크리트의 건조수축
  ㉠ 정의

ⓐ 크리프가 경화할 때 수화작용에 필요한 양 이상의 물이 증발하면서 건조수축 현상이 일어난다.
ⓑ 건조 수축은 하중 작용과 무관하며 인장 균열을 발생시킨다.
ⓒ 콘크리트의 건조초기 : 콘크리트 부재 표면에는 인장 응력, 내부에는 압축 응력
ⓓ 건조가 상당히 진행한 후 : 철근에는 압축 응력, 철근 주변의 콘크리트에는 인장 응력
ⓛ 건조 수축의 특징
ⓐ 물-시멘트비가 증가할수록, 단위 시멘트량이 많을수록 건조수축은 증가
ⓑ 일반적으로 모르타르는 콘크리트의 2배 정도의 건조 수축이 생긴다.
ⓒ 적절한 습윤 양생을 하거나 단위 수량이 작을수록 건조 수축이 작다.
ⓓ 수중 구조물에서는 수축이 거의 없고, 약간 팽창한다.
④ 철근의 종류 : 이형 철근은 원형 철근에 비하여 부착력이 강하다.

2 프리스트레스트 콘크리트(PSC: Prestressed Concrete)

(1) **PSC 원리** : 콘크리트에 일어날 수 있는 인장력을 상쇄하기 위하여 미리 계획적으로 압축 응력을 준 콘크리트

(2) **PSC 사용재료**
① 콘크리트 : 고강도 콘크리트
(프리텐션방식: $fck \geq 350kgf/cm^2$, 포스텐션방식: $fck \geq 300kgf/cm^2$)
② PS강재 : PS강선, PS강봉, PS강연선
③ 그 밖의 재료 : 시스, 정착장치, 그라우트

(3) **프리스트레싱 방법**
① 프리 텐션방식 : PS강선을 미리 긴장한 후 콘크리트 타설, 대표적인 공법(롱라인 공법)
② 포스트 텐션 방식 : 시스관을 설치한 후 콘크리트를 타설하고 양생한 다음 PS강선을 긴장 및 정착
③ 포스트 텐션 방식 정착방법
㉠ 쐐기식 정착 : 프리시네, VSL
㉡ 지압식 : 디비다그(dywidag), BBRV

(4) **PSC 용어 정리**
① 릴랙세이션 : PS강재를 긴장한 후 시간이 지나감에 따라 인장 응력이 감소하는 현상
② 인성 : 파괴에 이르기 까지 높은 응력에 견디며 큰 변형을 나타내는 재료의 성질을 인성, 인성이 큰 재료는 연성도 크다.
③ 그라우트 : 포스텐션 방식에서 시스 안의 구석구석 까지 몰탈을 주입하는 것
④ 마찰감소재 : 그리스, 파라핀, 왁스등 마찰감소재
⑤ 프리스트레스 손실
㉠ 즉시손실 (도입 시 손실)

ⓐ 정착단의 활동에 의한 감소
ⓑ PC 강재와 쉬스관의 마찰에 의한 감소 (포스텐션에서만 발생)
ⓒ 콘크리트 탄성변형에 의한 감소
ⓛ 시간적 손실 (도입 후 손실)
ⓐ PC 강재 릴랙세이션에 의해 응력감소
ⓑ 콘크리트 크리프
ⓒ 콘크리트 건조수축

(5) PSC 장점
① 강재 부식위험이 없어 내구성이 좋다.
② 균열이 발생해도 하중을 제거 하면 복원성이 우수하다.
③ 전단면을 유효하게 쓸 수 있다.
④ 부재의 자중을 경감할 수 있다.
⑤ 장대지간에 적합하고 외관이 날렵하고 아름답다.
⑥ 파괴의 전조가 뚜렷하게 나타난다.
⑦ 처짐이 작다.

(6) PSC 단점
① 휨강성이 작아져 진동하기 쉽다.
② 고온(열)에 약하다.
③ 비용이 추가 된다.
④ 시공시 세심한 주의가 필요하다.

(7) PS 강재에 요구되는 성질
① 인장강도가 커야 한다.
② 릴랙세이션이 작아야 한다.
③ 신직성(직선성)이 좋아야 한다.
④ 적당한 연성과 늘음이 있어야 한다.
⑤ 어느 정도의 피로강도를 가져야 한다.
⑥ 부식에 대한 저항성이 커야 한다.
⑦ 콘크리트와 부착강도가 커야 한다.

(8) 프리텐션공법 특징
① 공장제품으로 품질이 우수 하다.
② 대량생산이 가능하다.
③ 시스, 정착장치가 필요 없다.
④ 곡선배치가 곤란하다.

⑤ 부재 단부에 소정의 긴장력이 도입되지 않을 수 있다.

(9) 포스트텐션공법 특징
① 곡선배치가 가능하여 장대교, 대형구조물, 특수구조물에 사용
② 콘크리트 경화후 긴장하기 때문에 별도 지지대가 필요 없다.
③ 프리캐스트 부재와 결합. 조립이 가능하다.
④ 재 긴장이 가능하다.
⑤ 특수한 긴장방법, 정착장치, 시스가 필요하다.

3 강 구조

(1) 강재의 장점
① 단위 넓이에 대한 강도가 매우 크고 자중이 작기 때문에 긴 지간 교량, 고층 건물에 쓰임
② 균질성을 가지고 있다.
③ 내구성이 우수 하다.
④ 사전 조립이 가능하고, 시공이 간편하여 공사기간 단축
⑤ 다양한 형식과 치수를 가진 구조로 만들 수 있다.
⑥ 부재를 개수하거나 보강이 쉽다.

(2) 강재의 단점
① 부식이 쉽다. ⇒ 정기적 도장
② 반복하중에 의한 피로 발생 ⇒ 피로파괴
③ 차량통행에 의한 소음 발생
④ 강재 연결부위 완전한 강절 연결이나 단순 연결로 하기 어려워 구조해석 복잡

(3) 철강재 종류
① 강 ⇒ 구조용 재료로 가장 많이 쓰임
② 연철
③ 주철

(4) 철강 제품 : 봉강, 형강, 평강, 강판

(5) 강재의 이음 방법
① 용접이음 : 아크용접(교량에서 일반적으로 사용), 가스 용접, 특수 용접
② 고장력 볼트 이음

기출 및 예상문제

토목구조물의 종류 및 특징

1. 연속교 주형의 중간 부분의 적당한 곳에 힌지를 넣어서 정정구조로 되게한 교량을 무엇이라 하는가?
① 단순교 ② 연속교 ③ 게르버교 ④ 아치교

해설 게르버교 : 교량내부에 적당한 힌지를 두어 정정구조물로 만든 연속보

2. 강재의 보위에 철근 콘크리트 슬래브를 이어 쳐서 양자가 일체로 작용하도록 한 토목 구조는?
① 일체구조 ② 합성구조 ③ 혼합구조 ④ 복식구조

해설 합성구조 : 강재보의 위에 철근콘크리트 슬래브를 이어 쳐서 양자가 일체로 작용하도록 함.

3. 교량의 분류 방법과 교량의 연결이 바른 것은?
① 사용 재료에 따른 분류 – 거더교
② 사용 용도에 따른 분류 – 곡선교
③ 통로의 위치에 따른 분류 – 중로교
④ 평면 형상에 따른 분류 – 2층교

해설 교량의 분류 방법
① 사용재료에 의한 분류 : 콘크리트교, 강교, 목교, 석교
② 사용용도에 따른 분류 : 도로교, 철도교, 육교, 고가교
③ 통로위치에 따른 분류 : 상로교, 중로교, 하로교, 2층교
④ 주형형식에 따른 분류 : 단순교, 연속교, 아치교, 라멘교, 현수교, 사장교

4. 교량의 상부 구조에 속하는 것은?
① 교대 ② 교각 ③ 기초 ④ 바닥판

해설 교량의 상, 하부 구조
① 교량상부구조 : 바닥판 (포장, 슬래브), 바닥틀 (세로보, 가로보), 주형트러스(트러스, PSC, 상자)
② 교량하부구조 : 교각, 교대, 기초

5. 다음은 교량의 구조에 대한 설명이다. 옳지 않은 것은?
① 상부 구조 가운데 사람이나 차량 등을 직접 받쳐주는 포장 및 슬래브의 부분을 바닥판이라 한다.
② 바닥판에 실리는 하중을 받쳐서 주형에 전달해 주는 부분을 바닥틀이라 한다.
③ 바닥틀은 상부 구조와 하부 구조로 이루어진다.
④ 바닥틀로부터의 하중이나 자중을 안전하게 받쳐서 하부구조에 전달하는 부분을 주형이라 한다.

해설 바닥틀은 세로보와 가로보로 구분한다.

정답 1. ③ 2. ② 3. ③ 4. ④ 5. ③

6. 교량의 구성에 있어서 상부구조에 속하지 않는 것은?
   ① 바닥판   ② 바닥틀   ③ 주트러스   ④ 교대

7. 양안에 철탑을 세우고 그 사이에 케이블을 걸고 여기에 보강 형 또는 보강 트러스를 매어단 형식의 교량은?
   ① 단순교   ② 트러스교   ③ 현수교   ④ 사장교

   해설 현수교는 주탑에 현의 형태로 주 케이블을 설치하고, 사장교는 주탑에 경사 케이블을 좌우 대칭되게 설치함.

8. 교량은 하부구조는 어느 것인가?
   ① 바닥틀   ② 바닥판   ③ 교대   ④ 주형 트러스

   해설 교량 하부 구조 : 교각, 교대, 기초

9. 보와 기둥의 접합부를 일체가 되도록 결합한 것을 주형으로 사용하는 교량은?
   ① 단순교   ② 트러스교   ③ 사장교   ④ 라멘교

   해설 라멘교 : 보와 기둥의 접합부를 일체가 되도록 결합한 것을 주형으로 사용하는 교량

10. 다음 교량 중 건설 시기가 가장 빠른 것은? (단, 개·보수 및 복구 등을 제외한 최초의 완공을 기준으로 한다.)
    ① 인천대교   ② 원효대교   ③ 한강철교   ④ 영종대교

    해설 인천대교 : 2009, 원호대교 : 1981, 한강철교 : 1900 영종대교 : 2000

11. 다음 중 PSC 사장교 형식인 것은?
    ① 마포대교   ② 잠실대교   ③ 영동대교   ④ 올림픽대교

    해설 양화대교 : 강판형교, 원효대교 : PC상자형교, 잠실대교 : 강판형교, 올림픽대교 : 사장교,
    천호대교 : PC 거더 + 강상형교

12. 토목 구조물의 일반적인 특징이 아닌 것은?
    ① 구조물의 규모가 크다.
    ② 구조물의 수명이 길다.
    ③ 건설에 많은 시간과 비용이 든다.
    ④ 플랜트를 이용하여 대량으로 생산한다.

    해설 토목구조물의 특징
    ① 일반적으로 규모가 크다. ② 대부분 공공의 목적으로 건설 된다.
    ③ 구조물의 수명, 즉 공용기간이 길다. ④ 대부분 자연 환경 속에 놓인다.
    ⑤ 대량생산이 아니다.

13. 토목 구조물의 특징에 속하지 않는 것은?
    ① 건설에 많은 비용과 시간이 소요된다.
    ② 공공의 목적으로 건설되기 때문에 사회의 감시와 비판을 받게 된다.
    ③ 구조물의 공용 기간이 길므로 장래를 예측하여 설계하고 건설해야 한다.

정답 6. ④ 7. ③ 8. ③ 9. ④ 10. ③ 11. ④ 12. ④ 13. ④

④ 다량 생산이 가능하다.

해설 토목구조물의 특징
① 건설에 많은 비용과 시간이 소요 (규모가 크므로)
② 공공의 비용으로 건설되며 사회의 감시와 비판을 받게 된다. (공공의 목적이므로)
③ 장래를 예측하여 설계하고 건설해야 한다.(구조물 수명이 길므로)
④ 자연으로부터 여러 가지 작용을 받는다. (자연 환경 속에 놓이므로)
⑤ 동일 조건의 동일한 구조물을 2번 이상 건설하는 일이 없다. (대량생산이 아님)

14. 다음은 아치교에 대한 설명이다. 옳지 않는 것은?
① 상부구조의 주체가 아치(arch)로 된 교량을 말한다.
② 계곡이나 지간이 긴 곳에 적당하다.
③ 미관이 아름답다.
④ 우리나라의 대표적인 아치교는 서해대교이다.

해설 ① 아치교 : 계곡이나 지간이 긴 곳에 적당하며, 미관이 좋다.
② 서해대교는 사장교 형식이다.

15. 19~20세기 초 재료 및 신기술의 발전으로 장대교량의 건설이 가능해졌다. 다음 중 이 시기에 개발된 재료 및 신기술이 아닌 것은?
① 트러스
② 포틀랜드 시멘트
③ 철근 콘크리트
④ 프리스트레스트 콘크리트

해설 1570년 팔라디오에 의한 트러스구조 발명.

16. 서해대교와 같이 교각 위에 탑을 세우고 주탑과 경사로 배치된 케이블로 주형을 고정시키는 형식의 교량은?
① 현수교
② 라멘교
③ 연속교
④ 사장교

해설 서해대교는 사장교 형식이다.

17. 교량의 상부구조가 아닌 것은?
① 바닥틀
② 주트러스
③ 교대
④ 슬래브

해설 교대는 하부구조에 속함

18. 다음 〈보기〉의 특징이 설명하고 있는 교량 형식은?

〈보기〉
㉠ 부재를 삼각형의 뼈대로 만든 것으로 보의 작용을 한다.
㉡ 수직 또는 수평 브레이싱을 설치하여 횡압에 저항하도록 한다.
㉢ 부재와 부재의 연결점을 격점이라 한다.

① 단순교
② 아치교
③ 트러스교
④ 판형교

정답 14. ④ 15. ① 16. ④ 17. ③ 18. ③

19. 다음의 보기에서 토목구조물의 공통적인 특징만으로 알맞게 짝지어진 것은?

   ㄱ. 일반적으로 규모가 크다.
   ㄴ. 대부분이 공공의 목적으로 건설된다.
   ㄷ. 구조물의 공용기간이 짧다.
   ㄹ. 대량생산으로 건설된다.
   ㅁ. 대부분 자연 환경 속에 놓인다.

   ① ㄱ, ㄴ, ㅁ   ② ㄱ, ㄴ, ㄹ, ㅁ   ③ ㄱ, ㄷ, ㄹ, ㅁ   ④ ㄱ, ㄴ, ㄷ, ㄹ, ㅁ

   해설 구조물의 수명, 즉 공용기간이 길고 대량생산이 아니다.

20. 토목 구조물을 사용 재료에 따라 크게 분류한 것으로 틀린 것은?
    ① 강 구조   ② 사장 구조   ③ 합성 구조   ④ 콘크리트 구조

   해설 토목 구조물의 사용 재료에 따른 분류 : 콘크리트 구조, 강 구조, 합성구조

21. 하천, 계곡, 해협 등에 가설하여 교통소통을 위한 구조물을 무엇이라 하는가?
    ① 교량   ② 옹벽   ③ 슬래브   ④ 기둥

22. 토목 구조물의 재료 선정시 고려해야 할 사항이 아닌 것은?
    ① 구조물의 종류   ② 재료 생산 업체
    ③ 재료구입의 난이도   ④ 완성 후의 유지 관리비

23. 토목 구조물의 특징을 설명한 것으로 틀린 것은?
    ① 일반적으로 규모가 크다.   ② 공용기간이 짧다.
    ③ 대량생산이 아니다.   ④ 대부분 자연환경 속에 놓인다.

   해설 구조물의 수명, 즉 공용기간이 길다.

24. 토목 구조물 중 콘크리트 속에 철근을 배치하여 양자가 일체가 되어 외력을 받게 한 구조는?
    ① 철근 콘크리트 구조   ② 프리스트레스트 콘크리트 구조
    ③ 합성 구조   ④ 강 구조

25. 2000년 11월 개통되었으며 총 길이가 7.31km이고 우리나라 최대 규모의 사장교가 포함되어 있는 교량은?
    ① 영종 대교   ② 남해 대교   ③ 서해 대교   ④ 광안 대교

26. 다음 중 구조적으로 정정 아치교에 해당되는 것은?
    ① 힌지 없는 아치교   ② 2활절 아치교
    ③ 2활절 스팬드럴 브레이스트 아치교   ④ 3활절 아치교

   해설 외부의 힘이 가해졌을 때 지점(支點)에 생기는 반력(反力)이나 구조부재에 생기는 응력(應力)을 힘의 평형조건식만으로 구할 수 있는 구조를 말하는데, 그렇지 않은 것은 부정정구조(不靜定構造)라고 한다. 힘의 평형조건식만으로 반력을 구할

정답 19. ① 20. ② 21. ① 22. ② 23. ② 24. ① 25. ③ 26. ④

수 있을 때를 '외적으로 정정', 응력을 구할 수 있을 때를 '내적으로 정정'이라 한다. 힘의 평형조건이란 평행이 아닌 임의의 3방향의 힘의 성분의 합 및 3축 둘레의 모멘트의 합이 각각 0이 되는 것을 말하며, 평면골조는 ΣX=0, ΣY=0, ΣM=0으로 표시할 수 있다. 평면골조가 정정인지 부정정 인지의 판별의 필요조건은 다음과 같다. n+s+r - 2k=m 여기에서 n은 반력수, s는 부재의 수, r는 강절접합재수(剛節接合材數), k는 절점수(節點數), m은부정정차수(不靜定次數)이다.
그 결과, m=0 → 정정, m > 0 → 부정정 이 된다.
(고정아치교:3차 부정정, 1힌지아치교:2차 부정정, 2힌지아치교:1차 부정정, 3힌지아치교:정정)

27. 다음 보기는 세계 토목 구조물을 나열한 것이다. 이를 시대 순으로 바르게 나열한 것은?

〈보기〉
㉠ 통나무 등을 이용 하거나 암석 등으로 형성된 천연 교량
㉡ 컴퓨터의 등장, 신소재 및 신장비의 개발에 따른 교량 기술의 정교화, 복잡화 (일본 아카시 대교)
㉢ 로마 문명 중심으로 아치교가 발달 (프랑스의 가르교)
㉣ 재료의 신기술의 발전과 사회 환경의 변화로 장대교량 출현(금문교)

① ㉠→㉣→㉡→㉢
② ㉠→㉡→㉢→㉣
③ ㉠→㉣→㉢→㉡
④ ㉠→㉢→㉣→㉡

28. PC 교량의 가설 공법에서 동바리를 설치하지 않고 교각 좌우로 이동식 작업차를 이용하여 3~5m의 세그먼트를 만들면서 순차적으로 이어나가는 공법은?
① 이동식 지보공 공법
② 캔틸레버 공법
③ 압출공법
④ 프리캐스트 세그먼트 공법

29. 고대 토목 구조물의 특징과 가장 거리가 먼 것은?
① 흙과 나무로 토목 구조물을 만들었다.
② 치산치수를 하기 위하여 토목 구조물을 만들었다.
③ 농경지를 보호하기 위하여 토목 구조물을 만들었다.
④ 국가 산업을 발전시키기 위하여 다량 생산의 토목 구조물을 만들었다.

30. 주형 혹은 주트러스를 3개 이상의 지점으로 지지하여 2경간 이상에 걸쳐 연속시킨 교량의 구조 형식은?
① 단순교
② 연속교
③ 아치교
④ 라멘교

31. 콘크리트 구조물의 이음에 관한 설명으로 옳지 않은 것은?
① 설계에 정해진 이음의 위치와 구조는 지켜야 한다.
② 신축이음은 양쪽의 구조물 혹은 부재가 구속되지 않는 구조이어야 한다.
③ 시공이음은 될 수 있는 대로 전단력이 큰 위치에 설치 한다.
④ 신축이음에서는 필요에 따라 이음재, 지수판 등을 설치 할 수 있다.

정답 27. ④ 28. ② 29. ④ 30. ② 31. ③

32. 트러스의 종류 중 주트러스로서는 잘 쓰이지 않으나 가로 브레이싱에 주로 사용되는 형식은?
① K 트러스
② 프렛(pratt) 트러스
③ 하우(howe) 트러스
④ 워런(warren) 트러스

해설 ㉠ 트러스교에 보편적으로 쓰이는 대표적인 트러스
　　　프렛(pratt) 트러스, 하우(howe) 트러스, 워런(warren) 트러스
㉡ K - TRUSS : 외관이 좋지 않으므로 주트러스에는 사용안함, 2차응력이 작은 이점이 있다, 지간 90m이상에 적용

33. 내적 부정정 아치(arch)에 해당되지 않는 것은?
① 랭거교
② 로제교
③ 타이드 아치교
④ 3활절 아치교

해설 3활절 아치교 : 정정

34. 세계 토목 구조물의 역사에 대한 설명 중 틀린 것은?
① 기원전 1~2세기경 아치교의 발달 - 프랑스의 가르교
② 9~10세기경 미적, 구조적 변화 - 영국의 런던교
③ 15세기 조선시대 건설 - 청계천의 수표교
④ 21세기 신소재 신장비의 개발 - 미국의 금문교

해설 금문교 : 19~20세기초

35. 주탑과 경사로 배치되어 있는 인장 케이블 및 바닥판으로 구성되어 있으며, 바닥판은 주탑에 연결되어 있는 와이어 케이블로 지지되어 있는 형태의 교량은?
① 사장교
② 라멘교
③ 아치교
④ 현수교

36. 토목 구조물 건설에 대한 특징이 아닌 것은?
① 주로 국가가 주관하여 건설한다.
② 주로 자연을 대상으로 건설한다.
③ 주로 개인의 주체로 건설한다.
④ 주로 국민의 이익을 목적으로 건설한다.

하중의 종류와 영향

1. 교량의 자중을 비롯하여 교량에 부설된 모든 시설물의 중량을 무엇이라 하는가?
① 고정하중
② 활하중
③ 충격하중
④ 부하중

해설 자중은 움직이지 않는 하중이므로 고정 하중

2. 자동차, 트럭이 교량 위를 달릴 때 교량이 진동하게 되는데 이러한 하중을 무엇이라고 하는가?
① 고정하중
② 사하중
③ 충격하중
④ 진동하중

해설 충격하중 : 자동차와 같은 활하중이 교량 위를 달릴 때에는 교량이 진동

정답 32. ①　33. ④　34. ④　35. ①　36. ③　■　1. ①　2. ③

3. 교량의 설계하중에 있어서 주 하중에 관한 설명으로 바른 것은?
   ① 항상 장기적으로 작용하는 하중
   ② 때에 따라 작용하는 하중
   ③ 특별히 고려되어야 하는 하중
   ④ 온도의 변화에 따른 하중

   해설 교량의 설계하중
   ① 때에 따라 작용하는 하중: 활하중, 충격하중, 풍하중, 온도변화에 의한 영향
   ② 특별히 고려되어야 하는 하중: 특수하중

4. 도로교의 설계 하중에서 1등교에 속하는 것은?
   ① DB - 8.5   ② DB - 13.5   ③ DB - 18   ④ DB - 24

   해설 등급별 설계하중
   1등교: DB-24, 2등교: DB-18, 3등교: DB-13.5

5. 1등교를 설계할 때 DB-24를 적용한다. 이 때 총 중량은?
   ① 13.5 tf   ② 24.3 tf   ③ 32.4 tf   ④ 43.2 tf

   해설 총중량
   ① 1등교 : 1.8W = 1.8× 24 = 43.2ton
   ② 2등교 : 1.8W = 1.8× 18 = 32.4ton
   ③ 3등교 : 1.8W = 1.8× 13.5 = 24.3ton

6. 교량 설계에 있어서 반드시 고려해야 하고 항상 장기적으로 작용하는 하중은?
   ① 주 하중   ② 부 하중   ③ 특수 하중   ④ 충돌 하중

   해설 주하중은 장기하중으로 설계에서 반드시 고려해야 함

7. 철도교를 설계하기 위한 활하중은 다음 중 어느 것인가?
   ① OB-35 하중   ② PB-24 하중   ③ DL-18 하중   ④ LS 하중

   해설 표준설계하중
   ① 도로 : DB 하중, ② 철도 : LS 하중

8. 자동차가 교량 위를 달리다가 갑자기 정지 했을 때 발생하는 하중을 무엇이라고 하는가?
   ① 풍하중   ② 제동 하중   ③ 충격 하중   ④ 고정 하중

9. 표준 트럭하중 DB-18로 설계되는 교량은?
   ① 1등교   ② 2등교   ③ 3등교   ④ 4등교

   해설 등급별 설계하중 : 1등교: DB-24, 2등교: DB-18, 3등교:DB-13.5

10. 도로교 설계기준에서 규정하고 있는 교량의 상부구조에 대한 충격계수(i)식은 어느 것인가?
    (단, L:지간 길이)
    ① $i = \dfrac{15}{20+L} \leq 0.3$
    ② $i = \dfrac{15}{25+L} \leq 0.3$

정답 3. ① 4. ④ 5. ④ 6. ① 7. ④ 8. ② 9. ② 10. ④

③ $i = \dfrac{15}{30+L} \leq 0.3$ ④ $i = \dfrac{15}{40+L} \leq 0.3$

해설 충격계수 $i = \dfrac{15}{40+L} \leq 0.3$
L(m) : 활하중이 등분포 하중인 경우에 부재에 최대 응력이 일어나도록 활하중이 재하된 지간 부분 길이

11. 교량의 설계하중에 있어서 주하중에 관한 설명으로 바른 것은?
① 항상 장기적으로 작용하는 하중
② 때에 따라 작용하는 하중
③ 설계에 있어서 고려하지 않아도 되는 하중
④ 온도의 변화에 따른 하중

12. 원심하중은 차량이 곡선상을 달릴 때 나타나는데 이때 교면 상 어느 정도 높이에서 수평방향으로 작용하는 것으로 보는가?
① 1.2m   ② 1.5m   ③ 1.8m   ④ 2.0m

13. 교량의 종류에 있어서 통로의 위치에 따라 분류한 것으로 잘못된 것은?
① 상로교   ② 중로교   ③ 하로교   ④ 과선교

해설 교량의 통로상 따른 분류
① 상로교 : 통로가 주형의 위쪽에 있는 교량
② 중로교 : 통로가 주형의 중앙에 있는 교량
③ 하로교 : 통로가 주형의 아래에 있는 교량
④ 2층 교 : 통로가 2층으로 된 교량

14. 교량의 설계에 사용되는 표준 트럭 하중의 기호는?
① DA   ② DB   ③ DD   ④ DL

해설 표준설계하중 ① 도로 : DB 하중, ② 철도 : LS 하중

15. 교량의 상부 구조의 중량, 즉 교량의 자중을 비롯하여 교량에 부설된 모든 시설물의 중량을 말하는 토목 구조물 설계 하중은?
① 활하중   ② 고정하중   ③ 충격하중   ④ 풍하중

16. 일반적으로 자동차와 같은 활하중이 교량 위를 달릴 때 교량이 진동하게 된다. 즉, 자동차가 정지하여 있을 때보다 그 하중의 영향이 훨씬 커지는 데 이러한 하중을 무엇이라 하는가?
① 설 하중   ② 고정 하중   ③ 충격 하중   ④ 풍 하중

17. 다음 중 교량에 항상 장기적으로 작용하는 하중으로서 설계에 있어서 반드시 고려해야 할 하중은?
① 고정 하중   ② 지진의 영향   ③ 지점 이동의 영향   ④ 온도 변화의 영향

정답 11. ①   12. ③   13. ④   14. ②   15. ②   16. ③   17. ①

18. 토목 구조물 설계시 하중을 주하중, 부하중, 특수하중으로 분류할 때 주하중에 속하는 것은?
① 제동하중 ② 풍하중 ③ 활하중 ④ 원심하중

해설 주하중 : 고정하중, 활하중, 충격하중

19. 도로교 설계 기준의 DB-24(표준트럭하중)의 총 중량은?
① 135 kN ② 243 kN ③ 324 kN ④ 432 kN

해설 총중량
① 1등교 : 1.8W = 1.8× 24 = 43.2ton× 9.8 ≒ 432kN
② 2등교 : 1.8W = 1.8× 18 = 32.4ton× 9.8 ≒ 324kN
③ 3등교 : 1.8W = 1.8× 13.5 = 24.3ton× 9.8 ≒ 243kN

20. 3등교 교량의 설계에 적용되는 도로교설계기준의 표준트럭 하중으로 옳은 것은?
① DB-24 ② DB-18 ③ DB-15.5 ④ DB-13.5

해설 등급별 설계하중 1등교 : DB-24, 2등교 : DB-18, 3등교 : DB-13.5

21. 도로교 설계기준에서 규정하고 있는 지간(L)이 20m인 교량의 상부구조에 대한 충격 계수는 얼마인가?
① 0.20 ② 0.25 ③ 0.30 ④ 0.35

해설 충격계수 $i = \dfrac{15}{40+L} = \dfrac{15}{40+20} = 0.25$

22. 다음 중 고정 하중이 아닌 것은?
① 난간 ② 가로보 ③ 아스팔트 포장 ④ 정차중인 트럭

23. 설계 하중에서 특수 하중에 속하지 않는 것은?
① 설하중 ② 충돌하중 ③ 제동 하중 ④ 온도 변화의 영향

해설 특수하중 : 설하중, 원심하중, 지점이동의 영향, 제동하중, 가설하중, 충돌하중

정답 18. ③ 19. ④ 20. ④ 21. ② 22. ④ 23. ④

설계절차

1. 설계의 절차에 있어서 다음 중 가장 나중에 해야 하는 것은?
① 재료의 선정 ② 응력의 결정 ③ 하중의 결정 ④ 사용성의 검토

해설 설계절차 : 사용재료를 선정한 후 → 응력결정 → 하중을 결정 → 단면치수 가정 → 사용성 검토

2. 토목 설계의 기본 개념으로 고려하여야 할 사항과 가장 거리가 먼 것은?
① 경제성 ② 미관 ③ 사용성과 내구성 ④ 희소성

해설 설계개념 : ① 안정성 ② 사용성과 내구성 ③ 경제성 ④ 미관

3. 다음 보기에 대하여 설계 순서로 옳게 나열된 것은?

㉮ 사용성 검토 ㉯ 구조물의 형식 검토
㉰ 단면 치수의 가정 ㉱ 설계도 및 시방서 작성

① ㉯→㉰→㉮→㉱ ② ㉮→㉯→㉰→㉱
③ ㉰→㉮→㉱→㉯ ④ ㉱→㉰→㉯→㉮

해설 설계절차 : 구조물 건설의 필요성 검토⇒구조물의 위치, 규모 및 기능에 대한 검토⇒구조물의 형식 검토⇒단면 치수의 가정⇒사용성 검토⇒설계도 및 시방서 작성

4. 토목 구조물의 설계 개념과 가장 거리가 먼 것은?
① 작용 외력에 대한 구조물의 안정성 ② 구조물 사용의 편리성과 내구성
③ 토목 구조물로서의 희소적 가치 ④ 구조물 유지 보수의 경제성

5. 〈보기〉는 토목구조물을 설계할 때의 절차를 항목 별로 표기한 것이다. 순서대로 옳게 나열된 것은?

〈보기〉 ㉠ 필요성 검토 ㉡ 사용재료 및 하중의 결정
㉢ 구조해석에 의한 단면 치수 결정 ㉣ 형식 검토 ㉤ 사용성 검토

① ㉤→㉡→㉢→㉣→㉠ ② ㉤→㉢→㉡→㉣→㉠
③ ㉠→㉡→㉢→㉣→㉤ ④ ㉠→㉣→㉡→㉢→㉤

해설 설계절차 : 구조물 건설의 필요성 검토⇒구조물의 위치, 규모 및 기능에 대한 검토⇒구조물의 형식 검토⇒재료 선정, 응력 및 하중의 결정⇒단면 치수의 가정⇒구조해석에 의한 단면 계산 및 구조 세목⇒사용성 검토⇒설계도 및 시방서 작성

6. 교량을 강도 설계법으로 설계하고자 할 때, 설계 계산에 앞서 결정하여야 할 사항이 아닌 것은?
① 사용성 검토 ② 응력의 결정
③ 재료의 선정 ④ 하중의 결정

해설 설계절차 : 구조물 건설의 필요성 검토⇒구조물의 위치, 규모 및 기능에 대한 검토⇒구조물의 형식 검토⇒재료 선정, 응력 및 하중의 결정⇒단면 치수의 가정⇒구조해석에 의한 단면 계산 및 구조 세목⇒사용성 검토⇒설계도 및 시방서 작성

정답 1. ④ 2. ④ 3. ① 4. ③ 5. ④ 6. ①

7. 아래 보기에 대한 토목 구조물의 설계 순서로 가장 적합한 것은?

[보 기]
㉠ 설계도 및 공사 시방서 작성
㉡ 단면치수의 가정
㉢ 구조물의 형식 검토
㉣ 구조 해석에 의한 단면계산 및 구조 세목
㉤ 구조물 건설의 필요성 검토

① ㉤→㉡→㉢→㉣→㉠
② ㉤→㉢→㉡→㉣→㉠
③ ㉤→㉠→㉢→㉡→㉣
④ ㉤→㉡→㉢→㉠→㉣

해설 설계절차 : 구조물 건설의 필요성 검토 ⇒ 구조물의 위치, 규모 및 기능에 대한 검토 ⇒ 구조물의 형식 검토 ⇒ 재료 선정, 응력 및 하중의 결정 ⇒ 단면 치수의 가정 ⇒ 구조해석에 의한 단면 계산 및 구조 세목 ⇒ 사용성 검토 ⇒ 설계도 및 시방서 작성

철근콘크리트구조

1. 철근 콘크리트의 구조물이 널리 사용되는 이유에 대한 설명 중 잘못된 것은?
   ① 철근과 콘크리트의 부착이 매우 잘된다.
   ② 철근과 콘크리트의 온도에 대한 선팽창 계수가 거의 같다.
   ③ 철근과 콘크리트의 인장강도가 거의 비슷하다.
   ④ 콘크리트 속에 묻힌 철근은 녹이 슬지 않는다.

해설 철근콘크리트를 널리 이용하는 이유
① 철근과 콘크리트 부착이 매우 잘 된다.
② 철근과 콘크리트 온도에 대한 열팽창 계수가 거의 같다.
③ 콘크리트 속에 묻힌 철근은 녹슬지 않는다.
④ 콘크리트의 인장강도는 압축강도의 $\frac{1}{10} \sim \frac{1}{13}$ 정도이다.

2. 철근 콘크리트에 사용하는 콘크리트의 요구 조건이 아닌 것은?
   ① 소요의 강도를 가질 것
   ② 내구성을 가질 것
   ③ 수밀성을 가질 것
   ④ 품질의 변동이 클 것

해설 콘크리트가 갖추어야 할 사항
① 소요강도 ② 내구성 ③ 수밀성 ④ 품질 변동이 허용치를 넘지 말 것

3. 철근 콘크리트를 사용하는 이유가 아닌 것은?
   ① 철근과 콘크리트의 부착력이 매우 크다.
   ② 철근속의 콘크리트는 부식이 빨리 된다.
   ③ 철근과 콘크리트의 열팽창 계수가 거의 같다.
   ④ 철근과 콘크리트 외력에 상호 보완적 역할을 한다.

해설 콘크리트 속에 묻힌 철근은 녹슬지 않는다.

정답 7. ② ■ 1. ③ 2. ④ 3. ②

4. 철근 콘크리트가 구조 재료로 널리 이용되는 이유로 틀린 것은?
   ① 철근과 콘크리트의 부착력이 좋다.
   ② 콘크리트 속의 철근은 녹이 슬지 않는다.
   ③ 철근과 콘크리트의 탄성계수가 거의 같다.
   ④ 철근과 콘크리트의 온도에 대한 선팽창계수가 거의 같다.

해설 철근과 콘크리트의 온도에 대한 선팽창계수
   ① 콘크리트의 탄성계수(Ec)=4,700× $\sqrt{fck}$ [MPa]
   ② 철근의 탄성계수(Es)=2×10^5[MPa]
   ③ Wc=2,300kgf/㎥, 보통골재인 경우 fck=210kgf/㎠이면 Ec=4,700× $\sqrt{210}$ =68,109[MPa]이므로 철근과 콘크리트의 탄성계수가 같지 않다.

5. 어떤 재료에 일정한 힘을 가한 후 그 힘을 제거하면 똑같은 곡선을 따라 원점으로 돌아가는 재료의 성질은?
   ① 탄성   ② 소성   ③ 영구 변형   ④ 취성

해설 탄성 : 재료가 외력을 받아 변형이 생겼을 때 외력을 제거하면 원상태로 되돌아가는 성질

6. 철근 콘크리트의 기본 개념에 대한 설명으로 옳지 않은 것은?
   ① 철근 콘크리트는 콘크리트를 주재료로 하고 철근을 보강 재료로 하여 만든 재료다.
   ② 콘크리트에 일어날 수 있는 인장 응력을 상쇄하기 위하여 미리 계획적으로 압축 응력을 준 콘크리트를 철근 콘크리트라 한다.
   ③ 콘크리트는 압축력에는 강하지만 인장력에는 매우 취약 하므로, 인장력이 작용하는 부분에 철근을 묻어 넣어서 철근이 인장력의 대부분을 저항하도록 한 구조를 철근 콘크리트 구조라 한다.
   ④ 철근 콘크리트 구조물 중 교각 또는 기둥과 같이 콘크리트의 압축에 대한 성능을 개선하기 위하여 압축력을 받는 부분에도 철근을 묻어 넣어 사용하기도 한다.

7. 재료의 품질관리가 쉽고 공사기간이 단축되는 등의 장점이 있는 구조는?
   ① 아스팔트   ② 강 구조   ③ 합성구조   ④ PSC 구조

해설 강 구조 : 균질성(품질관리)을 가지고 있고, 사전 조립이 가능하며, 시공이 간편하여 공사기간 단축

8. 콘크리트와의 부착력을 증대시켜 주는 이점이 있어 철근 콘크리트 구조물에 주로 이용되는 철근은?
   ① 원형 철근   ② 민 철근   ③ 이형 철근   ④ 압축 철근

해설 이형 철근은 원형 철근에 비하여 부착력이 강하다.

9. 철근과 콘크리트 사이의 부착에 영향을 주는 주요 원리와 거리가 먼 것은?
   ① 콘크리트와 철근 표면의 마찰 작용   ② 시멘트풀과 철근 표면의 점착 작용
   ③ 이형 철근 표면에 의한 기계적 작용   ④ 거푸집에 의한 압축 작용

해설 철근의 부착에 영향을 미치는 요인 : 철근의 표면상태, 콘크리트의 압축강도, 철근의 묻힌 위치 및 방향, 피복두께, 다지기 등

정답 4. ③ 5. ① 6. ② 7. ② 8. ③ 9. ④

1장 토목 구조물의 역사 269

10. 철근 콘크리트 구조물의 장점과 가장 거리가 먼 것은?
    ① 내구성, 내화성, 내진성이 우수하다
    ② 여러 가지 모양과 치수의 구조물을 만들기 쉽다.
    ③ 다른 구조물에 비하여 유지 관리비가 적게 든다.
    ④ 비교적 경량의 구조물을 만들 수 있다.

해설 자중이 크다.

11. 철근콘크리트 구조에 대한 설명으로 옳지 않은 것은?
    ① 콘크리트 압축강도가 인장강도에 비해 약한 결점을 철근을 배치하여 보강한 것이다.
    ② 콘크리트 속에 묻힌 철근은 녹이 슬지 않아 널리 사용된다.
    ③ 이형 철근은 표면적이 넓을 뿐 아니라 마디가 있어 부착력이 크다.
    ④ 각 부재를 일체로 만들 수 있어 전체적으로 강성이 큰구조가 된다.

해설 콘크리트 인장강도가 압축강도에 비해 약한 결점을 철근을 배치하여 보강한 것이다.

12. 콘크리트 속에 철근을 배치하여 양자가 일체가 되어 외력을 받게 한 구조는?
    ① 철근 콘크리트 구조　　　　　② 무근 콘크리트 구조
    ③ 프리스트레스트 구조　　　　　④ 합성 구조

프리스트레스트 콘크리트

1. 프리스트레스트 콘크리트의 프리텐션 방식을 설명한 것으로 옳지 않은 것은?
    ① 주로 공장에서 제작한다.
    ② PS 강재를 긴장한 채로 콘크리트를 친다.
    ③ PS 강재와 콘크리트의 부착에 의하여 콘크리트에 프리스트레스가 도입된다.
    ④ 콘크리트가 경화한 후 프리스트레스를 도입한다.

해설 프리스트레싱 방법
    ① 프리텐션방식 : PS강선을 미리 긴장한 후 콘크리트 타설, 대표적인 공법 (롱라인 공법)
    ② 포스트텐션 방식 : 시스관을 설치한 후 콘크리트를 타설하고 양생한 다음 PS강선을 긴장 및 정착

2. 인장 측의 콘크리트에 미리 계획적으로 압축 응력을 주어 일어날 수 있는 인장 응력을 상쇄시킨 콘크리트를 무엇이라 하는가?
    ① 강 콘크리트　　　　　　　　② 합성 콘크리트
    ③ 철근 콘크리트　　　　　　　　④ 프리스트레스트 콘크리트

해설 프리스트레스 콘크리트(PSC) 원리 : 콘크리트에 일어날 수 있는 인장력을 상쇄하기 위하여 미리 계획적으로 압축 응력을 준 콘크리트

3. 콘크리트에 일어날 수 있는 인장 응력을 상쇄하기 위하여 미리 계획적으로 압축 응력을 준 콘크리트를 무엇이라 하는가?
    ① 강 구조물　　　　　　　　　② 합성 구조물

정답 10. ④　11. ①　12. ①　■　1. ④　2. ④　3. ④

③ 철근 콘크리트   ④ 프리스트레스트 콘크리트

4. 프리스트레스의 손실의 원인 중 도입할 때의 원인은 어느 것인가?
① 마찰에 의한 손실
② 콘크리트의 크리프
③ 콘크리트의 건조 수축
④ PS 강재의 릴랙세이션

해설 프리스트레스 손실
① 즉시손실 (도입 시 손실) : 정착단의 활동에 의한 감소, PC 강재와 쉬스관의 마찰에 의한 감소 (포스텐션에서만 발생), 콘크리트 탄성변형에 의한 감소
② 시간적 손실 (도입 후 손실) : PC 강재 릴랙세이션에 의해 응력감소, 콘크리트 크리프, 콘크리트 건조수축

5. PSC구조물의 장점에 해당되지 않는 것은?
① 내구적이다.
② 처짐이 작다.
③ 복원성이 우수하다.
④ 진동하기 쉽다.

해설 PSC 장점
① 강재 부식위험이 없어 내구성이 좋다.
② 균열이 발생해도 하중을 제거 하면 복원성이 우수하다.
③ 전단면을 유효하게 쓸 수 있다.
④ 부재의 자중을 경감할 수 있다.
⑤ 장대지간에 적합하고 외관이 날렵하고 아름답다.
⑥ 파괴의 전조가 뚜렷하게 나타난다.
⑦ 처짐이 작다.

6. PS 강재에 어떤 인장력으로 긴장한 채 그 길이를 일정하게 유지해 주면 시간이 지남에 따라 PS 강재의 인장응력이 감소한다. 이러한 현상을 무엇이라고 하는가?
① 크리프   ② 포스트 텐션   ③ 릴랙세이션   ④ 프리스트레스

해설 릴랙세이션 : PS강재를 긴장한 후 시간이 지나감에 따라 인장응력이 감소하는 현상

7. 프리스트레스트 콘크리트의 사용 재료 중 PS 강재의 성질로 잘못 된 것은?
① 인장강도가 작아야 한다.
② 릴랙세이션이 작아야 한다.
③ 적당한 연성과 인성이 있어야 한다.
④ 응력 부식에 대한 저항성이 커야 한다.

해설 PS 강재에 요구되는 성질
① 인장강도가 커야 한다.
② 릴랙세이션이 작아야 한다.
③ 신직성(직선성)이 좋아야 한다.
④ 적당한 연성과 늘음이 있어야 한다.
⑤ 어느 정도의 피로강도를 가져야 한다.
⑥ 부식에 대한 저항성이 커야 한다.
⑦ 콘크리트와 부착강도가 커야 한다.

정답 4. ①   5. ④   6. ③   7. ①

■ 1장 토목 구조물의 역사   271

8. PS강재를 긴장한 채 일정한 길이로 유지하면 시간의 경과에 따라 인장응력이 감소하는 현상은?
   ① 전성   ② 탄성
   ③ 직선성   ④ 릴랙세이션

   해설 릴랙세이션 : PS강재를 긴장한 후 시간이 지나감에 따라 인장응력이 감소하는 현상

9. 프리텐션방식의 특징에 대한 설명으로 틀린 것은?
   ① 공장 제품으로 품질이 좋다.
   ② 대량 생산이 가능하다.
   ③ 시스, 정착장치 등이 필요 없다.
   ④ 곡선 배치가 가능하다.

   해설 프리텐션공법 특징
   ① 공장제품으로 품질이 우수 하다.
   ② 대량생산이 가능하다.
   ③ 시스, 정착장치가 필요 없다.
   ④ 곡선배치가 곤란하다.
   ⑤ 부재 단부에 소정의 긴장력이 도입되지 않을 수 있다.

10. PSC 방식 중 포스트텐션방식의 특징으로 틀린 것은?
    ① 별도의 지지대가 필요 없다.
    ② 긴장재의 곡선배치가 가능하여 장대지간에 좋다.
    ③ 프리캐스트부재와의 조립이 용이하다.
    ④ 재 긴장을 할 수 없다.

    해설 포스트텐션공법 특징
    ① 곡선배치가 가능하여 장대교, 대형구조물, 특수구조물에 사용
    ② 콘크리트 경화후 긴장하기 때문에 별도 지지대가 필요 없다.
    ③ 프리캐스트 부재와 결합. 조립이 가능하다.
    ④ 재 긴장이 가능하다.
    ⑤ 특수한 긴장방법, 정착장치, 시스가 필요하다.

11. 프리스트레스트 콘크리트의 특징이 아닌 것은?
    ① 설계하중이 작용하더라도 균열이 발생하지 않는다.
    ② 안정성이 높다.
    ③ 철근콘크리트에 비해 고강도 콘크리트와 강재를 사용한다.
    ④ 철근콘크리트보다 내화성이 우수하다.

    해설 고온(열)에 약하다.

정답   8. ④   9. ④   10. ④   11. ④

12. 포스트텐션방식의 PSC 부재에서 콘크리트 부재속에 구멍을 형성하기 위하여 사용하는 관은?
    ① 시스   ② PS강재   ③ 정착단   ④ 잭

    해설) 포스트텐션방식의 PSC 부재에서 긴장재를 수용하기 위하여 미리 콘크리트 속에 뚫어 두는 구멍을 덕트라 하며, 덕트를 형성하기 위하여 쓰는 관을 시스라고 한다.

13. PS강재에서 필요한 성질로만 짝지어진 것은?
    ㄱ. 인장강도가 커야 한다.
    ㄴ. 릴랙세이션이 커야 한다.
    ㄷ. 적당한 연성과 인성이 있어야 한다.
    ㄹ. 응력 부실에 대한 저항성이 커야 한다.

    ① ㄱ, ㄴ, ㄷ   ② ㄱ, ㄴ, ㄹ
    ③ ㄴ, ㄷ, ㄹ   ④ ㄱ, ㄷ, ㄹ

    해설) 릴랙세이션(PS강재를 긴장한 후 시간이 지나감에 따라 인장응력이 감소하는 현상)이 작아야 한다.

14. 포스트 텐션 방식에서 PS 강재가 녹스는 것을 방지하고, 또 콘크리트에 부착시키기 위해 시스 안에 시멘트 풀 또는 모르타르를 주입하는 작업을 무엇이라고 하는가?
    ① 그라우팅   ② 덕트   ③ 프레시네   ④ 디바다그

    해설) ① 덕트 : 포스터텐션방식의 PSC 부재에서 긴장재를 수용하기 위하여 미리 콘크리트 속에 뚫어 두는 구멍
    ② 포스트텐션 방식 정착 방법
       ㉠ 쐐기식 정착 : 프리시네, VSL
       ㉡ 지압식 : 디비다그, BBRV

15. 철근 콘크리트와 비교한 프리스트레스트 콘크리트의 특징이 아닌 것은?
    ① 콘크리트와 강재의 강도가 작아도 된다.
    ② 설계 하중 작용시 인장측에 균열이 발생하지 않는다.
    ③ 단면을 작게 할 수 있다.
    ④ 내화성에 대하여 불리하다.

    해설) 철근콘크리트에 비해 고강도 콘크리트와 강재를 사용한다.

16. 프리스트레스트 콘크리트의 포스트 텐션 방식에서 정착 방법의 종류가 아닌 것은?
    ① 쐐기 작용을 이용하는 방법
    ② 너트를 사용하는 방법
    ③ 리벳 머리에 의한 방법
    ④ 소일 네일링에 의한 방법

    해설) 소일 네일링공법 : 흙속에 보강재를 삽입하여 안정을 도모하는 지반보강 공법

정답 12. ① 13. ④ 14. ① 15. ① 16. ④

강 구조

1. 다음 중 구조용 강재의 단점에 속하지 않는 것은?
① 유지 관리비가 많이 든다.
② 반복하중에 대한 피로가 발생하기 쉽다.
③ 차량 통행에 의하여 소음이 발생하기 쉽다.
④ 미관을 고려한 형상을 만들기 어렵다.

해설 강 구조 특징
① 장점 : 고강도, 내구적, 균질성, 탄성적, 연성적, 연결방법 다양성, 구조형상 다양성, 재사용 가능성, 조립 가능성
② 단점 : 좌굴가능성, 비 내화적, 피로발생, 유지관리비

2. 구조 재료로서 강재의 특징으로 올바른 것은?
① 재료의 균질성이 떨어진다.
② 부재를 개수하거나 보강하기 어렵다.
③ 차량 통행에 의하여 소음이 발생하기 쉽다.
④ 강 구조물을 사전 제작하여 조립이 힘들다.

해설 강재의 단점 : 부식, 피로파괴, 소음발생, 구조해석 복잡

3. 강재에서 고장력 볼트의 구멍은 볼트의 호칭지름에 얼마의 값을 더하는가?
① 2mm   ② 3mm   ③ 5mm   ④ 6mm

해설 볼트 구멍은 호칭지름의 3mm을 더한다.

4. 다음 중 강 구조의 강재 이음 방법이 아닌 것은?
① 겹침 이음   ② 용접 이음
③ 고장력 볼트 이음   ④ 리벳 이음

해설 겹침 이음은 철근의 이음 방법이다.

5. 다음 중 강 구조물의 특징이 아닌 것은?
① 구조물의 자중이 크다.   ② 균질성
③ 장지간에 유리   ④ 보강이 쉽다.

해설 강 구조 장점 : 고강도, 균질성, 내구성, 사전조립 가능, 시공간편(공사기간 단축), 다양한 구조, 개수 보강이 쉽다, 장대 지간 유리, 자중이 작다.

6. 강 구조의 장점이 아닌 것은?
① 고강도   ② 균질함
③ 내구적임   ④ 비 내화적임

해설 강 구조 장점 : 고강도, 내구적, 균질성, 탄성적, 연성적, 연결방법 다양성, 구조형상 다양성, 재사용 가능성, 조립 가능성

정답 1. ④ 2. ③ 3. ② 4. ① 5. ① 6. ④

7. 구조 재료로서 강재의 단점으로 올바른 것은?
   ① 재료의 균질성이 떨어진다.
   ② 부재를 개수하거나 보강하기 어렵다.
   ③ 차량 통행에 의하여 소음이 발생하기 쉽다.
   ④ 강 구조물을 사전 제작하여 조립이 힘들다.

해설 강재의 단점
① 부식이 쉽다. ⇒ 정기적 도장
② 반복하중에 의한 피로 발생 ⇒ 피로파괴
③ 차량통행에 의한 소음 발생
④ 강재 연결부위 완전한 강절 연결이나 단순 연결로 하기 어려워 구조해석 복잡

8. 강 구조의 특징에 대한 설명으로 옳은 것은?
   ① 콘크리트에 비해 품질 관리가 어렵다.
   ② 재료의 세기 즉 강도가 콘크리트에 비해 월등히 작다.
   ③ 콘크리트에 비해 공사기간이 단축된다.
   ④ 콘크리트에 비해 부재의 치수를 작게 할 수 없다.

해설 강도가 콘크리트에 비하여 월등히 크므로 부재의 치수를 작게 할 수 있어 지간이 긴 교량을 축조하는데 유리할 뿐만 아니라, 콘크리트에 비하여 재료의 품질 관리가 쉽고, 공사 기간이 단축되는 등의 장점으로 널리 쓰이고 있다.

9. 다음 중 강 구조의 장점이 아닌 것은?
   ① 콘크리트에 비하여 강도가 크다.
   ② 부재의 치수를 크게 한다.
   ③ 경간이 긴 교량을 축조하는데 유리하다.
   ④ 콘크리트에 비하여 재료의 품질관리가 쉽다.

해설 강도가 콘크리트에 비하여 월등히 크므로 부재의 치수를 작게 할 수 있어 지간이 긴 교량을 축조하는데 유리할 뿐만 아니라, 콘크리트에 비하여 재료의 품질 관리가 쉽고, 공사 기간이 단축되는 등의 장점으로 널리 쓰이고 있다.

10. 강 구조에 사용하는 강재의 종류에 있어서 녹슬기 쉬운 강재의 단점을 개선한 강재는?
    ① 일반 구조용 압연 강재
    ② 용접 구조용 압연 강재
    ③ 내후성 열간 압연 강재
    ④ 너트 구조용 압연 강재

해설 내후성강은 강이 대기 중에서 부식에 저항성을 가질 수 있게 만든 금속

11. 콘크리트와 비교할 때 강 구조(steel structure)의 특징이 아닌 것은?
    ① 부재의 치수를 작게 할 수 있다.
    ② 지간이 긴 교량을 축조하는데 유리하다.
    ③ 재료의 품질관리가 어렵다.
    ④ 공사기간이 단축된다.

정답 7. ③ 8. ③ 9. ② 10. ③ 11. ③

해설 콘크리트에 비하여 재료의 품질관리가 쉽다.

---

12. 교량에 사용한 강재의 이음에 있어서 일반적으로 많이 사용하는 용접법은?
① 가스 용접법
② 특수 용접법
③ 일반 용접법
④ 금속 아크 용접법

---

13. 토목 구조물에서 콘크리트 구조, 강 구조, 콘크리트와 강재의 합성 구조로 나누는 것은 무엇에 따른 분류인가?
① 사용목적에 따른 분류
② 사용재료에 따른 분류
③ 시공방법에 따른 분류
④ 시공비용에 따른 분류

---

14. 강 구조의 특징에 대한 설명으로 옳지 않은 것은?
① 내구성이 우수하다
② 재료의 균질성을 가지고 있다.
③ 차량 통행에 의하여 소음이 발생되지 않는다.
④ 다양한 형상과 치수를 가진 구조로 만들 수 있다.

해설 차량 통행에 의하여 소음이 발생하기 쉽다.

---

15. 강 구조의 특징에 대한 설명으로 옳지 않은 것은?
① 구조의 내구성이 작다.
② 부재를 개수하거나 보강하기 쉽다.
③ 단위넓이에 대한 강도가 크고 자중이 작다.
④ 반복 하중에 의한 피로가 발생하기 쉽다.

해설 내구성이 우수하다.

---

16. 높은 응력을 받는 강재는 급속하게 녹스는 일이 있고, 표면에 녹이 보이지 않더라도 조직이 취약해지는 현상은?
① 취성
② 응력 부식
③ 틱소트로피
④ 릴랙세이션

해설 응력 부식 : 프리스트레스트 콘크리트에서 높은 응력을 받는 PS강재는 급속하게 녹스는 경우가 있으며, 표면에 녹이 보이지 않더라도 조직이 취약해지는 현상

정답 12. ④ 13. ② 14. ③ 15. ① 16. ②

2장 토목 구조물의 종류

1. 보(beam)

① 폭에 비하여 길이가 긴 구조물로서 하중을 길이 방향의 직각으로 지지하는 구조물.
② 보에 작용하는 단면력 중에서 휨모멘트가 가장 지배적이므로 휨에 대하여 우선적 설계.

2. 기둥(column)

1 기둥의 정의

① 축 방향 압축과 휨을 받는 구조물로서 부재의 높이가 부재 단면의 최소 치수의 3배 이상인 것을 기둥이라 함.
② 슬래브나 보를 통해 전달된 상부 하중을 구조물의 기초에 전달해 주는 역할
③ 단주, 장주의 구분 ⇒ 세장비로 구분

2 기둥의 종류

① 띠철근 기둥 : 축 방향 주철근을 띠철근으로 감은 형태
② 나선철근 기둥 : 축 방향 주철근을 나선철근으로 감은 형태
③ 합성기둥 : 구조용 강재나 강관을 축 방향으로 보강한 기둥

3 용어 정리

① 세장비 : 기둥과 같이 압축을 받는 부재에서 단면적과 길이의 관계를 나타내는 것으로 단면적에 비하여 길이가 길면 압축력이 약함
② 좌굴 : 압축을 받는 부재가 압축력에 의해 부재 축 방향에 대해 직각으로 휘는 현상

4 구조세목

① 단면최소치수
  ㉠ 띠철근기둥 : 200mm 이상
  ㉡ 나선철근 기둥 : 심부지름 200mm 이상(심부지름 : 나선철근 중심선이 그리는 원의 지름)
② 단면적
  - 띠철근 기둥 : 60,000mm² 이상
③ 축방향철근
  ㉠ 띠철근 기둥의 축방향 철근 : 지름은 16mm 이상, 사각형 단면 4개 이상
  ㉡ 나선철근 기둥의 축방향 철근 : 지름은 16mm 이상, 원형 단면 6개 이상

④ 축방향 철근비 ρ_g = 1 % ~ 8 %
⑤ 콘크리트 벽체나 교각 구조와 일체로 시공되는 나선철근 또는 띠철근 압축 부재 유효 단면 치수의 한계는 나선철근이나 띠철근 외측에서 40mm보다 크지 않게 취해야 한다.

5 기둥의 띠철근의 구조세목

① D32 이하의 축방향 철근 : D10 이상의 띠철근 사용
② D35 이상의 축방향 철근 : D13 이상의 띠철근 사용

6 기둥 설계 원칙

① 기둥의 설계 강도 : Pd = ∅Pn
여기서, Pd : 설계축 하중 강도, Pn : 공칭축 하중 강도,
∅ : 강도감소계수 (나선철근 기둥 = 0.75, 띠철근 기둥 = 0.70)

구 분	∅(강도감소계수)	α	e_{min}	r (회전반경)
나선철근기둥	0.75	0.85	0.05 h	0.25 d
띠 철근기둥	0.70	0.80	0.10 h	0.30 h

② 최대 설계 중심축 하중강도
㉠ 나선철근 기둥 $P_{d(\max)} = 0.85 \cdot \varnothing \cdot P_n$
㉡ 띠철근 기둥 $P_{d(\max)} = 0.80 \cdot \varnothing \cdot P_n$

3. 슬래브(slab)

1 슬래브 정의

① 두께에 비하여 폭이 넓은 판 모양의 구조물
② 교량에서 직접 하중을 받는 바닥판이나 건물의 각층마다의 바닥판

2 슬래브 종류

① 1방향 슬래브 : 교량과 같이 마주보는 두변에 의해 지지되는 슬래브로서 단변에 대한 장변의 비가 2이상이고 대부분의 하중이 단변 방향으로 전달되므로 주철근을 단변 방향에 평행하게 배치하고 장변 방향에는 배력 철근을 배치
② 2방향 슬래브 : 건물 슬래브와 같이 장변과 단변의 비가 2보다 작으며, 하중이 장변과 단변 방향으로 전달되므로 주철근을 단변과 장변 방향, 즉 2방향으로 배치(4변 지지임)

3 1방향 슬래브 구조세목

(1) 설계 계산

① 단변 지간을 1m인 직사각형 단면으로 설계한다.
② 필요한 철근량은 슬래브 폭에 고르게 분포시켜 배치한다.

(2) 구조 세목

① 슬래브 지간
  ㉠ 단순 슬래브 지간 : 받침부와 일체로 되지 않은 단순 슬래브에서는 순경간에 슬래브 두께를 더한 값을 지간으로 한다.
  ㉡ 연속 슬래브 지간 : 연속슬래브의 응력계산에서 휨 모멘트를 구할 경우 지지보의 중심간 거리를 지간으로 하고, 단면 계산은 순경간 내면의 휨 모멘트를 사용 지지보와 일체로 된 3m이하의 순경간을 가지는 연속 슬래브에서는 지지보의 폭이 없는 것으로 보고 지지보의 순경간을 지간으로 하는 연속보로 설계

② 슬래브 두께 : 최소 두께는 표의 규정값 이상이고, 100㎜ 이상이어야 한다.

1방향슬래브 최소 두께 (L: 지간)

부재	단순지지	구분	양단연속	캔틸레버
1방향 슬래브	$\dfrac{L}{20}$	$\dfrac{L}{24}$	$\dfrac{L}{28}$	$\dfrac{L}{10}$

③ 주철근의 간격
  정철근과 부철근의 중심간격은
  ㉠ 최대휨모멘트가 일어나는 단면 : 슬래브 두께의 2배 이하, 300㎜ 이하
  ㉡ 기타의 단면 : 슬래브 두께의 3배 이하, 450㎜ 이하

④ 배력철근(수축, 온도 철근) : 응력을 고르게 분포시키기 위하여 배치하는 철근
  ㉠ 도로교 설계기준(2000)에서는 이형철근을 쓰고 D13, D16, D19 및 D22를 표준으로 한다.
  ㉡ 철근의 중심 간격은 10㎝ 이상 30㎝ 이하로 한다.
  ㉢ 다만 바닥판 경간 방향의 인장철근의 중심 간격은 바닥판의 두께를 넘어서는 안된다.

4. 확대 기초 (footing foundation)

① 기초 : 구조물에 작용하는 상부 하중과 자중을 지지 지반에 전달하여 주는 구조
② 확대 기초 : 기둥, 교대, 교각, 벽 등에 작용하는 상부구조물의 하중을 지반에 안전하게 전달하기 위하여 설치한 구조물

1 확대기초 종류

① 독립 확대 기초 : 한 개의 기둥을 한 개의 기초가 단독으로 지지
② 벽 확대기초 : 벽으로부터 전달되는 하중을 분포시키기 위하여 연속적으로 만들어진 기초
③ 연결 확대 기초 : 2개 이상의 기둥을 한 개의 확대 기초로 받치도록 만든 기초
④ 캔틸레버 확대기초 : 2개의 독립확대기초를 하나의 보로 연결한 기초

⑤ 전면기초 : 모든 기둥을 하나의 연속된 확대기초로 지지하는 것으로 매트 기초라고도 함
⑥ 말뚝기초

2 전단에 대한 위험단면

① 1방향으로만 작용하는 경우 : 기둥 전면에서 d 만큼 떨어진 곳
② 2방향으로만 작용하는 경우 : 기둥 전면에서 d/2 만큼 떨어진 곳

3 벽의 확대기초 설계

① 폭이 1m 인 1방향 슬래브로 설계
② 작은 하중에 대해서는 무근콘크리트로의 확대 기초로 하고, 큰 하중에 대해서는 철근 콘크리트 확대 기초로 한다.
③ 모멘트가 작용하면 옹벽과 같이 본다.

5. 옹벽(Retaining wall)

1 옹벽

① 비탈면에서 흙이 무너져 내려오는 것을 방지하기 위하여 설치한 구조물
② 배후 토압에 대하여 옹벽의 자중으로 안정을 유지하는 구조물

2 옹벽의 종류

① 중력식 옹벽 : 무근 콘크리트 벽체의 자중에 의하여 안정을 유지하는 옹벽으로 높이는 3m 정도이다.
② 캔틸레버 옹벽 : 철근 콘크리트로 만들어지는 옹벽으로 역 T 형 옹벽이라고도 한다. 높이는 3~7m 정도이다.
③ 뒷부벽식 옹벽 : 옹벽의 높이가 커짐에 따라 고정단 모멘트가 증가하므로 적당한 간격으로 부벽을 설치하여 보강한 옹벽으로 높이는 7.5m 이상이다.
　㉠ 뒷부벽은 인장 타이(tension tie)로 작용한다.
　㉡ 부벽간의 간격은 옹벽 높이의 1/2 정도이다.
　㉢ 뒷부벽은 T형 보로 설계한다.
④ 앞부벽식 옹벽
　㉠ 캔틸레버 옹벽의 전면에 일정한 간격의 부벽을 설치한다.
　㉡ 앞부벽은 압축스트럿(compression strut)으로 작용한다.
　㉢ 뒷부벽보다는 역학적으로 효율적이지만 옹벽 전면의 공간을 차지하는 단점이 있다.
　㉣ 앞부벽은 직사각형보로 설계한다.

3 옹벽의 안정 조건

① 전도에 대한 안정

$$F_S = \frac{\text{저항 모멘트}}{\text{전도 모멘트}} = \frac{M_r}{M_o} = \frac{V \cdot x}{H \cdot y} \geq 2.0$$

여기서, V : 수직력의 총합, H : 수평력의 총합

모든 외력에 합력 R 이 옹벽 저면의 중앙 $\frac{1}{3}$ 구간 이내에 작용해야 한다.

② 활동에 대한 안정 : 수평력에 대한 검토
옹벽의 활동에 저항하는 힘은 옹벽 저면의 마찰력과 앞굽판 전면의 수동 토압이지만, 수동 토압은 보통 무시하고 마찰 저항력으로 안정을 검토 한다.

$$F_S = \frac{\text{수평 저항력}}{\text{수평력}} = \frac{F}{H} = \frac{V \cdot \tan\varnothing}{H} = \frac{V \cdot f}{H} \geq 1.5$$

여기서, $\varnothing$: 옹벽저면과 지반사이의 마찰각, f : 마찰계수

활동에 대한 저항성을 크게 할 목적으로 옹벽저판과 지반사이에 활동 방지벽(shear key)을 설치하는 것이 효과적이다.

③ 지반 지지력에 대한 안정
기초지반에 작용하는 최대 지반반력($q_{\max}$)이 지반의 허용 지지력(q_a) 이하가 되면 안전하다.

$$q = \frac{V}{A} \pm \frac{M}{I}y = \frac{V}{A} \pm \frac{M}{Z} = \frac{V}{B \times L} \pm \frac{6 V \cdot e}{L \cdot B^2}$$

식에 옹벽의 단위길이 L=1m를 대입하여 정리하면

$$q_{(\max,\ \min)} = \frac{V}{B}\left(1 \pm \frac{6 \cdot e}{B}\right)$$

4 옹벽의 구조 세목

① 배력 철근 : 부벽식 옹벽의 전면벽과 저판에는 인장 철근의 20% 이상의 배력 철근을 두어야 한다.
② 활동 방지벽 : 활동에 대한 효과적인 저항을 위하여 저판의 하면에 활동 방지벽을 설치하는 경우 활동 방지벽과 저판을 일체로 만든다. 즉, 활동에 저항, 저판과 일체로 작용, 전도에 저항하도록 설치 가능
③ 수축(收縮) 이음
  ㉠ 옹벽 연직벽의 표면에 연직방향으로 V형 홈의 수축이음을 둔다.
  ㉡ 그 간격은 9m 이하로 하며 수축이음에서는 철근을 끊지 않는다.
  ㉢ 수축 이음은 콘크리트의 건조 수축으로 인한 균열을 방지할 수 있게 한다.

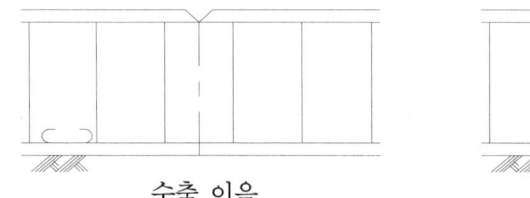
수축 이음

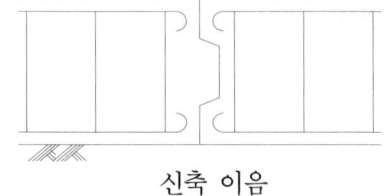
신축 이음

④ 신축 이음
- ㉠ 옹벽 설계시에 콘크리트의 수화열, 온도 변화, 건조 수축, 등 부피의 변화에 대한 별도의 구조 해석을 하지 않은 경우 신축 이음 설치할 수 있다.
- ㉡ 부피의 변화에 대한 구조 해석을 한 경우에는 신축 이음을 두지 않고, 종방향 철근을 연속으로 배근할 수 있다.
- ㉢ 옹벽의 연장이 30m 이상인 경우에 신축 이음을 두어 온도 변화와 지반의 부등침하에 대비한다. (단, 신축이음은 20m를 넘지 않는 간격으로 설치한다.)
- ㉣ 신축 이음 부분에서는 철근을 끊는다.

⑤ 수축 및 온도 철근
- ㉠ 지름이 16㎜ 이하인 이형 철근이고, 그 항복 강도가 400MPa 이상인 경우 0.0020
- ㉡ 그 외 이형 철근에 대하여 0.0025
- ㉢ 지름이 16㎜ 이하인 용접 철망에 대하여 0.0020
- ㉣ 수평 철근의 간격은 벽체 두께의 3배 이하, 400㎜ 이하라야 한다. (옹벽의 수축 및 온도 철근)

⑥ 배수공
- ㉠ 옹벽의 전(前)면벽에는 적어도 지름 65㎜ 의 배수공을 만들어 약 4.5m 간격으로 또한 뒷부벽의 각 격간에 적어도 한 개의 배수공을 만들어야 한다.
- ㉡ 옹벽의 뒷채움에는 두께 300㎜ 이상의 적당한 배수층을 둔다.

⑦ 벽의 노출면 경사
1 : 0.02 정도의 경사를 붙이는 것이 좋다.

기출 및 예상문제

토목구조물의 종류

1. 축 방향 압축을 받는 부재로서 높이가 단면의 최소 치수의 3배 이상인 구조는?
① 보　　② 기둥　　③ 옹벽　　④ 슬래브

2. 다음 중 일반적인 기둥의 종류가 아닌 것은?
① 띠철근 기둥　　② 나선 철근 기둥　　③ 합성 기둥　　④ 강도 기둥

해설) 기둥의 종류 : 띠철근 기둥, 나선 철근 기둥, 합성 기둥

3. 구조용 강재나 강관을 축 방향으로 보강한 기둥은?
① 띠철근 기둥　　② 합성 기둥　　③ 나선 철근 기둥　　④ 복합 기둥

해설) 합성기둥 : 구조용 강재나 강관을 축 방향으로 보강한 기둥

4. 기둥의 축방향 철근비는?
① 1~2%　　② 1~4%　　③ 1~5%　　④ 1~8%

해설) 축방향 철근비 = 1 % ~ 8 %

5. 나선철근 기둥의 콘크리트의 설계기준강도는 얼마 이상으로 하는가?
① 100MPa　　② 21MPa　　③ 25MPa　　④ 30MPa

해설) 나선철근 기둥의 콘크리트 강도는 210kgf/㎠ 이상 (21MPa)

6. 다음은 압축부재의 설계단면에 관한 사항이다. 옳지 않은 것은?
① 띠철근 압축부재 단면적은 600㎠ 이상이라야 한다.
② 나선철근 압축부재 단면의 심부 지름은 20㎝ 이상이라야 한다.
③ 나선철근 압축부재의 콘크리트 설계기준강도는210kgf/㎠ 이상이라야 한다.
④ 축방향 철근의 최소수는 직사각형 배치에서는 6개 이상이라야 한다.

해설) 띠철근기둥의 축방향 철근 : 지름은 16 ㎜ 이상, 사각형 단면 4 개 이상

7. 길이 ℓ, 원형단면의 지름 D인 장주의 세장비는?
① $D\ell/4$　　② $4\ell/D$　　③ $4D/\ell$　　④ $4/D\ell$

해설) 세장비
기둥의 길이 ℓ과 최소 회전 반지름 r 와의 비 : $\dfrac{l}{r}$

원형 단면의 회전 반지름 $r = \dfrac{D}{4}$　　∴ 세장비 $= \dfrac{4\ell}{D}$

정답　1. ②　2. ④　3. ②　4. ④　5. ②　6. ④　7. ②

8. 띠철근의 간격은 대략 어느 정도인가?
   ① 200~350mm   ② 350~550mm   ③ 440~600mm   ④ 600~7000mm

9. 기둥에 관한 설명이다. 다음 중 옳지 않은 것은?
   ① 기둥이란 축 방향으로 압축력을 받는 부재이다.
   ② 기둥 단면의 핵(core)이란 단면에 축 하중이 작용해도 인장응력이 생기지 않는 범위 내를 말한다.
   ③ 장주와 단주의 구별은 세장비(λ)의 크기에 의한다.
   ④ 짧은 기둥에는 좌굴(buckling) 현상이 일어난다.

   해설 단면의 핵(core) : 어느 부분에도 인장력이 생기지 않는 범위

10. 나선철근 기둥을 설계하고자 한다. 축 방향 부재의 주 철근의 최소 개수는?
    ① 6개   ② 8개   ③ 9개   ④ 10개

    해설 나선철근
    ① 띠철근 축 방향 철근 : D16 이상, 4각형 단면에서 4개 이상
    ② 나선철근 축 방향 철근 : D16 이상, 원형 단면에서 6개 이상

11. 띠철근 압축부재 단면의 최소치수는 20cm 이상이어야 하고 또한 그 단면적은 최소 얼마 이상이라야 하는가?
    ① 400cm²   ② 500cm²   ③ 600cm²   ④ 800cm²

    해설 띠철근 기둥 단면적 ; 60,000mm² 이상

12. 철근콘크리트 기둥 중 그림과 같은 형식은 어떤 기둥의 단면을 표시한 것인가?

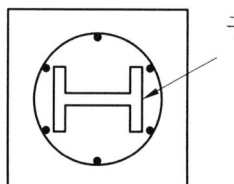
구조용 강재

    ① 합성기둥   ② 띠철근 기둥   ③ 콘크리트 기둥   ④ 나선철근 기둥

13. 기둥에 대한 정의로 옳은 것은?
    ① 높이가 단면 최소 치수의 1배 이상의 압축재
    ② 높이가 단면 최소 치수의 2배 이상인 압축재
    ③ 높이가 단면 최소 치수의 3배 이상인 압축재
    ④ 높이가 단면 최소 치수의 4배 이상인 압축재

    해설 ㉠ 축 방향 압축과 휨을 받는 구조물로서 부재의 높이가 부재 단면의 최소 치수의 3배 이상인 것을 기둥이라 함.
    ㉡ 슬래브나 보를 통해 전달된 상부 하중을 구조물의 기초에 전달해 주는 역할
    ㉢ 단주, 장주의 구분 ⇒ 세장비로 구분

정답 8. ① 9. ④ 10. ① 11. ③ 12. ① 13. ③

14. 기둥에서 종방향 철근의 위치를 확보하고 전단력에 저항하도록 정해진 간격으로 배치된 횡방향의 보강철근은 무엇인가?
　① 복부 철근　　② 이형철근　　③ 원형 철근　　④ 띠철근

> **해설** 띠철근(tie reinforcement, tie bar) : 기둥에서 종방향 철근의 위치를 확보하고 전단력에 저항하도록 정해진 간격으로 배치된 횡방향의 보강철근 또는 철선

슬 래 브

1. 1방향 슬래브의 두께는 실용상으로 해로운 처짐을 피하기 위하여 최소 몇 cm 이상으로 규정하고 있는가?
　① 6cm　　② 7cm　　③ 10cm　　④ 13cm

> **해설** 슬래브 두께: 규정값 이상이어야 하고, 100mm 이상이어야 한다.

2. 『바닥 슬래브와 지붕 슬래브에서 휨 철근이 1방향으로만 배치되는 경우에는 이 휨 철근에 ( )방향으로 건조수축 및 온도 철근을 두어야 한다.』에서 ( )속에 들어갈 알맞은 말은?
　① 45°　　② 60°　　③ 직각　　④ 수평

> **해설** 정철근, 부철근의 직각 방향으로 수축 온도 철근을 두어야 한다.

3. 1방향 슬래브에서 배력 철근을 배치하는 이유로서 옳지 않은 것은?
　① 응력을 고르게 분포시키기 위하여
　② 주철근의 간격을 유지시켜 주기 위하여
　③ 콘크리트의 건조수축이나 온도 변화에 의한 수축을 감소시키기 위하여
　④ 슬래브의 두께를 얇게하기 위하여

> **해설** 배력 철근 : 응력을 고르게 분포시키고, 균열을 제어 하며, 주철근과 직각 방향으로 배치한다.

4. 1방향 슬래브에서 슬래브의 정 철근 및 부 철근의 중심 간격은 최대 휨 모멘트가 일어나는 단면에서는 슬래브 두께의 2배 이하 또는 몇 cm 이하인가?
　① 30cm　　② 45cm　　③ 50cm　　④ 60cm

> **해설** 정철근과 부철근의 중심간격은
> 　① 최대 휨 모멘트가 일어나는 단면 : 슬래브 두께의 2배 이하, 300mm 이하
> 　② 기타의 단면 : 슬래브 두께의 3배 이하, 450mm 이하

5. 1방향 철근콘크리트 슬래브에서 수축·온도철근의 최소철근비는 얼마 이상이어야 하는가?
　① 0.0011　　② 0.0012　　③ 0.0013　　④ 0.0014

> **해설** 수축·온도철근의 철근비 : 0.0014이상

정답　14. ④　■ 1. ③　2. ③　3. ④　4. ①　5. ④

6. 벽체 또는 슬래브에서 주 철근의 간격제한 사항으로 옳게 설명된 것은?
   ① 벽체나 슬래브 두께의 2배 이하 또한 20cm이하
   ② 벽체나 슬래브 두께의 3배 이하 또한 40cm이하
   ③ 벽체나 슬래브 두께의 3배 이하 또한 30cm이하
   ④ 벽체나 슬래브 두께의 4배 이하 또한 50cm이하

해설 정철근과 부철근의 중심 간격은
   ① 최대 휨 모멘트가 일어나는 단면 : 슬래브 두께의 2배 이하, 300 mm 이하
   ② 기타의 단면 : 슬래브 두께의 3배 이하, 450mm 이하

7. 4변에 의해 지지되는 2방향 슬래브 중에서 짧은 변에 대한 긴 변의 비가 최소 몇 배를 넘으면 1방향 슬래브로 해석 하는가?
   ① 2배   ② 3배   ③ 4배   ④ 5배

해설 단변에 대한 장변의 비가 2배 이상이면 1방향 슬래브

8. 다음에서 1방향 슬래브로 보고 계산할 수 있는 경우는? (단, L : 장지간, S : 단지간)
   ① $\frac{L}{S}$가 2보다 클 때   ② $\frac{L}{S}$가 4일 때
   ③ $\frac{S}{L}$가 3보다 클 때   ④ $\frac{S}{L}$가 5일 때

해설 단변에 대한 장변의 비가 2 이상이면 1방향 슬래브

9. 1방향 슬래브의 전단에 대한 위험 단면은?
   ① 지점에서 생긴다.
   ② 지점에서 유효깊이 d만큼 떨어진 단면
   ③ 지간의 중앙에서 생긴다.
   ④ 지점에서 d/2만큼 떨어진 단면

해설 1방향 슬래브 위험 단면 : 받침부에서 유효깊이 d만큼 떨어진 점

10. 1방향 슬래브의 정철근 및 부철근의 중심간격은 최대 휨모멘트가 일어나는 단면에서 슬래브 두께의 몇 배 이하 또는 몇 mm이하로 하는가?
    ① 2배 이하, 300mm이하   ② 4배 이하, 500mm이하
    ③ 3배 이하, 600mm이하   ④ 5배 이하, 500mm이하

해설 정철근과 부철근의 중심 간격은
    최대휨모멘트가 일어나는 단면 : 슬래브 두께의 2배 이하, 300 mm 이하

11. 1방향 슬래브 두께는 최소 몇 mm 이상인가?
    ① 80mm   ② 100mm   ③ 120mm   ④ 150mm

해설 슬래브 최소 두께 : 100 mm 이상

정답 6. ② 7. ① 8. ① 9. ② 10. ① 11. ②

12. 1방향 슬래브의 최대 휨 모멘트가 일어나는 단면에서 정철근 및 부철근의 중심 간격으로 옳은 것은?
   ① 슬래브 두께의 2배 이하이어야 하고, 또한 30cm 이상이어야 한다.
   ② 슬래브 두께의 2배 이하이어야 하고, 또한 30cm 이하이어야 한다.
   ③ 슬래브 두께의 3배 이하이어야 하고, 또한 40cm 이상이어야 한다.
   ④ 슬래브 두께의 3배 이하이어야 하고, 또한 40cm 이하이어야 한다.

   해설 정철근과 부철근의 중심 간격은 최대휨모멘트가 일어나는 단면 : 슬래브 두께의 2배 이하, 300 mm 이하

13. 슬래브의 종류에서 1방향 슬래브와 2방향 슬래브가 있다. 이를 구분하는 기준과 가장 관계가 깊은 것은?
   ① 부철근의 구조
   ② 슬래브의 두께
   ③ 지지하는 경계 조건
   ④ 기둥의 높이

   해설 ㉠ 1방향 슬래브 : 교량과 같이 마주보는 두변에 의해 지지되는 슬래브로서 단변에 대한 장변의 비가 2이상이고 대부분의 하중이 단변 방향으로 전달되므로 주철근을 단변 방향에 평행하게 배치하고 장변 방향에는 배력 철근을 배치
   ㉡ 2방향 슬래브 : 건물 슬래브와 같이 장변과 단변의 비가 2보다 작으며, 하중이 장변과 단변방향으로 전달되므로 주철근을 단변과 장변 방향, 즉 2방향으로 배치(4변 지지임)

14. 슬래브의 배력 철근에 대한 설명에서 틀린 것은?
   ① 응력을 고르게 분포시킨다.
   ② 주철근 간격을 유지시켜 준다.
   ③ 콘크리트의 건조 수축을 크게 해준다.
   ④ 정철근이나 부철근에 직각으로 배치하는 철근이다.

   해설 콘크리트의 건조 수축이나 온도 변화에 의한 수축을 감소시킨다.

15. 슬래브는 주철근 방향과 90° 방향으로 배력 철근을 설치한다. 그 이유로 옳지 않은 것은?
   ① 균열을 집중시켜 유지보수를 쉽게 하기 위하여
   ② 응력을 고르게 분포시키기 위하여
   ③ 주철근의 간격을 유지시키기 위하여
   ④ 온도 변화에 의한 수축을 감소시키기 위하여

   해설 배력철근(distributing bar) : 하중을 분포시키거나 균열을 제어할 목적으로 주철근과 직각에 가까운 방향으로 배치한 보조철근

16. 두께 140mm의 슬래브를 설계하고자 한다. 최대 정모멘트가 발생하는 위험단면에서 주철근의 중심 간격은 얼마 이하이어야 하는가?
   ① 280mm 이하
   ② 320mm 이하
   ③ 360mm 이하
   ④ 400mm 이하

   해설 정철근과 부철근의 중심 간격은 최대휨모멘트가 일어나는 단면 : 슬래브 두께의 2배 이하, 300 mm 이하

정답 12. ② 13. ③ 14. ③ 15. ① 16. ①

확대기초

1. 기둥, 교대, 교각, 벽 등에 작용하는 상부구조물의 하중을 지반에 안전하게 전달하기 위하여 설치하는 구조물은?
① 노상　　　② 확대기초　　　③ 노반　　　④ 암거

해설 ① 확대기초 : 기둥, 교대, 교각, 벽 등에 작용하는 상부구조물의 하중을 지반에 안전하게 전달하기 위하여 설치한 구조물
② 노상, 노반 : 도로에서 상부(기층, 보조기층)등을 지지하는 흙으로 구성
③ 암거 : 지하에 설치되어 밖에서는 보이지 않는 구조물(도랑)

2. 2개 이상의 기둥을 1개의 확대 기초로 받치도록 만든 기초는?
① 독립 확대 기초　② 벽 확대 기초　③ 연결 확대 기초　④ 전면 기초

해설 연결확대기초 : 2개 이상의 기둥을 한 개의 확대 기초로 받치도록 만든 기초

3. 2개의 독립확대기초를 보로 연결한 기초는?
① 전면 기초
② 캔틸레버 확대 기초
③ 연속 확대 기초
④ 벽의 확대 기초

해설 캔틸레버 확대 기초 : 2개의 독립 확대 기초를 하나의 보로 연결한 기초

4. 모든 기둥을 하나의 연속된 확대기초로 지지하는 기초는?
① 연속 기초
② 벽의 확대 기초
③ 캔틸레버 확대 기초
④ 전면 기초

해설 전면기초 ; 모든 기둥을 하나의 연속된 확대기초로 지지하는 것으로 매트기초라고도 함

5. 2방향작용을 하는 확대기초의 전단에 대한 위험단면은 기둥 전면에서 얼마 떨어진 단면으로 보는가?
① d　　② $\dfrac{d}{2}$　　③ $\dfrac{d}{5}$　　④ $\dfrac{d}{7}$

해설 전단에 대한 위험단면
① 1방향으로만 작용하는 경우: 기둥전면에서 d 만큼 떨어진 곳
② 2방향으로만 작용하는 경우: 기둥전면에서 d/2 만큼 떨어진 곳

6. 벽의 확대기초 설계방법은 어떻게 하는가?
① 폭이 1m인 단순보
② 폭이 1m인 내민보
③ 폭이 1m인 1방향 슬래브
④ 폭이 1m인 2방향 캔틸레버보

해설 벽의 확대기초 설계
폭이 1m인 1방향 슬래브로 설계

정답　1. ②　2. ③　3. ②　4. ④　5. ②　6. ③

7. 다음 중 깊은 기초가 아닌 것은?
   ① 강관 널말뚝 기초   ② 말뚝 기초
   ③ 케이슨 기초   ④ 전면 기초

   해설) 전면 기초 : 모든 기둥을 하나의 연속된 확대 기초로 지지하도록 만든 기초로 기초지반이 비교적 약하며, 전체 기초계에서 부등 침하를 줄여야 할 때 사용된다.

8. 그림과 같은 기초를 무엇이라 하는가?

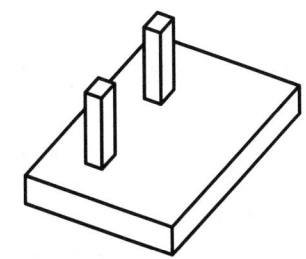

   ① 독립확대기초   ② 경사확대기초   ③ 벽확대기초   ④ 연결확대기초

9. 한 개의 기둥에 전달되는 하중을 한 개의 기초가 단독으로 받도록 되어있는 확대 기초를 무슨 기초라 하는가?
   ① 군말뚝기초   ② 벽확대기초   ③ 독립확대기초   ④ 말뚝기초

10. 교각에 작용하는 상부 구조물의 하중을 지반에 안전하게 전달하기 위하여 설치하는 구조물은?
    ① 기둥   ② 옹벽   ③ 슬래브   ④ 확대기초

11. 2방향 작용에 의하여 펀칭 전단(punching shear)이 독립확대기초에서 발생될 때 위험 단면의 위치는? (단, d는 기초판의 유효깊이 이다.)
    ① 기둥 전면에서 d/2 만큼 떨어진 곳   ② 기둥 전면에서 d/3 만큼 떨어진 곳
    ③ 기둥 전면에서 d/4 만큼 떨어진 곳   ④ 기둥 전면

    해설) 전단에 대한 위험단면
    ① 1방향으로만 작용하는 경우: 기둥전면에서 d 만큼 떨어진 곳
    ② 2방향으로만 작용하는 경우: 기둥전면에서 d/2 만큼 떨어진 곳

12. 다음 그림은 어느 형식의 확대 기초를 표시한 것인가?

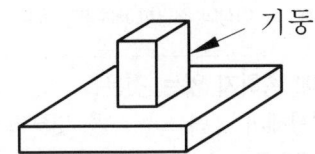

    ① 독립 확대 기초   ② 경사 확대 기초   ③ 연결 확대 기초   ④ 말뚝 확대 기초

정답) 7. ④ 8. ④ 9. ③ 10. ④ 11. ① 12. ①

13. 독립 확대 기초의 크기가 2m×3m이고 허용 지지력이 20kN/㎡일 때, 이 기초가 받을 수 있는 하중의 크기는?
① 60kN ② 80kN ③ 120kN ④ 150kN

해설 P=허용지지력×확대 기초의 면적=20kN/㎡×2m×3m=120kN

옹 벽

1. 옹벽이 외력에 대하여 안정하기 위한 조건으로 거리가 가장 먼 것은?
① 전도에 대한 안정
② 활동에 대한 안정
③ 균열에 대한 안정
④ 침하에 대한 안정

해설 옹벽의 안정 조건 ① 전도에 대한 안정, ② 활동에 대한 안정, ③ 지반 지지력에 대한 안정

2. 옹벽 자체의 무게에 의하여 안정을 유지하는 옹벽은?
① 중력식 옹벽 ② 역 T형 옹벽 ③ L형 옹벽 ④ 부벽식 옹벽

해설 중력식 옹벽 : 무근 콘크리트 벽체의 자중에 의하여 안정을 유지

3. 옹벽의 전도에 대한 안정 조건에서 저항 모멘트가 회전모멘트의 최소 몇 배 이상이 되도록 설계 기준에서 요구하고 있는가?
① 2배 ② 2.5배 ③ 3배 ④ 4배

해설 전도에 대한 안정 : $F_s = \dfrac{\text{저항 모멘트}}{\text{전도 모멘트}} = \dfrac{M_r}{M_o} = \dfrac{V}{H} \cdot \dfrac{x}{y} \geq 2.0$ 이므로 2배 이상

4. 옹벽에서 전면벽과 저판에는 인장철근의 최소 몇 % 이상의 배력 철근을 두어야 하는가? (단, 뒷부벽식 옹벽)
① 5% 이상 ② 10% 이상 ③ 20% 이상 ④ 25% 이상

해설 배력철근 : 부벽식 옹벽의 전면벽과 저판에는 인장철근의 20% 이상의 배력 철근을 두어야 한다.

5. 옹벽의 뒤채움 속에는 배수 구멍으로 물이 잘 모이도록 배수층을 만들어야 한다. 이 배수층의 두께는 최소 몇 ㎝이상 이어야 하는가?
① 9cm 이상 ② 15cm 이상 ③ 30cm 이상 ④ 40cm 이상

해설 배수층 : 옹벽의 뒷채움에는 두께 300 ㎜ 이상의 적당한 배수층을 둔다.

6. 다음 중 일반적인 옹벽의 종류에 속하지 않는 것은?
① 중력식 옹벽 ② 캔틸레버 옹벽 ③ 뒷부벽식 옹벽 ④ 연결 확대 옹벽

해설 옹벽의 종류 : 중력식 옹벽, 캔틸레버 옹벽, 뒷부벽식 옹벽, 앞부벽식 옹벽.

정답 13. ③ ■ 1. ③ 2. ① 3. ① 4. ③ 5. ③ 6. ④

7. 옹벽의 안정에서 옹벽이 미끄러져 나아가게 하려는 힘에 저항하는 안정을 무엇이라 하는가?
　① 전도에 대한 안정　　　　　　　　② 침하에 대한 안정
　③ 활동에 대한 안정　　　　　　　　④ 저판에 대한 안정

8. 옹벽의 역할을 가장 바르게 설명한 것은?
　① 교량의 받침대 역할을 한다.
　② 비탈면에서 흙이 무너져 내려오는 것을 방지하는 역할을 한다.
　③ 상하수도관으로 활용된다.
　④ 도로의 측구 역할을 한다.

9. 무근 콘크리트로 만들어지며 자중에 의하여 안정을 유지하는 옹벽의 종류는?
　① 캔틸레버식 옹벽　　　　　　　　② 중력식 옹벽
　③ 앞부벽식 옹벽　　　　　　　　　④ 뒷부벽식 옹벽

해설 중력식 옹벽 : 무근 콘크리트 벽체의 자중에 의하여 안정을 유지하는 옹벽으로 높이는 3m정도이다.

10. 가장 보편적으로 사용되고, 철근 콘크리트로 만들어지며 보통 3~7m 정도의 높이에 사용되며 역 T형 옹벽이라고도 하는 것은?
　① 뒷부벽식 옹벽　　　　　　　　　② 캔틸레버 옹벽
　③ 앞부벽식 옹벽　　　　　　　　　④ 중력식 옹벽

해설 캔틸레버 옹벽 : 철근 콘크리트로 만들어지는 옹벽으로 역 T 형 옹벽이라고도 한다. 높이는 3~7m 정도이다.

11. 옹벽에서 일반적인 활동에 대한 안전율은 얼마 이상으로 하는가?
　① 1.0　　　　② 1.5　　　　③ 2.0　　　　④ 3.0

해설 활동에 대한 안정 : $F_S = \dfrac{수평\ 저항력}{수평력} = \dfrac{F}{H} = \dfrac{V \cdot \tan\varnothing}{H} = \dfrac{V \cdot f}{H} \geq 1.5$ 이므로 1.5배 이상

12. 옹벽의 활동에 대한 저항력은 옹벽에 작용하는 수평력의 최소 몇 배 이상이 되도록 하여야 하는가?
　① 1.0배　　　② 1.5배　　　③ 2.0배　　　④ 2.5배

해설 활동에 대한 안정 : $F_S = \dfrac{수평\ 저항력}{수평력} = \dfrac{F}{H} = \dfrac{V \cdot \tan\varnothing}{H} = \dfrac{V \cdot f}{H} \geq 1.5$ 이므로 1.5배 이상

13. 옹벽 설계시 앞부벽은 무슨 보로 설계하는가?
　① T형 보　　　② L형 보　　　③ 직사각형 보　　　④ 정사각형 보

해설 앞부벽 : 직사각형보로 설계, 뒷부벽 : T형보로 설계

정답　7. ③　8. ②　9. ②　10. ②　11. ②　12. ②　13. ③

전산응용토목제도기능사 필기

Ⅳ. 과년도 기출 문제

2012년 5회 시행 문제

1. 재료의 강도란 물체에 하중이 작용할 때 그 하중에 저항하는 능력을 말하는데, 이 때 강도 중 하중 속도 및 작용에 따라 분류되는 강도가 아닌 것은?
   ① 정적 강도
   ② 충격 강도
   ③ 피로 강도
   ④ 릴랙세이션 강도

2. 출제기준 변경으로 관련문항은 삭제

3. 유효 높이 d=450mm인 단 철근 직사각형 보에 압축을 받는 이형철근의 기본 정착길이가 400mm라면 압축 이형철근의 정착 길이는? (단, 보정계수는 0.75이다.)
   ① 250mm
   ② 300mm
   ③ 350mm
   ④ 400mm

4. 출제기준 변경으로 관련문항은 삭제

5. 보강용 섬유를 혼입하여 주로 인성, 균열 억제, 내충격성 및 내마모성 등을 높인 콘크리트는?
   ① 고강도 콘크리트
   ② 섬유보강 콘크리트
   ③ 폴리머 시멘트 콘크리트
   ④ 프리플레이스트 콘크리트

6. 출제기준 변경으로 관련문항은 삭제

7. 철근의 이음에 대한 설명으로 옳지 않은 것은?
   ① 철근은 잇지 않는 것을 원칙으로 한다.
   ② 부득이 이어야 할 경우 최대 인장응력이 작용하는 곳에서는 이음을 하지 않는 것이 좋다.
   ③ 이음부를 한 단면에 집중시켜 같은 부분에서 잇는 것이 좋다.
   ④ 철근의 이음 방법에는 겹침 이음법, 용접 이음법, 기계적인 이음법 등이 있다.

8. 콘크리트용으로 사용하는 부순돌(쇄석)의 특징으로 옳지 않은 것은?
   ① 시멘트와 부착이 좋다.
   ② 수밀성, 내구성 등은 약간 저하된다.
   ③ 보통 콘크리트보다 단위수량이 10% 정도 많이 요구된다.
   ④ 부순돌은 강자갈과 달리 거친 표면 조직과 풍화암이 섞여 있지 않다.

해 설

1.
- 정적 강도 : 재료에 비교적 느린 속도로 일정하게 하중을 가해 파괴에 이를 때, 파괴시의 응력
- 충격 강도 : 재료에 충격적인 하중이 작용할 때, 이것에 대한 저항성을 나타내는 강도
- 피로강도 : 무한반복 하중에 대하여 파괴되지 않는 강도

3. 정착 길이
   =기본 정착 길이×보정계수
   =400×0.75=300mm

5. 섬유보강 콘크리트
   ① 콘크리트의 약점인 인장 강도, 내충격성, 균열 등의 취성을 개선하기 위해 콘크리트 속에 섬유를 혼합시켜 균열에 대한 저항성을 증진시키고 인성을 부여 할 목적으로 제조된 콘크리트
   ② 섬유의 종류는 강섬유, 유리 섬유 등이 있다.

7. 여러 철근의 이음을 한 단면에 집중시키지 말고 서로 엇갈리게 하는 것이 좋다.

8. 부순 잔 골재 : 골재로서 입도 및 알의 모양이 좋지 않으며, 석분은 콘크리트에 나쁜 영향을 준다.

정 답

1. ④ 3. ② 5. ② 7. ③ 8. ④

9. 출제기준 변경으로 관련문항은 삭제

10. 스터럽과 띠철근의 135°표준갈고리는 구부린 끝에서 최소 얼마 이상 연장되어야 하는가? (단, D25 이하의 철근이고, d_b는 철근의 공칭 지름이다.)
   ① $2d_b$ 이상
   ② $4d_b$ 이상
   ③ $6d_b$ 이상
   ④ $8d_b$ 이상

11. 콘크리트의 시방배합을 현장배합으로 수정할 때 고려(보정)하여야 하는 것으로 짝지어진 것은?
   ① 골재의 밀도 및 잔골재율
   ② 골재의 밀도 및 표면수량
   ③ 골재의 입도 및 잔골재율
   ④ 골재의 입도 및 표면수량

12. 굳지 않은 콘크리트의 작업 후 재료분리 현상으로 시멘트와 골재가 가라앉으면서 물이 올라와 콘크리트 표면에 떠오르는 현상은?
   ① 블리딩
   ② 크리프
   ③ 레이턴스
   ④ 워커빌리티

13. 철근을 일정한 간격으로 배근하는 이유로 옳은 것은?
   ① 철근이 부식되지 않게 하기 위하여
   ② 철근과 콘크리트가 부착력을 잘 발휘하도록 하기 위하여
   ③ 철근의 응력이 다른 철근으로 잘 전달되도록 하기 위하여
   ④ 철근의 양쪽 끝이 콘크리트 속에서 미끄러지거나 빠져 나오지 않도록 하기 위하여

14. 1방향 철근 콘크리트 슬래브에 휨 철근에 직각 방향으로 배근되는 수축·온도철근에 관한 설명으로 옳지 않은 것은?
   ① 수축·온도 철근으로 배치되는 이형철근의 최소 철근비는 0.0014이다.
   ② 수축·온도 철근의 간격은 슬래브 두께의 5배 이하로 하여야 한다.
   ③ 수축·온도 철근의 최대 간격은 500mm 이하로 하여야 한다.
   ④ 수축·온도 철근은 설계기준 항복강도를 발휘할 수 있도록 정착되어야 한다.

🔍 해 설

10.
① 90°표준갈고리
 ㉠ D16 이하의 철근은 구부린 끝에서 6 db 이상 더 연장하여야 한다.
 ㉡ D19, D22 및 D25 철근은 구부린 끝에서 12 db 이상 더 연장하여야 한다.
② 135°표준갈고리 : D25 이하의 철근은 구부린 끝에서 6 db 이상 더 연장하여야 한다.

11. 시방배합을 현장배합으로 수정 사항
① 입도조정: 잔 골재의 5mm체 잔유율, 굵은 골재의 5mm체 통과율
② 함수량 조정 : 골재표면수량

12. 블리딩(bleeding) : 콘크리트를 친 후 시멘트와 골재 알이 가라앉으면서 물이 올라와 표면에 떠오르는 현상

13. 철근과 콘크리트가 부착력을 잘 발휘하도록 하기 위함

14. 수축·온도 철근의 간격은 슬래브 두께의 5배 이하, 또한 450 mm 이하로 하여야 한다.

🔍 정 답

10. ③ 11. ④ 12. ① 13. ②
14. ③

15. 골재 알이 공기 중 건조 상태에서 표면 건조 포화상태로 되기까지 흡수하는 물의 양을 무엇이라 하는가?
① 함수량
② 흡수량
③ 유효 흡수량
④ 표면수량

16. 출제기준 변경으로 관련문항은 삭제

17. 현장치기 콘크리트에서 수중에서 타설하는 콘크리트의 최소 피복두께는?
① 120mm
② 100mm
③ 80mm
④ 60mm

18. 하중을 분포시키거나 균열을 제어할 목적으로 주철근과 직각에 가까운 방향으로 배치한 보조 철근은?
① 배력 철근
② 굽힘 철근
③ 비틀림 철근
④ 조립용 철근

19. 출제기준 변경으로 관련문항은 삭제

20. 시멘트의 응결을 빠르게 하기 위한 것으로서 숏크리트, 그라우트에 의한 지수공법 등에 사용되는 혼화제는?
① 급결제
② 촉진제
③ 지연제
④ 발포제

21. 교량을 중심으로 세계 토목 구조물의 역사를 보면 재료 및 신기술의 발전과 사회 환경의 변화로 장대교량이 출현한 시기는?
① 기원 전 1~2세기
② 9~10세기
③ 11~18세기
④ 19~20세기 초

해 설

15.
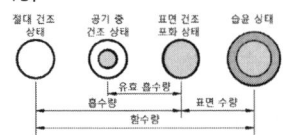

17.
■ 흙, 옥외 공기에 접하지 않는 부위
 - 슬래브, 장선, 벽체
  D35 초과 : 40mm,
  D35 이하 : 20mm
 - 보, 기둥 : 40mm
■ 흙, 옥외공기에 접하는 부위
 - 노출되는 콘크리트
  D29 이상 : 60mm
  D25 이하 : 50mm
  D16 이하 : 40mm
 - 영구히 묻히는 콘크리트 : 80mm
■ 수중에서 타설 하는 콘크리트 : 100mm

18. 배력 철근 : 응력의 고른 분포, 주철근의 간격 유지, 콘크리트의 건조수축이나 온도 변화에 의한 수축 감소, 균열을 제어 하며 주철근과 직각 방향으로 배치한다.

20.
■ 급결제 : 시멘트의 응결을 빠르게 하기 위해 사용
■ 촉진제 : 시멘트 수화작용을 촉진시키기 위한 것으로 순간적인 응결과 경화가 요구 되는 경우에 사용하며 염화칼슘(CaCl2)을 사용
■ 지연제 : 시멘트의 응결 시간을 늦추기 위해 사용
■ 발포제 : 알루미늄 또는 아연가루를 넣어 콘크리트 속에 아주 작은 기포를 발생 시키는 것

21. 19~20세기 초 : 재료 및 신기술의 발전과 사회 환경변화로 장대교량 출현

정 답

15. ③ 17. ② 18. ① 20. ①
21. ④

22. 교량 설계에서 하중을 주하중, 부하중, 주하중에 상당하는 특수하중, 부하중에 상당하는 특수하중으로 구분할 때 주하중이 아닌 것은?
   ① 풍하중
   ② 활하중
   ③ 고정하중
   ④ 충격하중

23. 슬래브에 대한 설명으로 옳지 않은 것은?
   ① 슬래브는 두께에 비하여 폭이 넓은 판모양의 구조물이다.
   ② 2방향 슬래브는 주철근의 배치가 서로 직각으로 만나도록 되어 있다.
   ③ 주철근의 구조에 따라 크게 1방향 슬래브, 2방향 슬래브로 구별할 수 있다.
   ④ 4변에 의해 지지되는 슬래브 중에서 단변에 대한 장변의 비가 4배를 넘으면 2방향 슬래브로 해석한다.

24. 철근 콘크리트가 건설 재료로서 널리 사용되는 이유가 아닌 것은?
   ① 철근과 콘크리트는 부착이 매우 잘 된다.
   ② 철근과 콘크리트의 항복응력이 거의 같다.
   ③ 콘크리트 속에 묻힌 철근은 녹이 슬지 않는다.
   ④ 철근과 콘크리트는 온도에 대한 열팽창계수가 거의 같다.

25. 토목 구조물의 종류에서 합성 구조에 대한 설명으로 옳은 것은?
   ① 외력에 의한 불리한 응력을 상쇄할 수 있도록 미리 인위적인 내력을 준 콘크리트 구조
   ② 강재로 이루어진 구조로 부재의 치수를 작게 할 수 있으며 공사 기간이 단축되는 등의 장점이 있는 구조
   ③ 강재의 보 위에 철근 콘크리트 슬래브를 이어 쳐서 양자가 일체로 작용하도록 하는 구조
   ④ 콘크리트 속에 철근을 배치하여 양자가 일체가 되어 외력을 받게 한 구조

26. 구조 재료로서 강재의 단점이 아닌 것은?
   ① 정기적인 도장이 필요하다.
   ② 지간이 짧은 곳에만 사용이 가능하다.
   ③ 반복 하중에 의한 피로가 발생되기 쉽다.
   ④ 연결 부위로 의한 구조 해석이 복잡할 수 있다.

해 설

22.
- 주하중 : 고정하중, 활하중, 충격하중
- 부하중 : 풍하중, 온도변화의 영향, 지진하중
- 특수하중 : 설하중, 원심하중, 지점이동의 영향, 제동하중, 가설하중, 충돌하중

23. 2방향 슬래브 : 건물 슬래브와 같이 장변과 단변의 비가 2보다 작으며, 하중이 장변과 단변방향으로 전달(4변 지지임)

24. 철근 콘크리트가 건설 재료로서 널리 사용되는 이유
- 철근과 콘크리트는 부착이 매우 잘 된다.
- 콘크리트 속에 묻힌 철근은 녹이 슬지 않는다.
- 철근과 콘크리트는 온도에 대한 열팽창계수가 거의 같다.

25. 합성 구조 : 강재보의 보 위에 철근 콘크리트 슬래브를 이어 쳐서 양자가 일체로 작용하도록 함.

26. 지간이 긴 교량을 축조하는 데에 유리하다.

정 답
22. ① 23. ④ 24. ② 25. ③
26. ②

27. 2개 이상의 기둥을 1개의 확대 기초로 지지하도록 만든 기초는?
① 경사 확대 기초
② 독립 확대 기초
③ 연결 확대 기초
④ 계단식 확대 기초

28. 기둥에서 종방향 철근의 위치를 확보하고 전단력에 저항하도록 정해진 간격으로 배치된 횡방향의 보강철근을 무엇이라 하는가?
① 주철근
② 절곡철근
③ 인장철근
④ 띠철근

29. 상부 수직 하중을 하부 지반에 분산시키기 위해 저면을 확대시킨 철근 콘크리트 판은?
① 확대 기초판
② 플랫 플레이트
③ 슬래브판
④ 비내력벽

30. 프리스트레스트 콘크리트 보의 설계를 위한 가정 사항이 아닌 것은?
① 콘크리트는 전단면이 유효하게 작용한다.
② 부재의 길이 방향의 변형률은 중립축으로부터 거리에 비례한다.
③ 콘크리트는 소성 재료로 PS 강재는 탄성 재료로 가정한다.
④ 부착되어 있는 PS 강재 및 철근은 각각 그 위치의 콘크리트의 변형률과 같은 변형률을 일으킨다.

31. 철근 콘크리트의 특징에 대한 설명으로 옳지 않은 것은?
① 내구성, 내화성, 내진성이 우수하다.
② 균열 발생이 없고, 검사 및 개조, 해체 등이 쉽다.
③ 여러 가지 모양과 치수의 구조물을 만들기 쉽다.
④ 다른 구조물에 비하여 유지 관리비가 적게 든다.

32. 교량을 상부 구조와 하부 구조로 구분할 때 하부 구조에 해당하는 것은?
① 바닥판
② 바닥틀
③ 주트러스
④ 교각

해 설

27. 연결 확대 기초 : 2개 이상의 기둥을 한 개의 확대 기초로 받치도록 만든 기초

28. 띠철근 : 기둥에서 종방향 철근의 위치를 확보하고 전단력에 저항하도록 정해진 간격으로 배치된 횡방향의 보강철근

29. 확대 기초판 : 상부 수직 하중을 하부 지반에 분산시키기 위해 저면을 확대시킨 철근 콘크리트 판

30. 콘크리트와 PS 강재는 탄성 재료로 가정한다.

31. 철근 콘크리트의 단점
■ 자중이 크다.
■ 균열이 생기기 쉽고, 또 부분적으로 파손되기 쉽다.
■ 검사 및 개조, 파괴 등이 어렵다.

32.
① 교량 상부 구조 : 바닥판 (포장, 슬래브), 바닥틀 (세로보, 가로보), 주형트러스(트러스, PSC, 상자)
② 교량 하부 구조 : 교각, 교대, 기초

정 답

27. ③ 28. ④ 29. ① 30. ③
31. ② 32. ④

33. 위험 단면에서 1방향 슬래브의 정모멘트 철근 및 부모멘트 철근의 중심 간격은?
   ① 슬래브 두께의 2배 이하, 또는 200mm 이하
   ② 슬래브 두께의 2배 이하, 또는 300mm 이하
   ③ 슬래브 두께의 4배 이하, 또는 400mm 이하
   ④ 슬래브 두께의 4배 이하, 또는 500mm 이하

34. 프리스트레스트 콘크리트의 포스트 텐션 공법에 대한 설명으로 옳지 않은 것은?
   ① PS 강재를 긴장한 후에 콘크리트를 타설한다.
   ② 콘크리트가 경화한 후에 PS 강재를 긴장한다.
   ③ 그라우트를 주입시켜 PS 강재를 콘크리트와 부착시킨다.
   ④ 정착 방법에는 쐐기식과 지압식이 있다.

35. 강 구조의 판형교에 대한 설명으로 옳은 것은?
   ① 전단력은 주로 복부판으로 저항한다.
   ② 일반적으로 주형의 단면은 휨모멘트에 대하여 고려하지 않아도 된다.
   ③ 풍하중이나 지진 하중 등의 수평력에 저항하기 위하여 주형의 하부에 수직 브레이싱을 설치한다.
   ④ 주형의 횡단면에 대한 비틀림을 방지하기 위해 경사 방향으로 교차하여 사용하는 부재를 스터럽이라 한다.

36. 도면의 치수기입 원칙이 아닌 것은?
   ① 치수는 계산할 필요가 없도록 기입해야 한다.
   ② 치수는 될 수 있는 대로 주투상도에 기입해야 한다.
   ③ 정확성을 위하여 반복적으로 중복해서 치수기입을 해야 한다.
   ④ 길이와 크기, 자세 및 위치를 명확하게 표시해야 한다.

37. 협소한 부분의 치수를 기입하기 위하여 사용하는 것은?
   ① 인출선
   ② 기준선
   ③ 중심선
   ④ 외형선

해설

33. 슬래브의 정철근 및 부철근의 중심 간격은 최대 휨모멘트가 일어나는 단면에서는 슬래브 두께의 2배 이하, 또한 300mm 이하로 하여야 한다. 기타의 단면에서는 슬래브 두께의 3배 이하, 또한 450mm 이하로 한다.

34.
■ ① 프리 텐션방식 : PS강선을 미리 긴장한 후 콘크리트 타설, 대표적인 공법(롱라인 공법)
■ ② 포스트 텐션 방식 : 시스관을 설치한 후 콘크리트를 타설하고 양생한 다음 PS강선을 긴장 및 정착

35.
■ 전단력은 주로 복부판으로 저항한다.
■ 일반적으로 주형의 단면은 휨모멘트에 대하여 안전하도록 설계한다.
■ 수평 브레이싱 : 풍하중이나 지진 하중 등의 수평하중을 지점까지 전달
■ 수직 브레이싱 : 주형의 위치를 확보하고 비틀림 변형을 방지

36. 치수는 모양 및 위치를 가장 명확하게 표시하며 중복은 피한다.

37. 좁은 공간에서는 인출선을 사용하여 치수를 표시할 수 있다.

정답

33. ② 34. ① 35. ① 36. ③
37. ①

38. 도로 설계에 대한 순서가 옳은 것은?

> ① 그 지방의 지형도에 의해 도면에서 가장 경제적인 노선을 계획한다.
> ② 평면 측량을 하여 노선의 종단면도, 횡단면도 및 평면도를 작성한다.
> ③ 노선의 중심선을 따라 종단 측량 및 횡단 측량을 한다.
> ④ 도로 공사에 필요한 토공의 수량이나 도로부지 등을 구한다.

① ①—②—③—④
② ①—③—②—④
③ ②—①—③—④
④ ②—③—①—④

39. 국제 및 국가별 표준규격 명칭과 기호 연결이 옳지 않은 것은?
① 국제 표준화 기구—ISO
② 영국 규격—DIN
③ 프랑스 규격—NF
④ 일본 규격—JIS

40. 보기의 입체도에서 화살표 방향을 정면으로 할 때 평면도를 바르게 표현한 것은?

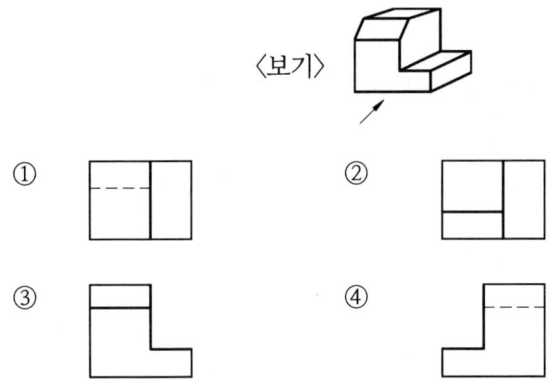

41. 재료 단면의 경계표시 중 지반면(흙)을 나타낸 것은?

① ② ③ ④

42. 출제기준 변경으로 관련문항은 삭제

해 설

38. 도로 설계 순서
① 그 지방의 지형도에 의해 도면에서 가장 경제적인 노선을 계획한다.
② 노선의 중심선을 따라 종단 측량 및 횡단 측량을 한다.
③ 평면 측량을 하여 노선의 종단면도, 횡단면도 및 평면도를 작성한다.
④ 도로 공사에 필요한 토공의 수량이나 도로 부지 등을 구한다.

39.
■ 영국 규격—BS
■ 독일 규격—DIN

40.
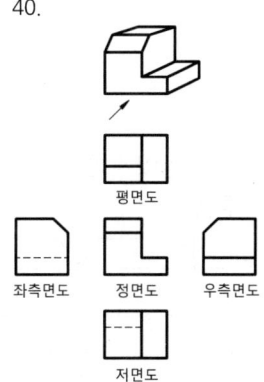

41.
② 모래
③ 자갈
④ 수준면(물)

정 답

38. ② 39. ② 40. ② 41. ①

43. 문자의 선 굵기는 한글자, 숫자 및 영자일 때 문자 크기의 호칭에 대하여 얼마로 하는 것이 바람직한가?
   ① 1/3
   ② 1/6
   ③ 1/9
   ④ 1/12

44. KS에서 원칙으로 하는 정투상도 그리기 방법은?
   ① 제1각법
   ② 제3각법
   ③ 제5각법
   ④ 다각법

45. 토목 제도를 목적과 내용에 따라 분류한 것으로 옳은 것은?
   ① 설계도—중요한 치수, 기능, 사용되는 재료를 표시한 도면
   ② 계획도—설계도를 기준으로 작업 제작에 이용되는 도면
   ③ 구조도—구조물과 관련 있는 지형 및 지질을 표시한 도면
   ④ 일반도—구조도에 표시하기 곤란한 부분의 형상, 치수를 표시한 도면

46. 컴퓨터를 사용하여 제도 작업을 할 때의 특징과 가장 거리가 먼 것은?
   ① 신속성
   ② 정확성
   ③ 응용성
   ④ 도덕성

47. 단면 형상에 따른 절단면 표시에 관한 내용으로 파이프를 나타내는 그림은?

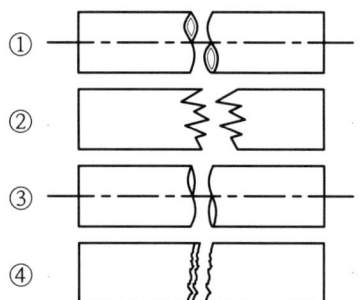

48. 다음 중 콘크리트 구조물에 대한 상세도 축척의 표준으로 가장 적당한 것은?
   ① 1 : 5
   ② 1 : 50
   ③ 1 : 100
   ④ 1 : 200

해 설

43. 문자의 선 굵기는 한글, 숫자 및 영자는 문자 크기의 호칭에 대하여 1/9로 하는 것이 바람직하다.(한자는 1/12.5)

44. KS F 에서는 제3각법으로 도면을 그리는 것을 원칙으로 한다.

45.
■ 계획도 — 구체적인 설계를 하기 전에 계획자의 의도를 명시하기 위하여 그려지는 도면
■ 구조도 — 구조를 나타내는 도면, 구조물을 정확하고 능률적으로 제작, 시공하기 위해서 필요한 치수, 형상, 재질 등을 알기 쉽게 표시
■ 일반도 — 구조물의 측면도, 평면도, 단면도에 의해 그 형식, 일반 구조를 표시하는 도면

46. 설계의 시간 단축, 정확도 향상 등 설계의 질을 높이고 도면의 표준화와 문서화를 통하여 설계의 생산성을 높일 수 있다.

47.
② 나무
③ 환봉
④ 각봉

48. 상세도 : 구조도의 일부를 취하여 큰 축척으로 표시한 도면
■ 축척 : 1:1, 1:2, 1:5, 1:10, 1:20을 표준으로 한다.

정 답

43. ③ 44. ② 45. ① 46. ④
47. ① 48. ①

49. 배근도의 치수가 7@250=1,750으로 표시되었을 때 이에 따른 설명으로 옳은 것은?
① 철근의 길이가 250㎜이다.
② 배열된 철근의 개수는 알 수 없다.
③ 철근과 다른 철근의 간격이 1750㎜이다.
④ 철근을 250㎜ 간격으로 7등분하여 배열 하였다.

50. 물체를 평행으로 투상하여 표현하는 투상도가 아닌 것은?
① 정투상도   ② 사투상도
③ 투시 투상도   ④ 표고 투상도

51. 선의 종류와 용도에 대한 설명으로 옳지 않은 것은?
① 외형선은 굵은 실선으로 긋는다.
② 치수선은 가는 실선으로 긋는다.
③ 숨은선은 파선으로 긋는다.
④ 윤곽선은 일점 쇄선으로 긋는다.

52. 투시 투상도의 종류 중 인접한 두 면이 각각 화면과 기면에 평행한 때의 것은?
① 평행 투시도   ② 유각 투시도
③ 경사 투시도   ④ 정사 투시도

53. 토목제도에 통용되는 일반적인 설명으로 옳은 것은?
① 축척은 도면마다 기입할 필요가 없다.
② 글자는 명확하게 써야 하며, 문장은 세로로 위쪽부터 쓰는 것이 원칙이다.
③ 도면은 될 수 있는 대로 실선으로 표시하고, 파선으로 표시함을 피한다.
④ 대칭이 되는 도면은 중심선의 양쪽 모두를 단면도로 표시한다.

54. 그림과 같은 기호가 나타내고 있는 것으로 옳은 것은?

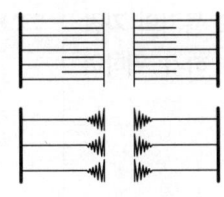

① 등고선   ② 성토
③ 절토   ④ 과수원

해 설

49. 7@250=1,750 : 전장 1,750㎜ 를 250㎜로 7등분

50. 투시 투상도법 : 물체의 앞이나 뒤에 화면을 놓은 것으로 생각하고, 물체를 본 시선이 그 화면과 만나는 각 점을 연결하여 우리 눈에 비치는 모양과 같게 물체를 그리는 방법

51. 윤곽선―도면의 크기에 따라 0.5㎜ 이상의 굵은 실선

52. 평행 투시도 : 인접한 두 면이 각각 화면과 기면에 평행한 때의 투시도

53.
① 축척은 도면마다 기입한다. 같은 도면 중에 다른 축척을 사용할 때에는 그림마다 그 축척을 기입한다.
② 글자는 명확하게 써야 하며, 문장은 가로로 왼쪽부터 쓰는 것이 원칙이다.
④ 대칭이 되는 도면은 중심선의 한쪽을 외형도, 반대쪽을 단면도로 표시하는 것을 원칙으로 한다.

54.
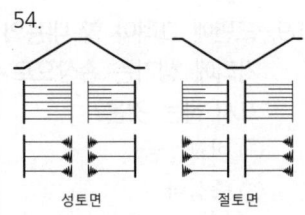
성토면   절토면

정 답
49. ④ 50. ③ 51. ④ 52. ①
53. ③ 54. ②

55. 제도용지의 세로와 가로의 비로 옳은 것은?
   ① 1 : 1
   ② 1 : 2
   ③ 1 : $\sqrt{2}$
   ④ 1 : $\sqrt{3}$

해설

55. 세로 : 가로 = 1 : $\sqrt{2}$

56. 도면을 철하기 위해 표제란에서 가장 떨어진 왼쪽 끝에 두는 구멍 뚫기의 여유를 설치할 때 최소 나비는?
   ① 5mm
   ② 10mm
   ③ 15mm
   ④ 25mm

56. 철하는 쪽의 여백
   ■ 철을 하지 않을 경우
      A0, A1 ⇒ 20mm
      A2, A3, A4 ⇒ 10mm
   ■ 철할 경우
      A0, A1, A2, A3, A4 ⇒ 25mm

57. 그림이 나타내고 있는 재료는?

   ① 목재
   ② 석재
   ③ 강재
   ④ 콘크리트

57.

목재   석재   강재   콘크리트

58. 그림과 같은 재료의 단면 중 벽돌에 대한 표시로 옳은 것은?

① 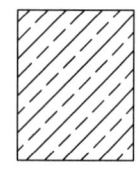   ②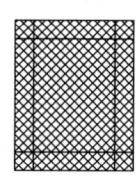

③    ④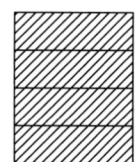

58.
① 자연석
② 블록
③ 강철
④ 벽돌

59. 도면에 그려야 할 내용의 영역을 명확하게 하고, 제도 용지의 가장자리에 생기는 손상으로 기재 사항을 해치지 않도록 하기 위하여 표시 하는 것은?
   ① 비교눈금
   ② 윤곽선
   ③ 중심마크
   ④ 중심선

59. 윤곽선 : 도면에 그려야 할 내용의 영역을 명확하게 하고, 제도 용지의 가장자리에 생기는 손상으로 기재 사항을 해치지 않도록 하기 위하여 표시 하는 것

60. 출제기준 변경으로 관련문항은 삭제

정 답

55. ③ 56. ④ 57. ① 58. ④
59. ②

2013년 1회 시행 문제

1. 한중 콘크리트에 관한 설명으로 옳지 않은 것은?
   ① 한중 콘크리트를 시공하여야 하는 기상조건의 기준은 하루의 평균기온 0℃ 이하가 예상되는 조건이다.
   ② 타설할 때의 콘크리트 온도는 5℃~20℃의 범위에서 정한다.
   ③ 재료를 가열할 경우, 물 또는 골재를 가열하는 것으로 하며, 시멘트는 어떠한 경우라도 직접 가열할 수 없다.
   ④ 시공시 특히 응결경화 초기에 동결시키지 않도록 주의하여야 한다.

2. D22 이형철근으로 스터럽의 90° 표준갈고리를 제작할 때, 90° 구부린 끝에서 최소 얼마 이상 더 연장하여야 하는가?
   (단, d_b는 철근의 지름이다.)
   ① $6d_b$
   ② $9d_b$
   ③ $12d_b$
   ④ $15d_b$

3. 잔골재의 조립률이 시방배합의 기준표보다 0.1만큼 크다면 잔 골재율(S/a)을 어떻게 보정하는가?
   ① 1% 작게 한다.
   ② 1% 크게 한다.
   ③ 0.5% 작게 한다.
   ④ 0.5% 크게 한다.

4. 직경 100mm의 원주형 공시체를 사용한 콘크리트의 압축강도 시험에서 압축하중이 200kN에서 파괴가 진행되었다면 압축강도는?
   ① 2.5MPa
   ② 10.2MPa
   ③ 20.0MPa
   ④ 25.5MPa

5. 출제기준 변경으로 관련문항은 삭제

6. 출제기준 변경으로 관련문항은 삭제

7. 표준갈고리를 갖는 인장 이형철근의 정착에서 아래와 같은 경우에 기본정착길이 ℓ_{hb}에 대한 보정계수는?

   > D35 이하 180° 갈고리 철근에서 정착길이 구간을 $3d_b$ 이하 간격으로 띠철근 또는 스터럽이 정착되는 철근을 수직으로 둘러싼 경우

   ① 0.70
   ② 0.75
   ③ 0.80
   ④ 0.85

해 설

1. 하루의 평균기온이 4℃ 이하가 되는 기상조건 하에서는 한중콘크리트로서 시공한다.

2. 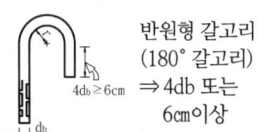 반원형 갈고리 (180° 갈고리) ⇒ 4db 또는 6cm이상

   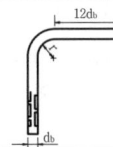 직각 갈고리 (90° 갈고리) ⇒ 12db

   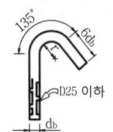 예각 갈고리 (135° 갈고리) ⇒ 6db

3. 모래의 조립률이 0.1만큼 클 때마다 S/a(%)의 보정은 0.5만큼 크게 한다.

4. 압축하중(P)=200kN
   면적(A)=$\dfrac{\pi d^2}{4}$
   =$\dfrac{3.14 \times 100^2}{4}$=7,850mm²

   ■ 압축강도(MPa)=$\dfrac{P(N)}{A(mm^2)}$
   =$\dfrac{200,000}{7,850}$=25.5MPa

7. D35 이하 180° 갈고리 철근에서 정착길이 구간을 $3d_b$ 이하 간격으로 띠철근 또는 스터럽이 정착되는 철근을 수직으로 둘러싼 경우 : 0.8

정 답

1. ① 2. ③ 3. ④ 4. ④ 7. ③

8. 토목재료로서 콘크리트의 일반적인 특징으로 옳지 않은 것은?
   ① 콘크리트 자체가 무겁다.
   ② 건조수축에 의한 균열이 생기기 쉽다.
   ③ 압축강도와 인장강도가 동일하다.
   ④ 내구성과 내화성이 모두 크다.

9. 출제기준 변경으로 관련문항은 삭제

10. 주철근의 표준갈고리로 옳게 짝지어진 것은?
    ① 45° 표준갈고리와 90° 표준갈고리
    ② 60° 표준갈고리와 120° 표준갈고리
    ③ 90° 표준갈고리와 180° 표준갈고리
    ④ 90° 표준갈고리와 135° 표준갈고리

11. 콘크리트의 내구성에 영향을 끼치는 요인으로 가장 거리가 먼 것은?
    ① 동결과 융해
    ② 거푸집의 종류
    ③ 물 흐름에 의한 침식
    ④ 철근의 녹에 의한 균열

12. 철근 콘크리트 구조물에서 보가 극한 상태에 이르게 되면 구조물 자체는 파괴되거나 파괴에 가까운 상태가 된다. 실제의 구조물에서 이와 같은 파괴가 일어나지 않게 하기 위해 공칭강도에 무엇을 곱하여 사용하는가?
    ① 강도 감소 계수   ② 응력
    ③ 변형률   ④ 온도보정계수

13. 숏크리트 시공 및 그라우팅에 의한 지수공법에 주로 사용되는 혼화제는?
    ① 발포제   ② 급결제
    ③ 공기연행제   ④ 고성능 유동화제

14. 잔골재, 자갈 또는 부순 모래, 부순 자갈, 여러 가지 슬래그 골재 등을 사용하여 만든 단위질량이 2,300kg/㎥ 전후의 콘크리트를 무엇이라 하는가?
    ① 일반 콘크리트
    ② 수밀 콘크리트
    ③ 경량골재 콘크리트
    ④ 폴리머 시멘트 콘크리트

해 설

8. 콘크리트 인장강도가 압축강도에 비해 약한 결점을 철근을 배치하여 보강한 것이다.

10.
■ 표준갈고리 : 180°, 90°
■ 스터럽과 띠철근에 대한 표준갈고리 : 90°, 135°

11. 콘크리트 내구성에 영향을 끼치는 요인은 동결, 융해, 기상작용, 물, 산, 염, 화학적 침식, 물 흐름에 대한 침식, 철근의 녹에 의한 균열

12. 강도 감소 계수 : 공칭 강도에 1보다 작은 값을 곱한다고 하는 것은, 원래의 값보다 결과값을 작게 만드는 것이다. 이론적으로 계산된 값보다 작은 값을 취하여 혹 발생하게 될 위험에 대처하는 방법으로, 보다 안전하게 설계하기 위한 것이다.(100이라는 힘에 견디는 재료이지만 설계시에는 90정도 밖에 견디지 못할 것이다 라고 생각하여 설계)

13. 급결제 :
■ 시멘트의 응결을 빠르게 하기 위해 사용
■ 급속공사, 숏크리트(뿜어 붙이기 콘크리트)에 사용

14.
■ 수밀 콘크리트 : 물이 새지 않도록 치밀하게 만든 콘크리트
■ 경량골재 콘크리트 : 단위 무게 1,700kg/㎥ 이하인 콘크리트를 말한다.
■ 폴리머 시멘트 콘크리트 : 시멘트 대신에 폴리머를 결합재로 사용한 콘크리트

정 답

8. ③ 10. ③ 11. ② 12. ①
13. ② 14. ①

15. 두께 120㎜의 슬래브를 설계하고자 한다. 최대 정모멘트가 발생하는 위험 단면에서 주철근의 중심 간격은 얼마 이하이어야 하는가?
   ① 140㎜ 이하
   ② 240㎜ 이하
   ③ 340㎜ 이하
   ④ 440㎜ 이하

16. 압축부재에서 사각형 띠철근으로 둘러싸인 주철근의 최소 개수는?
   ① 4개
   ② 9개
   ③ 16개
   ④ 25개

17. 용접 이음은 철근의 설계 기준 항복강도 fy의 몇 % 이상을 발휘할 수 있는 완전 용접이어야 하는가?
   ① 85%
   ② 100%
   ③ 125%
   ④ 150%

18. 지간 4m의 단순보가 고정하중 20kN/m과 활하중 30kN/m를 받고 있다. 이 보를 설계하는데 필요한 최대공칭모멘트는? (단, 고정하중과 활하중에 대한 하중계수는 각각 1.2와 1.6이며, 이 보는 인장지배 단면으로 본다.)
   ① 72kN·m
   ② 122kN·m
   ③ 144kN·m
   ④ 169kN·m

19. 프리스트레스하지 않은 부재의 현장치기 콘크리트에서 흙에 접하거나 외부의 공기에 노출되는 콘크리트로서 D29 이상의 철근인 경우 최소 피복 두께는?
   ① 40㎜
   ② 50㎜
   ③ 60㎜
   ④ 80㎜

해 설

15.
- 슬래브의 정철근 및 부철근의 중심 간격은 최대 휨모멘트가 일어나는 단면에서는 슬래브 두께의 2배 이하이어야 하고, 또한 300㎜ 이하로 하여야 한다. 기타의 단면에서는 슬래브 두께의 3배 이하이어야 하고, 또한 450㎜ 이하로 하여야 한다.
- 120㎜×2=240㎜ 이하

16. 축방향 부재의 주철근의 최소 개수는 나선철근으로 둘러싸인 철근의 경우 6개, 직사각형이나 원형 띠철근 내부의 철근의 경우 4개, 삼각형 띠철근 내부의 철근의 경우 3개로 하여야 한다.

17. D35를 초과하는 철근은 겹침 이음을 해서는 안 되고 용접에 의한 맞대기 이음을 한다. 이음부가 철근의 항복강도의 125% 이상의 인장을 발휘할 수 있도록 한다.

18.
- 극한 하중(w_u)
  = 1.2× 사하중 + 1.6× 활하중
  = 1.2×20 + 1.6×30
  = 72kN/m
- 강도감소계수($\varnothing$) : 0.85 (인장지배 단면)
- 설계강도(M_d) = $\varnothing$·공칭강도(M_n)
  = $\dfrac{w_u \ell^2}{8} = \dfrac{72 \times 4^2}{8}$ = 144kN·m
  ∴ 공칭강도 = $\dfrac{M_d}{\varnothing} = \dfrac{144}{0.85}$ = 169kN·m

19.
- **흙, 옥외 공기에 접하지 않는 부위**
  - 슬래브, 장선, 벽체
    D35 초과 : 40㎜,
    D35 이하 : 20㎜
  - 보, 기둥 : 40㎜
- **흙, 옥외공기에 접하는 부위**
  - 노출되는 콘크리트
    D29 이상 : 60㎜
    D25 이하 : 50㎜
    D16 이하 : 40㎜
  - 영구히 묻히는 콘크리트 : 80㎜
- **수중에서 타설 하는 콘크리트** : 100㎜

정 답

15. ② 16. ① 17. ③ 18. ④
19. ③

20. 철근 콘크리트 구조물의 설계 방법이 아닌 것은?
   ① 강도 설계법　　② 허용응력 설계법
   ③ 한계상태 설계법　④ 하중강도 설계법

21. 기둥에 관한 설명으로 옳지 않은 것은?
   ① 지붕, 바닥 등의 상부 하중을 받아서 토대 및 기초에 전달하고 벽체의 골격을 이루는 수직 구조체이다.
   ② 단주인가 장주인가에 따라 동일한 단면이라도 그 강도가 달라진다.
   ③ 순수한 축방향 압축력만을 받는 일은 거의 없다.
   ④ 기둥의 강도는 단면의 모양과 밀접한 연관이 있고, 기둥 길이와는 무관하다.

22. 콘크리트를 주재료로 하고 철근을 보강 재료로 하여 만든 구조를 무엇이라 하는가?
   ① 합성 콘크리트 구조　② 무근 콘크리트 구조
   ③ 철근 콘크리트 구조　④ 프리스트레스트 콘크리트 구조

23. 2방향 슬래브의 위험 단면에서 철근 간격은 슬래브 두께의 2배 이하 또한 몇 ㎜ 이하이어야 하는가?
   ① 100㎜　　② 200㎜
   ③ 300㎜　　④ 400㎜

24. 철근 콘크리트가 성립하는 이유(조건)로 옳지 않은 것은?
   ① 콘크리트속에 묻힌 철근은 녹이 슬지 않는다.
   ② 철근과 콘크리트는 부착이 매우 잘 된다.
   ③ 철근과 콘크리트는 온도에 대한 열팽창 계수가 거의 같다.
   ④ 철근과 콘크리트는 인장강도가 거의 같다.

25. 그림과 같은 옹벽에 수평력 20kN, 수직력 40kN이 작용하고 있다. 전도에 대한 안전율은? (단, 기초 좌측 하단('O'점)을 기준으로 한다.)

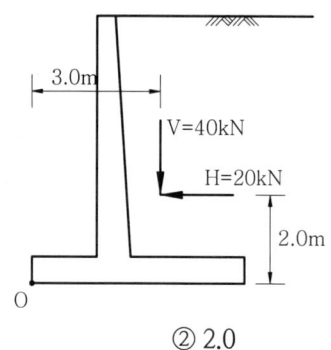

   ① 1.3　　② 2.0
   ③ 3.0　　④ 4.0

해 설

20. 구조물의 설계 방법 : 강도 설계법, 허용응력 설계법, 한계상태 설계법

21. 단면적에 비하여 길이가 긴 부재일수록 압축력에 약하다.

22. 철근 콘크리트 구조 : 콘크리트 속에 철근을 배치하여 양자가 일체가 되어 외력을 받게 한 구조

23. 슬래브의 정철근 및 부철근의 중심 간격은 최대 휨모멘트가 일어나는 단면에서는 슬래브 두께의 2배 이하이어야 하고, 또한 300㎜ 이하로 하여야 한다. 기타의 단면에서는 슬래브 두께의 3배 이하이어야 하고, 또한 450㎜ 이하로 하여야 한다.

24. 콘크리트 인장강도가 압축강도에 비해 약한 결점을 철근을 배치하여 보강한 것이다.

25. 전도에 대한 안정
$= \dfrac{\text{저항 모멘트}(M_r)}{\text{전도 모멘트}(M_o)}$
$= \dfrac{40 \times 3}{20 \times 2} = 3$

정 답

20. ④　21. ④　22. ③　23. ③
24. ④　25. ③

26. 프리스트레스트 콘크리트(PSC)의 특징이 아닌 것은? (단, 철근 콘크리트와 비교)
   ① 고강도의 콘크리트와 강재를 사용한다.
   ② 안전성이 낮고 강성이 커서 변형이 작다.
   ③ 단면을 작게 할 수 있어 지간이 긴 구조물에 적당하다.
   ④ 설계하중이 작용하더라도 인장측 콘크리트에 균열이 발생하지 않는다.

27. PS 강재나 시스 등의 마찰을 줄이기 위해 사용되는 마찰 감소재가 아닌 것은?
   ① 왁스
   ② 모래
   ③ 파라핀
   ④ 그리스

28. 주탑과 경사로 배치되어 있는 인장 케이블 및 바닥판으로 구성되어 있으며, 바닥판은 주탑에 연결되어 있는 와이어 케이블로 지지되어 있는 형태의 교량은?
   ① 사장교
   ② 라멘교
   ③ 아치교
   ④ 현수교

29. 설계에 있어 고려하는 하중의 종류 중 변동하는 하중에 해당되는 것은?
   ① 고정하중
   ② 설하중
   ③ 수평토압
   ④ 수직토압

30. 외력에 대한 옹벽의 안정 조건이 아닌 것은?
   ① 활동에 대한 안정
   ② 침하에 대한 안정
   ③ 전도에 대한 안정
   ④ 전단력에 대한 안정

31. 출제기준 변경으로 관련문항은 삭제

32. 터널의 설계에 고려사항으로 옳지 않은 것은?
   ① 통풍이 양호한 곳
   ② 지반 조건이 양호한 곳
   ③ 터널 내 곡선의 반지름은 짧을 것
   ④ 시공할 때나 완성 후의 배수를 고려할 것

해 설

26. PSC 구조는 안전성이 높지만 RC에 비하여 강성이 작아서, 변형이 크고 진동하기가 쉽다.

27. 마찰 감소재 : PS 강재나 시스 등의 마찰을 줄이기 위하여 PS 강재에 바르는 재료(그리스, 파라핀, 왁스 등)

28. 현수교는 주 탑에 현의 형태로 주 케이블을 설치하고, 사장교는 주 탑에 경사 케이블을 좌우 대칭되게 설치함.

29. 설하중 : 교량 위에 쌓이는 눈은 제거해야 하지만, 완전히 제거되지 않은 경우에는 교량이 놓이는 지점의 실제 상황에 따라 적당한 설하중을 고려할 필요가 있다.

30. 옹벽의 안정 조건
   ① 전도에 대한 안정
   ② 활동에 대한 안정
   ③ 지반 지지력에 대한 안정

32. 시공, 통풍, 교통 안전면에서 될 수 있는 대로 직선 또는 반지름이 큰 곡선으로 한다.

정 답

26. ② 27. ② 28. ① 29. ②
30. ④ 32. ③

33. 용접 이음의 특징에 대한 설명으로 옳지 않은 것은?
   ① 접합부의 강성이 작다.
   ② 시공 중에 소음이 없다.
   ③ 인장측에 리벳 구멍에 의한 단면 손실이 없다.
   ④ 리벳 접합 방식에 비하여 강재를 절약할 수 있다.

34. 보통 무근 콘크리트로 만들어지며 자중에 의하여 안정을 유지하는 옹벽의 형태를 무엇이라 하는가?
   ① 중력식 옹벽
   ② L형 옹벽
   ③ 캔틸레버 옹벽
   ④ 뒷부벽식 옹벽

35. 구조 재료로서의 강재의 특징에 대한 설명으로 옳지 않은 것은?
   ① 균질성을 가지고 있다.
   ② 관리가 잘 된 강재는 내구성이 우수하다.
   ③ 다양한 형상과 치수를 가진 구조로 만들 수 있다.
   ④ 다른 재료에 비해 단위 면적에 대한 강도가 작다.

36. 한국 산업 표준 중에서 토건 기호는?
   ① KS A
   ② KS C
   ③ KS F
   ④ KS W

37. 재료의 단면 표시 중 벽돌을 나타내는 것은?
   ①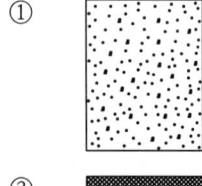
   ②
   ③
   ④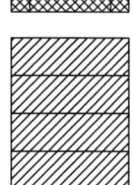

해 설

33. 리벳 구멍이 없으므로 단면적이 감소되지 않기 때문에 강도의 저하가 없다.

34. 중력식 옹벽 : 무근 콘크리트 벽체의 자중에 의하여 안정을 유지하는 옹벽으로 높이는 3m정도이다.

35. 강재는 다른 재료에 비하여 단위 넓이에 대한 강도가 매우 크고 자중이 작기 때문에, 긴 지간의 교량, 고층 건물 등에 유효하게 쓰인다.

36.
■ KS A : 기본
■ KS C : 전기
■ KS F : 토건
■ KS W : 항공

37.
① 모래
② 블록
③ 아스팔트
④ 벽돌

정 답

33. ① 34. ① 35. ④ 36. ③
37. ④

38. 구조용 재료의 단면표시 그림 중에서 인조석을 표시한 것은?

① 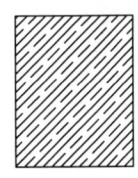 ②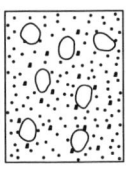

③ 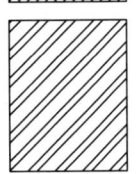 ④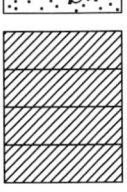

39. 그림과 같은 양면 접시머리 공장 리벳의 바른 표시는?

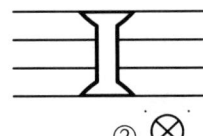

①   ② ⊗
③ ◯ ④ ⊗

40. 출제기준 변경으로 관련문항은 삭제

41. 용도에 따른 선의 명칭으로 옳은 것은?
   ① 가는 선
   ② 굵은 선
   ③ 중심선
   ④ 아주 굵은 선

42. 토목제도에서 한글 서체는 수직 또는 오른쪽으로 어느 정도 경사지게 쓰는 것이 원칙인가?
   ① 10°   ② 15°
   ③ 20°   ④ 30°

43. 출제기준 변경으로 관련문항은 삭제

44. 일반적인 제도 규격용지의 폭과 길이의 비로 옳은 것은?
   ① 1 : 1
   ② 1 : $\sqrt{2}$
   ③ 1 : $\sqrt{3}$
   ④ 1 : 4

해설

38.
① 인조석
② 콘크리트
③ 강철
④ 벽돌

39.
① 양면 접시머리 현장 리벳
② 배면 접시머리 공장 리벳
③ 표면 접시머리 공장 리벳

41.
■ 가는 선 ⇒ 가는 실선
■ 굵은 선 ⇒ 굵은 실선
■ 아주 굵은 선 ⇒ 굵은 실선

42. 한글 서체는 명조체, 그래픽체, 고딕체로 하고 수직 또는 오른쪽 15° 경사지게 쓰는 것이 원칙이다.

44. 제도 용지의 폭(가로 방향)과 길이(세로 방향)의 비는
1 : $\sqrt{2}$ 이다.

정답

38. ① 39. ④ 41. ③ 42. ②
44. ②

45. 투상법에서 제3각법에 대한 설명으로 옳지 않은 것은?
   ① 정면도 아래에 배면도가 있다.
   ② 정면도 위에 평면도가 있다.
   ③ 정면도 좌측에 좌측면도가 있다.
   ④ 제3면각 안에 물체를 놓고 투상하는 방법이다.

46. 구조물 설계 제도에서 도면의 작도 순서로 가장 알맞은 것은?

   ⓐ 일반도 ⓑ 단면도 ⓒ 주철근 조립도 ⓓ 철근상세도 ⓔ 각부 배근도

   ① ⓑ → ⓒ → ⓓ → ⓔ → ⓐ
   ② ⓑ → ⓔ → ⓐ → ⓒ → ⓓ
   ③ ⓐ → ⓔ → ⓓ → ⓑ → ⓒ
   ④ ⓐ → ⓒ → ⓑ → ⓔ → ⓓ

47. 제도에 일반적으로 사용되는 축척으로 가장 거리가 먼 것은?
   ① $\frac{1}{2}$
   ② $\frac{1}{3}$
   ③ $\frac{1}{5}$
   ④ $\frac{1}{10}$

48. 구조물 전체의 개략적인 모양을 표시하는 도면으로 구조물 주위의 지형지물을 표시하여 지형과 구조물과의 연관성을 명확하게 표현하는 도면은?
   ① 일반도
   ② 구조도
   ③ 측량도
   ④ 설명도

49. 측량제도에서 종단면도 작성에 관한 설명으로 옳지 않은 것은?
   ① 지반고가 계획고보다 클 때에는 흙쌓기가 된다.
   ② 기준선은 지반고와 계획고 이하가 되도록 한다.
   ③ No.4+9.8은 No.4에서 9.8m 지점의 +말뚝을 표시한 것이다.
   ④ 지반고란에는 야장에서 각 중심 말뚝의 표고를 기재한다.

50. 치수와 치수선에 대한 설명으로 옳지 않은 것은?
   ① 치수는 특별히 명시하지 않으면 마무리 치수(완성 치수)로 표시한다.
   ② 치수선은 표시할 치수의 방향에 평행하게 긋는다.
   ③ 치수는 계산하지 않고서도 알 수 있게 표기한다.
   ④ 치수의 단위는 ㎜를 원칙으로 하고, 치수 뒤에 단위를 써서 표시한다.

해설

45. 제3각법

	평면도	
좌측면도	정면도	우측면도
	저면도	

46. 일반적인 도면의 작도 순서 : 단면도 - 배근도 - 일반도 - 주철근 조립도 - 철근 상세도

47. $\frac{1}{1}$, $\frac{1}{2}$, $\frac{1}{5}$, $\frac{1}{10}$ 등 22 종을 원칙으로 한다.

48. 일반도
■ 구조물의 평면도, 입면도, 단면도 등에 의해서 구조물 전체의 개략적인 모양을 표시한 도면
■ 구조물 주위의 지형 지물을 표시하여 지형과 구조물과의 연관성을 명확하게 표시할 필요가 있다.

49. 지반고가 계획고보다 낮을 때에는 흙쌓기가 된다.

50. 치수의 단위는 ㎜를 원칙으로 하며 단위 기호는 쓰지 않으나 타 기호 사용시 명확히 기입한다.

정답

45. ① 46. ② 47. ② 48. ①
49. ① 50. ④

51. 직육면체의 직각으로 만나는 3개의 모서리가 모두 120°를 이루는 투상도는?
    ① 정투상도
    ② 등각 투상도
    ③ 부등각 투상도
    ④ 사투상도

52. 표제란에 기입할 사항이 아닌 것은?
    ① 도면 번호
    ② 도면 명칭
    ③ 도면치수
    ④ 기업체명

53. 척도에 관한 설명으로 옳지 않은 것은?
    ① 현척은 실제 크기를 의미한다.
    ② 배척은 실제보다 큰 크기를 의미한다.
    ③ 축척은 실제보다 작은 크기를 의미한다.
    ④ 그림의 크기가 치수와 비례하지 않으면 NP를 기입한다.

54. 판형재 중 각 강(鋼)의 치수 표시방법은?
    ① ∅A—L
    ② □A—L
    ③ DA—L
    ④ □A×B×t—L

55. 그림은 어떠한 재료 단면의 경계를 나타낸 것인가?

    ① 지반면
    ② 자갈면
    ③ 암반면
    ④ 모래면

56. 구조물 제도에서 물체의 절단면을 표현하는 것으로 중심선에 대하여 45° 경사지게 일정한 간격으로 긋는 것은?
    ① 파선
    ② 스머징
    ③ 해칭
    ④ 스프릿

57. CAD 작업의 특징으로 옳지 않은 것은?
    ① 설계 기간의 단축으로 생산성을 향상시킨다.
    ② 도면분석, 수정, 제작이 수작업에 비하여 더 정확하고 빠르다.
    ③ 컴퓨터 화면을 통하여 대화방식으로 도면을 입·출력할 수 있다.
    ④ 설계 도면을 여러 사람이 동시 작업이 불가능하여, 표준화 작업에 어려움이 있다.

해설

51. 등각 투상도 : 물체의 정면, 평면, 측면을 하나의 투상도에 볼 수 있도록 하기 위하여 물체를 왼쪽으로 돌린 다음 앞으로 기울여 2개의 옆면 모서리가 수평선과 30°되게 잡아 물체의 3모서리가 각각 120°의 등각을 이루도록한 투상도

52. 도면 번호, 도면 명칭, 기업(단체)명, 책임자 서명, 설계자, 제도자, 책임자, 도면 작성 연월일, 축척 등을 기입한다. 범례는 표제란 가까이 기입한다.

53. 그림의 모양이 치수에 비례하지 않아 착각될 우려가 있을 때에는 치수 밑에 밑줄을 긋거나'비례가 아님', 또는 'NS'(Not to Scale)등으로 명시한다.

54. 각강 : □ A-L

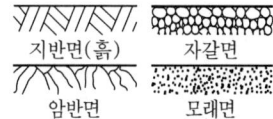

55.

56. 해칭 : 가는 실선으로 하고 수평선, 중심선 또는 표준선에 대하여 45°(필요시 기타 각도)로 눕혀 같은 간격으로 넣는다.

57. 방대한 도면을 여러 사람이 동시에 작업하여 표준화를 이룰 수 있다.

정답

51. ② 52. ③ 53. ④ 54. ②
55. ① 56. ③ 57. ④

58. 국가 규격 명칭과 규격 기호가 바르게 표시된 것은?
   ① 일본 규격 — JKS
   ② 미국 규격 — USTM
   ③ 스위스 규격 — JIS
   ④ 국제 표준화 규격 — ISO

59. 치수 기입에서 치수 보조 기호에 대한 설명으로 옳지 않은 것은?
   ① 정사각형의 변 : □
   ② 반지름 : R
   ③ 지름 : D
   ④ 판의 두께 : t

60. 도형의 표시방법에서 투상도에 대한 설명으로 옳지 않은 것은?
   ① 물체의 오른쪽과 왼쪽이 같을 때에는 우측면도만 그린다.
   ② 정면도와 평면도만 보아도 그 물체를 알 수 있을 때에는 측면도를 생략해도 된다.
   ③ 물체의 길이가 길 때, 정면도와 평면도만으로 표시할 수 있을 경우에는 측면도를 생략한다.
   ④ 물체에 따라 정면도 하나로 그 형태의 모든 것을 나타낼 수 있을 때에도 다른 투상도를 모두 그려야 한다.

해 설

58.
- 일본 규격—JIS
- 미국 규격—ANSI
- 스위스 규격—SNV
- 국제 표준화 규격—ISO

59. 지름 : ∅

60. 물체에 따라 정면도 하나로 그 형태의 모든 것을 나타낼 수 있을 때에는 다른 투상도는 그리지 않아도 된다.

정 답

58. ④ 59. ③ 60. ④

2013년 4회 시행 문제

1. 출제기준 변경으로 관련문항은 삭제

2. 토목구조물 설계에서 일반적으로 주하중으로 분류되지 않는 것은?
   ① 토압　　② 수압
   ③ 지진　　④ 자중

3. 단면의 폭 b=400mm, 유효깊이 d=600mm 인 단철근 직사각형 보에 D22의 정철근을 2단으로 배치할 경우 그 연직 순간격은 얼마 이상으로 하여야 하는가?
   ① 25mm 이상　　② 35mm 이상
   ③ 40mm 이상　　④ 50mm 이상

4. 출제기준 변경으로 관련문항은 삭제

5. 출제기준 변경으로 관련문항은 삭제

6. 철근 D29~D35의 경우에 180° 표준갈고리의 구부림 최소 내면 반지름은? (단, d_b : 철근의 공칭지름)
   ① $2d_b$　　② $3d_b$
   ③ $4d_b$　　④ $6d_b$

7. 프리스트레스하지 않는 부재의 현장치기 콘크리트 중 수중에서 치는 콘크리트의 최소 피복두께는?
   ① 40mm　　② 60mm
   ③ 80mm　　④ 100mm

8. 인장력을 받는 이형철근의 A급 겹침이음 길이로 옳은 것은? (단, ℓ_d : 정착길이)
   ① $1.0\ell_d$ 이상　　② $1.3\ell_d$ 이상
   ③ $1.5\ell_d$ 이상　　④ $2.0\ell_d$ 이상

9. 컴프레셔 혹은 펌프를 이용하여 노즐 위치까지 호스 속으로 운반한 콘크리트를 압축공기에 의해 시공면에 뿜어서 만든 콘크리트는?
   ① 진공 콘크리트
   ② 유동화 콘크리트
   ③ 펌프 콘크리트
   ④ 숏크리트

해 설

2. 주하중 : 사하중, 활하중, 충격, 프리스트레스, 콘크리트 크리프의 영향, 콘크리트 건조수축의 영향, 토압, 수압, 부력 또는 양압력 등 구조물의 설계에 있어서 상시 작용하고 있다고 생각하여야 하는 하중

3. 상하 2단 배근인 경우
   ① 상, 하 철근은 동일 연직면 내 배근
   ② 상, 하 철근의 순 간격은 25mm이상

6. 갈고리의 최소 내면 반지름 :
   ① D10 ~ D25 : 3db
   ② D29 ~ D35 : 4db
   ③ D38 이상 : 5db

7. 수중에서 타설 하는 콘크리트 : 100mm

8. 인장을 받는 이형철근 및 이형철선의 겹침이음 길이는
   A급 : $1.0\ell_d$, B급 : $1.3\ell_d$ 이상으로 30cm 이상이어야 한다.
   (ℓ_d : 인장 철근 정착 길이)

9. 숏크리트 : 압축 공기를 이용하여 콘크리트나 모르터를 시공 면에 뿜어 붙여서 만든 콘크리트

정 답

2. ③　3. ①　6. ③　7. ④　8. ①
9. ④

10. 콘크리트의 워커빌리티에 영향을 미치는 요소에 대한 설명으로 옳지 않은 것은?
    ① 시멘트의 분말도가 높을수록 워커빌리티가 좋아진다.
    ② AE제, 감수제 등의 혼화제를 사용하면 워커빌리티가 좋아진다.
    ③ 시멘트량에 비해 골재의 양이 많을수록 워커빌리티가 좋아진다.
    ④ 단위수량이 적으면 유동성이 적어 워커빌리티가 나빠진다.

해설
10. 시멘트량에 비해 골재의 양이 많을수록 워커빌리티가 나빠진다.

11. 다음 (   )에 알맞은 수치는?
    > 동일 평면에서 평행한 철근 사이의 수평 순간격은 (   )mm 이상, 철근의 공칭지름 이상으로 하여야 한다.

    ① 25   ② 35
    ③ 45   ④ 55

11. 상하 2단 배근인 경우
    ① 상, 하 철근은 동일 연직면 내 배근
    ② 상, 하 철근의 순 간격은 25mm이상

12. 인장 이형 철근 및 이형 철선의 정착 길이는 기본 정착 길이에 보정계수(α, β, λ)를 곱하여 구할 수 있다. 이 때 보정계수에 영향을 주는 인자가 아닌 것은?
    ① 철근의 겹침 이음   ② 철근 배치 위치
    ③ 철근 도막 여부   ④ 콘크리트의 종류

12. 보정계수
    ■ α : 철근배치 위치계수
    ■ β : 에폭시 도막계수
    ■ λ : 경량콘크리트계수

13. 출제기준 변경으로 관련문항은 삭제

14. 혼화제의 일종으로, 시멘트 분말을 분산시켜서 콘크리트의 워커빌리티를 얻기에 필요한 단위수량을 감소시키는 것을 주목적으로 한 재료는?
    ① 급결제   ② 감수제
    ③ 촉진제   ④ 보수제

14. 감수제 : 시멘트 입자를 분산시켜 콘크리트의 단위 수량을 감소시키는 효과

15. 토목재료로서 콘크리트의 일반적인 특징으로 옳지 않은 것은?
    ① 경화하는데 시간이 걸리기 때문에 시공일수가 길어진다.
    ② 내구성, 내화성, 내진성이 우수하다.
    ③ 경화시에 건조, 수축에 의한 균열이 발생하기 쉽다.
    ④ 인장강도에 비해 압축강도가 매우 작다.

15. 콘크리트 인장강도가 압축강도에 비해 약한 결점을 철근을 배치하여 보강한 것이다.

16. 굵은 골재의 최대치수는 질량비로 몇 % 이상을 통과 시키는 체 가운데에서 가장 작은 치수의 체눈을 체의 호칭치수로 나타낸 것인가?
    ① 80%   ② 85%
    ③ 90%   ④ 95%

16. 질량(무게)으로 90% 이상 통과하는 체 중 체눈금이 최소인 것의 호칭 치수

정답
10. ③ 11. ① 12. ① 14. ②
15. ④ 16. ③

17. 콘크리트를 친 후 시멘트와 골재알이 가라앉으면서 물이 올라와 콘크리트의 표면에 떠오르는 현상은?
   ① 슬럼프   ② 워커빌리티
   ③ 레이턴스   ④ 블리딩

18. 휨 또는 휨과 압축을 동시에 받는 부재의 콘크리트 압축연단의 극한 변형률은 얼마로 가정하는가?
   ① 0.002   ② 0.003
   ③ 0.004   ④ 0.005

19. 수밀 콘크리트의 배합에서 물―결합재(시멘트)비는 얼마 이하를 표준으로 하는가?
   ① 40%   ② 50%
   ③ 60%   ④ 70%

20. 출제기준 변경으로 관련문항은 삭제

21. 그림과 같은 기초를 무엇이라 하는가?

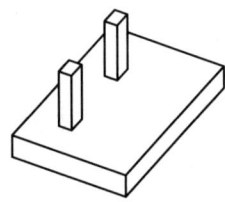

   ① 독립 확대 기초   ② 경사 확대 기초
   ③ 벽 확대 기초   ④ 연결 확대 기초

22. 도로교의 표준트럭하중 DB―24 하중에서 후륜 하중은?
   ① 24kN   ② 54kN
   ③ 72kN   ④ 96kN

23. 부재의 길이에 비하여 단면이 작은 부재를 삼각형으로 이어서 만든 뼈대로서, 보의 작용을 하도록 한 구조로 된 교량 형식은?
   ① 판형교   ② 트러스교
   ③ 사장교   ④ 게르버교

24. 사용 재료에 따른 토목 구조물의 종류가 아닌 것은?
   ① 콘크리트 구조   ② 판상형 구조
   ③ 합성 구조   ④ 강 구조

25. 출제기준 변경으로 관련문항은 삭제

해 설

17. 블리딩(bleeding) : 콘크리트를 친 후 시멘트와 골재 알이 가라앉으면서 물이 올라와 표면에 떠오르는 현상

18. 보가 파괴를 일으킬 때의 압축측의 표면에 나타나는 콘크리트의 극한 변형률은 0.003 으로 가정한다.

19. 물-시멘트 비는 50% 이하를 표준으로 한다.

21. 연결 확대 기초 : 2개 이상의 기둥을 한 개의 확대 기초로 받치도록 만든 기초

22. DB—24
■ 총중량 : 1.8W
 =1.8× 24ton× 10=432kN
■ 전륜 하중 : 0.1W
 =0.1× 24ton× 10=24kN
■ 후륜 하중 : 0.4W
 =0.4× 24ton× 10=96kN

23. 트러스교 : 트러스(Truss)는 몇 개의 직선 부재를 한 평면 내에서 연속된 삼각형의 뼈대 구조로 조립한 교량

24. 토목 구조물은 사용 재료에 따라 분류하면 콘크리트 구조, 강 구조, 콘크리트와 강재의 합성 구조로 나뉜다.

정 답

17. ④ 18. ② 19. ② 21. ④
22. ④ 23. ② 24. ②

26. 중심 축하중을 받는 장주의 좌굴 하중(Pc)은? (단, EI : 압축부재의 휨강성, $k\ell_u$: 유효 길이)
① $Pc = \dfrac{\pi^2 EI}{(k\ell_u)^2}$
② $Pc = \dfrac{(EI)^2}{\pi^2 (k\ell_u)}$
③ $Pc = \dfrac{\pi^2 k\ell_u}{(EI)^2}$
④ $Pc = \dfrac{k\ell_u}{\pi^2 (EI)^2}$

27. 다음 교량 중 건설 시기가 가장 최근의 것은? (단, 개·보수 및 복구 등을 제외한 최초의 완공을 기준으로 한다.)
① 인천 대교
② 원효 대교
③ 한강 철교
④ 영종 대교

28. PS 강재를 어떤 인장력으로 긴장한 채 그 길이를 일정하게 유지해 주면 시간이 지남에 따라 PS 강재의 인장 응력이 감소하는 현상은?
① 프리플렉스
② 응력 부식
③ 릴랙세이션
④ 그라우팅

29. 토목 구조물의 특징이 아닌 것은?
① 대부분 공공의 목적으로 건설 된다.
② 구조물의 수명이 짧다.
③ 대부분 자연 환경 속에 놓인다.
④ 다량 생산이 아니다.

30. 기둥, 교각에 작용하는 상부 구조물의 하중을 지반에 안전하게 전달하기 위하여 설치하는 구조물은?
① 기둥
② 옹벽
③ 슬래브
④ 확대 기초

31. 교량을 설계한 경우 슬래브교의 최소 두께는 얼마 이상인가? (단, 도로교 설계기준에 따른다.)
① 150mm
② 200mm
③ 250mm
④ 300mm

32. 콘크리트에 철근을 보강하는 가장 큰 이유는?
① 압축력 보강
② 인장력 보강
③ 전단력 보강
④ 비틀림 보강

해설

26. $Pc = \dfrac{\pi^2 EI}{(k\ell_u)^2}$

27.
- 인천 대교 : 영종도와 송도국제도시를 연결하는 총 18.38km의 사장교로 2009년 10월 완공
- 원효 대교 : 1981년 국내최초 디비닥(Dywidag)공법을 사용한 프리스트레스 교량
- 한강 철교 : 1900년 건설된 근대식 교량의 시작
- 영종 대교 : 2000년 11월에 준공된 국내 최초의 도로 및 철도 병용 현수교

28. 릴랙세이션 : PS강재를 긴장한 후 시간이 지나감에 따라 인장 응력이 감소하는 현상

29. 구조물의 수명이 길다.

30. 확대 기초 : 기둥, 교대, 교각, 벽 등에 작용하는 상부구조물의 하중을 지반에 안전하게 전달하기 위하여 설치한 구조물

31. 교량을 설계할 경우에는 도로교 설계 기준에 따라 슬래브의 최소 두께는 250mm 이상으로 해야 한다.

32. 콘크리트 인장강도가 압축강도에 비해 약한 결점을 철근을 배치하여 보강한 것이다.

정답

26. ① 27. ① 28. ③ 29. ②
30. ④ 31. ③ 32. ②

33. 일반적인 강 구조의 특징이 아닌 것은?
   ① 반복하중에 의한 피로가 발생하기 쉽다.
   ② 균질성이 우수하다.
   ③ 차량 통행으로 인한 소음이 적다.
   ④ 부재를 개수하거나 보강하기 쉽다.

34. 프리스트레스트 콘크리트 보를 설명한 것으로 옳지 않은 것은?
   ① 고강도의 PC강선이 사용된다.
   ② 긴 지간의 교량에는 적당하지 않다.
   ③ 프리스트레스트 콘크리트 보 밑면의 균열을 방지할 수 있다.
   ④ 프리스트레싱에 의해 보가 위로 솟아오르기 때문에 고정하중을 받을 때의 처짐도 작다.

35. 보의 해석에서 회전이 자유롭고 1방향으로만 이동되는 이동 지점에 나타나는 반력의 수는?
   ① 1개
   ② 2개
   ③ 3개
   ④ 4개

36. 그림의 정면도와 우측면도를 보고 추측할 수 있는 물체의 모양으로 짝지어진 것은?

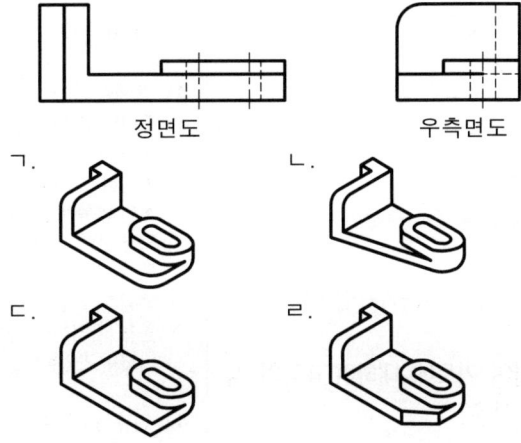

① ㄱ, ㄴ
② ㄴ, ㄷ
③ ㄷ, ㄹ
④ ㄱ, ㄷ

해설

33. 차량 통행에 의하여 소음이 발생하기 쉽다.

34. 단면을 작게 할 수 있어, 지간이 긴 교량이나 큰 하중을 받는 구조물에 적당하다.

35. 지점의 종류
   ■ 이동 지점 : 회전이 자유스럽게 되도록 힌지 구조를 두고 있으며, 또 지지하고 있는 면에 평행한 방향으로 이동이 자유롭도록 롤러 구조를 두고 있다. 지지면에 수직 반력만 일어난다.(반력의 수=1)
   ■ 회전 지점 : 지지하고 있는 면에 평행한 방향과 수직인 두 방향으로의 이동이 방지되어 있으므로 수평 반력과 수직 반력이 생긴다.(반력의 수=2)
   ■ 고정 지점 : 상하, 좌우의 이동 및 회전 등의 모든 움직임이 방지되어 있어 수평 반력, 수직 반력, 모멘트 반력이 생긴다.(반력의 수=3)

36.
■ 제1각법

	저면도	
우측면도	정면도	좌측면도
	평면도	

■ 제3각법

	평면도	
좌측면도	정면도	우측면도
	저면도	

정답

33. ③ 34. ② 35. ① 36. ④

37. 투상선이 투상면에 대하여 수직으로 투상되는 투영법은?
   ① 사투상법
   ② 정투상법
   ③ 중심투상법
   ④ 평행투사법

38. 도면에 사용되는 글자에 대한 설명 중 옳지 않은 것은?
   ① 글자의 크기는 높이로 나타낸다.
   ② 숫자는 아라비아 숫자를 원칙으로 한다.
   ③ 문장은 가로 왼쪽부터 쓰는 것을 원칙으로 한다.
   ④ 일반적으로 글자는 수직 또는 수직에서 35° 오른쪽으로 경사지게 쓴다.

39. 판형재의 치수표시에서 강관의 표시방법으로 옳은 것은?

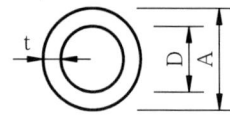

   ① ∅A×t
   ② D×t
   ③ ∅D×t
   ④ A×t

40. 콘크리트 구조물 제도에서 구조물의 모양치수가 모두 표현되어 있고, 거푸집을 제작할 수 있는 도면은?
   ① 일반도
   ② 구조 일반도
   ③ 구조도
   ④ 외관도

41. 표제란에 대한 설명으로 옳은 것은?
   ① 도면 제작에 필요한 지침을 기록한다.
   ② 범례는 표제란 안에 반드시 기입해야 한다.
   ③ 도면명은 표제란에 기입하지 않는다.
   ④ 도면 번호, 작성자명, 작성일자 등에 관한 사항을 기입한다.

42. 치수, 가공법, 주의사항 등을 넣기 위하여 가로에 대하여 45°의 직선을 긋고 문자 또는 숫자를 기입하는 선은?
   ① 중심선
   ② 치수선
   ③ 인출선
   ④ 치수 보조선

해 설

37. 정투상법 : 투상선이 투상면에 대하여 수직으로 투상하는 방법

38. 글자는 수직 또는 오른쪽 15° 경사지게 쓰는 것이 원칙이다.

39. 강관 : ∅A×t-L

40. 구조 일반도
   ① 구조물의 모양 치수를 모두 표시한 도면
   ② 이것에 의해 거푸집을 제작할 수 있어야 한다.

41. 표제란
   ① 도면의 관리상 필요한 사항과 도면의 내용에 관한 사항을 모아서 기입하기 위하여 오른편 아래 구석의 안쪽에 설치한다.
   ② 도면 번호, 도면 명칭, 기업(단체)명, 책임자 서명, 설계자, 제도자, 책임자, 도면 작성 연월일, 축척 등을 기입한다. 범례는 표제란 가까이 기입한다.

42. 인출선 : 치수, 가공법, 주의 사항 등을 써 넣기 위하여 가로에 대하여 45°의 직선을 긋고, 인출되는 쪽에 화살표를 넣어 인출한 쪽의 끝에 가로선을 그어 가로선 위에 쓴다.

정 답

37. ② 38. ④ 39. ① 40. ②
41. ④ 42. ③

43. 그림과 같은 절토면의 경사 표시가 바르게 된 것은?

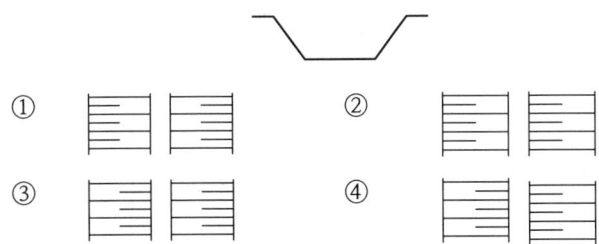

해 설

43.
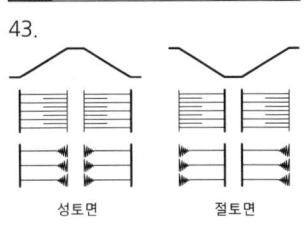
성토면　　절토면

44. 제도에 사용하는 정투상법은 몇 각법에 따라 도면을 작성하는 것을 원칙으로 하는가?
① 다각법
② 제2각법
③ 제3각법
④ 제4각법

44. KS F 에서는 제3각법으로 도면을 그리는 것을 원칙으로 한다.

45. 물체의 앞이나 뒤에 화면을 놓은 것으로 생각하고, 시점에서 물체를 본 시선과 그 화면이 만나는 각 점을 연결하여 물체를 그리는 투상법은?
① 투시도법
② 사투상법
③ 정투상법
④ 표고 투상법

45. 투시도법은 멀고 가까운 거리감을 느낄 수 있도록 하나의 시점과 물체의 각 점을 방사선으로 이어서 그리는 방법이다.

46. 그림은 어떤 구조물 재료의 단면을 나타낸 것인가?

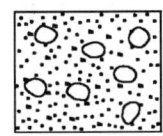

① 벽돌
② 자연석
③ 콘크리트
④ 구리

46.
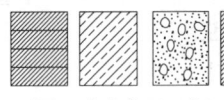
벽돌　자연석　콘크리트　구리

47. 단면이 정사각형임을 표시할 때에 그 한 변의 길이를 표시하는 숫자 앞에 붙이는 기호는?
① □
② ∅
③ C
④ R

47.
① □ : 정사각형의 변
② ∅ : 지름
③ C : 45° 모따기
④ R : 반지름

정 답

43. ① 44. ③ 45. ① 46. ③
47. ①

48. 옹벽의 벽체 높이가 4,500mm, 벽체의 기울기가 1 : 0.02일 때, 수평거리는 몇 mm인가?
   ① 20
   ② 45
   ③ 90
   ④ 180

49. 도면의 작도 방법으로 옳지 않은 것은?
   ① 도면은 간단히 하고, 중복을 피한다.
   ② 도면은 될 수 있는 대로 파선으로 표시한다.
   ③ 대칭되는 도면은 중심선의 한쪽은 외형도를 반대쪽은 단면도로 표시하는 것을 원칙으로 한다.
   ④ 경사면을 가진 구조물에서 그 경사면의 모양을 표시하기 위하여 경사면 부분만 보조도를 넣는다.

50. 강(鋼)재료의 단면 표시로 옳은 것은?

   ①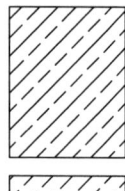
   ②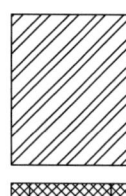
   ③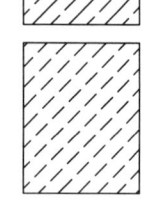
   ④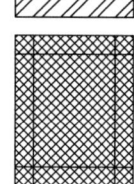

51. 다음 중 같은 크기의 물체를 도면에 그릴 때 가장 작게 그려지는 척도는?
   ① 1 : 2
   ② 1 : 3
   ③ 2 : 1
   ④ 3 : 1

52. 출제기준 변경으로 관련문항은 삭제

53. 국제 표준화 기구를 나타내는 표준 규격 기호는?
   ① ANSI
   ② JIS
   ③ ISO
   ④ DIN

54. KS의 부분별 분류기호 중 KS F에 수록된 내용은?
   ① 기본
   ② 기계
   ③ 요업
   ④ 건설

해 설

48. 벽체의 기울기
   =높이 : 수평거리=1:0.02
   ⇒ 수평거리=높이×0.02
   =4,500×0.02=90mm

49. 도면은 될 수 있는 대로 실선으로 표시하고, 파선으로 표시함을 피한다.

50.
   ① 자연석
   ② 강철
   ③ 사질토
   ④ 블록

51.
   ① 1:2⇒실제 크기의 1/2배로 작게 그린 축척
   ② 1:3⇒실제 크기의 1/3배로 작게 그린 축척
   ③ 2:1⇒실제 크기의 2배로 크게 그린 배척
   ④ 3:1⇒실제 크기의 3배로 크게 그린 배척

53.
   ■ ANSI―미국 규격
   ■ JIS―일본 공업 규격
   ■ ISO―국제 표준화 기구
   ■ DIN―독일 규격

54.
   ■ 기본 : KS A
   ■ 기계 : KS B
   ■ 요업 : KS L
   ■ 건설 : KS F

정 답

48. ③ 49. ② 50. ② 51. ②
53. ③ 54. ④

55. 트래버스 측량이나 삼각 측량 등의 골조와 같이 정확을 요할 때 사용하는 제도 방법으로 가장 적합한 것은?
   ① 각도기에 의한 방법
   ② 직각 좌표에 의한 방법
   ③ 그래프법에 의한 방법
   ④ 가상 좌표에 의한 방법

56. 치수에 대한 설명으로 옳지 않은 것은?
   ① 치수는 될 수 있는 대로 주투상도에 기입해야 한다.
   ② 치수는 모양 및 위치를 가장 명확하게 표시하며 중복은 피한다.
   ③ 치수의 단위는 ㎜를 원칙으로 하며 단위 기호는 쓰지 않는다.
   ④ 부분 치수의 합계 또는 전체의 치수는 개개의 부분 치수 안쪽에 기입한다.

57. 큰 도면을 접을 때, 기준이 되는 크기는?
   ① A0   ② A1
   ③ A3   ④ A4

58. 구조물 작도에서 중심선으로 사용하는 선의 종류는?
   ① 나선형 실선
   ② 지그재그 파선
   ③ 가는 일점 쇄선
   ④ 굵은 파선

59. 다음 중 CAD 프로그램으로 그려진 도면이 컴퓨터에 "파일명.확장자" 형식으로 저장될 때, 확장자로 옳은 것은?
   ① dwg   ② doc
   ③ jpg   ④ hwp

60. 다음 중 토목 캐드작업에서 간격 띄우기 명령은?
   ① offset
   ② trim
   ③ extend
   ④ rotate

해 설

55. 직각 좌표에 의한 방법 : 트래버스 측량이나 삼각 측량 등의 골조와 같이 정확을 요할 때 사용하는 제도 방법

56. 부분의 치수의 합계 또는 전체의 치수는 순차적으로 개개의 부분 치수 바깥쪽에 기입한다.

57. 큰 도면을 접을 때 기준 : A4

58. 가는 일점 쇄선 — 중심선, 물체 또는 도형의 대칭선

59.
■ dwg : AutoCad 도면파일 확장자
■ doc : 마이크로소프트 오피스 워드 파일 확장자
■ jpg : 이미지와 관련된 확장자들 중에 가장 보편적으로 사용되는 것
■ hwp : 학교, 기업 등 국내에서 널리 사용되는 워드프로세서인 '한글' 확장자

60.
① offset : 선택한 객체를 입력한 길이만큼 평행하게 간격을 띄운다.
② trim : 선택된 객체를 기준으로 선택된 객체를 잘라낸다.
③ extend : 연결이 되지 않은 객체를 다른 객체의 경계로 연장시킨다.
④ rotate : 기준점과 상대 또는 절대 회전 각도를 사용해서 객체를 회전시킨다.

정 답

55. ② 56. ④ 57. ④ 58. ③
59. ① 60. ①

2014년 1회 시행 문제

1. 골재의 전부 또는 일부를 인공 경량골재를 써서 만든 콘크리트로서 기건 단위질량이 1,400~2,000kg/㎥인 콘크리트는?
   ① 경량골재 콘크리트 ② 유동화 콘크리트
   ③ 폴리머 콘크리트   ④ 프리플레이스 콘크리트

2. 90° 표준갈고리를 가지는 주철근은 구부린 끝에서 얼마 더 연장되어야 하는가? (단, db는 철근의 공칭지름이다.)
   ① 4db   ② 6db
   ③ 9db   ④ 12db

3. 단부에 표준갈고리가 있는 인장 이형철근의 정착길이 ℓ_{dh}는 기본정착길이 ℓ_{hb}에 적용 가능한 모든 보정계수를 곱하여 구하여야 한다. 다만, 이렇게 구한 정착길이 ℓ_{dh}는 항상 $8d_b$ 이상, 또한 (   )mm 이상이어야 한다. 괄호에 알맞은 것은?
   ① 150   ② 250
   ③ 350   ④ 450

4. 출제기준 변경으로 관련문항은 삭제

5. 시방배합을 현장배합으로 고칠 경우에 고려하여야 할 사항으로 옳지 않은 것은?
   ① 굵은 골재 중에서 5mm 체를 통과하는 잔골재량
   ② 잔골재량 중 5mm 체에 남는 굵은 골재량
   ③ 단위 시멘트량
   ④ 골재의 함수 상태

6. 철근 콘크리트 보의 배근에 있어서 주철근의 이음 장소로 옳은 것은?
   ① 보의 중앙
   ② 지점에서 d/4인 곳
   ③ 이음하기에 가장 편리한 곳
   ④ 인장력이 가장 작게 발생하는 곳

7. 옥외의 공기가 흙에 직접 접하지 않는 철근 콘크리트슬래브의 경우 D35 이하의 철근을 사용하였다면 최소 피복두께는?
   ① 20mm   ② 30mm
   ③ 40mm   ④ 50mm

해설

1. 경량골재 콘크리트 : 골재의 전부 또는 일부를 인공 경량골재를 써서 만든 콘크리트로서 기건 단위질량이 1400~2000kg/㎥인 콘크리트

2. 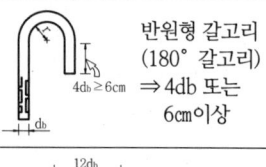 반원형 갈고리 (180° 갈고리) ⇒ 4db 또는 6cm 이상

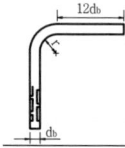 직각 갈고리 (90° 갈고리) ⇒ 12db

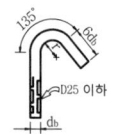 예각 갈고리 (135° 갈고리) ⇒ 6db

3. 정착길이(ℓ_d)
   = 기본정착길이×보정계수
   = $8d_b$ 이상 또는 150mm 이상

5. 시방배합을 현장배합으로 수정 사항
   ㉠ 입도조정: 잔 골재의 5mm체 잔유율, 굵은 골재의 5mm체 통과율
   ㉡ 함수량 조정 : 골재표면수량

6.
   ㉠ 최대 인장응력이 작용하는 곳에서 이음을 하지 않는다.
   ㉡ 여러 철근의 이음을 한 단면에 집중시키지 말고 서로 엇갈리게 하는 것이 좋다.

7.
■ 흙, 옥외 공기에 접하지 않는 부위
 - 슬래브, 장선, 벽체
   D35 초과 : 40mm,
   D35 이하 : 20mm
 - 보, 기둥 : 40mm

정답

1. ① 2. ④ 3. ① 5. ③ 6. ④
7. ①

8. 출제기준 변경으로 관련문항은 삭제

9. 직경 100㎜의 원주형 공시체를 사용한 콘크리트의 압축강도 시험에서 압축하중이 300kN에서 파괴가 진행되었다면 압축강도는?
   ① 18.8MPa
   ② 25.4MPa
   ③ 32.5MPa
   ④ 38.2MPa

10. 띠철근 기둥에서 축방향 철근의 순간격은 최소 몇 ㎜ 이상이어야 하는가?
    ① 40㎜
    ② 60㎜
    ③ 80㎜
    ④ 100㎜

11. 마주 보는 두 변으로만 지지되는 슬래브를 무엇이라 하는가?
    ① 1방향 슬래브
    ② 2방향 슬래브
    ③ 3방향 슬래브
    ④ 4방향 슬래브

12. 출제기준 변경으로 관련문항은 삭제

13. 출제기준 변경으로 관련문항은 삭제

14. 골재알이 공기 중 건조 상태에서 표면 건조 포화 상태로 되기까지 흡수하는 물의 양을 무엇이라고 하는가?
    ① 함수량
    ② 흡수량
    ③ 유효 흡수량
    ④ 표면 수량

15. 콘크리트의 압축강도에 영향을 미치는 요인에 대한 설명으로 틀린 것은?
    ① 적정한 온도와 수분으로 양생하면 강도가 높아진다.
    ② 물-시멘트비가 높을수록 강도가 높다.
    ③ 좋은 재료를 사용할수록 강도가 높아진다.
    ④ 재령기간이 길수록 강도가 높아진다.

16. 철근콘크리트 휨부재에 철근을 배치할 때 철근을 묶어서 다발로 사용하는 경우에 대한 설명으로 틀린 것은?
    ① 휨부재의 경간 내에서 끝나는 한 다발철근 내의 개개 철근은 40db 이상 서로 엇갈리게 끝나야 한다.
    ② 반드시 이형철근이라야 하며, 묶는 개수는 최대 5개 이하이어야 한다.
    ③ D35를 초과하는 철근은 보에서 다발로 사용할 수 없다.
    ④ 다발철근은 스터럽이나 띠철근으로 둘러싸여져야 한다.

해설

9. 압축하중(P)=300kN

   면적(A)= $\dfrac{\pi d^2}{4} = \dfrac{3.14 \times 100^2}{4}$

   = 7,850㎟

   ■ 압축강도(MPa)= $\dfrac{P(N)}{A(㎟)}$

   = $\dfrac{300,000}{7,850}$ = 38.2MPa

10. 나선철근과 띠철근 기둥에서 축방향 철근의 순간격
    ① 40㎜이상
    ② 철근지름의 1.5배 이상
    ③ 굵은 골재 최대치수의 4/3배 이상

11. 지지하는 경계 조건에 따라
    ① 1방향 슬래브 : 교량과 같이 마주보는 두변에 의해 지지되는 슬래브로서 단변에 대한 장변의 비가 2이상이고 대부분의 하중이 단변 방향으로 전달
    ② 2방향 슬래브 : 건물 슬래브와 같이 장변과 단변의 비가 2보다 작으며, 하중이 장변과 단변방향으로 전달(4변 지지임)

14.
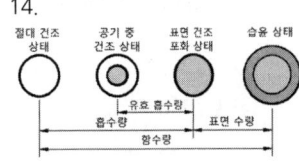

15. 물-시멘트비가 낮을수록 강도가 높다.

16. 묶는 개수는 최대 4개 이하이어야 한다.

정답

9. ④ 10. ① 11. ① 14. ③
15. ② 16. ②

17. 토목 재료로서의 콘크리트 특징으로 옳지 않은 것은?
   ① 콘크리트는 자체의 무게가 무겁다.
   ② 재료의 운반과 시공이 비교적 어렵다.
   ③ 건조 수축에 의해 균열이 생기기 쉽다.
   ④ 압축강도에 비해 인장강도가 작다.

18. 철근의 이음 방법이 아닌 것은?
   ① 용접 이음   ② 겹침 이음
   ③ 신축 이음   ④ 기계적 이음

19. 비례한도 이상의 응력에서도 하중을 제거하면 변형이 거의 처음 상태로 돌아가는데, 이때의 한도를 칭하는 용어는?
   ① 상항복점   ② 극한강도
   ③ 탄성한도   ④ 소성한도

20. 출제기준 변경으로 관련문항은 삭제

21. PS 강재에서 필요한 성질로만 짝지어진 것은?

   ㄱ. 인장 강도가 커야 한다.
   ㄴ. 릴랙세이션이 커야 한다.
   ㄷ. 적당한 연성과 인성이 있어야 한다.
   ㄹ. 응력 부식에 대한 저항성이 커야 한다.

   ① ㄱ, ㄴ, ㄷ   ② ㄱ, ㄴ, ㄹ
   ③ ㄴ, ㄷ, ㄹ   ④ ㄱ, ㄷ, ㄹ

22. 포스트 텐션 방식에서 PS 강재가 녹스는 것을 방지하고, 콘크리트에 부착시키기 위해 시스 안에 시멘트 풀 또는 모르타르를 주입하는 작업을 무엇이라고 하는가?
   ① 그라우팅   ② 덕트
   ③ 프레시네   ④ 디비다그

23. 자중을 포함하여 P=2,700kN인 수직 하중을 받는 독립 확대 기초에서 허용 지지력 Pa=300kN/㎡일 때, 경제적인 기초의 한 변의 길이는? (단, 기초는 정사각형임)
   ① 2m
   ② 3m
   ③ 4m
   ④ 5m

해 설

17. 재료의 운반과 시공이 쉽다.

18. 신축 이음 : 콘크리트로 성형된 교량 등의 각종 구조물은 온도 변화에 따라 미량의 신축을 하게 되며 하중이 재하됨에 따라 각 단면은 변형을 받게 됨. 이러한 온도변화에 의한 신축작용과 하중재하에 의한 균열을 방지하기 위하여 일정 길이마다 이 힘들을 흡수할 수 있도록 단면을 횡단하여 설치하는 이음

19. 탄성한도 : 비례한도 이상의 응력에서도 하중을 제거하면 변형이 거의 처음 상태로 돌아가는 한도

21. 릴랙세이션이 작아야 한다.
   ■ 릴랙세이션 : PS강재를 긴장한 후 시간이 지나감에 따라 인장 응력이 감소하는 현상

22.
   ■ 덕트 : 포스트텐션방식의 PSC 부재에서 긴장재를 수용하기 위하여 미리 콘크리트 속에 뚫어 두는 구멍
   ■ 포스트텐션 방식 정착 방법
   - 쐐기식 정착 : 프리시네, VSL
   - 지압식 : 디비다그, BBRV

23. 확대 기초의 면적
   =하중의 크기÷허용지지력
   =2,700kN÷300kN/㎡
   =9㎡(=3m×3m)
   ∴ 한 변의 길이=3m

정 답

17. ② 18. ③ 19. ③ 21. ④
22. ① 23. ②

24. 하천, 계곡, 해협 등에 가설하여 교통 소통을 위한 통로를 지지하도록 한 구조물을 무엇이라 하는가?
   ① 교량   ② 옹벽
   ③ 기둥   ④ 슬래브

25. 콘크리트 구조물에 일정한 힘을 가한 상태에서 힘은 변화하지 않는데 시간이 지나면서 점차 변형이 증가되는 성질을 무엇이라 하는가?
   ① 탄성   ② 크랙
   ③ 소성   ④ 크리프

26. 한 개의 기둥에 전달되는 하중을 한 개의 기초가 단독으로 받도록 되어 있는 확대 기초는?
   ① 말뚝 기초   ② 벽 확대 기초
   ③ 군 말뚝 기초   ④ 독립 확대 기초

27. 철근 콘크리트의 장점이 아닌 것은?
   ① 내구성, 내화성, 내진성이 크다.
   ② 다른 구조에 비하여 유지 관리비가 많이 든다.
   ③ 여러 가지 모양과 치수의 구조물을 만들 수 있다.
   ④ 각 부재를 일체로 만들 수 있으므로, 전체적으로 강성이 큰 구조가 된다.

28. 강 구조에 사용하는 강재의 종류에 있어서 녹슬기 쉬운 강재의 단점을 개선한 강재는?
   ① 일반 구조용 압연 강재
   ② 내후성 열간 압연 강재
   ③ 용접 구조용 압연 강재
   ④ 이음용 강재

29. 하중을 분포시키거나 균열을 제어할 목적으로 주철근과 직각에 가까운 방향으로 배치한 보조 철근은?
   ① 띠철근   ② 원형 철근
   ③ 배력 철근   ④ 나선 철근

30. 토목 구조물의 특징이 아닌 것은?
   ① 공용기간이 짧다.
   ② 다량생산이 아니다.
   ③ 일반적으로 규모가 크다.
   ④ 대부분 자연환경 속에 놓인다.

해 설

24. 교량 : 하천, 계곡, 해협 등에 가설하여 교통 소통을 위한 통로를 지지하도록 한 구조물

25. 크리프 : 콘크리트에 일정하게 하중을 계속주면, 응력의 변화는 없는데 변형이 재령과 함께 커지는 현상

26. 독립 확대 기초 : 한 개의 기둥을 한 개의 기초가 단독으로 지지(경사 확대 기초, 계단식 확대 기초도 독립 확대 기초의 일종이다.)

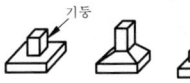
독립확대기초 경사확대기초 계단확대기초

27. 다른 구조물에 비하여 유지 관리비가 적게 든다.

28. 내후성 열간 압연 강재 : 대기중의 부식에 견디는 성질을 가진 용접 구조용 압연강재

29. 배력 철근 : 응력의 고른 분포, 주철근의 간격 유지, 콘크리트의 건조수축이나 온도 변화에 의한 수축 감소, 균열을 제어 하며 주철근과 직각 방향으로 배치한다.

30. 구조물의 수명, 즉 공용기간이 길다.

정 답

24. ① 25. ④ 26. ④ 27. ②
28. ② 29. ③ 30. ①

31. 콘크리트 구조 기준의 기둥에 대한 정의로 옳은 것은?
   ① 벽체에 널말뚝이나 부벽이 연결되어 있지 않고, 저판 및 벽체만으로 토압을 받도록 설계된 구조체
   ② 외력에 의하여 발생하는 응력을 소정의 한도까지 상쇄할 수 있도록 미리 압축력을 작용시킨 구조체
   ③ 지붕, 바닥 등의 상부 하중을 받아서 토대 및 기초에 전달하고 벽체의 골격을 이루는 수직 구조체
   ④ 축력을 받지 않거나 축력의 영향을 무시할 수 있을 정도의 축력을 받는 구조체

32. 철근의 기호 표시가 SD50이라고 할 때, "50"이 의미하는 것은?
   ① 인장 강도
   ② 압축 강도
   ③ 항복 강도
   ④ 파괴 강도

33. 강 구조의 특징 중 구조 재료로서의 강재의 장점이 아닌 것은?
   ① 강 구조물은 공장에서 사전 조립이 가능하다.
   ② 다양한 형상과 치수를 가진 구조로 만들 수 있다.
   ③ 내구성이 우수하여 관리가 잘된 강재는 거의 무한히 사용할 수 있다.
   ④ 반복 하중에 대하여 피로가 발생하기 쉬우며, 그에 따라 강도 감소가 일어날 수 있다.

34. 캔틸레버식 역 T형 옹벽의 주철근을 가장 잘 배근한 것은?

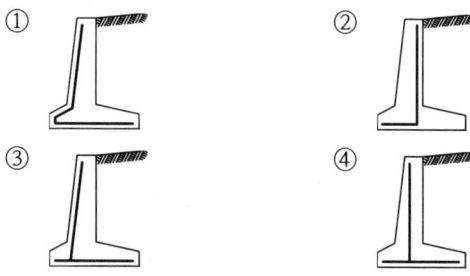

35. 교량에 작용하는 주하중은?
   ① 활하중
   ② 풍하중
   ③ 원심하중
   ④ 충돌하중

해 설

31. 기둥 :
- 지붕, 바닥 등의 상부 하중을 받아서 토대 및 기초에 전달하고 벽체의 골격을 이루는 수직 구조체
- 축 방향 압축과 휨을 받는 구조물로서 부재의 높이가 부재 단면의 최소 치수의 3배 이상인 압축재

32. 철근의 기호는 SR(Steel Round, 원형)과 SD(Steel Deformed, 이형)의 뒤에 항복강도를 숫자로 표시

33. 강재의 단점
① 부식이 쉽다. ⇒ 정기적 도장
② 반복하중에 의한 피로 발생 ⇒ 피로파괴
③ 차량통행에 의한 소음 발생
④ 강재 연결부위 완전한 강절 연결이나 단순 연결로 하기 어려워 구조해석 복잡

34. 인장측에 주철근 배근

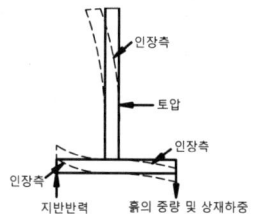

35.
- 주하중 : 고정하중, 활하중, 충격하중
- 부하중 : 풍하중, 온도변화의 영향, 지진하중
- 특수하중 : 설하중, 원심하중, 지점이동의 영향, 제동하중, 가설하중, 충돌하중

정 답

31. ③ 32. ③ 33. ④ 34. ②
35. ①

36. 그림은 어떤 상태의 지면을 나타낸 것인가?

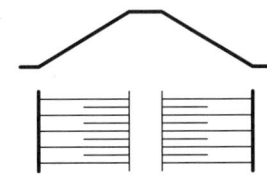

① 수준면　　　　② 지반면
③ 흙깎기면　　　④ 흙쌓기면

37. 출제기준 변경으로 관련문항은 삭제

38. 건설 재료 단면의 표시방법 중 모래를 나타낸 것은?

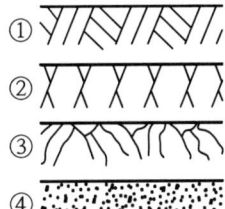

39. 치수 기입 방법에 대한 설명으로 옳은 것은?
① 치수 보조선과 치수선은 서로 교차하도록 한다.
② 치수 보조선은 각각의 치수선보다 약간 길게 끌어내어 그린다.
③ 원의 지름을 표시하는 치수는 숫자 앞에 R을 붙여서 지름을 나타낸다.
④ 치수 보조선은 치수를 기입하는 형상에 대해 평행하게 그린다.

40. 선의 종류 중에서 치수선, 해칭선, 지시선 등으로 사용되는 선은?
① 가는 실선　　　② 파선
③ 일점 쇄선　　　④ 이점 쇄선

41. 골재의 단면 표시 중 그림은 어떤 단면을 나타낸 것인가?

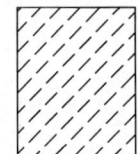

① 호박돌
② 사질토
③ 모래
④ 자갈

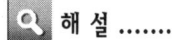

해 설

36.
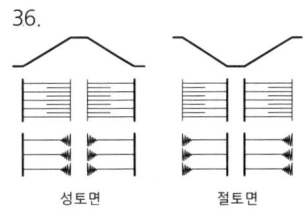
성토면　　　절토면

38.
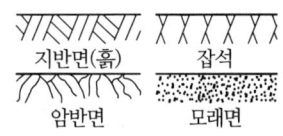
지반면(흙)　　잡석
암반면　　　　모래면

39.
■ 치수 보조선과 치수선은 서로 교차하도록 한다.
■ 치수 보조선은 치수를 표시하는 부분의 양 끝에서 치수선에 직각으로 긋고, 치수선보다 2~3mm 길게 긋는다. 치수선을 그을 곳이 마땅하지 않을 때에는 치수선에 대하여 적당한 각도로 치수 보조선을 그을 수 있다.
■ 원의 지름을 표시하는 치수는 숫자 앞에 ∅, 반지름은 R을 붙여서 나타낸다.
■ 치수 보조선은 치수를 기입하는 형상에 대해 수직 또는 비스듬하게 그린다.

40.
■ 가는 실선—치수선, 해칭선, 지시선, 치수 보조선, 파단선, 회전 단면 외형선
■ 파선—보이지 않는 외형선
■ 가는 일점 쇄선—중심선, 물체 또는 도형의 대칭선
■ 가는 이점 쇄선—가상 외형선

41.
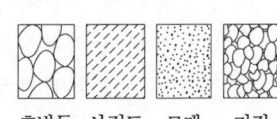
호박돌　사질토　모래　자갈

정 답

36. ④　38. ④　39. ②　40. ①
41. ②

42. 굵은 실선의 용도로 알맞은 것은?
   ① 외형선
   ② 치수선
   ③ 대칭선
   ④ 중심선

43. 그림과 같은 종단면도에서 측점간의 거리는 20m, 측점의 지반고는 NO 0에서 100m, NO 1에서 106m이고, 계획선의 경사가 3%일 때 NO 1의 계획고는? (단, NO 0의 계획고는 100m이다.)

   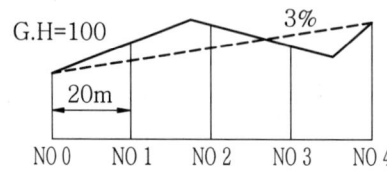

   ① 100.6m   ② 101.3m
   ③ 103.5m   ④ 105.6m

44. 도면을 사용 목적, 내용, 작성 방법 등에 따라 분류할 때 사용목적에 따른 분류에 속하는 것은?
   ① 부품도   ② 계획도
   ③ 공정도   ④ 스케치도

45. 토목제도 작업에서 도면 치수의 단위는?
   ① mm   ② cm
   ③ m   ④ km

46. 그림은 어느 재료 단면의 경계를 표시한 것인가?

   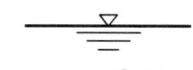

   ① 흙   ② 물
   ③ 암반   ④ 잡석

47. CAD 작업의 특징으로 옳지 않은 것은?
   ① 도면의 출력과 시간 단축이 어렵다.
   ② 도면의 관리, 보관이 편리하다.
   ③ 도면의 분석, 제작이 정확하다.
   ④ 도면의 수정, 보완이 편리하다.

48. 출제기준 변경으로 관련문항은 삭제

해 설

42.
■ 외형선 : 굵은 실선
■ 치수선 : 가는 실선
■ 대칭선 : 가는 일점 쇄선
■ 중심선 : 가는 일점 쇄선

43. 경사가 3% ⇒
   20 : h = 100 : 3 으로부터
   h = 0.6
   No.0의 계획고는 100m이므로
   No.1의 계획고는
   100m + 0.6m = 100.6m

44.
■ 사용 목적에 의한 분류 : 계획도, 제작도, 주문도, 승인도, 견적도, 설명도
■ 내용에 따른 분류 : 조립도, 부분조립도, 부품도, 공정도, 상세도, 접속도, 배선도, 배관도, 계통도, 기초도, 설치도, 배치도, 장치도, 전개도, 외형도, 구조선도, 스케치도, 곡면선도
■ 성격에 따른 분류 : 원도, 트레이스도, 복사도

45. 치수의 단위는 mm를 원칙으로 하며 단위 기호는 쓰지 않으나 타 기호 사용시 명확히 기입한다.

46.
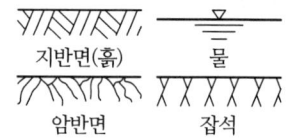

47. 도면 출력과 작성 시간을 단축시킬 수 있다.

정 답

42. ① 43. ① 44. ② 45. ①
46. ② 47. ①

49. 투상법은 보는 방법과 그리는 방법에 따라 여러 가지 종류가 있는데, 투상법의 종류가 아닌 것은?
   ① 정투상법
   ② 등변 투상법
   ③ 등각 투상법
   ④ 사투상법

50. 도면을 접어서 보관할 때 기본적인 도면의 크기는?
   ① A1   ② A2
   ③ A3   ④ A4

51. 철근 표시법에 따른 설명으로 옳은 것은?
   ① ⓐ∅13 : 철근 기호(분류 번호) ⓐ의 지름 13㎜의 이형 철근(일반 철근)
   ② ⓑD16 : 철근 기호(분류 번호) ⓑ의 지름 16㎜의 원형 철근
   ③ ⓒH16 : 철근 기호(분류 번호) ⓒ의 지름 16㎜의 이형 철근(고강도 철근)
   ④ 24ⓐ150=3600 : 전장 3600㎜를 24㎜로 150등분

52. 도면에 그려야 할 내용의 영역을 명확하게 하고, 제도용지의 가장자리에 생기는 손상으로 기재 사항을 해치지 않도록 하기 위하여 그리는 선은?
   ① 윤곽선
   ② 외형선
   ③ 치수선
   ④ 중심선

53. 제도 통칙에서 그림의 모양이 치수에 비례하지 않아 착각될 우려가 있을 때 사용되는 문자 기입 방법은?
   ① AS   ② NS
   ③ KS   ④ PS

54. 구조물 설계를 위한 일반적인 도면의 작도 순서로 옳은 것은?
   ① 단면도-일반도-철근상세도-주철근조립도-배근도
   ② 단면도-일반도-배근도-철근상세도-주철근조립도
   ③ 단면도-배근도-일반도-주철근조립도-철근상세도
   ④ 단면도-배근도-철근상세도-주철근조립도-일반도

해 설

49. 투상법
- 정투상법 : 제3각법, 제1각법, 표고투상법
- 특수 투상도 : 축측 투상도(등각 투상도, 부등각 투상도), 사투상도
- 투시도법

50. 큰 도면을 접을 때 기준 : A4

51.
- ⓐ∅13 : 철근 기호(분류 번호) ⓐ의 지름 13㎜의 원형 철근
- ⓑD16 : 철근 기호(분류 번호) ⓑ의 지름 16㎜의 이형 철근(일반 철근)
- 24ⓐ150=3600 : 전장 3600㎜를 150㎜로 24등분

52. 윤곽선 : 도면에 그려야 할 내용의 영역을 명확하게 하고, 제도용지의 가장자리에 생기는 손상으로 기재 사항을 해치지 않도록 하기 위하여 표시 하는 것

53. 그림의 모양이 치수에 비례하지 않아 착각될 우려가 있을 때에는 치수 밑에 밑줄을 긋거나 '비례가 아님', 또는 'NS '(Not to Scale)등으로 명시한다.

54. 일반적인 도면의 작도 순서 : 단면도 - 배근도 - 일반도 - 주철근 조립도 - 철근 상세도

정 답

49. ② 50. ④ 51. ③ 52. ①
53. ② 54. ③

55. 건설 재료에서 자연석을 나타내는 단면 표시는?

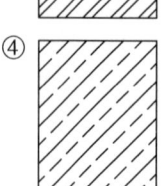

56. 정투상도는 어떠한 방법으로 그리는 것을 원칙으로 하는가?
① 제1각법 ② 제2각법
③ 제3각법 ④ 제4각법

57. 직선의 길이를 측정하지 않고, 선분 AB를 5등분하는 그림이다. 두 번째에 해당하는 작업은?

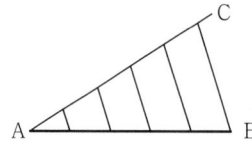

① 평행선 긋기
② 임의의 선분(AC) 긋기
③ 선분 AC를 임의의 길이로 5등분
④ 선분 AB를 임의의 길이로 다섯 개 나누기

58. 척도에서 물체의 실제 크기보다 확대하여 그리는 것은?
① 축척 ② 배척
③ 현척 ④ 실척

59. 도면을 철하지 않을 경우 A3 도면 윤곽선의 최소 여백 치수로 알맞은 것은?
① 25mm ② 20mm
③ 10mm ④ 5mm

60. 제도에 사용하는 문자에 대한 설명으로 옳지 않은 것은?
① 영자는 주로 로마자 대문자를 쓴다.
② 숫자는 아라비아 숫자를 쓴다.
③ 서체는 한 가지를 사용하며, 혼용하지 않는다.
④ 글자는 수직 또는 25° 정도 오른쪽으로 경사지게 쓴다.

해설

55. ① 모래
    ② 강철
    ③ 콘크리트
    ④ 자연석

56. KS F 에서는 제3각법으로 도면을 그리는 것을 원칙으로 한다.

57.

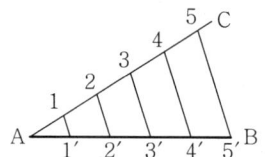

1) 임의의 선분(AC) 긋기
2) 선분 AC를 임의의 길이로 5등분
3) 끝점 5와 B를 잇고 선분 AC상의 각 점에서 선분 5B에 평행선 긋기
4) 선분 AB를 임의의 길이로 다섯 개 나누기

58. 척도란, 물체의 실제 크기와 도면에서의 크기 비율을 말하는 것으로, 실물보다 축소하여 그린 축척, 실물과 같은 크기로 그린 현척, 실물보다 확대하여 그린 배척이 있다.

59. 철하는 쪽의 여백
- 철을 하지 않을 경우
  A0, A1 ⇒ 20mm
  A2, A3, A4 ⇒ 10mm
- 철할 경우
  A0, A1, A2, A3, A4 ⇒ 25mm

60. 글자는 수직 또는 오른쪽 15° 경사지게 쓰는 것이 원칙이다.

정답

55. ④ 56. ③ 57. ③ 58. ②
59. ③ 60. ④

2014년 4회 시행 문제

1. D25(공칭지름 25.4mm)의 철근을 180° 표준갈고리로 제작할 때 구부린 반원 끝에서 얼마 이상 더 연장하여야 하는가?
   ① 25.4mm
   ② 60.0mm
   ③ 76.2mm
   ④ 101.6mm

2. 출제기준 변경으로 관련문항은 삭제

3. 철근콘크리트 부재의 경우에 사용할 수 있는 전단철근의 형태가 아닌 것은?
   ① 주인장 철근에 30° 이상의 각도로 구부린 굽힘철근
   ② 주인장 철근에 45° 이상의 각도로 설치되는 스터럽
   ③ 스터럽과 굽힘철근의 조합
   ④ 주인장 철근과 나란한 용접철망

4. 포틀랜드 시멘트의 종류로 옳지 않은 것은?
   ① 포틀랜드 플라이 애시 시멘트
   ② 중용열 포틀랜드 시멘트
   ③ 조강 포틀랜드 시멘트
   ④ 저열 포틀랜드 시멘트

5. 배합설계의 기본원칙으로 옳지 않은 것은?
   ① 단위량은 질량배합을 원칙으로 한다.
   ② 작업이 가능한 범위에서 단위수량이 최소가 되도록 한다.
   ③ 작업이 가능한 범위에서 굵은 골재 최대치수가 작게 한다.
   ④ 강도와 내구성이 확보되도록 한다.

6. 콘크리트의 동해방지를 위한 대책으로 가장 효과적인 것은?
   ① 밀도가 작은 경량골재 콘크리트로 시공한다.
   ② 물-시멘트비를 크게 하여 시공한다.
   ③ AE 콘크리트로 시공한다.
   ④ 흡수율이 큰 골재를 사용하여 시공한다.

7. 압축부재에 사용되는 나선철근의 순간격 기준으로 옳은 것은?
   ① 25mm 이상, 55mm 이하
   ② 25mm 이상, 75mm 이하
   ③ 55mm 이상, 75mm 이하
   ④ 55mm 이상, 90mm 이하

해 설

1. 반원형 갈고리(180° 갈고리)
   ⇒ 4db≥6cm
   ∴ 4×25.4mm=101.6mm

3. 철근콘크리트 부재의 경우 다음과 같은 형태의 전단철근을 사용할 수 있다.
   ① 주인장 철근에 45° 이상의 각도로 설치되는 스터럽
   ② 주인장 철근에 30° 이상의 각도로 구부린 굽힘철근
   ③ 스터럽과 굽힘철근의 조합

4. 포틀랜드 시멘트 종류 : 보통, 중용열, 조강, 저열, 내황산염 포틀랜드 시멘트.

5.
   ■ 경제적 콘크리트 생산 측면에서 될 수 있는 대로 최대치수가 큰 굵은골재를 사용하는 것이 일반적으로 유리하나, 최대치수가 지나치게 크면 콘크리트의 취급이 곤란하게 되기도 하고, 재료분리가 심하게 일어나기도 하여 동일 W/C비에서는 강도가 저하하는 경향이 있다.
   ■ 구조물의 종류, 부재의 최소치수, 철근간격 등을 고려하여 작업에 적합한 워커빌리티가 얻어 지고 강도, 내구성, 수밀성 등에 지장이 없는 범위 내에서 굵은골재의 최대치수를 선정한다.

6. 한중콘크리트는 AE제, AE감수제의 사용을 표준으로 한다.

7. 나선철근의 순간격은 75mm 이하이어야 하고, 25mm 이상이어야 한다.

정 답

1. ④ 3. ④ 4. ① 5. ③ 6. ③
7. ②

8. 시멘트의 분말도에 관한 설명으로 옳지 않은 것은?
   ① 시멘트의 분말도란 단위질량(g)당 표면적을 말한다.
   ② 분말도가 클수록 블리딩이 증가한다.
   ③ 분말도가 클수록 건조수축이 크다.
   ④ 분말도가 크면 풍화하기 쉽다.

9. 출제기준 변경으로 관련문항은 삭제

10. 시멘트, 잔 골재, 물 및 필요에 따라 첨가하는 혼화재료를 구성재료로 하여, 이들을 비벼서 만든 것, 또는 경화된 것을 무엇이라고 하는가?
    ① 시멘트 풀
    ② 모르타르
    ③ 무근콘크리트
    ④ 철근콘크리트

11. 잔 골재의 조립률 2.3, 굵은 골재의 조립률 6.4를 사용하여 잔골재와 굵은 골재를 질량비 1:1.5로 혼합하면 이때 혼합된 골재의 조립률은?
    ① 3.67
    ② 4.76
    ③ 5.27
    ④ 6.12

12. 프리스트레스하지 않는 부재의 현장치기 콘크리트 중에서 외부의 공기나 흙에 접하지 않는 콘크리트의 보나 기둥의 최소 피복 두께는 얼마 이상이어야 하는가?
    ① 20㎜
    ② 40㎜
    ③ 50㎜
    ④ 60㎜

13. 콘크리트를 친 후 시멘트와 골재알이 가라앉으면서 물이 떠오르는 현상을 무엇이라 하는가?
    ① 풍화
    ② 레이턴스
    ③ 블리딩
    ④ 경화

해 설

8. 분말도가 높은 시멘트를 사용하면 블리딩을 작게한다.

10.
- 시멘트 풀 : 시멘트+물
- 시멘트 모르타르 : 시멘트+물+잔 골재
- 콘크리트 : 시멘트+물+잔 골재+굵은 골재
- 철근콘크리트 : 시멘트+물+잔 골재+굵은 골재+철근

11. $f_a = \dfrac{p}{p+q} \cdot f_s + \dfrac{q}{q+p} \cdot f_g$
$= \dfrac{1}{1+1.5} \times 2.3 + \dfrac{1.5}{1+1.5} \times 6.4$
$= 4.76$

여기서
f_a : 혼합골재의 조립률
f_s, f_g : 잔 골재 및 굵은 골재 각각의 조립률
p, q : 무게로 된 잔 골재 및 굵은 골재 각각의 혼합비

12.
- 흙, 옥외 공기에 접하지 않는 부위
  - 슬래브, 장선, 벽체
    D35 초과 : 40㎜,
    D35 이하 : 20㎜
  - 보, 기둥 : 40㎜
- 흙, 옥외공기에 접하는 부위
  - 노출되는 콘크리트
    D29 이상 : 60㎜
    D25 이하 : 50㎜
    D16 이하 : 40㎜
  - 영구히 묻히는 콘크리트 : 80㎜
- 수중에서 타설 하는 콘크리트 : 100㎜

13.
- 블리딩(bleeding) : 콘크리트를 친 후 시멘트와 골재 알이 가라앉으면서 물이 올라와 표면에 떠오르는 현상
- 레이턴스(laitance) : 물이 표면에 떠올라 가라앉으면서 발생한 미세물질

정답

8. ② 10. ② 11. ② 12. ②
13. ③

14. 철근배치에서 간격 제한에 대한 설명으로 옳은 것은?
   ① 동일 평면에서 평행한 철근 사이의 수평 순간격은 20㎜ 이하로 하여야 한다.
   ② 벽체 또는 슬래브에서 휨 주철근의 간격은 벽체나 슬래브 두께의 4배 이상으로 하여야 한다.
   ③ 상단과 하단에 2단 이상으로 배치된 경우 상하 철근은 동일 단면 내에서 서로 지그재그로 배치하여야 한다.
   ④ 나선철근 또는 띠철근이 배근된 압축부재에서 축방향 철근의 순간격은 40㎜ 이상으로 하여야 한다.

15. 출제기준 변경으로 관련문항은 삭제

16. 압축이형철근의 기본 정착길이를 구하는 식은? (f_y : 철근의 설계기준 항복강도, d_b : 철근의 공칭지름, f_{ck} : 콘크리트의 설계기준 압축강도)
   ① $\dfrac{0.15d_b f_y}{\sqrt{f_{ck}}}$
   ② $\dfrac{0.25d_b f_y}{\sqrt{f_{ck}}}$
   ③ $\dfrac{0.35d_b f_y}{\sqrt{f_{ck}}}$
   ④ $\dfrac{0.45d_b f_y}{\sqrt{f_{ck}}}$

17. 구조물의 파괴상태 기준으로 예상되는 최대 하중에 대하여 구조물의 안전을 확보하려는 설계 방법은?
   ① 강도 설계법
   ② 허용 응력 설계법
   ③ 한계 상태 설계법
   ④ 전단 응력 설계법

18. 콘크리트의 강도는 일반적으로 표준양생을 실시한 콘크리트 공시체의 재령 며칠의 시험값을 기준으로 하는가?
   ① 10일
   ② 14일
   ③ 20일
   ④ 28일

19. 철근의 겹침이음 길이를 결정하기 위한 요소와 거리가 먼 것은?
   ① 철근의 길이
   ② 철근의 종류
   ③ 철근의 공칭지름
   ④ 철근의 설계기준항복강도

해설

14.
① 동일 평면에서 평행한 철근 사이의 수평 순간격은 25㎜ 이상, 철근의 공칭지름 이상으로 하여야 한다.
② 정철근과 부철근의 중심간격은
  ㉠ 최대휨모멘트가 일어나는 단면 : 슬래브 두께의 2배 이하, 300㎜ 이하
  ㉡ 기타의 단면 : 슬래브 두께의 3배 이하, 450㎜이하
③ 상, 하 철근은 동일 연직면 내 배근

16. 기본 정착길이
■ 인장이형철근 : $\dfrac{0.6 d_b f_y}{\sqrt{f_{ck}}}$

■ 압축이형철근 : $\dfrac{0.25 d_b f_y}{\sqrt{f_{ck}}}$

17. 강도 설계법 : 구조물의 파괴 상태 또는 파괴에 가까운 상태를 기준으로 하여 그 구조물의 사용 기간중에 예상되는 최대 하중에 대해 구조물의 안전을 적절한 수준으로 확보하려는 설계 방법 (안정성을 목적-파괴 되지 않고 안전에만 문제가 없으면 된다.)

18. 재령 28일의 콘크리트의 압축강도를 설계기준 강도로 한다.

19. 철근의 겹침이음 길이를 결정하기 위한 요소 : 철근의 종류, 철근의 공칭지름, 철근의 설계기준항복강도

정답

14. ④ 16. ② 17. ① 18. ④
19. ①

20. 철근비가 균형철근비보다 클 때, 보의 파괴가 압축측 콘크리트의 파쇄로 시작되는 파괴 형태는?
① 취성파괴 ② 연성파괴
③ 경성파괴 ④ 강성파괴

21. 기둥, 교대, 교각, 벽 등에 작용하는 상부 구조물의 하중을 지반에 안전하게 전달하기 위하여 설치하는 구조물은?
① 노상 ② 암거
③ 노반 ④ 확대 기초

22. 다음에서 설명하는 구조물은?

- 두께에 비하여 폭이 넓은 판 모양의 구조물
- 도로교에서 직접 하중을 받는 바닥판
- 건물의 각 층마다의 바닥판

① 보 ② 기둥
③ 슬래브 ④ 확대 기초

23. 프리스트레스트 콘크리트의 사용 재료로 볼 수 없는 것은?
① 고강도 콘크리트 ② 고강도 강봉
③ 고강도 강선 ④ 고압축 철근

24. 프리스트레스(PS) 강재에 필요한 성질이 아닌 것은?
① 인장강도가 커야 한다.
② 릴렉세이션(relaxation)이 커야 한다.
③ 적당한 연성과 인성이 있어야 한다.
④ 응력 부식에 대한 저항성이 커야 한다.

25. 2방향 슬래브의 해석 및 설계 방법으로 옳지 않은 것은?
① 횡하중을 받는 구조물의 해석에 있어서 휨모멘트 크기는 실제 횡변형 크기에 반비례한다.
② 슬래브 시스템이 횡하중을 받는 경우 그 해석 결과는 연직하중의 결과와 조합하여야 한다.
③ 슬래브 시스템은 평형 조건과 기하학적 적합 조건을 만족시킬 수 있으면 어떠한 방법으로도 설계할 수 있다.
④ 횡방향 변위가 발생하는 골조의 횡방향력 해석을 위해 골조 부재의 강성을 계산할 때 철근과 균열의 영향을 고려한다.

해설

20.
- 취성파괴 : 압축 측 콘크리트가 먼저 파괴 되어 사전 징조 없이 갑자기 파괴
- 연성파괴 : 균형 철근비보다 적은 철근을 배치하여 사전 징조 있는 파괴(사람들이 많이 이용하는 구조물인 경우 대피를 유도 할 수 있고 파괴시점을 예측 가능하게 하는 장점이 있다.)

21. 확대 기초 : 기둥, 교대, 교각, 벽 등에 작용하는 상부구조물의 하중을 지반에 안전하게 전달하기 위하여 설치한 구조물

22. 슬래브 정의
① 두께에 비하여 폭이 넓은 판 모양의 구조물
② 교량에서 직접 하중을 받는 바닥판이나 건물의 각층마다의 바닥판

23. PSC 사용재료
① 콘크리트 : 고강도 콘크리트
② PS강재 : PS강선, PS강봉, PS강연선
③ 그 밖의 재료 : 시스, 정착장치, 그라우트

24. 강재에 인장응력을 가해서 양단을 고정하고 일정한 길이로 유지시킬 경우 시간의 경과와 함께 일어나는 응력의 감소 현상인 릴렉세이션이 작아야 한다.

25. 횡하중을 받는 구조물의 해석에 있어서 휨모멘트 크기는 실제 횡변형 크기에 비례한다.

정답

20. ① 21. ④ 22. ③ 23. ④
24. ② 25. ①

26. 그림 중 경사 확대 기초를 나타내고 있는 것은?

①  ②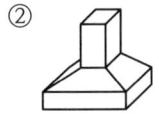

③ 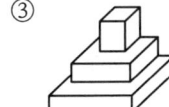 ④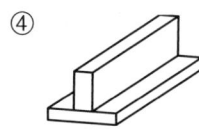

27. 일반적인 기둥의 종류가 아닌 것은?
① 띠철근 기둥
② 나선 철근 기둥
③ 강도 기둥
④ 합성 기둥

28. 강 구조의 장점이 아닌 것은?
① 강도가 매우 크다.
② 균질성을 가지고 있다.
③ 부재를 개수하거나 보강하기 쉽다.
④ 차량 통행으로 인한 소음 발생이 적다.

29. 보의 배근도에서 주철근과 연결하여 스터럽 철근을 배근하는 이유는?
① 압축 응력을 크게 작용하기 위하여
② 철근의 이동을 자유롭게 하기 위하여
③ 보의 철근량 균형을 맞추기 위하여
④ 보의 전단 균열을 방지하기 위하여

30. 1900년에 건설된 우리나라 근대식 교량의 시초로 볼 수 있는 것은?
① 진천 농교   ② 한강 철교
③ 부산 영도교   ④ 서울 광진교

31. 강 구조 부재 연결에 대한 설명으로 옳지 않은 것은?
① 부재의 연결은 경제적이고 시공이 쉬워야 한다.
② 해로운 응력 집중이 생기지 않도록 한다.
③ 주요 부재의 연결 강도는 모재의 전 강도의 60% 이상이어야 한다.
④ 응력의 전달이 확실하고, 가능한 한 편심이 생기지 않도록 연결한다.

해설

26.
① 독립 확대 기초
② 경사 확대 기초
③ 계단식 확대 기초
④ 벽 확대 기초

27.
① 띠철근 기둥 : 축 방향 주철근을 띠철근으로 감은 형태
② 나선철근 기둥 : 축 방향 주철근을 나선철근으로 감은 형태
③ 합성 기둥 : 구조용 강재나 강관을 축 방향으로 보강한 기둥

28. 차량 통행에 의하여 소음이 발생하기 쉽다.

29. 보의 전단 균열을 방지하기 위하여 스터럽 철근을 배근한다.

30.
■ 진천 농교 : 고려시대
■ 한강 철교 : 1900년 건설된 근대식 교량의 시작
■ 부산 영도교 : 1934년
■ 서울 광진교 : 1936년

31. 주요 부재의 연결 강도는 모재의 전 강도의 75% 이상의 강도를 갖도록 설계 하여야 한다.

정답

26. ② 27. ③ 28. ④ 29. ④
30. ② 31. ③

32. 토목 구조물 설계에 사용하는 특수 하중에 속하지 않는 것은?
   ① 설하중   ② 풍하중
   ③ 충돌 하중   ④ 원심 하중

33. 콘크리트를 주재료로 한 콘크리트 구조에 속하지 않는 것은?
   ① 강 구조
   ② 무근 콘크리트 구조
   ③ 철근 콘크리트 구조
   ④ 프리스트레스 콘크리트 구조

34. 철근 콘크리트(RC) 구조물의 특징이 아닌 것은?
   ① 철근과 콘크리트는 부착력이 매우 크다.
   ② 콘크리트 속에 묻힌 철근은 부식되지 않는다.
   ③ 철근과 콘크리트는 온도변화에 대한 열팽창 계수가 비슷하다.
   ④ 철근은 압축 응력이 크고, 콘크리트는 인장 응력이 크다.

35. 출제기준 변경으로 관련문항은 삭제

36. 한 도면에서 두 종류 이상의 선이 같은 장소에 겹칠 때 가장 우선되는 선은?
   ① 중심선
   ② 절단선
   ③ 외형선
   ④ 숨은선

37. 치수 기입 중 'SR40'이 의미하는 것은?
   ① 반지름 40㎜인 원
   ② 반지름 40㎜인 구
   ③ 반지름 40㎜인 정사각형
   ④ 반지름 40㎜인 정삼각형

38. 토목제도에 사용하는 문자에 대한 설명으로 옳지 않은 것은?
   ① 한자의 서체는 KS A 0202에 준하는 것이 좋다.
   ② 영자는 주로 로마자의 소문자를 사용한다.
   ③ 숫자는 주로 아라비아 숫자를 사용한다.
   ④ 한글자의 서체는 활자체에 준하는 것이 좋다.

해 설

32.
- ■ 주하중 : 고정하중, 활하중, 충격하중
- ■ 부하중 : 풍하중, 온도변화의 영향, 지진하중
- ■ 특수하중 : 설하중, 원심하중, 지점이동의 영향, 제동하중, 가설하중, 충돌하중

33. 토목 구조물은 사용 재료에 따라 분류하면 콘크리트 구조, 강 구조, 콘크리트와 강재의 합성 구조로 나뉜다.

34. 콘크리트는 인장 응력이 작다.

36. 외형선 → 숨은선 → 절단선 → 중심선 → 무게 중심선 → 치수 보조선

37. SR40 ⇒ 반지름 40㎜인 구

38. 영자는 주로 로마자 대문자를 쓴다.

정 답

32. ② 33. ① 34. ④ 36. ③
37. ② 38. ②

39. 도로 설계의 종단면도에 일반적으로 기입되는 사항이 아닌 것은?
① 계획고
② 횡단면적
③ 지반고
④ 측점

40. 그림과 같이 나타내는 정투상법은?

평면도

정면도   우측면도

① 제 1각법
② 제 2각법
③ 제 3각법
④ 제 4각법

41. 제도 통칙에서 제도 용지의 세로와 가로의 비로 옳은 것은?
① 1 : $\sqrt{2}$
② 1 : 1.5
③ 1 : $\sqrt{3}$
④ 1 : 2

42. 토목제도에서 도면치수의 기본적인 단위는?
① ㎜
② ㎝
③ m
④ ㎞

43. 철근의 갈고리 형태가 아닌 것은?
① 원형 갈고리
② 직각 갈고리
③ 예각 갈고리
④ 둔각 갈고리

44. 척도를 나타내는 방법으로 옳은 것은?
① (제도용지의 치수) : (실제의 치수)
② (도면에서의 치수) : (실제의 치수)
③ (실제의 치수) : (제도용지의 치수)
④ (실제의 치수) : (도면에서의 치수)

해 설

39. 횡단면도에서 유량을 산출하는 경우에는 수면 이하의 횡단면적 및 윤변 등을 그린다.

40.
■ 제1각법

	저면도	
우측면도	정면도	좌측면도
	평면도	

■ 제3각법

	평면도	
좌측면도	정면도	우측면도
	저면도	

41. 제도 용지의 폭(가로 방향)과 길이(세로 방향)의 비는
1 : $\sqrt{2}$ 이다.

42. 치수의 단위는 ㎜를 원칙으로 하며 단위 기호는 쓰지 않으나 타기호 사용시 명확히 기입한다.

43.
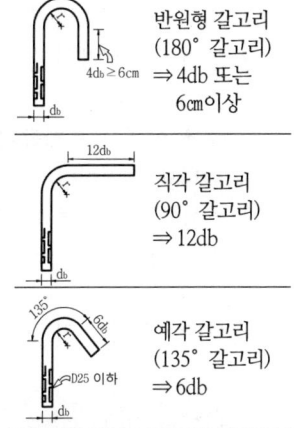

44. 척도란, 물체의 실제 크기와 도면에서의 크기 비율(**도면에서의 치수 : 실제의 치수**)을 말하는 것으로, 실물보다 축소하여 그린 축척, 실물과 같은 크기로 그린 현척, 실물보다 확대하여 그린 배척이 있다.

정 답

39. ② 40. ③ 41. ① 42. ①
43. ④ 44. ②

45. 철근의 용접이음을 표시하는 기호는?

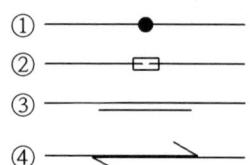

46. 출제기준 변경으로 관련문항은 삭제

47. 철근 상세도에 표시된 「C.T.C」가 의미하는 것은?
   ① center to center
   ② count to count
   ③ control to control
   ④ close to close

48. 다음 중 도면작도 시 유의 사항으로 틀린 것은?
   ① 구조물의 외형선, 철근 표시선 등의 선의 구분을 명확히 한다.
   ② 화살표시는 도면 내에서 다양한 모양을 선택하여 사용한다.
   ③ 도면은 가능한 간단하게 그리며, 중복을 피한다.
   ④ 도면에는 오류가 없도록 한다.

49. 본 설계에 필요한 도면에 대한 설명으로 옳은 것은?
   ① 일반도 - 주요 구조 부분의 단면 치수, 그것에 작용하는 외력 및 단면의 응력도 등을 나타낸 도면으로서 필요에 따라 작성한다.
   ② 응력도 - 상세한 설계에 따라 확정된 모든 요소의 치수를 기입한 도면이다.
   ③ 구조 상세도 - 제작이나 시공을 할 수 있도록 구조를 상세하게 나타낸 도면이다.
   ④ 가설 계획도 - 투시도법 등에 의하여 그려진 구조물의 도면이므로 미관을 고려하여 형식을 결정할 경우에 이용된다.

50. 건설재료 중 콘크리트의 단면 표시로 옳은 것은?

① 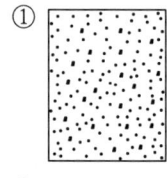   ②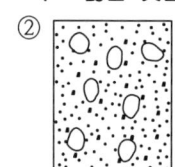

③ 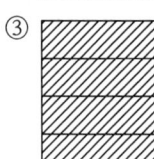   ④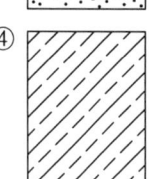

해 설

45.
① 용접이음, ② 기계적 이음
③ 철근의 겹이음(갈고리 없을 때)
④ 철근의 겹이음(갈고리 있을 때)

47. C.T.C ⇒ center to center(중심에서 중심까지)

48. 치수선의 끝 부분 기호에는 화살표, 검정 점, 사선 등이 있으나 한 도면에서는 동일한 기호를 사용한다.

49.
■ 일반도-상세한 설계에 따라 확정된 모든 요소의 치수를 기입한 도면
■ 응력도-주요 구조 부분의 단면 치수, 그것에 작용하는 외력 및 단면의 응력도 등을 나타낸 도면으로서, 필요에 따라 작성
■ 가설 계획도-구조물을 설계할 때에 산정된 가설 및 시공법의 계획도로서, 요점을 필요에 따라 그린 것이다.

50.
① 모래
② 콘크리트
③ 벽돌
④ 자연석

정 답

45. ① 47. ① 48. ② 49. ③
50. ②

51. CAD 시스템을 도입하였을 때 얻어지는 효과가 아닌 것은?
   ① 도면의 표준화
   ② 작업의 효율화
   ③ 표현력 증대
   ④ 제품 원가의 증대

52. 지름 16mm인 이형철근의 표시방법으로 옳은 것은?
   ① H16
   ② D16
   ③ ∅16
   ④ @16

53. 다음 그림은 어떤 재료의 단면 표시인가?

   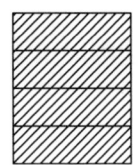

   ① 블록
   ② 유리
   ③ 벽돌
   ④ 사질토

54. 멀고 가까운 거리감을 느낄 수 있도록 하나의 시점과 물체의 각 점을 방사선으로 이어서 그리는 투상도법은?
   ① 투시도법
   ② 사투상도
   ③ 등각 투상
   ④ 부등각 투상도

55. 선의 접속 및 교차에 대한 제도 방법으로 옳지 않은 것은?

   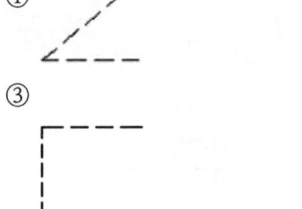
   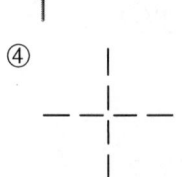

해 설

51. 설계의 시간 단축, 정확도 향상 등 설계의 질을 높이고 도면의 표준화와 문서화를 통하여 설계의 생산성을 높일 수 있다.

52.
   ① H16 : 지름 16mm의 이형 철근 (고강도 철근)
   ② D16 : 지름 16mm의 이형 철근 (일반 철근)
   ③ ∅16 : 지름 16mm의 원형 철근
   ④ @16 : 16mm간격

53.
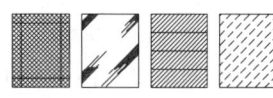

블록   유리   벽돌   사질토

54.
 ■ 투시도법 : 멀고 가까운 거리감을 느낄 수 있도록 하나의 시점과 물체의 각 점을 방사선으로 이어서 그리는 방법이다.
 ■ 사투상도 : 입체의 3주축(X,Y,Z) 중에서 2주축을 투상면과 평행으로 놓고 정면도로 하여 옆면 모서리축을 수평선과 임의의 각으로 그려진 투상도
 ■ 등각 투상도 : 물체의 정면, 평면, 측면을 하나의 투상도에 볼 수 있도록 하기 위하여 물체를 왼쪽으로 돌린 다음 앞으로 기울여 2개의 옆면 모서리가 수평선과 30° 되게 잡아 물체의 3모서리가 각각 120°의 등각을 이루도록한 투상도
 ■ 부등각 투상도 : 3개의 축선이 서로 만나서 이루는 세 각들 중에서 두 각은 같게, 나머지 한각을 다르게 그린 투상도

55.
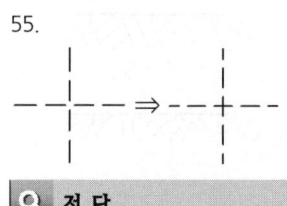

정 답

51. ④ 52. ② 53. ③ 54. ①
55. ④

56. 내부의 보이지 않는 부분을 나타낼 때 물체를 절단하여 내부 모양을 나타낸 도면은?
   ① 단면도
   ② 전개도
   ③ 투상도
   ④ 입체도

해설
56. 단면도 : 내부의 보이지 않는 부분을 나타낼 때 물체를 절단하여 내부 모양을 나타낸 도면

57. 다음의 도면에 대한 설명 중 옳은 것으로 짝지어진 것은?

   ㄱ. 물체의 실제 크기와 도면에서의 크기가 같은 경우 "NS"로 표기한다.
   ㄴ. 도면에 실물보다 축소하여 그린 것을 배척이라 한다.
   ㄷ. 도면 번호, 도면 이름, 척도, 투상법 등을 기입하는 곳을 표제란이라 한다.
   ㄹ. 척도 표시는 표제란에 기입하는 것을 원칙으로 하나 표제란이 없는 경우 도명이나 품번의 가까운 곳에 기입한다.

   ① ㄱ, ㄴ
   ② ㄱ, ㄷ
   ③ ㄴ, ㄷ
   ④ ㄷ, ㄹ

57.
   ㄱ. 실물과 같은 크기로 그린 현척
   ㄴ. 도면에 실물보다 축소하여 그린 것을 축척이라 한다.
   ■ 그림의 모양이 치수에 비례하지 않아 착각될 우려가 있을 때에는 치수 밑에 밑줄을 긋거나 '비례가 아님', 또는 'NS'(Not to Scale) 등으로 명시한다.

58. 출제기준 변경으로 관련문항은 삭제

59. 주어진 각(∠AOB)을 2등분할 때 가장 먼저 해야 할 일은?

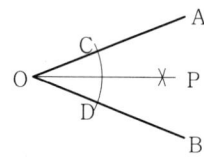

   ① A와 P를 연결한다.
   ② O점과 P점을 연결한다.
   ③ O점에서 임의의 원을 그려 C와 D점을 구한다.
   ④ C, D점에서 임의의 반지름으로 원호를 그려 P점을 찾는다.

59.
   ① O점에서 임의의 원을 그려 C와 D점을 구한다.
   ② C, D점에서 임의의 반지름으로 원호를 그려 P점을 찾는다.
   ③ O점과 P점을 연결한다.

60. 재료 단면의 경계 표시 중 암반면을 나타내는 것은?

60.
   ① 지반면
   ② 수준면
   ③ 암반면
   ④ 잡석

정답
56. ① 57. ④ 59. ③ 60. ③

2015년 1회 시행 문제

1. 철근과 콘크리트 사이의 부착에 영향을 주는 주요 원리로 옳지 않은 것은?
   ① 콘크리트와 철근 표면의 마찰 작용
   ② 시멘트풀과 철근 표면의 점착 작용
   ③ 이형 철근 표면의 요철에 의한 기계적 작용
   ④ 거푸집에 의한 압축 작용

2. 공장제품용 콘크리트의 촉진 양생방법에 속하는 것은?
   ① 오토클래브 양생 ② 수중 양생
   ③ 살수 양생 ④ 매트 양생

3. 수축 및 온도철근의 간격은 1방향 철근콘크리트 슬래브 두께의 최대 몇 배 이하로 하여야 하는가?
   ① 2배 ② 3배
   ③ 4배 ④ 5배

4. 출제기준 변경으로 관련문항은 삭제

5. 출제기준 변경으로 관련문항은 삭제

6. 출제기준 변경으로 관련문항은 삭제

7. 출제기준 변경으로 관련문항은 삭제

8. 출제기준 변경으로 관련문항은 삭제

9. 콘크리트에 AE제를 혼합하는 주목적은?
   ① 워커빌리티를 증대하기 위해서
   ② 부피를 증대하기 위해서
   ③ 부착력을 증대하기 위해서
   ④ 압축강도를 증대하기 위해서

10. 철근의 피복 두께에 관한 설명으로 옳지 않은 것은?
    ① 최 외측 철근의 중심으로부터 콘크리트 표면까지의 최단 거리이다.
    ② 철근의 부식을 방지할 수 있도록 충분한 두께가 필요하다.
    ③ 내화 구조로 만들기 위하여 소요 피복 두께를 확보한다.
    ④ 철근과 콘크리트의 부착력을 확보한다.

해설

1. 부착 작용의 세가지 원리
   ① 시멘트 풀과 철근 표면의 점착 작용
   ② 콘크리트와 철근 표면의 마찰 작용
   ③ 이형철근 표면의 요철에 의한 기계적 작용

2. 촉진 양생 : 증기 양생, 고압증기 양생(오토클래브 양생), 가압 양생, 전기 양생, 전열 양생 등

3. 수축·온도 철근의 간격은 슬래브 두께의 5배 이하, 또한 450mm 이하로 하여야 한다.

9. AE제를 사용하는 이유
   ① 워커빌리티를 좋게 하고, 블리딩 개선
   ② 빈배합일수록 워커빌리티 개선 효과가 크다.
   ③ 단위수량을 감소시켜 블리딩 등의 재료분리를 작게 한다.
   ④ 기상작용에 대한 저항성과 수밀성을 증진한다.

10. 피복 두께 : 콘크리트 표면과 철근 표면의 가장 가까운 거리

정답

1. ④ 2. ① 3. ④ 9. ① 10. ①

11. 철근의 표준 갈고리로 옳지 않은 것은?
   ① 주철근의 90° 표준 갈고리
   ② 주철근의 180° 표준 갈고리
   ③ 스터럽과 띠철근의 135° 표준 갈고리
   ④ 스터럽과 띠철근의 360° 표준 갈고리

12. 출제기준 변경으로 관련문항은 삭제

13. 다음 중 인장을 받는 곳에 겹침 이음을 할 수 있는 철근은?
   ① D25   ② D38
   ③ D41   ④ D51

14. 슬래브에서 정모멘트 철근 및 부모멘트 철근의 중심 간격에 대한 기준과 관련이 없는 것은?
   ① 위험단면에서는 슬래브 두께의 2배 이하
   ② 위험단면에서는 200㎜이하
   ③ 위험단면 외의 기타 단면에서는 슬래브 두께의 3배 이하
   ④ 위험단면 외의 기타 단면에서는 450㎜이하

15. 물-시멘트비가 55%이고, 단위 수량이 176㎏이면 단위 시멘트량은?
   ① 79㎏   ② 97㎏
   ③ 320㎏   ④ 391㎏

16. 굳지 않은 콘크리트의 성질 중 거푸집에 쉽게 다져 넣을 수 있고 거푸집을 제거하면 천천히 형상이 변하기는 하지만 허물어지거나 재료가 분리되지 않는 성질은?
   ① 워커빌리티
   ② 성형성
   ③ 피니셔빌리티
   ④ 반죽질기

17. 내화학 약품성이 좋아 해수, 공장폐수, 하수 등에 접하는 콘크리트에 적합한 시멘트는?
   ① 중용열 포틀랜드 시멘트
   ② 조강 포틀랜드 시멘트
   ③ 고로 시멘트
   ④ 팽창 시멘트

해 설

11.
- 표준갈고리 : 180°, 90°
- 스터럽과 띠철근에 대한 표준갈고리 : 90°, 135°

13. D35를 초과하는 철근은 겹침 이음을 해서는 안 되고 용접에 의한 맞대기 이음을 한다. 이음부가 철근의 항복강도의 125% 이상의 인장을 발휘할 수 있도록 한다.

14. 슬래브의 정모멘트 및 부모멘트 철근의 중심 간격은 위험단면에서는 슬래브 두께의 2배 이하이어야 하고, 또한 300㎜ 이하로 하여야 한다. 기타의 단면에서는 슬래브 두께의 3배 이하이어야 하고, 또한 450㎜ 이하로 하여야 한다.

15. $\dfrac{W}{C} = 0.55 \Rightarrow \dfrac{176}{C} = 0.55$

   $\therefore C = \dfrac{176}{0.55} = 320㎏$

16.
- 워커빌리티 : 반죽질기에 따른 작업이 어렵고 쉬운 정도(작업의 난이정도) 및 재료분리에 저항하는 정도를 나타내는 성질.
- 피니셔빌리티 : 굵은 골재의 최대치수, 잔 골재율, 잔 골재의 입도, 반죽질기 등에 따른 마무리 하기 쉬운 정도를 나타내는 성질.
- 반죽질기 : 주로 물의 양이 많고 적음에 따른 반죽의 되고 진 정도를 나타내는 성질.

17. 고로 시멘트 : 내화학 약품성이 좋아 해수, 공장폐수, 하수 등에 접하는 콘크리트에 적합한 시멘트

정 답

11. ④ 13. ① 14. ② 15. ③
16. ② 17. ③

18. 토목재료로서 콘크리트의 일반적인 특징으로 옳지 않은 것은?
   ① 콘크리트 자체가 무겁다
   ② 압축강도와 인장강도가 거의 동일하다.
   ③ 건조수축에 의한 균열이 생기기 쉽다.
   ④ 내구성과 내화성이 모두 크다.

19. 콘크리트에 일정하게 하중이 작용하면 응력의 변화가 없는데도 변형이 증가하는 성질은?
   ① 피로파괴
   ② 블리딩
   ③ 릴랙세이션
   ④ 크리프

20. 숏크리트에 대한 설명으로 옳은 것은?
   ① 컴프레셔 혹은 펌프를 이용하여 노즐 위치까지 호스 속으로 운반한 콘크리트를 압축공기에 의해 시공면에 뿜어서 만든 콘크리트
   ② 미리 거푸집 속에 특정한 입도를 가지는 굵은 골재를 채워놓고 그 간극에 모르타를 주입하여 제조한 콘크리트
   ③ 팽창제 또는 팽창 시멘트의 사용에 의해 팽창성이 부여된 콘크리트
   ④ 부재 혹은 구조물의 치수가 커서 시멘트의 수화열에 의한 온도 상승 및 강하를 고려하여 설계·시공해야 하는 콘크리트

21. 차량이나 사람 등과 같은 활하중을 직접 받는 구조물로서 열화나 손상이 가장 빈번하게 발생할 수 있는 구조 요소는?
   ① 보   ② 기둥
   ③ 옹벽   ④ 슬래브

22. 철근의 이음 방법으로 옳지 않은 것은?
   ① 피복 이음법
   ② 겹침 이음법
   ③ 용접 이음법
   ④ 기계적인 이음법

23. 슬래브에서 배력 철근을 설치하는 이유로 옳지 않은 것은?
   ① 균열을 집중시켜 유지보수를 쉽게 하기 위하여
   ② 응력을 고르게 분포시키기 위하여
   ③ 주철근의 간격을 유지시키기 위하여
   ④ 온도 변화에 의한 수축을 감소시키기 위하여

해 설

18.
■ 콘크리트 인장강도가 압축강도에 비해 약한 결점을 철근을 배치하여 보강한 것이다.
■ 콘크리트의 인장 강도는 압축 강도의 약 1/10~1/13 정도이다.

19. 크리프 : 콘크리트에 일정하게 하중을 계속주면, 응력의 변화는 없는데 변형이 재령과 함께 커지는 현상

20. 숏크리트 : 압축 공기를 이용하여 콘크리트나 모르터를 시공 면에 뿜어 붙여서 만든 콘크리트

21. 슬래브 : 차량이나 사람 등과 같은 활하중을 직접 받는 구조물로서 열화나 손상이 가장 빈번하게 발생할 수 있는 구조

22. 철근의 이음 방법에는 겹침 이음법, 용접 이음법, 기계적인 이음법 등이 있다.

23. 배력 철근 : 응력의 고른 분포, 주철근의 간격 유지, 콘크리트의 건조수축이나 온도 변화에 의한 수축 감소, 균열을 제어 하며 주철근과 직각 방향으로 배치한다.

정 답

18. ② 19. ④ 20. ① 21. ④
22. ① 23. ①

24. 프리스트레스를 도입한 후의 손실 원인이 아닌 것은?
   ① 콘크리트의 크리프
   ② 콘크리트의 건조 수축
   ③ 콘크리트의 블리딩
   ④ PS 강재의 릴랙세이션

25. 교량 설계 시 고려하여야 할 사항 중 내구성에 대한 설명으로 옳은 것은?
   ① 주변 경관과 조화가 잘 이루어져야 한다.
   ② 건설이 용이하고 건설비와 유지관리비가 최소화 되어야 한다.
   ③ 구조상의 결함이나 손상을 발생시키지 않고 장기간 사용할 수 있어야 한다.
   ④ 구조물은 사용하기 편리하고 기능적이며 사용자에게 불안감을 주면 안 된다.

26. 보통 골재를 사용한 콘크리트의 탄성계수(E_c)는? (단, 콘크리트의 설계 기준 강도 $f_{ck} = 23 MPa$, $E_c = 8{,}500\sqrt[3]{f_{cu}}\,MPa$)
   ① 약 22,000MPa
   ② 약 25,000MPa
   ③ 약 28,000MPa
   ④ 약 31,000MPa

27. 그림과 같은 기둥의 종류는?

   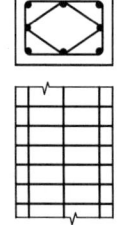

   ① 강재 합성 기둥   ② 띠철근 기둥
   ③ 강관 합성 기둥   ④ 나선 철근 기둥

28. 옹벽의 역할에 대한 설명으로 옳은 것은?
   ① 도로의 측구 역할을 한다.
   ② 교량의 받침대 역할을 한다.
   ③ 물이 흐르는 역할을 한다.
   ④ 비탈면에서 흙이 무너져 내려오는 것을 방지하는 역할을 한다.

해 설

24. 프리스트레스 손실
   ① 즉시손실 (도입 시 손실) : 정착단의 활동에 의한 감소, PC 강재와 쉬스관의 마찰에 의한 감소 (포스트텐션에서만 발생), 콘크리트 탄성변형에 의한 감소
   ② 시간적 손실 (도입 후 손실) : PC 강재 릴랙세이션에 의해 응력감소, 콘크리트 크리프, 콘크리트 건조수축

25.
   ① 미관
   ② 경제성
   ③ 내구성
   ④ 사용성과 안정성

26.
$E_c = 8{,}500\sqrt[3]{f_{cu}} = 8{,}500\sqrt[3]{23+4}$
$= 25{,}500 MPa \fallingdotseq 25{,}000 MPa$

$f_{cu} = f_{ck} + \Delta f$
$f_{ck} \leq 40 MPa$인 경우 $\Delta f = 4 MPa$
$f_{ck} \geq 60 MPa$인 경우 $\Delta f = 6 MPa$,
그 사이는 선형보간

27. 띠철근 기둥

28. 옹벽
   ① 비탈면에서 흙이 무너져 내려오는 것을 방지하기 위하여 설치한 구조물
   ② 배후 토압에 대하여 옹벽의 자중으로 안정을 유지하는 구조물

정 답

24. ③ 25. ③ 26. ② 27. ②
28. ④

29. 프리스트레스트 콘크리트를 철근 콘크리트와 비교할 때 특징으로 옳지 않은 것은?
   ① 고정 하중을 받을 때에 처짐이 작다.
   ② 고강도의 콘크리트 및 강재를 사용한다.
   ③ 단면을 작게 할 수 있어, 긴 교량이나 큰 하중을 받는 구조물이 적당하다.
   ④ 프리스트레스트 콘크리트 구조물은 높은 온도에 강도의 변화가 없으므로, 내화성에 대하여 유리하다.

30. 합성형 구조의 특징이 아닌 것은?
   ① 역학적으로 유리하다.
   ② 상부 플랜지의 단면적이 감소된다.
   ③ 품질이 좋은 콘크리트를 사용한다.
   ④ 슬래브 콘크리트의 크리프 및 건조 수축에 대한 검토가 불필요하다.

31. 자중을 포함한 수직 하중 200kN를 받는 독립 확대 기초에서 허용 지지력이 5kN/㎡일 때, 확대 기초의 필요한 최소 면적은?
   ① 5㎡
   ② 20㎡
   ③ 30㎡
   ④ 40㎡

32. 강 구조의 특징에 대한 설명으로 옳은 것은?
   ① 콘크리트에 비해 균일성이 없다.
   ② 콘크리트에 비해 부재의 치수가 크게 된다.
   ③ 콘크리트에 비해 공사기간 단축이 용이하다.
   ④ 재료의 세기, 즉 강도가 콘크리트에 비해 월등히 작다.

33. 로마 문명 중심으로 아치교가 발달한 시기는?
   ① 기원전 1~2세기   ② 9~10세기
   ③ 11~18세기   ④ 19~20세기

34. 비합성 강형 교량과 비교하였을 때 교량에서 널리 쓰이는 합성 구조인 강RC 합성형 교량의 특징이 아닌 것은?
   ① 판형의 높이가 높아진다.
   ② 상부 플랜지의 단면적이 감소된다.
   ③ 품질이 좋은 콘크리트를 사용하여야 한다.
   ④ 슬래브 콘크리트의 크리프 및 건조 수축에 대한 검토가 필요하다.

해 설

29. 프리스트레스트 콘크리트 구조물은 높은 온도에 강도가 감소하므로, 내화성에 대하여 불리하다.

30. 슬래브 콘크리트의 크리프 및 건조 수축에 대한 검토가 필요하다.

31. 확대 기초의 면적
   = 하중의 크기÷허용지지력
   = 200kN÷5kN/㎡
   = 40㎡

32. 강 구조 : 고강도, 균질성, 내구성, 사전조립 가능, 시공간편(공사기간 단축), 다양한 구조, 개수 보강이 쉽다, 장대지간 유리, 자중이 작다.

33. 기원전 1~2세기 로마 문명 중심으로 아치교 발달

34. 판형의 높이가 낮아진다.

정 답

29. ④ 30. ④ 31. ④ 32. ③
33. ① 34. ①

35. 강 구조에 관한 설명으로 옳지 않은 것은?
   ① 구조용 강재의 재료는 균질성을 갖는다.
   ② 다양한 형상의 구조물을 만들 수 있으나 개보수 및 보강이 어렵다.
   ③ 강재의 이음에는 용접 이음, 고장력 볼트 이음, 리벳 이음 등이 있다.
   ④ 강 구조에 쓰이는 강은 탄소 함유량이 0.04%~2.0%로 유연하고 연성이 풍부하다.

36. 철근의 치수와 배치를 나타낸 도면은?
   ① 일반도
   ② 구조 일반도
   ③ 배근도
   ④ 외관도

37. 제도에서 2점 쇄선으로 표시하는 것은?
   ① 숨은선
   ② 기준선
   ③ 피치선
   ④ 가상선

38. 하나의 그림으로 정육면체의 세 면을 같은 정도로 표시할 수 있는 투상법은?
   ① 유각 투시도법
   ② 부등각 투상도법
   ③ 등각 투상도법
   ④ 경사 투시도법

39. 치수 보조선에 대한 설명 중 옳지 않은 것은?
   ① 치수 보조선은 치수선을 넘어서 약간 길게 끌어내어 그린다.
   ② 치수 보조선은 치수선과 항상 직각이 되도록 그어야 한다.
   ③ 불가피한 경우가 아닐 때에는, 치수 보조선과 치수선이 다른 선과 교차하지 않게 한다.
   ④ 부품의 중심선이나 외형선은 치수선으로 사용해서는 안되며 치수 보조선으로는 사용할 수 없다.

40. 치수 기입을 할 때 지름을 표시하는 기호로 옳은 것은?
   ① R
   ② □
   ③ SR
   ④ ⌀

해 설

35. 부재를 개수하거나 보강하기 쉽다.

36. 배근도 : 철근콘크리트 구조의 설계도 중에서 철근의 품질, 지름, 개수를 표시하고, 철근을 구부리는 위치와 치수, 이음매의 위치, 방법, 치수를 포함해서 철근의 길이 방향의 치수를 나타내면서 철근의 배치, 조립방법 등을 상세히 나타낸 도면

37. 숨은선 : 파선
    기준선 : 1점 쇄선
    피치선 : 1점 쇄선
    가상선 : 2점 쇄선

38. 등각 투상도 : 물체의 정면, 평면, 측면을 하나의 투상도에 볼 수 있도록 하기 위하여 물체를 왼쪽으로 돌린 다음 앞으로 기울여 2개의 옆면 모서리가 수평선과 30° 되게 잡아 물체의 3모서리가 각각 120°의 등각을 이루도록한 투상도

39. 치수선을 그을 곳이 마땅하지 않을 때에는 치수선에 대하여 적당한 각도로 치수 보조선을 그을 수 있다.

40. R : 반지름, □ : 정사각형의 변, SR : 구의 반지름, ⌀ : 지름

정 답

35. ② 36. ③ 37. ④ 38. ③
39. ② 40. ④

41. 그림은 어떤 재료의 단면을 표시하는가?

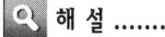

① 수면
② 암반면
③ 지반면(흙)
④ 호박돌

42. 멀고 가까운 거리감을 느낄 수 있도록 하나의 시점과 물체의 각 점을 방사선으로 이어서 그리는 도법은?
① 투시도법　　② 구조 투상도법
③ 부등각 투상법　④ 축측 투상도법

43. 그림과 같은 모양의 I형강 2개에 대한 기입방법으로 옳은 것은? (단, 축방향 길이는 2,000이며, 단위는 mm이다.)

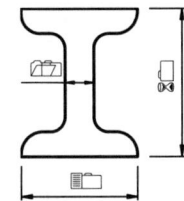

① 2-I 10×60×30-2,000
② 2-I 60×30×10-2,000
③ I-2 10×60×30-2,000
④ I-2 10×30×60-2,000

44. 제도 용지에서 A3의 크기는 몇 mm인가?
① 254×385
② 268×398
③ 274×412
④ 297×420

45. 다양한 응용분야에서 정밀하고 능률적인 설계 제도 작업을 할 수 있도록 지원하는 소프트웨어는?
① CAD
② CAI
③ Excel
④ Access

해 설

41.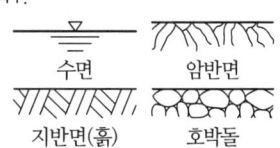
　수면　　암반면
　지반면(흙)　호박돌

42. 투시도법 : 멀고 가까운 거리감을 느낄 수 있도록 하나의 시점과 물체의 각 점을 방사선으로 이어서 그리는 방법이다.

43. I형강 치수 표시
⇒ I H×B×t-L
⇒ 2-I 60×30×10-2000

44. A1 : 841×594mm
　A2 : 594×420mm
　A3 : 420×297mm
　A4 : 297×210mm

45. CAD : 다양한 응용분야에서 정밀하고 능률적인 설계 제도 작업을 할 수 있도록 지원하는 소프트웨어

정 답

41. ③　42. ①　43. ②　44. ④
45. ①

46. 긴 부재의 절단면 표시 중 환봉의 절단면 표시로 옳은 것은?

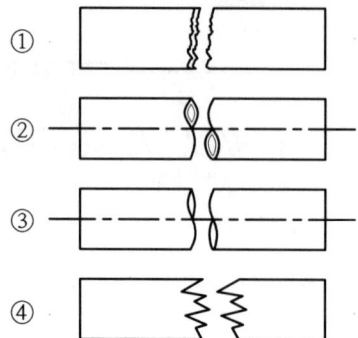

47. 삼각 스케일에 표시된 축척이 아닌 것은?
   ① 1 : 100 ② 1 : 300
   ③ 1 : 500 ④ 1 : 700

48. 출제기준 변경으로 관련문항은 삭제

49. 다음 그림에서 헌치 철근 배근으로 옳은 것은?

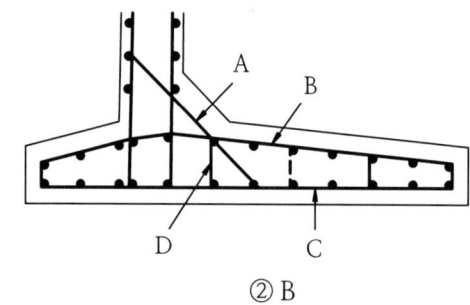

① A ② B
③ C ④ D

50. 다음 중 콘크리트를 표시하는 기호는?

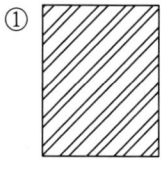 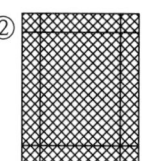

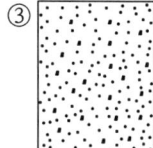 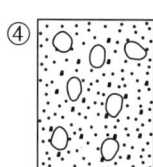

해설

46.
 ① 각봉
 ② 파이프
 ③ 환봉
 ④ 나무

47. 삼각축척자(삼각스케일) : 일정한 비율로 길이를 줄일 때 사용한다. (단면이 삼각형으로 $\frac{1}{100}, \frac{1}{200}, \frac{1}{300}, \frac{1}{400}, \frac{1}{500}, \frac{1}{600}$에 해당하는 축척 눈금이 새겨져 있다.)

49. A : 헌치

50.
 ① 강철
 ② 블록
 ③ 모르타르
 ④ 콘크리트

정답

46. ③ 47. ④ 49. ① 50. ④

51. 그림과 같이 투상하는 방법은?

```
              ┌──────┐
              │ 저면도 │
              └──────┘
┌──────┐  ┌──────┐  ┌──────┐
│우측면도│  │ 정면도 │  │좌측면도│
└──────┘  └──────┘  └──────┘
              ┌──────┐
              │ 평면도 │
              └──────┘
```

① 제1각법 ② 제2각법
③ 제3각법 ④ 제4각법

52. 정투상도에 대한 설명으로 옳은 것은?
① 어느 면을 정면도로 정하든 물체를 이해하는데 별 차이가 없다.
② 측면도는 그 물체의 모양과 특징을 잘 나타낼 수 있는 면을 선정한다.
③ 정면도와 평면도만 보아도 그 물체를 알 수 있을 때에는 측면도를 생략할 수 있다.
④ 동물, 자동차, 비행기는 그 모양의 측면을 평면도로 설정하는 것이 좋다.

53. 출제기준 변경으로 관련문항은 삭제

54. 구조물의 평면도, 입면도, 단면도 등에 의해서 그 형식과 일반 구조를 나타내는 도면은?
① 정면도 ② 일반도
③ 조립도 ④ 공정도

55. 문자에 대한 설명으로 옳지 않은 것은?
① 숫자에는 아라비아 숫자가 주로 쓰인다.
② 한글의 서체는 활자체에 준하는 것이 좋다.
③ 문자의 크기는 문자의 폭으로 나타낸다.
④ 도면에 사용되는 문자로는 한글, 숫자, 로마자 등이 있다.

56. 아래 그림과 같은 강관의 치수 표시 방법으로 옳은 것은?
(단, B : 내측 지름, L : 축방향 길이)

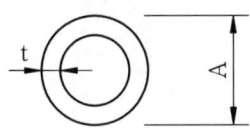

① 보통 ⌀A-L ② ⌀A×t-L
③ □A×B-L ④ B×A×L-t

해 설

51.
■ 제1각법
```
         ┌──────┐
         │ 저면도 │
         └──────┘
┌──────┐┌──────┐┌──────┐
│우측면도││ 정면도 ││좌측면도│
└──────┘└──────┘└──────┘
         ┌──────┐
         │ 평면도 │
         └──────┘
```
■ 제3각법
```
         ┌──────┐
         │ 평면도 │
         └──────┘
┌──────┐┌──────┐┌──────┐
│좌측면도││ 정면도 ││우측면도│
└──────┘└──────┘└──────┘
         ┌──────┐
         │ 저면도 │
         └──────┘
```

52. 정면도와 평면도만 보아도 그 물체를 알 수 있을 때에는 측면도를 생략할 수 있다.

54. 일반도
■ 구조물의 평면도, 입면도, 단면도 등에 의해서 구조물 전체의 개략적인 모양을 표시한 도면
■ 구조물 주위의 지형 지물을 표시하여 지형과 구조물과의 연관성을 명확하게 표시할 필요가 있다.

55. 문자의 크기는 원칙적으로 높이에 의한 호칭에 따라 표시한다.

56.
■ 강관 : ⌀A×t-L

■ 각강관 : □A×B×t-L
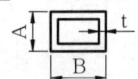
■ 각강 : □A-L
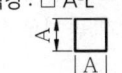
■ 평강 : A×B-L
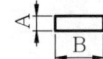

정 답

51. ① 52. ③ 54. ② 55. ③
56. ②

57. 도면에서 반드시 그려야 할 사항으로 도면의 번호, 도면 이름, 척도, 투상법 등을 기입하는 것은?
   ① 표제란
   ② 윤곽선
   ③ 중심마크
   ④ 재단마크

58. 도면의 작도에 대한 설명으로 옳지 않은 것은?
   ① 도면은 간단히 하고 중복을 피한다.
   ② 대칭일 때는 중심선의 한쪽에 외형도, 반대쪽은 단면도를 표시한다.
   ③ 경사면을 가진 구조물의 표시는 경사면 부분만의 보조도를 넣는다.
   ④ 보이는 부분은 굵은 실선으로 하고, 숨겨진 부분은 가는 실선으로 하여 구분한다.

59. 건설 재료의 단면 중 어떤 단면 표시인가?

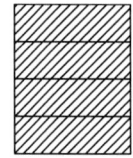

   ① 강철
   ② 유리
   ③ 잡석
   ④ 벽돌

60. 도로 설계 제도에 대한 설명으로 옳지 않은 것은?
   ① 평면도의 축척은 1/100~1/200으로 하고 기점을 오른쪽에 둔다.
   ② 종단면도의 가로축척과 세로축척은 축척을 달리 하며 일반적으로 세로축척을 크게 한다.
   ③ 횡단면도는 기점을 정한 후에 각 중심 말뚝의 위치를 정하고, 횡단 측량의 결과를 중심 말뚝의 좌우에 취하여 지반선을 그린다.
   ④ 횡단면도의 계획선은 종단면도에서 각 측점의 땅깎기 높이 또는 흙쌓기 높이로 설정한다.

해 설

57. 표제란
① 도면의 관리상 필요한 사항과 도면의 내용에 관한 사항을 모아서 기입하기 위하여 오른편 아래 구석의 안쪽에 설치한다.
② 도면 번호, 도면 명칭, 기업(단체)명, 책임자 서명, 설계자, 제도자, 책임자, 도면 작성 연월일, 축척 등을 기입한다. 범례는 표제란 가까이 기입한다.

58. 숨겨진 부분 : 파선

59.

강철 유리 잡석 벽돌

60. 평면도의 축척은 1/500~1/2000로 하고 기점은 왼쪽에 두도록 한다.

정 답

57. ① 58. ④ 59. ④ 60. ①

2015년 5회 시행 문제

1. 출제기준 변경으로 관련문항은 삭제

2. 콘크리트에 대한 설명으로 옳지 않은 것은?
   ① 공기연행 콘크리트는 철근과의 부착강도가 저하되기 쉽다.
   ② 레디믹스트 콘크리트는 현장에서 워커빌리티 조절이 어렵다.
   ③ 한중 콘크리트는 시공 시 하루 평균 기온이 영하 4℃ 이하인 경우에 시공한다.
   ④ 서중 콘크리트는 시공 시 하루 평균 기온이 영상 25℃를 초과하는 경우에 시공한다.

3. 보통 콘크리트와 비교되는 고강도 콘크리트용 재료에 대한 설명으로 옳은 것은?
   ① 단위 시멘트량을 작게 하여 배합한다.
   ② 물-시멘트비를 크게 하여 시공한다.
   ③ 고성능 감수제는 사용하지 않는다.
   ④ 골재는 내구성이 큰 골재를 사용한다.

4. D25 철근을 사용한 90° 표준 갈고리는 90° 구부린 끝에서 최소 얼마 이상 더 연장하여야 하는가? (단, d_b는 철근의 공칭지름)
   ① $6d_b$
   ② $9d_b$
   ③ $12d_b$
   ④ $15d_b$

5. 압축부재의 축방향 주철근이 나선철근으로 둘러싸인 경우에 주철근 최소 개수는?
   ① 6개
   ② 8개
   ③ 9개
   ④ 10개

6. 출제기준 변경으로 관련문항은 삭제

7. 철근의 배치에서 간격 제한에 대한 기준으로 빈칸에 알맞은 것은?

   나선철근 또는 띠철근이 배근된 압축부재에서 축방향 철근의 순간격은 (   ) 이상, 또한 (   )의 1.5배 이상으로 하여야 한다.

   ① 25mm - 철근 공칭 지름
   ② 40mm - 철근 공칭 지름
   ③ 25mm - 굵은 골재의 최대 공칭 치수
   ④ 40mm - 굵은 골재의 최대 공칭 치수

해 설

2. 하루의 평균기온이 영상 4℃ 이하가 되는 기상조건 하에서는 한중 콘크리트로서 시공한다.

3.
   ■ 단위 시멘트량을 크게 하여 배합
   ■ 물시멘트비는 50% 이하로 한다.
   ■ 고성능 감수제 사용
   ■ 골재는 깨끗하고 강하며 내구적인 것으로, 입도가 골고루 혼합되어 있는 것 사용

4.
   ① 90°표준갈고리
     ㉠ D16 이하의 철근은 구부린 끝에서 6 db 이상 더 연장하여야 한다.
     ㉡ D19, D22 및 D25 철근은 구부린 끝에서 12 db 이상 더 연장하여야 한다.
   ② 135°표준갈고리 : D25 이하의 철근은 구부린 끝에서 6 db 이상 더 연장하여야 한다.

5. 축방향 부재의 주철근의 최소 개수는 나선철근으로 둘러싸인 철근의 경우 6개, 직사각형이나 원형 띠철근 내부의 철근의 경우 4개, 삼각형 띠철근 내부의 철근의 경우 3개로 하여야 한다.

7. 나선철근과 띠철근 기둥에서 축방향 철근의 순간격
   ① 40mm 이상
   ② 철근지름의 1.5배 이상
   ③ 굵은 골재 최대치수의 4/3배 이상

정 답

2. ③ 3. ④ 4. ③ 5. ① 7. ②

8. 현장치기 콘크리트에서 흙에 접하거나 옥외의 공기에 직접 노출되는 D16 이하의 철근의 최소 피복 두께는?
   ① 40mm
   ② 50mm
   ③ 60mm
   ④ 70mm

9. 출제기준 변경으로 관련문항은 삭제

10. 2개 이상의 철근을 묶어서 사용하는 다발철근의 사용방법으로 옳지 않은 것은?
    ① 다발철근의 지름은 등가단면적으로 환산된 한 개의 철근지름으로 보아야 한다.
    ② 다발철근으로 사용하는 철근의 개수는 4개 이하이어야 한다.
    ③ 스터럽이나 띠철근으로 둘러싸야 한다.
    ④ 보에서 D25를 초과하는 철근은 다발로 사용할 수 없다.

11. 출제기준 변경으로 관련문항은 삭제

12. 콘크리트의 워커빌리티에 영향을 끼치는 요소로 옳지 않은 것은?
    ① 시멘트의 분말도가 높을수록 워커빌리티가 좋아진다.
    ② AE제, 감수제 등의 혼화제를 사용하면 워커빌리티가 좋아진다.
    ③ 시멘트량에 비해 골재의 양이 많을수록 워커빌리티가 좋아진다.
    ④ 단위수량이 적으면 유동성이 적어 워커빌리티가 나빠진다.

13. 굳지 않은 콘크리트의 반죽질기를 측정하는데 사용되는 시험은?
    ① 자르시험
    ② 브리넬 시험
    ③ 비비시험
    ④ 로스앤젤레스 시험

14. 출제기준 변경으로 관련문항은 삭제

15. 철근 기호의 SD300에서 300의 의미는?
    ① 철근의 단면적
    ② 철근의 항복강도
    ③ 철근의 연신율
    ④ 철근의 공칭 지름

해 설

8. ■ 흙, 옥외공기에 접하는 부위
   - 노출되는 콘크리트
     D29 이상 : 60mm
     D25 이하 : 50mm
     D16 이하 : 40mm
   - 영구히 묻히는 콘크리트 : 80mm

10. D35를 초과하는 철근은 보에서 다발로 사용할 수 없다.

12. 시멘트량에 비해 골재의 양이 많을수록 워커빌리티가 나빠진다.

13. 워커빌리티는 반죽질기에 좌우되므로 일반적으로 반죽질기(컨시스턴시)를 측정하여 판단한다. 그 중에서 슬럼프 시험을 가장 보편적으로 사용
    ① 워커빌리티 판정시험 : 슬럼프 시험, 구관입 시험, 흐름시험
    ② 그 밖에 워커빌리티 시험 : **비비시험(Vee-Bee test)**, 리몰딩 시험
    ■ 브리넬 경도시험 : 금속재료시험
    ■ 로스앤젤레스 시험 : 굵은 골재의 마모시험

15. 철근의 기호는 SR(Steel Round, 원형)과 SD(Steel Deformed, 이형)의 뒤에 항복강도를 숫자로 표시

정 답

8. ① 10. ④ 12. ③ 13. ③
15. ②

16. 시멘트의 분말도에 관한 설명으로 옳지 않은 것은?
① 시멘트의 입자가 가늘수록 분말도가 높다.
② 시멘트 입자의 가는 정도를 나타내는 것을 분말도라 한다.
③ 시멘트의 분말도가 높으면 조기강도가 커진다.
④ 시멘트의 분말도가 높으면 균열 및 풍화가 생기지 않는다.

17. 인장을 받는 이형철근 정착에서 전경량콘크리트의 f_{sp}(쪼갬인장강도)가 주어지지 않은 경우 보정계수 값은?
① 0.75
② 0.8
③ 0.85
④ 1.2

18. 시방배합과 현장배합에 대한 설명으로 옳지 않은 것은?
① 시방배합에서 골재의 함수상태는 표면건조포화 상태를 기준으로 한다.
② 시방배합에서 굵은골재와 잔골재를 구분하는 기준은 10㎜체이다.
③ 시방배합을 현장배합으로 고치는 경우 골재의 표면수량과 입도를 고려한다.
④ 시방배합을 현장배합으로 고치는 경우 혼화제를 희석시킨 희석수량 등을 고려하여야 한다.

19. 출제기준 변경으로 관련문항은 삭제

20. 블리딩을 작게 하는 방법으로 옳지 않은 것은?
① 분말도가 높은 시멘트를 사용한다.
② 단위 수량을 크게 한다.
③ 감수제를 사용한다.
④ AE제를 사용한다.

21. 토목 구조물을 설계할 때 고려해야 할 사항과 거리가 먼 것은?
① 구조의 안전성
② 사용의 편리성
③ 건설의 경제성
④ 재료의 다양성

22. 트러스의 종류 중 주트러스로는 잘 쓰이지 않으나, 가로 브레이싱에 주로 사용되는 형식은?
① K 트러스
② 프랫(pratt) 트러스
③ 하우(howe) 트러스
④ 워런(warren) 트러스

해 설

16.
- 시멘트 분말도가 높으면(입자가 가늘면) 수화작용이 빠르고, 조기강도가 커진다.
- 풍화하기 쉽고, 수화열이 많아 콘크리트에 균열 발생하고 건조수축이 커진다.

17.
① f_{sp}값이 규정되어 있지 않은 경우
$\lambda = 0.75$, 전경량콘크리트
$\lambda = 0.85$, 모래경량콘크리트
② f_{sp}값이 주어진 경우
$\lambda = f_{sp}/(0.56\sqrt{f_{ck}}) \leq 1.0$

18. 시방배합을 현장배합으로 수정 사항
① 입도조정: 잔 골재의 5㎜체 잔유율, 굵은 골재의 5㎜체 통과율
② 함수량 조정 : 골재표면수량

20.
- 블리딩(bleeding) : 콘크리트를 친 후 시멘트와 골재 알이 가라앉으면서 물이 올라와 표면에 떠오르는 현상
- 단위수량을 감소시켜 블리딩 등의 재료분리를 작게 한다.

21. 토목 구조물을 설계할 때 고려해야 할 사항 : 안정성, 사용성과 내구성, 경제성, 미관

22.
① 트러스교에 보편적으로 쓰이는 대표적인 트러스 : 프렛(pratt) 트러스, 하우(howe) 트러스, 워런(warren) 트러스
② K - TRUSS : 외관이 좋지 않으므로 주트러스에는 사용안함, 2차응력이 작은 이점이 있다, 지간 90m이상에 적용

정 답

16. ④ 17. ① 18. ② 20. ②
21. ④ 22. ①

23. 프리스트레스트 콘크리트 부재 제작 방법 중 콘크리트를 타설, 경화한 후에 긴장재를 넣고 긴장하는 방법은?
   ① 프리캐스트 방식
   ② 포스트텐션 방식
   ③ 프리텐션 방식
   ④ 롱라인 방식

24. 도로교를 설계할 때 하중의 종류를 크게 지속하는 하중과 변동하는 하중으로 구분할 때, 지속하는 하중에 해당되는 것은?
   ① 충격
   ② 풍하중
   ③ 제동하중
   ④ 프리스트레스힘

25. 상부 수직 하중을 하부 지반에 분산시키기 위해 저면을 확대시킨 철근 콘크리트판은?
   ① 비내력벽
   ② 슬래브판
   ③ 확대 기초판
   ④ 플랫 플레이트

26. 출제기준 변경으로 관련문항은 삭제

27. 2개 이상의 기둥을 1개의 확대 기초로 지지 하도록 만든 기초는?
   ① 경사 확대 기초
   ② 연결 확대 기초
   ③ 독립 확대 기초
   ④ 계단식 확대 기초

28. 교량의 구성을 바닥판, 바닥틀, 교각, 교대, 기초 등으로 구분할 때, 바닥틀에 대한 설명으로 옳은 것은?
   ① 상부 구조로서 사람이나 차량 등을 직접 받쳐주는 포장 및 슬래브 부분을 뜻한다.
   ② 상부 구조로서 바닥판에 실리는 하중을 받쳐서 주형에 전달해주는 부분을 뜻한다.
   ③ 하부 구조로서 상부 구조에서 전달되는 하중을 기초로 전해주는 부분을 뜻한다.
   ④ 하부 구조로서 상부 구조에서 전달되는 하중을 지반으로 전해주는 부분을 뜻한다.

해 설

23. 포스트 텐션 방식 : 시스관을 설치한 후 콘크리트를 타설하고 양생한 다음 PS강선을 긴장 및 정착

24. 고정 하중 : 자중을 비롯한 교량에 부설된 모든 시설의 중량

25. 확대 기초판 : 상부 수직 하중을 하부 지반에 분산시키기 위해 저면을 확대시킨 철근 콘크리트판

27. 연결 확대 기초 : 2개 이상의 기둥을 한 개의 확대 기초로 받치도록 만든 기초

28. 바닥틀 : 상부 구조로서 바닥판에 실리는 하중을 받쳐서 주형에 전달해주는 부분을 뜻한다.

정 답

23. ② 24. ④ 25. ③ 27. ②
28. ②

29. 철근 콘크리트를 널리 이용하는 이유가 아닌 것은?
① 자중이 크다.
② 철근과 콘크리트가 부착이 매우 잘 된다.
③ 철근과 콘크리트는 온도에 대한 열팽창 계수가 거의 같다.
④ 콘크리트 속에 묻힌 철근은 녹이 슬지 않는다.

30. 기둥과 같이 압축력을 받는 부재가 압축력에 의해 휘거나 파괴되는 현상을 무엇이라 하는가?
① 피로
② 좌굴
③ 연화
④ 쇄굴

31. 어떤 토목 구조물에 대한 특성을 설명한 것인가?

· 보의 고정 하중에 의한 처짐이 작다.
· 높은 온도에 접하면 강도가 감소한다.
· 고강도의 콘크리트와 강재를 사용한다.
· 인장측 콘크리트의 균열 발생을 억제할 수 있다.
· 단면을 작게 할 수 있어, 지간이 긴 교량에 적당하다.

① H형 강 구조
② 무근 콘크리트
③ 철근 콘크리트
④ 프리스트레스트 콘크리트

32. 구조 재료로서 강재의 특징이 아닌 것은?
① 구조 해석이 단순하다.
② 부재를 개수하거나 보강하기 쉽다.
③ 다양한 형상과 치수를 가진 구조로 만들 수 있다.
④ 긴 지간의 교량, 고층 건물에 유효하게 쓰인다.

33. 두께에 비하여 폭이 넓은 판 모양의 구조물로 지지 조건에 의한 주철근 구조에 따라 2가지로 구분되는 것은?
① 확대기초
② 슬래브
③ 기둥
④ 옹벽

34. 철근 콘크리트에서 중립축에 대한 설명으로 옳은 것은?
① 응력이 "0"이다.
② 인장력이 압축력보다 크다.
③ 압축력이 인장력보다 크다.
④ 인장력, 압축력이 모두 최대값을 갖는다.

해 설

29. 자중이 크다 ⇒ 철근 콘크리트의 단점

30. 좌굴 : 기둥과 같이 압축력을 받은 부재가 압축력에 의해 부재의 축방향에 대해 직각 방향으로 휘어져 파괴되는 현상

31. 프리스트레스트 콘크리트 : 콘크리트에 일어날 수 있는 인장력을 상쇄하기 위하여 미리 계획적으로 압축 응력을 준 콘크리트

32. 연결 부위로 의한 구조 해석이 복잡할 수 있다.

33.
■ 슬래브 정의
 ① 두께에 비하여 폭이 넓은 판 모양의 구조물
 ② 교량에서 직접 하중을 받는 바닥판이나 건물의 각층마다의 바닥판
■ 지지하는 경계 조건에 따라
 ① 1방향 슬래브 : 교량과 같이 마주보는 두변에 의해 지지되는 슬래브로서 단변에 대한 장변의 비가 2이상이고 대부분의 하중이 단변 방향으로 전달
 ② 2방향 슬래브 : 건물 슬래브와 같이 장변과 단변의 비가 2보다 작으며, 하중이 장변과 단변방향으로 전달(4변 지지임)

34. 휨 응력은 중립축에서 0 이다.

정 답

29. ① 30. ② 31. ④ 32. ①
33. ② 34. ①

35. 축방향 철근을 나선 철근으로 촘촘히 둘러 감은 기둥은?
   ① 합성 기둥
   ② 띠철근 기둥
   ③ 나선 철근 기둥
   ④ 프리스트레스트 기둥

36. 문자에 대한 토목제도 통칙으로 옳지 않은 것은?
   ① 문자의 크기는 높이에 따라 표시한다.
   ② 숫자는 주로 아라비아 숫자를 사용한다.
   ③ 글자는 필기체로 쓰고 수직 또는 30° 오른쪽으로 경사지게 쓴다.
   ④ 영자는 주로 로마자의 대문자를 사용하나 기호, 그 밖에 특별히 필요한 경우에는 소문자를 사용해도 좋다.

37. 도면의 표제란에 기입하지 않아도 되는 것은?
   ① 축척
   ② 도면명
   ③ 산출물량
   ④ 도면번호

38. 실제 거리가 120m인 옹벽을 축척 1:1200의 도면에 그릴 때 도면 상의 길이는?
   ① 12mm
   ② 100mm
   ③ 10000mm
   ④ 120000mm

39. 보기의 입체도에서 화살표 방향을 정면으로 할 때 평면도를 바르게 표현한 것은?

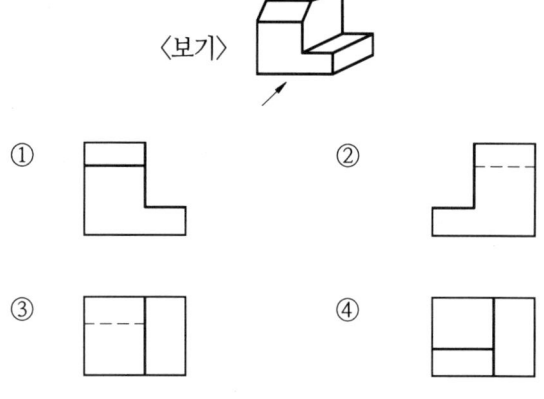

해 설

35. 기둥의 종류
   ■ 합성 기둥 : 구조용 강재나 강관을 축 방향으로 보강한 기둥
   ■ 띠철근 기둥 : 축 방향 주철근을 띠철근으로 감은 형태
   ■ 나선철근 기둥 : 축 방향 주철근을 나선철근으로 감은 형태

36. 글자는 수직 또는 오른쪽 15° 경사지게 쓰는 것이 원칙이다.

37. 산출물량은 표제란에 기입하지 않는다.

38. $120000 \times \dfrac{1}{1200} = 100$mm

39.

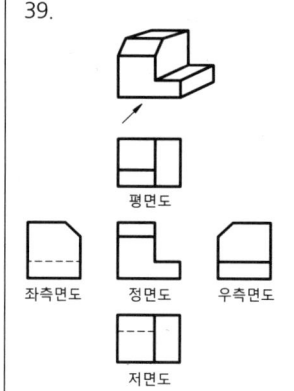

정 답

35. ③ 36. ③ 37. ③ 38. ②
39. ④

40. 콘크리트 구조물 제도에서 구조물 전체의 개략적인 모양을 표시한 도면은?
① 단면도
② 구조도
③ 상세도
④ 일반도

41. 제도 용지 중 A0도면의 치수는 몇 mm인가?
① 841 x 1189
② 594 x 841
③ 420 x 594
④ 297 x 420

42. 파선(숨은선)의 사용 방법으로 옳은 것은?
① 단면도의 절단면을 나타낸다.
② 물체의 보이지 않는 부분을 표시하는 선이다.
③ 대상물의 보이는 부분의 겉모양을 표시한다.
④ 부분 생략 또는 부분 단면의 경계를 표시 한다.

43. 판형재의 치수표시에서 강관의 표시 방법으로 옳은 것은?

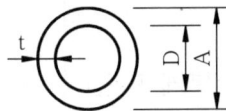

① ⌀A×t
② D×t
③ ⌀D×t
④ A×t

44. 그림과 같은 절토면의 경사 표시가 바르게 된 것은?

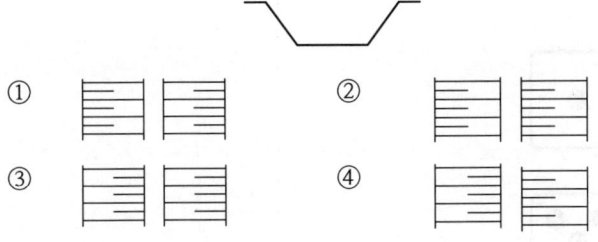

해 설

40. 일반도 : 구조물의 평면도, 입면도, 단면도 등에 의해서 구조물 전체의 개략적인 모양을 표시한 도면

41. 도면의 치수
① 841 x 1189 : A0
② 594 x 841 : A1
③ 420 x 594 : A2
④ 297 x 420 : A3
⑤ 210 x 297 : A4

42. 파선(숨은선) : 물체의 보이지 않는 부분을 표시하는 선

43.
■ 강관 : ⌀A×t-L
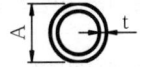
■ 각강관 : □ A×B×t-L
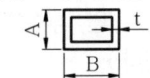
■ 각강 : □ A-L
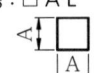
■ 평강 : □ A×B-L
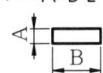

44.
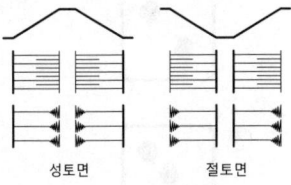
성토면   절토면

정 답

40. ④ 41. ① 42. ② 43. ①
44. ①

45. 다음 중 그림을 그리는 영역을 한정하기 위한 윤곽선으로 알맞은 것은?
   ① 0.3㎜ 굵기의 실선
   ② 0.5㎜ 굵기의 파선
   ③ 0.7㎜ 굵기의 실선
   ④ 0.9㎜ 굵기의 파선

46. 제도 용지의 폭과 길이의 비는 얼마인가?
   ① $1 : \sqrt{5}$
   ② $1 : \sqrt{3}$
   ③ $1 : \sqrt{2}$
   ④ $1 : 1$

47. 투시도에서 물체가 기면에 평행으로 무한히 멀리 있을 때 수평선 위의 한 점으로 모이게 되는 점은?
   ① 사점
   ② 소점
   ③ 정점
   ④ 대점

48. 출제기준 변경으로 관련문항은 삭제

49. 그림에서와 같이 주사위를 바라보았을 때 우측면도를 바르게 표현한 것은? (단, 투상법은 제3각법이며, 물체의 모서리 부분의 표현은 무시한다.)

정면

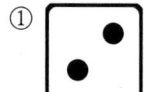 ①   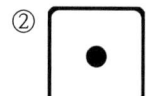 ②

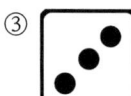 ③    ④

해 설

45. 윤곽선—도면의 크기에 따라 0.5㎜ 이상의 굵은 실선

46. 제도 용지의 폭(가로 방향)과 길이(세로 방향)의 비는 $1 : \sqrt{2}$ 이다.

47.
■ 시점 : 보는 사람의 눈의 위치
■ 소점 : 시점이 화면 위에 투상되는 점으로 물체가 기면에 평행으로 무한히 멀리 있을 때 수평선 위의 한 점에 모이게 되는 점
■ 정점 : 시점이 기면 위에 투상되는 점

49.
① 우측면도
② 정면도
③ 평면도

정 답

45. ③ 46. ③ 47. ② 49. ①

50. 구조물 설계에서 도면 작도 방법에 대한 기본 사항으로 옳지 않은 것은?
   ① 단면도는 실선으로 주어진 치수대로 정확히 그린다.
   ② 철근 치수 및 기호를 표시하고 누락되지 않도록 주의한다.
   ③ 단면도에 배근될 철근 수량과 간격을 정확하게 그린다.
   ④ 일반적으로 일반도를 먼저 그리고 단면도를 가장 나중에 그리는 것이 편하다.

해 설

50. 일반적인 도면의 작도 순서 : 단면도 - 배근도 - 일반도 - 주철근 조립도 - 철근 상세도

51. 하천 측량 제도에 포함되지 않는 것은?
   ① 평면도
   ② 상세도
   ③ 종단면도
   ④ 횡단면도

51. 하천 측량 제도에 상세도는 포함되지 않는다.

52. 재료단면의 경계 표시 중 지반면(흙)은 나타내는 것은?
   ① ②
   ③ ④

52.

지반면(흙)   모래면

암반면   수준면(물)

53. 캐드 명령어 '@20,30'의 의미는?
   ① 이전 점에서부터 Y축 방향으로 20, X축 방향으로 30만큼 이동된다는 의미
   ② 이전 점에서부터 X축 방향으로 20, Y축 방향으로 30만큼 이동된다는 의미
   ③ 원점에서부터 Y축 방향으로 20, X축 방향으로 30만큼 이동된다는 의미
   ④ 원점에서부터 X축 방향으로 20, Y축 방향으로 30만큼 이동된다는 의미

53. @20,30 ⇒ 이전 점에서부터 X축 방향으로 20, Y축 방향으로 30만큼 이동된다는 의미

54. 대칭인 도형은 중심선에서 한쪽은 외형도를 그리고 그 반대쪽은 무엇을 표시하는가?
   ① 정면도   ② 평면도
   ③ 측면도   ④ 단면도

54. 대칭이 되는 도면은 중심선의 한쪽을 외형도, 반대쪽을 단면도로 표시하는 것을 원칙으로 한다.

55. 단면도의 절단면에 가는 실선으로 규칙적으로 나열한 선은?
   ① 해칭선   ② 절단선
   ③ 피치선   ④ 파단선

55. 해칭선 : 단면도의 절단면에 가는 실선으로 규칙적으로 나열한 선

정 답

50. ④ 51. ② 52. ① 53. ②
54. ④ 55. ①

56. KS 토목제도 통칙에서 척도의 비가 1:1보다 작은 척도를 무엇이라 하는가?
   ① 현척
   ② 배척
   ③ 축척
   ④ 소척

57. 투상도법에서 원근감이 나타나는 것은?
   ① 표고 투상법
   ② 정투상법
   ③ 사투상법
   ④ 투시도법

58. 골재의 단면 표시 중 잡석을 나타낸 것은?

① 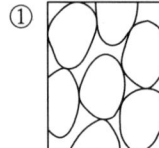   ②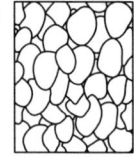

③   ④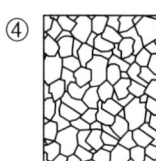

59. 국제 및 국가별 표준규격 명칭과 기호 연결이 옳지 않은 것은?
   ① 국제 표준화 기구 – ISO
   ② 영국 규격 – DIN
   ③ 프랑스 규격 – NF
   ④ 일본 규격 – JIS

60. 출제기준 변경으로 관련문항은 삭제

해 설

56. 척도란, 물체의 실제 크기와 도면에서의 크기 비율(**도면에서의 치수 : 실제의 치수**)을 말하는 것으로, 실물보다 축소하여 그린 축척(1:3), 실물과 같은 크기로 그린 현척(1:1), 실물보다 확대하여 그린 배척(3:1)이 있다.

57. 투시도법 : 멀고 가까운 거리감을 느낄 수 있도록 하나의 시점과 물체의 각 점을 방사선으로 이어서 그리는 방법이다.

58.
   ① 호박돌
   ② 자갈
   ③ 잡석
   ④ 깬돌

59. 영국 규격
   (British Standards)-BS

정 답

56. ③ 57. ④ 58. ③ 59. ②

2016년 4회 시행 문제

1. D13 철근의 180° 표준갈고리에서 구부림의 최소 내면 반지름은 약 얼마인가?
   ① 39mm
   ② 52mm
   ③ 65mm
   ④ 78mm

2. 두께 120mm의 슬래브를 설계하고자 한다. 최대 정모멘트가 발생하는 위험단면에서 주철근의 중심 간격은 얼마 이하이어야 하는가?
   ① 140mm 이하
   ② 240mm 이하
   ③ 340mm 이하
   ④ 440mm 이하

3. 동일 평면에서 평행한 철근 사이의 수평 순간격은 최소 몇 mm 이상으로 하여야 하는가?
   ① 15mm 이상
   ② 20mm 이상
   ③ 25mm 이상
   ④ 30mm 이상

4. 토목재료로서 콘크리트의 일반적인 특징으로 옳지 않은 것은?
   ① 건조수축에 의한 균열이 생기기 쉽다.
   ② 압축강도와 인장강도가 동일하다.
   ③ 내구성과 내화성이 강재에 비해 높다.
   ④ 균열이 생기기 쉽고 부분적으로 파손되기 쉽다.

5. 프리스트레스하는 부재의 현장치기 콘크리트에서 흙에 접하여 콘크리트를 친 후 영구히 흙에 묻혀 있는 콘크리트의 최소 피복두께는?
   ① 80mm
   ② 90mm
   ③ 100mm
   ④ 110mm

해 설

1. 갈고리의 최소 내면 반지름:
   ① D10 ~ D25 : 3db
   ② D29 ~ D35 : 4db
   ③ D38 이상 : 5db
   D13은 철근 지름의 3배이므로 39mm이다.

2.
   ■ 슬래브의 정철근 및 부철근의 중심 간격은 최대 휨모멘트가 일어나는 단면에서는 슬래브 두께의 2배 이하이어야 하고, 또한 300mm 이하로 하여야 한다. 기타의 단면에서는 슬래브 두께의 3배 이하이어야 하고, 또한 450mm 이하로 하여야 한다.
   ■ 120mm×2=240mm 이하

3. 동일 평면에서 평행한 철근 사이의 수평 순간격은 25mm 이상, 철근의 공칭지름 이상으로 하여야 한다.

4. 콘크리트 인장강도가 압축강도에 비해 약한 결점을 철근을 배치하여 보강한 것이다.

5.
   ■ 흙, 옥외 공기에 접하지 않는 부위
   - 슬래브, 장선, 벽체
     D35 초과 : 40mm,
     D35 이하 : 20mm
   - 보, 기둥 : 40mm
   ■ 흙, 옥외공기에 접하는 부위
   - 노출되는 콘크리트
     D29 이상 : 60mm
     D25 이하 : 50mm
     D16 이하 : 40mm
   - 영구히 묻히는 콘크리트 : 80mm
   ■ 수중에서 타설 하는 콘크리트 : 100mm

정 답

1. ① 2. ② 3. ③ 4. ② 5. ①

6. 굳지 않은 콘크리트에 AE제를 사용하여 연행공기를 발생시켰다. 이 AE공기의 특징으로 옳은 것은?
   ① 콘크리트의 유동성을 저하시킨다.
   ② 경화 후 동결융해에 대한 저항성이 증대된다.
   ③ 기포의 직경이 클수록 잘 소실되지 않는다.
   ④ 콘크리트의 온도가 낮을수록 AE공기가 잘 소실된다.

7. 콘크리트 표면과 그에 가장 가까이 배치된 철근 표면 사이의 최단거리를 무엇이라 하는가?
   ① 피복두께   ② 철근 간격
   ③ 콘크리트 여유   ④ 유효두께

8. 폴리머 콘크리트(폴리머-시멘트 콘크리트)의 성질로 옳은 것은?
   ① 건조수축이 크다.
   ② 내마모성이 좋다.
   ③ 동결융해 저항성이 작다.
   ④ 방수성, 불투성이 불량하다.

9. 콘크리트용 재료로서 골재 갖춰야 할 성질에 대한 설명으로 옳지 않은 것은?
   ① 알맞은 입도를 가질 것
   ② 깨끗하고 강하며 내구적일 것
   ③ 연하고 가느다란 석편을 함유할 것
   ④ 먼지, 흙 등의 유해물이 허용한도 이내일 것

10. 콘크리트의 내구성에 영향을 끼치는 요인으로 가장 거리가 먼 것은?
    ① 동결과 융해
    ② 거푸집의 종류
    ③ 물 흐름에 의한 침식
    ④ 철근의 녹에 의한 균열

11. 경량골재 콘크리트에 대한 설명으로 옳지 않은 것은?
    ① 골재 씻기 시험에 의하여 손실되는 양은 10%이하로 한다.
    ② 경량골재는 일반적으로 입경이 작을수록 밀도가 커진다.
    ③ 경량골재의 굵은 골재 최대치수는 원칙적으로 20㎜로 한다.
    ④ 경량골재를 써서 만든 콘크리트의 단위질량이 2500~2700kg/m³ 인 콘크리트를 말한다.

해 설

6.
■ 콘크리트의 유동성을 증가시킨다.
■ 기포의 직경이 작을수록 잘 소실되지 않는다.
■ 콘크리트의 온도가 높을수록 AE 공기가 잘 소실된다.

7. 피복두께 : 콘크리트 표면과 철근 표면의 가장 가까운 거리

8. 시멘트 대신에 폴리머를 결합재로 사용한 콘크리트로 플라스틱콘크리트 또는 레진콘크리트(resin concrete)라고도 한다. 압축강도가 우수하고, 방수성과 수밀성(水密性)이 좋으며, 각종 산이나 알칼리, 염류에 강하고 내마모성이 우수하여 바닥재·포장재로 적합하다.
■ 건조수축이 작다.
■ 동결융해 저항성이 크다.
■ 방수성, 불투성이 좋다.

9. 연한 석편, 가느다란 석편을 함유하지 않고, 둥글거나, 정육면체에 가까울 것

10. 콘크리트 내구성에 영향을 끼치는 요인은 동결, 융해, 기상작용, 물, 산, 염, 화학적 침식, 물 흐름에 대한 침식, 철근의 녹에 의한 균열

11. 경량골재 콘크리트 : 골재의 전부 또는 일부를 인공 경량골재를 써서 만든 콘크리트로서 기건 단위질량이 1400~2000kg/㎡ 인 콘크리트

정 답

6. ② 7. ① 8. ② 9. ③ 10. ②
11. ④

12. 콘크리트를 친 후 시멘트와 골재알이 가라앉으면서 물이 떠오르는 현상은?
   ① 블리딩
   ② 레이턴스
   ③ 풍화
   ④ 경화

13. 재료의 강도란 물체에 하중이 작용할 때 그 하중에 저항하는 능력을 말하는데, 이때 강도 중 하중 속도 및 작용에 따라 분류되는 강도가 아닌 것은?
   ① 정적 강도
   ② 충격 강도
   ③ 피로 강도
   ④ 릴렉세이션 강도

14. 소요철근량과 배근철근량이 같은 구간에서 인장력을 받는 이형철근의 정착길이가 600mm라고 할 때 겹침이음의 길이는?
   ① 600mm
   ② 660mm
   ③ 720mm
   ④ 780mm

15. 이형철근을 인장철근으로 사용하는 A급 이음일 경우 겹침이음의 최소 길이는? (단, 인장철근의 정착길이는 280mm이다.)
   ① 360mm
   ② 330mm
   ③ 300mm
   ④ 280mm

16. 사용 재료에 따른 토목 구조물의 분류 방법이 아닌 것은?
   ① 강 구조
   ② 연속 구조
   ③ 콘크리트 구조
   ④ 합성 구조

17. 슬래브의 형태가 아닌 것은?
   ① 사각형   ② 말뚝형
   ③ 사다리꼴   ④ 다각형

해 설

12. 블리딩(bleeding) : 콘크리트를 친 후 시멘트와 골재알이 가라앉으면서 물이 올라와 표면에 떠오르는 현상

13. 하중 속도 및 작용에 따른 분류
   ■ 정적 강도 : 재료에 비교적 느린 속도로 일정하게 하중을 가해 파괴에 이를 때, 파괴시의 응력
   ■ 충격 강도 : 재료에 충격적인 하중이 작용할 때, 이것에 대한 저항성을 나타내는 강도
   ■ 피로강도 : 무한반복 하중에 대하여 파괴되지 않는 강도

14. 이형 철근을 인장철근으로 사용할 경우 겹침 길이는 다음과 같으며, 또 300mm이상이라야 한다.
   ① A급 이음 : $1.0\ell_d$
   ② B급 이음 : $1.3\ell_d$
   (ℓ_d : 인장철근 정착길이)
   ■ A급 기준 :
   $\dfrac{\text{겹침이음된 As}}{\text{총 As}} \leq \dfrac{1}{2}$ 이고,
   $\dfrac{\text{배근된 As}}{\text{소요 As}} \geq 2$
   ■ B급 기준 : A급을 제외한 나머지
   ◎ 소요철근량=배근철근량
   ⇒ B급 이음
   겹침이음 길이=1.3×600=780mm

15. A급 이음
   $1.0\ell_d = 1.0 \times 280\text{mm} = 280\text{mm}$
   이지만 300mm이상이라야 한다.

16. 토목 구조물은 사용 재료에 따라 분류하면 콘크리트 구조, 강 구조, 콘크리트와 강재의 합성 구조로 나뉜다.

17. 말뚝형은 슬래브의 형태가 아니다.

정 답

12. ① 13. ④ 14. ④ 15. ③
16. ② 17. ②

18. 보기에서 프리스트레스트 콘크리트의 공통적인 특징에 해당되는 설명을 모두 고른 것은?

> ㄱ. 설계 하중이 작용하더라도 균열이 발생하지 않는다.
> ㄴ. 철근 콘크리트 부재에 비하여 단면을 작게 할 수 있다.
> ㄷ. 철근 콘크리트 구조보다 안전성이 높다.
> ㄹ. 철근 콘크리트 보다 내화성이 약하다.
> ㅁ. 철근 콘크리트 보다 강성이 작다.

① ㄱ, ㄹ, ㅁ
② ㄱ, ㄴ, ㄹ, ㅁ
③ ㄱ, ㄴ, ㄷ, ㄹ
④ ㄱ, ㄴ, ㄷ, ㄹ, ㅁ

19. 확대 기초의 크기가 3m×2m이고, 허용 지지력이 500kN/㎡일 때 이 기초가 받을 수 있는 최대 하중은?
① 1000 kN
② 1800 kN
③ 2100 kN
④ 3000 kN

20. 일반적인 강 구조의 특징이 아닌 것은?
① 균질성이 우수하다.
② 부재를 개수하거나 보강하기 쉽다.
③ 차량 통행으로 인한 소음이 적다.
④ 반복하중에 의한 피로가 발생하기 쉽다.

21. 철근 콘크리트 기둥을 크게 세 가지 형식으로 분류할 때, 이에 해당되지 않는 것은?
① 합성 기둥
② 원형 기둥
③ 띠철근 기둥
④ 나선철근 기둥

22. 단철근 직사각형보에서 보의 유효폭 b=300mm, 등가직사각형 응력 블록의 깊이 a=150mm, $f_{ck}=28MPa$ 일 때 콘크리트의 전 압축력은? (단, 강도 설계법이다.)
① 1080 kN
② 1071 kN
③ 1134 kN
④ 1197 kN

해 설

18. 프리스트레스트 콘크리트의 공통적인 특징
ㄱ. 설계 하중이 작용하더라도 균열이 발생하지 않는다.
ㄴ. 철근 콘크리트 부재에 비하여 단면을 작게 할 수 있다.
ㄷ. 철근 콘크리트 구조보다 안전성이 높다.
ㄹ. 철근 콘크리트 보다 내화성이 약하다.
ㅁ. 철근 콘크리트 보다 강성이 작다.

19. 하중의 크기
=허용 지지력×확대 기초의 면적
=500kN/㎡×6㎡=3000kN

20. 차량 통행에 의하여 소음이 발생하기 쉽다.

21. 기둥의 종류
■ 합성 기둥 : 구조용 강재나 강관을 축 방향으로 보강한 기둥
■ 띠철근 기둥 : 축 방향 주철근을 띠철근으로 감은 형태
■ 나선철근 기둥 : 축 방향 주철근을 나선철근으로 감은 형태

22. 전압축력(C)
=0.85fck×a×b
=0.85×28×150×300
=1,071,000N=1,071kN

정 답

18. ④ 19. ④ 20. ③ 21. ②
22. ②

23. 보통 무근 콘크리트로 만들어지며 자중에 의하여 안정을 유지하는 옹벽의 형태는?
   ① 중력식 옹벽
   ② L형 옹벽
   ③ 캔틸레버 옹벽
   ④ 뒷부벽식 옹벽

24. 1방향 슬래브의 최소 두께는 얼마인가?
   ① 100㎜   ② 200㎜
   ③ 300㎜   ④ 400㎜

25. 기둥에서 띠철근에 대한 설명으로 옳지 않은 것은?
   ① 횡방향의 보강 철근이다.
   ② 종방향 철근의 위치를 확보한다.
   ③ 전단력에 저항하도록 정해진 간격으로 배치한다.
   ④ 띠철근은 D15 이상의 철근을 사용하여야 한다.

26. 보를 강도 설계법에 의해 설계할 때, 균형변형률 상태를 바르게 설명한 것은?
   ① 압축측 최외단 콘크리트의 응력은 f_{ck}이고, 인장철근이 설계기준항복강도에 대응하는 변형률에 도달할 때
   ② 압축측 최외단 콘크리트의 변형률은 0.003이고, 인장철근이 설계기준항복강도에 대응하는 변형률에 도달할 때
   ③ 압축측 최외단 콘크리트의 변형률은 0.001이고, 인장철근이 설계기준항복강도에 대응하는 변형률에 도달할 때
   ④ 압축측 최외단 콘크리트의 응력은 $0.75f_{ck}$이고, 인장철근이 설계기준항복강도에 대응하는 변형률에 도달할 때

27. 철근 콘크리트가 건설 재료로서 널리 사용되게 된 이유로 옳지 않은 것은?
   ① 철근과 콘크리트는 부착이 매우 잘 된다.
   ② 콘크리트 속에 묻힌 철근은 녹이 슬지 않는다.
   ③ 철근은 압축력에 강하고 콘크리트는 인장력에 강하다.
   ④ 철근과 콘크리트는 온도에 대한 열팽창계수가 거의 같다.

28. 주탑을 기준으로 경사방향의 케이블에 의해 지지되는 교량의 형식은?
   ① 사장교   ② 아치교
   ③ 트러스교 ④ 라멘교

해 설

23. 중력식 옹벽 : 무근 콘크리트 벽체의 자중에 의하여 안정을 유지하는 옹벽으로 높이는 3m정도이다.

24. 1방향 슬래브의 두께는 최소 100㎜ 이상으로 하여야 한다.

25. 띠철근의 직경은 D32 이하의 축방향 철근은 D10이상, D35 이상의 축방향 철근과 다발철근은 D13 이상의 띠철근으로 둘러싸야 한다.

26. 인장철근이 설계기준항복강도 f_y에 대응하는 변형률에 도달하고 동시에 압축 콘크리트가 가정된 극한변형률인 0.003에 도달할 때, 그 단면이 균형변형률 상태에 있다고 본다.

27. 콘크리트는 압축력에는 강하지만 인장력에는 매우 취약 하므로, 인장력이 작용하는 부분에 철근을 묻어 넣어서 철근이 인장력의 대부분을 저항하도록 한 구조를 철근 콘크리트 구조라 한다.

28. 현수교는 주탑에 현의 형태로 주 케이블을 설치하고, 사장교는 주탑에 경사 케이블을 좌우 대칭되게 설치함.

정 답

23. ① 24. ① 25. ④ 26. ②
27. ③ 28. ①

29. 토목 구조물의 특징에 속하지 않는 것은?
   ① 건설에 많은 비용과 시간이 소요된다.
   ② 공공의 목적으로 건설되기 때문에 사회의 감시와 비판을 받게 된다.
   ③ 구조물의 공용 기간이 길어 장래를 예측하여 설계하고 건설해야 한다.
   ④ 주로 다량 생산 체계로 건설된다.

30. 옹벽은 외력에 대하여 안정성을 검토하는데, 그 대상이 아닌 것은?
   ① 전도에 대한 안정
   ② 활동에 대한 안정
   ③ 침하에 대한 안정
   ④ 간격에 대한 안정

31. 그림과 같은 기둥에서 유효좌굴길이가 가장 긴 것부터 순서대로 나열한 것은?

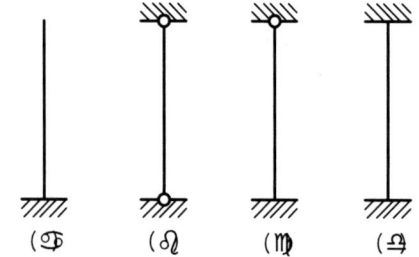

   ① (a)-(b)-(c)-(d)
   ② (a)-(c)-(b)-(d)
   ③ (d)-(c)-(b)-(a)
   ④ (d)-(c)-(a)-(b)

32. 철근의 항복으로 시작되는 보의 파괴 형태로 철근이 먼저 항복한 후에 콘크리트가 큰 변형을 일으켜 사전에 붕괴의 조짐을 보이면서 점진적으로 일어나는 파괴는?
   ① 취성 파괴
   ② 연성 파괴
   ③ 경성 파괴
   ④ 강성 파괴

해 설

29. 다량 생산이 아니다.

30. 옹벽의 안정 조건
   ① 전도에 대한 안정
   ② 활동에 대한 안정
   ③ 침하에 대한 안정

31. 유효 길이 계수(k)
   (a) 1단 고정, 타단 자유 : 2
   (b) 양단 힌지 : 1
   (c) 1단 고정, 타단 힌지 : 0.7
   (d) 양단 고정 : 0.5

32.
   ■ 취성파괴 : 압축 측 콘크리트가 먼저 파괴 되어 사전 징조 없이 갑자기 파괴
   ■ 연성파괴 : 균형 철근비보다 적은 철근을 배치하여 사전 징조 있는 파괴(사람들이 많이 이용하는 구조물인 경우 대피를 유도할 수 있고 파괴시점을 예측 가능하게 하는 장점이 있다.)

정 답

29. ④ 30. ④ 31. ① 32. ②

33. 구조 재료로서의 강재의 특징에 대한 설명으로 옳지 않은 것은?
   ① 균질성을 가지고 있다.
   ② 관리가 잘 된 강재는 내구성이 우수하다.
   ③ 다양한 형상과 치수를 가진 구조로 만들 수 있다.
   ④ 다른 재료에 비해 단위 면적에 대한 강도가 작다.

34. 아치교에 대한 설명으로 옳지 않는 것은?
   ① 미관이 아름답다.
   ② 계곡이나 지간이 긴 곳에도 적당하다.
   ③ 상부 구조의 주체가 아치(arch)로 된 교량을 말한다.
   ④ 우리나라의 대표적인 아치교는 거가대교이다.

35. 철근 콘크리트의 특징으로 틀린 것은?
   ① 내구성이 우수하다.
   ② 검사, 개조 및 파괴 등이 용이하다.
   ③ 다양한 모양과 치수를 만들 수 있다.
   ④ 부재를 일체로 만들어 강도를 높일 수 있다.

36. 슬래브에 대한 설명으로 옳지 않은 것은?
   ① 슬래브는 두께에 비하여 폭이 넓은 판모양의 구조물이다.
   ② 주철근의 구조에 따라 크게 1방향 슬래브, 2방향 슬래브로 구별할 수 있다.
   ③ 2방향 슬래브는 주철근의 배치가 서로 직각으로 만나도록 되어 있다.
   ④ 4변에 의해 지지되는 슬래브 중에서 단변에 대한 장변의 비가 4배를 넘으면 2방향 슬래브로 해석한다.

37. 옹벽의 전도에 대한 안전율은 최소 얼마 이상이어야 하는가?
   ① 1   ② 2
   ③ 3   ④ 4

38. 단철근 직사각형보에서 $f_{ck}=24\text{MPa}$, $f_Y=300\text{MPa}$일 때, 균형철근비는 약 얼마인가?
   ① 0.020
   ② 0.035
   ③ 0.039
   ④ 0.041

해 설

33. 강재는 다른 재료에 비하여 단위 넓이에 대한 강도가 매우 크고 자중이 작기 때문에, 긴 지간의 교량, 고층 건물 등에 유효하게 쓰인다.

34. 거가대교 : 총길이 3.5km의 2개의 사장교와 3.7km의 침매터널, 총길이 1km의 2개의 육상터널로 이루어져 있다.

35. 검사 및 개조, 파괴 등이 어렵다.

36. 2방향 슬래브 : 건물 슬래브와 같이 장변과 단변의 비가 2보다 작으며, 하중이 장변과 단변방향으로 전달(4변 지지임)

37.
■ 전도에 대한 안전율 : 2.0
■ 활동에 대한 안전율 : 1.5
■ 침하에 대한 안전율 : 1.0

38.
① β_1 : 28MPa 이하의 콘크리트 강도에서는 0.85로 한다.
② 설계기준강도 단위가 MPa인 경우 : 균형철근비
$$=0.85\beta_1\frac{f_{ck}}{f_y}\frac{600}{600+f_y}$$
$$=0.85\times0.85\times\frac{24}{300}\times\frac{600}{600+300}$$
$$=0.039$$

정 답

33. ④ 34. ④ 35. ② 36. ④
37. ② 38. ③

39. 프리스트레스트 콘크리트의 포스트 텐션 공법에 대한 설명으로 옳지 않은 것은?
① PS강재를 긴장한 후에 콘크리트를 타설한다.
② 콘크리트가 경화한 후에 PS강재를 긴장한다.
③ 그라우트를 주입시켜 PS강재를 콘크리트와 부착시킨다.
④ 정착 방법에는 쐐기식과 지압식이 있다.

40. 교량의 상부 구조에 해당하지 않는 것은?
① 슬래브 ② 트러스
③ 교대 ④ 보

41. 치수 보조선에 대한 설명으로 옳지 않은 것은?
① 대응하는 물리적 길이에 수직으로 그리는 것이 좋다.
② 치수선과 직각이 되게 하여 치수선의 위치보다 약간 짧게 긋는다.
③ 한 중심선에서 다른 중심선까지의 거리를 나타낼 때 중심선을 치수 보조선으로 사용할 수 있다.
④ 치수를 도형 안에 기입할 때 외형선을 치수 보조선으로 사용할 수 있다.

42. 정투상법에서 제1각법의 순서로 옳은 것은?
① 눈 → 물체 → 투상면
② 눈 → 투상면 → 물체
③ 물체 → 눈 → 투상면
④ 물체 → 투상면 → 눈

43. 단면의 경계 표시 중 지반면(흙)을 나타내는 것은?

44. 정면, 평면, 측면을 하나의 투상도에서 동시에 볼 수 있도록 3개의 모서리가 각각 120°를 이루게 그리는 도법은?
① 경사 투상도
② 유각 투상도
③ 등각 투상도
④ 평행 투상도

해설

39. 포스트 텐션 방식 : 시스관을 설치한 후 콘크리트를 타설하고 양생한 다음 PS강선을 긴장 및 정착

40.
① 교량 상부 구조 : 바닥판 (포장, 슬래브), 바닥틀 (세로보, 가로보), 주형트러스(트러스, PSC, 상자)
② 교량 하부 구조 : 교각, 교대, 기초

41. 치수 보조선은 치수선을 넘어서 약간 길게 끌어내어 그린다.

42.
■ 제1각법 : 1상한각에 물체를 놓고 투상하는 방법
 눈 → 물체 → 투상도
■ 제3각법 : 3상한각에 물체를 놓고 투상하는 방법
 눈 → 투상도 → 물체

43.
지반면(흙) 모래면
암반면 수준면(물)

44. 등각 투상도 : 물체의 정면, 평면, 측면을 하나의 투상도에 볼 수 있도록 하기 위하여 물체를 왼쪽으로 돌린 다음 앞으로 기울여 2개의 옆면 모서리가 수평선과 30° 되게 잡아 물체의 3모서리가 각각 120°의 등각을 이루도록한 투상도

정답
39. ①　40. ③　41. ②　42. ①
43. ①　44. ③

45. 단면 형상에 따른 절단면 표시에 관한 내용으로 파이프를 나타내는 그림은?

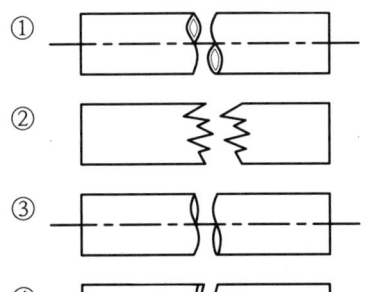

46. CAD 프로그램을 이용하여 도면을 출력할 때 유의사항과 가장 거리가 먼 것은?
① 주어진 축척에 맞게 출력 한다.
② 출력할 용지 사이즈를 확인 한다.
③ 도면 출력 방향이 가로인지 세로인지를 선택한다.
④ 이전 플롯을 사용하여 출력의 오류를 막는다.

47. 1 : 1 보다 큰 척도를 의미하는 것은?
① 실척
② 축척
③ 현척
④ 배척

48. 구체적인 설계를 하기 전에 계획자의 의도를 명시하기 위하여 그려지는 도면은?
① 설계도
② 계획도
③ 제작도
④ 시공도

49. 도로 설계 제도에서 평면의 곡선부에 기입하는 것은?
① 교각
② 토량
③ 지반고
④ 계획고

해 설

45.
① 파이프
② 나무
③ 환봉
④ 각봉

46.
■ 주어진 축척에 맞게 출력 한다.
■ 출력할 용지 사이즈를 확인 한다.
■ 도면 출력 방향이 가로인지 세로인지를 선택한다.

47. 척도란, 물체의 실제 크기와 도면에서의 크기 비율(**도면에서의 치수 : 실제의 치수**)을 말하는 것으로, 실물보다 축소하여 그린 축척(1:3), 실물과 같은 크기로 그린 현척(1:1), 실물보다 확대하여 그린 배척(3:1)이 있다.

48. 계획도 : 구체적인 설계를 하기 전에 계획자의 의도를 명시하기 위하여 그려지는 도면

49. 곡선란 : 커브 노선이 있는 곳은 좌회, 우회에 대응하여 지형의 요철(凹凸)을 작성하고, 여기에 교각(I), 반지름(R), 접선장(T.L), 외선장(S.L)을 기입한다.

정 답

45. ① 46. ④ 47. ④ 48. ②
49. ①

50. 물체를 투상면에 대하여 한쪽으로 경사지게 투상하여 입체적으로 나타낸 것은?
   ① 투시 투상도
   ② 사투상도
   ③ 등각 투상도
   ④ 축측 투상도

51. 도면의 치수 표기 방법에 대한 설명으로 옳은 것은?
   ① 치수 단위는 ㎝를 원칙으로 하며, 단위 기호는 표기하지 않는다.
   ② 치수선이 세로일 때 치수를 치수선 오른쪽에 표시한다.
   ③ 좁은 공간에서는 인출선을 사용하여 치수를 표시할 수 있다.
   ④ 치수는 선이 교차하는 곳에 표기한다.

52. 도면에서 두 종류 이상의 선이 같은 장소에 서로 겹칠 때 우선순위로 옳은 것은?
   ① 외형선 → 숨은선 → 절단선 → 중심선
   ② 외형선 → 숨은선 → 중심선 → 절단선
   ③ 절단선 → 숨은선 → 중심선 → 외형선
   ④ 절단선 → 숨은선 → 중심선 → 외형선

53. 토목설계 도면의 A3 용지 크기를 바르게 나타낸 것은?
   ① 841 × 594㎜
   ② 594 × 420㎜
   ③ 420 × 297㎜
   ④ 297 × 210㎜

54. 건설재료에서 아래의 그림이 나타내는 것은?

   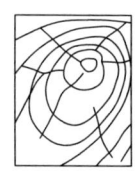

   ① 유리
   ② 석재
   ③ 목재
   ④ 점토

55. 단면도의 작성에 대한 설명으로 옳지 않은 것은?
   ① 단면도는 실선으로 주어진 치수대로 정확히 작도한다.
   ② 단면도는 보통 철근 기호는 생략하는 것을 원칙으로 한다.
   ③ 단면도에 배근될 철근 수량이 정확해야 한다.
   ④ 단면도에 표시된 철근 간격이 벗어나지 않도록 해야 한다.

해 설

50. 사투상도 : 물체를 투상면에 대하여 한쪽으로 경사지게 투상하여 입체적으로 나타낸 것

51.
① 치수 단위는 ㎜를 원칙
② 치수선이 세로일 때에는 치수선의 왼쪽에 쓴다.
④ 치수는 선과 교차하는 곳에는 될 수 있는 대로 쓰지 않는다.

52. 외형선 → 숨은선 → 절단선 → 중심선 → 무게 중심선 → 치수 보조선

53. 도면의 치수
■ 1189 x 841 : A0
■ 841 x 594 : A1
■ 594 x 420 : A2
■ 420 x 297 : A3
■ 297 x 210 : A4

54. 목재

55. 철근 치수 및 철근 기호를 표시하고, 누락되지 않도록 주의한다.

정 답

50. ② 51. ③ 52. ① 53. ③
54. ③ 55. ②

56. 구조용 재료의 단면표시 그림 중에서 인조석을 표시한 것은?

① 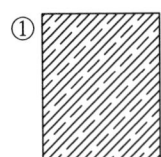 ②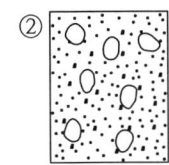

③ 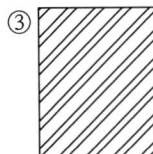 ④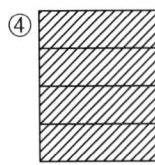

57. 토목제도에서 대칭인 물체나 원형인 물체의 중심선으로 사용되는 선은?
① 파선
② 1점 쇄선
③ 2점 쇄선
④ 나선형 실선

58. 철근의 갈고리를 표시하는 각도로 적합하지 않은 것은?
① 90°
② 45°
③ 30°
④ 10°

59. 그림과 같은 양면 접시머리 공장 리벳의 표시로 옳은 것은?

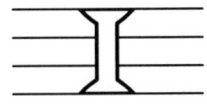

① ⊗ ② ⊗
③ ○ ④ ⊗

60. 선의 종류 중 보이지 않는 부분의 모양을 표시할 때 사용하는 선은?
① 일점쇄선   ② 이점쇄선
③ 파선   ④ 실선

해 설

56.

인조석 콘크리트 강철 벽돌

57. 1점 쇄선 : 중심선, 물체 또는 도형의 대칭선

58. 철근의 표시법-철근의 형태
 (a) 원형 갈고리
 (b) 직각 갈고리
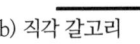
 (c) 예각 갈고리

 (d) 갈고리 정면 : 갈고리 없는 철근과 구별
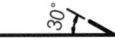

59.
① 현장 리벳-양면-접시
② 공장 리벳-배면-접시
③ 공장 리벳-표면-접시

60. 파선(숨은선) : 물체의 보이지 않는 부분을 표시하는 선

정 답

56. ① 57. ② 58. ④ 59. ④
60. ③

전산응용토목제도기능사 필기

V. 모의고사

모의고사(Ⅰ)

1. 300×400mm의 띠철근압축부재에 축방향 철근으로 D25(공칭지름 25.4mm)를 사용하고 굵은골재의 최대치수가 25mm 일 때 이 기둥에 대한 축방향 철근의 순간격은 최소 얼마 이상이어야 하는가?
   ① 25mm 이상
   ② 38mm 이상
   ③ 40mm 이상
   ④ 45mm 이상

2. 시멘트 응결 시간을 늦추기 위하여 사용되는 혼화제는?
   ① 급결제
   ② 지연제
   ③ 발포제
   ④ 감수제

3. 4변에 의해 지지되는 2방향 슬래브 중에서 단변에 대한 장변의 비가 최소 몇 배를 넘으면 1방향 슬래브로 해석하는가?
   ① 1배
   ② 2배
   ③ 3배
   ④ 4배

4. 1방향 철근콘크리트 슬래브의 수축·온도 철근의 간격으로 옳은 것은?
   ① 슬래브 두께의 5배 이하, 또한 450mm 이하
   ② 슬래브 두께의 6배 이하, 또한 500mm 이하
   ③ 슬래브 두께의 5배 이상, 또한 450mm 이상
   ④ 슬래브 두께의 6배 이상, 또한 500mm 이상

5. 1방향 슬래브 두께는 최소 몇 mm 이상인가?
   ① 80mm
   ② 100mm
   ③ 120mm
   ④ 150mm

6. 다음 중 철근의 겹침이음에 대한 설명으로 옳은 것은?
   ① 이형철근을 겹침이음할 때는 갈고리를 적용한다.
   ② D35를 초과하는 철근은 겹침이음으로 연결한다.
   ③ 인장 이형철근의 겹침이음 길이는 A급이 B급보다 짧다.
   ④ 압축 이형철근의 겹침이음 길이는 A, B, C급으로 분류한다.

7. 보에서 다발철근으로 사용할 수 있는 최대 공칭지름의 철근은?
   ① D19
   ② D25
   ③ D32
   ④ D35

해설

1. 나선철근과 띠철근 기둥에서 축방향 철근의 순간격
   ① 40mm 이상
   ② 철근지름의 1.5배 이상
     ⇒ 25.4mm×1.5=38.1mm
   ③ 굵은 골재 최대치수의 4/3배 이상 ⇒ 25mm×4/3=33mm

2.
   ■ 급결제 : 시멘트의 응결을 빠르게 하기 위해 사용
   ■ 지연제 : 시멘트의 응결 시간을 늦추기 위해 사용
   ■ 발포제 : 알루미늄 또는 아연가루를 넣어 콘크리트 속에 아주 작은 기포를 발생 시키는 것
   ■ 감수제 : 시멘트 입자를 분산시켜 콘크리트의 단위 수량을 감소시키는 효과

3. 단변에 대한 장변의 비가 2배 이상이면 1방향 슬래브

4. 수축·온도 철근의 간격은 슬래브 두께의 5배 이하, 또한 450mm 이하로 하여야 한다.

5. 1방향 슬래브의 두께는 최소 100mm 이상으로 하여야 한다.

6.
   ① 이형 철근을 겹침 이음 할 때에는 갈고리를 하지 않는다.
   ② D35를 초과하는 철근은 겹침이음을 해서는 안 되고 용접에 의한 맞대기 이음을 한다.
   ③ A급 : 1.0l_d < B급 : 1.3l_d
     (l_d : 인장철근 정착길이)
   ④ 이형 철근을 압축철근으로 사용할 경우 겹침 이음 길이는 어느 경우에도 30cm 이상이어야 한다.

7. 보에서 D35를 초과하는 철근은 다발로 사용할 수 없다.

정답

1. ③ 2. ② 3. ② 4. ① 5. ②
6. ③ 7. ④

8. 180° 표준갈고리와 90° 표준갈고리의 구부리는 최소 내면 반지름은 D38 이상일 때 철근지름의 몇 배 이상이어야 하는가?
   ① 5배
   ② 4배
   ③ 3배
   ④ 2배

9. 콘크리트 친 후 시멘트와 골재알이 가라앉으면서 물이 떠오르는 현상을 무엇이라 하는가?
   ① 풍화
   ② 레이턴스
   ③ 블리딩
   ④ 경화

10. 다음 중 철근의 정착에 대한 설명으로 옳은 것은?
    ① 철근의 정착은 묻힘 길이에 의한 방법만을 의미한다.
    ② 묻힘 길이에 의한 정착에서 철근의 정착길이는 철근의 간격이 크면 정착길이는 길어져야 한다.
    ③ 철근이 콘크리트 속에서 미끄러지거나 뽑혀 나오지 않도록 하기 위하여 연장하여 묻어놓은 철근의 길이를 정착 길이라 한다.
    ④ 묻힘 길이에 의한 정착에서 철근의 정착길이는 철근의 피복두께가 크면 길어져야 한다.

11. 철근콘크리트 부재일 경우, 부재축에 직각으로 배치된 전단철근의 간격은?
    ① d/4 이하, 400mm 이하
    ② d/2 이하, 400mm 이하
    ③ d/4 이하, 600mm 이하
    ④ d/2 이하, 600mm 이하

12. AE 콘크리트의 특징에 대한 설명으로 틀린 것은?
    ① 내구성 및 수밀성이 증대된다.
    ② 워커빌리티가 개선된다.
    ③ 동결 융해에 대한 저항성이 개선된다.
    ④ 철근과의 부착 강도가 증대된다.

13. 토목 구조물에 관한 설명 중 옳지 않은 것은?
    ① 일반적으로 규모가 크다.
    ② 공공의 목적으로 건설된다.
    ③ 구조물의 수명이 짧다.
    ④ 자연 환경 속에 놓인다.

14. 나선철근 기둥의 나선철근 순간격의 범위로 옳은 것은?
    ① 20~50mm
    ② 25~75mm
    ③ 30~90mm
    ④ 35~120mm

해 설

8. 갈고리의 최소 내면 반지름:
   ① D10 ~ D25 : 3db
   ② D29 ~ D35 : 4db
   ③ D38 이상 : 5db

9.
   ■ 블리딩(bleeding) : 콘크리트를 친 후 시멘트와 골재 알이 가라앉으면서 물이 올라와 표면에 떠오르는 현상
   ■ 레이턴스(laitance) : 물이 표면에 떠올라 가라앉으면서 발생한 미세물질

10. 정착길이 : 위험단면에서 철근의 설계기준항복강도를 발휘하는 데 필요한 길이로서 철근을 더 연장하여 묻어 넣은 길이

11.
    ① 철근 콘크리트 부재에서는 0.5d 이하
    ② 프리스트레스 부재에서는 0.75d 이하
    ③ 어느 경우이든 600mm 이하라야 한다.

12. AE제 사용량이 많아지면 철근과의 부착강도가 작아진다.

13. 구조물의 수명, 즉 공용기간이 길다.

14. 나선철근의 순간격은 75mm 이하이어야 하고, 25mm 이상이어야 한다.

정 답

8. ① 9. ③ 10. ③ 11. ④ 12. ④
13. ③ 14. ②

15. 2방향 작용에 의하여 펀칭 전단(punching shear)이 독립확대기초에서 발생될 때 위험 단면의 위치는? (단, d는 기초판의 유효깊이이다.)
① 기둥 전면에서 d/2 만큼 떨어진 곳
② 기둥 전면에서 d/3 만큼 떨어진 곳
③ 기둥 전면에서 d/4 만큼 떨어진 곳
④ 기둥 전면

16. 도로교 설계 기준의 DB-24(표준트럭하중)의 총 중량은?
① 135kN ② 243kN
③ 324kN ④ 432kN

17. 3등교 교량의 설계에 적용되는 도로설계기준의 표준트럭 하중으로 옳은 것은?
① DB-24 ② DB-18
③ DB-15.5 ④ DB-13.5

18. 19~20세기 초 재료 및 신기술의 발전으로 장대교량의 건설이 가능해졌다. 다음 중 이 시기에 개발된 재료 및 신기술이 아닌 것은?
① 트러스
② 포틀랜드 시멘트
③ 철근 콘크리트
④ 프리스트레스트 콘크리트

19. 1방향 슬래브에서 배력 철근의 배치 효과 및 이유에 대한 설명으로 옳지 않은 것은?
① 응력의 고른 분포
② 주철근의 간격 유지
③ 콘크리트의 건조수축이나 온도 변화에 의한 수축 감소
④ 슬래브의 두께 감소

20. PS 강재에 어떤 인장력으로 긴장한 후 그 길이를 일정하게 유지해 주면 시간이 지남에 따라 PS 강재의 인장응력이 감소한다. 이러한 현상을 무엇이라고 하는가?
① 크리프(creep)
② 포스트 텐션(post tension)
③ 릴랙세이션(relaxation)
④ 프리스트레스(prestress)

해 설

15. 전단에 대한 위험단면
① 1방향으로만 작용하는 경우: 기둥 전면에서 d 만큼 떨어진 곳
② 2방향으로만 작용하는 경우: 기둥 전면에서 d/2 만큼 떨어진 곳

16. 총중량
① 1등교(DB-24) : 1.8W
 = 1.8×24
 = 43.2ton×9.8 ≒ 432kN
② 2등교(DB-18) : 1.8W
 = 1.8×18
 = 32.4ton×9.8 ≒ 324kN
③ 3등교(DB-13.5) : 1.8W
 = 1.8×13.5
 = 24.3ton×9.8 ≒ 243kN

17. 등급별 설계하중
1등교 : DB-24
2등교 : DB-18
3등교 : DB-13.5

18. 1570년 팔라디오에 의한 트러스구조 발명.

19. 배력 철근 : 응력의 고른 분포, 주철근의 간격 유지, 콘크리트의 건조수축이나 온도 변화에 의한 수축 감소, 균열을 제어하며 주철근과 직각 방향으로 배치한다.

20. 릴랙세이션 : PS 강재를 긴장한 후 시간이 지나감에 따라 인장응력이 감소하는 현상

정 답

15. ① 16. ④ 17. ④ 18. ①
19. ④ 20. ③

21. 철근 콘크리트와 비교한 프리스트레스트 콘크리트의 특징이 아닌 것은?
   ① 콘크리트와 강재의 강도가 작아도 된다.
   ② 설계 하중 작용시 인장측에 균열이 발생하지 않는다.
   ③ 단면을 작게 할 수 있다.
   ④ 내화성에 대하여 불리하다.

22. 철근 콘크리트 기둥을 분류할 때 구조용 강재나 강관을 축방향으로 보강한 기둥은?
   ① 띠철근 기둥
   ② 합성 기둥
   ③ 나선 철근 기둥
   ④ 복합 기둥

23. 토목 구조물 중 콘크리트 속에 철근을 배치하여 양자가 일체가 되어 외력을 받게 한 구조는?
   ① 철근 콘크리트 구조
   ② 프리스트레스트 콘크리트 구조
   ③ 합성 구조
   ④ 강 구조

24. 2000년 11월 개통되었으며 총 길이가 7.31km이고 우리나라 최대 규모의 사장교가 포함되어 있는 교량은?
   ① 영종 대교
   ② 남해 대교
   ③ 서해 대교
   ④ 광안 대교

25. 공칭지름 12.7mm인 이형철근을 바르게 표시한 것은?
   ① Ø 12
   ② D 12
   ③ Ø 13
   ④ D 13

해 설

21. 철근콘크리트에 비해 고강도 콘크리트와 강재를 사용한다.

22. 합성 기둥 : 구조용 강재나 강관을 축 방향으로 보강한 기둥

23.
   ■ 철근 콘크리트 구조 : 콘크리트 속에 철근을 배치하여 양자가 일체가 되어 외력을 받게 한 구조
   ■ 프리스트레스트 콘크리트 구조 : 콘크리트에 일어날 수 있는 인장력을 상쇄하기 위하여 미리 계획적으로 압축 응력을 준 콘크리트
   ■ 합성 구조 : 강재보의 보 위에 철근 콘크리트 슬래브를 이어 쳐서 양자가 일체로 작용하도록 함.
   ■ 강 구조 : 고강도, 균질성, 내구성, 사전조립 가능, 시공간편(공사기간 단축), 다양한 구조, 개수 보강이 쉽다. 장대지간 유리, 자중이 작다.

24. 서해대교 : 2000년 11월 개통되었으며 총 길이가 7.31km이고 우리나라 최대 규모의 사장교가 포함되어 있는 교량

25. Ø 12 : 지름 12mm의 원형 철근
    Ø 13 : 지름 13mm의 원형 철근
    D 12 : 지름 12mm의 이형 철근
    D 13 : 지름 13mm(12.7mm)의 이형 철근

정 답

21. ① 22. ② 23. ① 24. ③
25. ④

26. 〈보기〉는 토목구조물을 설계할 때의 절차를 항목 별로 표기한 것이다. 순서대로 옳게 나열된 것은?

〈보기〉
㉠ 필요성 검토
㉡ 사용재료 및 하중의 결정
㉢ 구조해석에 의한 단면 치수 결정
㉣ 형식 검토
㉤ 사용성 검토

① ㉤→㉡→㉢→㉣→㉠
② ㉤→㉢→㉡→㉣→㉠
③ ㉠→㉡→㉣→㉢→㉤
④ ㉠→㉣→㉡→㉢→㉤

27. CAD 시스템을 이용하여 설계할 때 장점으로 볼 수 없는 것은?
① 설계 과정에서 능률이 저하되지만 출력이 용이하다.
② 도면 작성 시간을 단축시킬 수 있다.
③ 컴퓨터를 통한 계산으로 수치 결과에 대한 정확성이 증가한다.
④ 설계제도의 표준화와 규격화로 경쟁력을 향상시킬 수 있다.

28. 실제 거리가 120m인 옹벽을 축척 1:1200의 도면에 그리고 기입하는 치수는?
① 10
② 100
③ 12000
④ 120000

29. 다음은 재료의 단면표시이다. 무엇을 표시하는가?

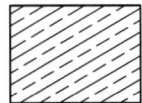

① 석재
② 목재
③ 강재
④ 콘크리트

해 설

26. 토목구조물 설계 절차
① 구조물 건설의 필요성 검토
② 구조물의 위치, 규모 및 기능에 대한 검토
③ 구조물의 형식 검토
④ 재료 선정, 응력 및 하중의 결정
⑤ 단면 치수의 가정
⑥ 구조해석에 의한 단면 계산 및 구조 세목
⑦ 사용성 검토
⑧ 설계도 및 공사 시방서 작성

27. 설계의 시간 단축, 정확도 향상 등 설계의 질을 높이고 도면의 표준화와 문서화를 통하여 설계의 생산성을 높일 수 있다.

28. 120m = 120000㎜

29.

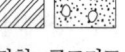
석재   목재   강철   콘크리트

정 답

26. ④ 27. ① 28. ④ 29. ①

30. 그림과 같은 물체의 정면도와 우측면도를 3각법으로 바르게 표시한 것은?

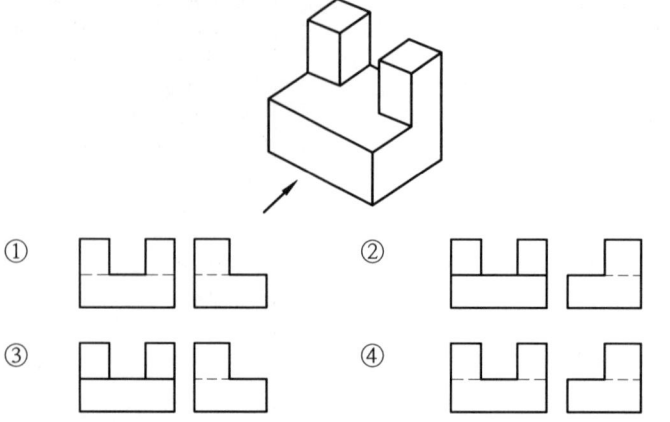

31. 가는 1점 쇄선의 주요 용도가 아닌 것은?
① 대칭을 나타내는 선
② 회전 단면을 한 부분의 윤곽을 나타내는 선
③ 그림의 중심을 나타내는 선
④ 움직이는 부분의 궤적 중심을 나타내는 선

32. 제도 용지의 폭과 길이의 비는 얼마인가?
① $1 : \sqrt{5}$
② $1 : \sqrt{3}$
③ $1 : \sqrt{2}$
④ $1 : 1$

33. "24@200=4800"에 대한 설명으로 옳은 것은?
① 전장 4800mm를 200mm로 24등분 한다.
② 전장 4800mm를 24mm로 200등분 한다.
③ 200cm 간격으로 24등분 하여 4800cm로 만든다.
④ 24cm 간격으로 200등분 하여 4800cm로 만든다.

34. KS에서 원칙으로 하고 있는 정투상도를 그리는 방법은?
① 제1각법
② 제2각법
③ 제3각법
④ 제4각법

35. 콘크리트의 타설 이음부를 표시할 때 가장 적합한 표현방법은?
① 가는 실선으로 표시하고, 타설 이음부라고 기입한다.
② 파선으로 표시하고, 타설이라고 기입한다.
③ 일점 쇄선으로 표시하고, 타설 이음부라고 기입한다.
④ 이점 쇄선으로 표시하고 타설이라고 기입한다.

해 설

30.

평면도
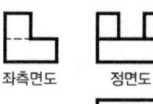
좌측면도 정면도 우측면도

저면도

31. 회전 단면을 한 부분의 윤곽을 나타내는 선 ⇒ 가는 실선

32. 폭 : 길이 = $1 : \sqrt{2}$

33. 24@200=4800
⇒ 전장 4800mm를 200mm로 24등분

34. KS F 에서는 제3각법으로 도면을 그리는 것을 원칙으로 한다.

35. 가는 실선으로 표시하고, 타설 이음부라고 기입한다.

정 답

30. ② 31. ② 32. ③ 33. ①
34. ③ 35. ①

36. 정면, 평면, 측면을 하나의 투상도에서 동시에 볼 수 있으며 직각으로 만나는 3개의 모서리가 각각 120°를 이루게 그리는 도법은?
① 등각 투상도 ② 유각 투상도
③ 경사 투상도 ④ 평행 투상도

37. No.0의 지반고는 10m, 중심말뚝의 간격은 20m일 때 No.3+10에 대한 계획고의 기울기와 성, 절토고는?

측점	No.0	No.1	No.2	No.3	No.3+10	No.4
계획고	10.00	10.20	10.40	10.60	10.70	10.80
지반고	10.00	10.35	10.22	10.55	10.73	10.92

① 상향 1%, 성토(흙쌓기) 0.03m
② 상향 1%, 절토(땅깎기) 0.03m
③ 하향 1%, 성토(흙쌓기) 0.03m
④ 하향 1%, 절토(땅깎기) 0.03m

38. 토목 구조물의 일반적인 도면 작도 순서에서 다음 중 가장 먼저 그리는 부분은?
① 각부 배근도 ② 일반도
③ 주철근 조립도 ④ 단면도

39. CAD작업에서 가장 최근에 입력한 점을 기준으로 하여 좌표가 시작되는 좌표계는?
① 절대 좌표계 ② 사용자 좌표계
③ 표준 좌표계 ④ 상대 좌표계

40. A3 도면으로 나타내기 위한 도면영역의 한계점(단위:㎜)은?
① 1189, 841 ② 841, 594
③ 420, 297 ④ 297, 210

41. 도로 평면도의 기재사항이 아닌 것은?
① 계획고 ② 측점번호
③ 곡선의 기점 ④ 곡선의 반지름

42. 건설재료 단면의 경계 표시 기호 중에서 지반면(흙)을 나타낸 것은?

해설

36. 등각 투상도 : 물체의 정면, 평면, 측면을 하나의 투상도에 볼 수 있도록 하기 위하여 물체를 왼쪽으로 돌린 다음 앞으로 기울여 2개의 옆면 모서리가 수평선과 30°되게 잡아 물체의 3모서리가 각각 120°의 등각을 이루도록 한 투상도

37.
- 경사 = $\dfrac{수직\ 거리}{수평\ 거리} \times 100$
  = $\dfrac{0.7}{70} \times 100 = 1\%(상향)$,
- 지반고-계획고=10.73-10.70 =0.03m만큼 절토

38. 일반적인 도면의 작도 순서 : 단면도 - 배근도 - 일반도 - 주철근 조립도 - 철근 상세도

39. 상대 좌표계
㉠ 임의 점에서부터 도면을 그리기 시작하는 경우 유용하게 사용된다.
㉡ 원점에서부터 좌표가 시작되는 것이 아니라 가장 최근에 입력한 점을 기준으로 하여 좌표가 시작된다.

40. A1 : 841×594㎜
A2 : 594×420㎜
A3 : 420×297㎜
A4 : 297×210㎜

41. 계획고는 종단면도에 기입한다.

42.
① 모래
② 일반면
③ 자갈
④ 지반면(흙)

정답

36. ① 37. ② 38. ④ 39. ④
40. ③ 41. ① 42. ④

43. A1 용지에서 윤곽의 나비는 칠하지 않을 때 최소 몇 mm 이상 여유를 두는 것이 바람직한가?
   ① 5 ② 10
   ③ 15 ④ 20

44. 문자의 굵기는 한글자, 숫자 및 영자의 경우에는 높이에 의한 문자 크기의 호칭에 대하여 얼마로 하는 것이 적당한가?
   ① 1/3 ② 1/6
   ③ 1/9 ④ 1/12

45. 토목제도에서 치수선에 대한 치수의 위치로 바르지 않은 것은?

   ① 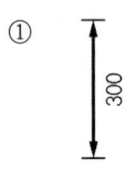 ②

   ③ 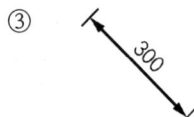 ④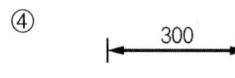

46. 윤곽선은 최소 몇 mm 이상 두께의 실선으로 그리는 것이 좋은가?
   ① 0.1mm ② 0.3mm
   ③ 0.4mm ④ 0.5mm

47. 기둥에 사용되는 철근 기호로 적합한 것은?
   ① Ⓦ ② Ⓑ
   ③ Ⓕ ④ Ⓒ

48. 다음 중 선이 교차할 때 표시법으로 옳지 않은 것은?

   ① 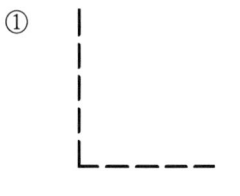 ②

   ③  ④

해설

43. 철하는 쪽의 여백
   ■ 철을 하지 않을 경우
   A0, A1 ⇒ 20mm
   A2, A3, A4 ⇒ 10mm
   ■ 철할 경우
   A0, A1, A2, A3, A4 ⇒ 25mm

44. 문자의 선 굵기는 한글, 숫자 및 영자는 문자 크기의 호칭에 대하여 1/9로 하는 것이 바람직하다.(한자는 1/12.5)

45. 치수선이 세로인 때에는 치수선의 왼쪽에 쓴다.

46. 윤곽선은 도면의 크기에 따라 0.5mm 이상의 굵은 실선으로 그린다.

47. Ⓦ : 벽체, Ⓑ : 보
   Ⓕ : 기초, Ⓒ : 기둥

48. 외형선과 파선이 접속하는 부분에서는 서로 이어지도록 한다.

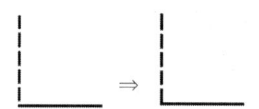

정답

43. ④ 44. ③ 45. ① 46. ④
47. ④ 48. ②

49. 글자를 제도하는 방법을 설명한 것으로 틀린 것은?
① 한자의 서체는 KS A 0202에 준하는 것이 좋다.
② 영자는 주로 로마자의 소문자를 사용한다.
③ 숫자는 아라비아 숫자를 원칙으로 한다.
④ 한글자의 서체는 활자체에 준하는 것이 좋다.

50. 도면의 종류 중 사용목적에 따른 분류에 속하지 않는 것은?
① 부품도 ② 계획도
③ 제작도 ④ 설명도

51. 선, 원주 등을 같은 길이로 분할할 때 사용하는 기구는?
① 컴퍼스 ② 디바이더
③ 형판 ④ 운형자

52. 토목제도에 통용되는 일반적인 설명으로 옳은 것은?
① 축척은 도면마다 기입할 필요가 없다.
② 글자는 명확하게 써야 하며, 문장은 세로로 위쪽부터 쓰는 것이 원칙이다.
③ 도면은 될 수 있은 대로 실선으로 표시하고, 파선으로 표시함을 피한다.
④ 대칭이 되는 도면은 중심선의 양쪽 모두를 단면도로 표시한다.

53. 치수와 치수선에 대한 설명으로 옳지 않은 것은?
① 치수를 특별히 명시하지 않으면 마무리 치수로 표시한다.
② 치수선은 표시할 치수의 방향에 평행하게 긋는다.
③ 제작, 조립, 시공, 설계를 할 때에 기준이 되는 곳이 있을 때에는 그 곳을 기준으로 하여 치수를 기입한다.
④ 치수의 단위는 ㎝를 원칙으로 하고, 단위 기호는 반드시 기입 하여야 한다.

54. CAD 시스템의 입력 장치가 아닌 것은?
① 마우스 ② 키보드
③ 플로터 ④ 펜마우스

55. 가는 실선의 용도로 틀린 것은?
① 숨은선 ② 치수선
③ 지시선 ④ 회전 단면선

해 설

49. 영자는 주로 로마자의 대문자를 사용한다.

50.
- 사용목적에 의한 분류 : 계획도, 제작도, 주문도, 승인도, 견적도, 설명도
- 내용에 따른 분류 : 조립도, 부분조립도, 부품도, 공정도, 상세도, 접속도, 배선도, 배관도, 계통도, 기초도, 설치도, 배치도, 장치도, 전개도, 외형도, 구조선도, 스케치도, 곡면선도

51. 디바이더 : 선, 원주 등을 같은 길이로 분할할 때 사용하는 기구

52.
① 같은 도면 중에 다른 축척을 사용할 때에는 그림마다 그 축척을 기입한다.
② 글자는 명확하게 써야 하며, 문장은 가로로 왼쪽부터 쓰는 것이 원칙이다.
④ 대칭이 되는 도면은 중심선의 한 쪽을 외형도, 반대쪽을 단면도로 표시하는 것을 원칙으로 한다.

53. 길이 단위 : ㎜를 원칙으로 하며 단위 기호는 쓰지 않으나 타기호 사용시 명확히 기입한다.

54. 플로터 : 대형 도면을 인쇄하기 위하여 사용되는 출력 장치

55. 숨은선을 파선으로 표시한다.

정 답

49. ② 50. ① 51. ② 52. ③
53. ④ 54. ③ 55. ①

56. 표준갈고리를 갖는 인장 이형철근의 정착길이를 계산할 때 철근의 설계기준항복강도가 400MPa 이외인 철근의 경우에 적용되는 보정계수 값(산출식)은?
① $\dfrac{소요A_s}{배근A_s}$
② $\dfrac{f_y}{400}$
③ $\dfrac{320d_b}{\sqrt{f_{ck}}}$
④ 0.8

57. 혼화재료 중 사용량이 비교적 많아 그 자체의 부피가 콘크리트의 배합 계산에 영향을 끼치는 것은?
① 플라이애시
② AE제
③ 감수제
④ 유동화제

58. 현장치기 콘크리트의 최소 피복두께가 가장 큰 경우는?
① 흙에 접하거나 옥외의 공기에 직접 노출되는 콘크리트
② 흙에 접하여 콘크리트를 친 후 영구히 흙에 묻혀 있는 콘크리트
③ 옥외의 공기나 흙에 직접 접하지 않는 콘크리트
④ 수중에서 치는 콘크리트

59. 스터럽과 띠철근, 주철근에 대한 표준갈고리로 사용되지 않는 것은?
① 180° 표준갈고리
② 135° 표준갈고리
③ 90° 표준갈고리
④ 45° 표준갈고리

60. 원칙적으로 철근을 겹침이음으로 사용할 수 없는 것은?
① D19
② D25
③ D30
④ D38

해 설

56. 철근의 설계기준항복강도가 400MPa 이외인 철근의 경우에 적용되는 보정계수 : $\dfrac{f_y}{400}$

57.
- 혼화재 : 사용량이 시멘트 중량의 5% 이상으로 콘크리트의 배합 설계 계산에 고려해야 하는 혼화 재료(플라이애시, 규조토, 화산회, 규산백토, 고로슬래그 미분말 등)
- 혼화제 : 사용량이 시멘트 중량의 1% 이하로 비교적 적어서 콘크리트의 배합계산에 무시되는 혼화 재료(AE제, AE감수제, 유동화제, 고성능감수제, 촉진제, 지연제, 방청제, 고성능 AE감수제 등)

58.
■ 흙, 옥외 공기에 접하지 않는 부위
 - 슬래브, 장선, 벽체
  D35 초과 : 40mm,
  D35 이하 : 20mm
 - 보, 기둥 : 40mm
■ 흙, 옥외공기에 접하는 부위
 - 노출되는 콘크리트
  D29 이상 : 60mm
  D25 이하 : 50mm
  D16 이하 : 40mm
 - 영구히 묻히는 콘크리트 : 80mm
■ 수중에서 타설하는 콘크리트 : 100mm

59. 표준갈고리 종류
① 반원형 갈고리(180°)
② 직각 갈고리(90°)
③ 예각 갈고리(135°)

60. D35를 초과하는 철근은 겹침이음을 해서는 안 되고 용접에 의한 맞대기 이음을 한다.

정 답

56. ② 57. ① 58. ④ 59. ④
60. ④

모의고사(Ⅱ)

1. 일반적인 경우에 전단철근의 설계기준 항복강도는 얼마 이상 초과할 수 없는가?
   ① 300MPa   ② 350MPa
   ③ 400MPa   ④ 500MPa

2. 토목 재료로서의 콘크리트 특징으로 옳지 않은 것은?
   ① 콘크리트는 자체의 무게가 무겁다.
   ② 재료의 운반과 시공이 비교적 어렵다.
   ③ 건조 수축에 의해 균열이 생기기 쉽다.
   ④ 압축강도에 비해 인장강도가 작다.

3. 콘크리트구조물의 설계는 일반적으로 어떤 설계방법을 적용하는 것을 원칙으로 하는가?
   ① 강도 설계법   ② 인장 설계법
   ③ 압축 설계법   ④ 하중-저항계수설계법

4. 철근 배치에 있어서 철근을 상단과 하단에 2단 이상으로 배치할 경우에 대한 설명으로 옳은 것은?
   ① 상·하 철근의 간격은 최소 45mm 이상으로 해야 한다.
   ② 상·하 철근의 간격은 최대 25mm 이하로 해야 한다.
   ③ 상·하 철근을 동일 연직면 내에 두어야 한다.
   ④ 상·하 철근을 연직면 상에서 엇갈리게 두어야 한다.

5. 시방배합을 현장배합으로 고칠 경우에 고려하여야 할 사항으로 옳지 않은 것은?
   ① 단위 시멘트량
   ② 잔골재 중 5mm 체에 남는 굵은 골재량
   ③ 굵은 골재 중에서 5mm 체를 통과하는 잔골재량
   ④ 골재의 함수 상태

6. 압축이형철근의 기본 정착길이를 구하는 식은? (f_y : 철근의 설계기준 항복강도, d_b : 철근의 공칭지름, f_{ck} : 콘크리트의 설계기준 압축강도)
   ① $\dfrac{0.15 d_b f_y}{\sqrt{f_{ck}}}$ ② $\dfrac{0.25 d_b f_y}{\sqrt{f_{ck}}}$
   ③ $\dfrac{0.35 d_b f_y}{\sqrt{f_{ck}}}$ ④ $\dfrac{0.45 d_b f_y}{\sqrt{f_{ck}}}$

해 설

1. 전단철근의 설계기준 항복강도는 400MPa

2. 재료의 운반과 시공이 쉽다.

3. 철근 콘크리트 개정 설계 기준은 강도 설계법을 위주

4. 상하 2단 배근인 경우
   ① 상, 하 철근은 동일 연직면 내 배근
   ② 상, 하 철근의 순 간격은 25mm이상

5. 시방배합을 현장배합으로 수정 사항
   ① 입도조정 : 잔 골재의 5mm체 잔유율, 굵은 골재의 5mm체 통과율
   ② 함수량 조정 : 골재표면수량

6. 기본 정착길이
   ■ 인장 이형철근 : $\dfrac{0.6 d_b f_y}{\sqrt{f_{ck}}}$
   ■ 압축 이형철근 : $\dfrac{0.25 d_b f_y}{\sqrt{f_{ck}}}$

정 답

1. ③ 2. ② 3. ① 4. ③ 5. ①
6. ②

7. 물-시멘트비가 55%이고, 단위 수량이 176kg이면 단위 시멘트량은?
   ① 73kg
   ② 97kg
   ③ 320kg
   ④ 391kg

8. AE 콘크리트의 특징으로 옳지 않은 것은?
   ① 공기량에 비례하여 압축강도가 커진다.
   ② 워커빌리티가 좋다.
   ③ 수밀성이 좋다.
   ④ 동결 융해에 대한 저항성이 크다.

9. 철근 크기에 대한 주철근 표준갈고리의 최소 반지름으로 옳은 것은?
   ① D10 = 철근 지름의 3배
   ② D16 = 철근 지름의 4배
   ③ D25 = 철근 지름의 5배
   ④ D32 = 철근 지름의 6배

10. 콘크리트에 AE제를 혼합하는 주목적은?
    ① 미세한 기포를 발생시키기 위하여
    ② 부피를 증대하기 위하여
    ③ 강도의 증대를 위하여
    ④ 시멘트 절약을 위하여

11. 콘크리트의 압축강도에 대한 각종 강도의 크기에 관한 설명으로 옳지 않은 것은? (단, 콘크리트는 보통 강도의 콘크리트에 한한다.)
    ① 콘크리트의 부착강도는 압축강도보다 작다.
    ② 콘크리트의 휨강도는 압축강도보다 작다.
    ③ 콘크리트의 인장강도는 압축강도보다 작다.
    ④ 콘크리트의 전단강도는 압축강도와 거의 같다.

12. 강재에서 볼트 구멍을 뺀 폭에 판 두께를 곱한 것을 무엇이라 하는가?
    ① 너트의 단면적
    ② 인장재의 총 단면적
    ③ 인장재의 순단면적
    ④ 고장력 볼트의 단면적

해 설

7. $\dfrac{W}{C} = 0.55 \Rightarrow \dfrac{176}{C} = 0.55$

   $\therefore C = \dfrac{176}{0.55} = 320\text{kg}$

8. 공기량이 1% 증가하면 압축강도는 약 4~6%, 휨강도는 2~3% 감소

9. 갈고리의 최소 내면 반지름:
   ① D10 ~ D25 : 3db
   ② D29 ~ D35 : 4db
   ③ D38 이상 : 5db

10. AE제는 연행 공기제 라고도 하며, 발포성이 현저한 계면활성제로서, 콘크리트 중에 미소한 독립된 기포를 고르게 발생시켜 내동결융해성, 내식성등 내구성을 개선한다.

11.
   ■ 재령 28일의 콘크리트의 압축강도를 설계기준 강도로 한다.
   ■ 압축강도의 증가에 따라 부착강도는 증가한다.
   ■ 콘크리트의 인장 강도는 압축 강도의 약 1/10~1/13 정도이다.
   ■ 콘크리트의 휨 강도는 압축 강도의 약 1/5~1/8 정도이다.
   ■ 콘크리트의 전단 강도는 압축 강도의 약 1/4~1/6 정도이다.

12. 인장재의 순단면적 : 볼트 구멍을 뺀 폭에 판 두께를 곱한 것 (이 때, 볼트 구멍은 호칭 지름에 3mm를 더한 값)

정 답

7. ③ 8. ① 9. ① 10. ① 11. ④
12. ③

13. 하중을 분포시키거나 균열을 제어할 목적으로 주철근과 직각에 가까운 방향으로 배치한 보조 철근은?
   ① 띠철근   ② 원형철근
   ③ 배력 철근   ④ 나선 철근

14. 설계 하중에서 교량에 작용하는 충격 하중에 대한 설명으로 옳은 것은?
   ① 바람에 의한 압력을 말한다.
   ② 충격은 교량의 지간이 길수록 그 영향이 크다.
   ③ 충격은 교량의 자중이 작을수록 그 영향이 크다.
   ④ 자동차가 정지하고 있을 때 하중의 영향이 달릴 때 보다 더 크다.

15. 슬래브의 종류에는 1방향 슬래브와 2방향 슬래브가 있다 이를 구분하는 기준과 가장 관계가 깊은 것은?
   ① 설치 위치(높이)   ② 슬래브의 두께
   ③ 부철근의 구조   ④ 지지하는 경계 조건

16. 강 구조의 특징에 대한 설명으로 옳지 않은 것은?
   ① 구조의 내구성이 작다.
   ② 부재를 개수하거나 보강하기 쉽다.
   ③ 단위넓이에 대한 강도가 크고 자중이 작다.
   ④ 반복 하중에 의한 피로가 발생하기 쉽다.

17. 교량의 건설 시기와 교량이 잘못 짝지어진 것은?
   ① 고려 시대 – 선죽교(개성)
   ② 고구려 시대 – 농교(진천)
   ③ 조선 시대 – 수표교(서울)
   ④ 20세기 – 광진교(서울)

18. 한 개의 기둥에 전달되는 하중을 한 개의 기초가 단독으로 받도록 되어 있는 확대 기초는?
   ① 말뚝 기초
   ② 벽 확대 기초
   ③ 군 말뚝 기초
   ④ 독립 확대 기초

19. 교량의 분류 중 통로의 위치에 따른 분류가 아닌 것은?
   ① 사장교   ② 상로교
   ③ 중로교   ④ 하로교

해 설

13. 배력철근 : 하중을 분포시키거나 균열을 제어할 목적으로 주철근과 직각에 가까운 방향으로 배치한 보조철근

14. 충격 하중
   ■ 자동차와 같은 활하중이 교량 위를 달릴 때 진동에 의한 하중
   ■ 자동차가 달릴 때, 정지하고 있을 때 보다 하중의 영향이 더 크다.
   ■ 지간이 짧을수록, 자중이 작을수록 그 영향이 크다.

15. 지지하는 경계 조건에 따라
   ① 1방향 슬래브 : 교량과 같이 마주보는 두변에 의해 지지되는 슬래브로서 단변에 대한 장변의 비가 2이상이고 대부분의 하중이 단변 방향으로 전달
   ② 2방향 슬래브 : 건물 슬래브와 같이 장변과 단변의 비가 2보다 작으며, 하중이 장변과 단변방향으로 전달(4변 지지임)

16. 내구성이 우수하다.

17. 진천의 농교 : 고려시대

18.
   ■ 독립 확대 기초 : 한 개의 기둥을 한 개의 기초가 단독으로 지지
   ■ 연결 확대 기초 : 2개 이상의 기둥을 한 개의 확대 기초로 받치도록 만든 기초

19. 교량의 분류 방법
   ① 사용재료에 의한 분류 : 콘크리트교, 강교, 목교, 석교
   ② 사용용도에 따른 분류 : 도로교, 철도교, 육교, 고가교
   ③ 통로위치에 따른 분류 : 상로교, 중로교, 하로교, 2층교
   ④ 주형형식에 따른 분류 : 단순교, 연속교, 아치교, 라멘교, 현수교, 사장교

정 답

13. ③ 14. ③ 15. ④ 16. ①
17. ② 18. ④ 19. ①

20. 자중을 포함한 수직 하중 200kN를 받는 독립 확대 기초에서 허용 지지력이 40kN/㎡ 일 때, 확대 기초의 필요한 최소 면적은?
① 2㎡ ② 3㎡
③ 5㎡ ④ 6㎡

21. 철근 콘크리트 기둥을 분류 할 때 구조용 강재나 강관을 축방향으로 보강한 기둥은?
① 복합 기둥 ② 합성 기둥
③ 띠철근 기둥 ④ 나선 철근 기둥

22. 철근 콘크리트 구조물과 비교할 때, 프리스트레스트 콘크리트 구조물의 특징이 아닌 것은?
① 내화성에 대하여 불리하다.
② 단면이 커진다.
③ 강성이 작아서 변형이 크고 진동하기 쉽다.
④ 고강도의 콘크리트와 강재를 사용한다.

23. 교량의 종류별 구조 형식을 설명한 것으로 틀린 것은?
① 아치교는 상부구조의 주체가 곡선으로 된 교량으로 계곡이나 지간이 긴 곳에 적당하다.
② 라멘교는 보와 기둥의 접합부를 일체가 되도록 결합한 것을 주형으로 이용한 교량이다.
③ 연속교는 주형 또는 주트러스를 3개 이상의 지점으로 지지하여 2경간 이상에 걸친 교량이다.
④ 사장교는 주형 또는 주트러스와 양 끝이 단순 지지된 교량으로 한 쪽은 힌지, 다른 쪽은 이동 지점으로 지지 되어 있다.

24. 철근 콘크리트의 기본 개념에 대한 설명으로 옳지 않은 것은?
① 철근 콘크리트는 콘크리트를 주재료로 하고 철근을 보강 재료로 하여 만든 재료다.
② 콘크리트에 일어날 수 있는 인장 응력을 상쇄하기 위하여 미리 계획적으로 압축 응력을 준 콘크리트를 철근 콘크리트라 한다.
③ 콘크리트는 압축력에는 강하지만 인장력에는 매우 취약 하므로, 인장력이 작용하는 부분에 철근을 묻어 넣어서 철근이 인장력의 대부분을 저항하도록 한 구조를 철근 콘크리트 구조라 한다.
④ 철근 콘크리트 구조물 중 교각 또는 기둥과 같이 콘크리트의 압축에 대한 성능을 개선하기 위하여 압축력을 받는 부분에도 철근을 묻어 넣어 사용하기도 한다.

해 설

20. 확대 기초의 면적
 =하중의 크기÷허용지지력
 =200kN÷40kN/㎡
 =5㎡

21. 합성 기둥 : 구조용 강재나 강관을 축 방향으로 보강한 기둥

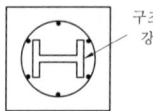

22. 단면을 작게 할 수 있다.

23.
■ 단순교 : 주형 또는 트러스와 양 끝이 단순 지지된 교량, 한쪽은 힌지(hinge) 다른 한쪽은 이동 지점으로지지
■ 사장교 : 교각위에 탑을 세우고 탑에서 경사진 케이블로 주형을 잡아 당기는 형식

24. 프리스트레스트 콘크리트 : 콘크리트에 일어날 수 있는 인장력을 상쇄하기 위하여 미리 계획적으로 압축 응력을 준 콘크리트

정 답

20. ③ 21. ② 22. ② 23. ④
24. ②

25. 높은 응력을 받는 강재는 급속하게 녹스는 일이 있고, 표면에 녹이 보이지 않더라도 조직이 취약해지는 현상은?
   ① 취성   ② 응력 부식
   ③ 틱소트로피   ④ 릴랙세이션

26. 제도용지 A0와 B0의 넓이는 약 얼마인가?
   ① A0 = 1㎡, B0 = 1.5㎡
   ② A0 = 1.5㎡, B0 = 1㎡
   ③ A0 = 1㎡, B0 = 2㎡
   ④ A0 = 2㎡, B0 = 1㎡

27. 토목제도에서 캐드(CAD)작업으로 할 때의 특징으로 볼 수 없는 것은?
   ① 도면의 수정, 재활용이 용이하다.
   ② 제품 및 설계 기법의 표준화가 어렵다.
   ③ 다중 작업(Multi-tasking)이 가능하다.
   ④ 설계 및 제도 작업이 간편하고 정확하다.

28. 도면에서 물체의 보이지 않는 부분을 나타낼 때 주로 사용되는 선은?
   ① ———·——·———
   ② ———————————
   ③ ———··———··———
   ④ - - - - - - - -

29. 그림은 어떤 건설 재료의 단면 표시인가?

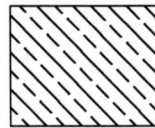

   ① 석재   ② 목재
   ③ 강재   ④ 콘크리트

30. 철근의 표시 및 치수 기입에 대한 설명 중 틀린 것은?
   ① ∅18은 지름 18㎜의 원형철근을 의미한다.
   ② D13은 공칭지름 13㎜인 이형철근을 의미한다.
   ③ 13@100=1,300은 전체길이가 1,300㎜에 대하여 철근 100개를 배치한 것이다.
   ④ @300 C.T.C는 철근간의 중심 간격이 300㎜를 의미한다.

해설

25. 응력 부식 : 프리스트레스트 콘크리트에서 높은 응력을 받는 PS강재는 급속하게 녹스는 경우가 있으며, 표면에 녹이 보이지 않더라도 조직이 취약해지는 현상

26.
- A0 : 841×1189
- B0 : 1030×1456
- A0의 넓이는 약 1㎡이고, B0의 넓이는 약 1.5㎡이다.

27. 방대한 도면을 여러 사람이 동시에 작업하여 표준화를 이룰 수 있다.

28. 보이지 않는 물체의 윤곽(외형선) ⇒ 파선

29.

석재   목재   강재   콘크리트

30. 13@100=1,300은 전체길이가 1,300㎜를 100㎜간격으로 13등분한 것이다.

정답

25. ② 26. ① 27. ② 28. ④
29. ① 30. ③

31. 척도의 종류로 옳지 않은 것은?
    ① 배척   ② 축척
    ③ 현척   ④ 외척

32. 정투상도에 의한 제1각법으로 도면을 그릴 때 도면 위치는?
    ① 정면도를 중심으로 평면도가 위에, 우측면도는 정면도의 왼쪽에 위치한다.
    ② 정면도를 중심으로 평면도가 위에, 우측면도는 정면도의 오른쪽에 위치한다.
    ③ 정면도를 중심으로 평면도가 애래에, 우측면도는 정면도의 오른쪽에 위치한다.
    ④ 정면도를 중심으로 평면도가 아래에, 우측면도는 정면도의 왼쪽에 위치한다.

33. 제도 용지의 큰 도면을 접을 때 기준이 되는 것은?
    ① A1   ② A2
    ③ A3   ④ A4

34. 치수의 기입 방법에 대한 설명으로 옳지 않은 것은?
    ① 치수선이 세로일 때에는 치수선의 왼쪽에 쓴다.
    ② 치수는 선과 교차하는 곳에는 될 수 있는 대로 쓰지 않는다.
    ③ 각도를 기입하는 치수선은 양변 또는 그 연장선 사이의 호로 표시한다.
    ④ 경사의 방향을 표시할 필요가 있을 때에는 상향 경사 쪽으로 화살표를 붙인다.

35. 표제란에 기입할 사항과 거리가 먼 것은?
    ① 도면 번호   ② 도면 명칭
    ③ 작성 일자   ④ 공사 물량

36. "리벳 기호는 리벳선을 (   )으로 표시하고, 리벳선 위에 기입 하는 것을 원칙으로 한다."에서 (   )에 알맞은 선의 종류는?
    ① 1점 쇄선   ② 2점 쇄선
    ③ 가는 점선   ④ 가는 실선

37. 국제 표준화 기구의 표준 규격 기호는?
    ① ISO   ② JIS
    ③ NASA   ④ DIN

해 설

31. 척도란, 물체의 실제 크기와 도면에서의 크기 비율을 말하는 것으로, 실물보다 축소하여 그린 축척, 실물과 같은 크기로 그린 현척, 실물보다 확대하여 그린 배척이 있다.

32. 제1각법

	저면도	
우측면도	정면도	좌측면도
	평면도	

33. 큰 도면을 접을 때 기준 : A4

34. 경사는 백분율 또는 천분율로 표시할 수 있으며 경사방향 표시는 하향 경사 쪽으로 표시 한다.

35. 도면 번호, 도면 명칭, 기업(단체)명, 책임자 서명, 설계자, 제도자, 책임자, 도면 작성 연월일, 축척 등을 기입한다. 범례는 표제란 가까이 기입한다.

36. 리벳 기호는 리벳선을 가는실선으로 표시하고, 리벳선 위에 기입 하는 것을 원칙으로 한다.

37. 국제 표준화 기구 - ISO

정 답

31. ④ 32. ④ 33. ④ 34. ④
35. ④ 36. ④ 37. ①

38. 선이나 원주 등을 같은 길이로 분할할 수 있는 제도 용구는?
   ① 형판   ② 컴퍼스
   ③ 운형자   ④ 디바이더

39. 치수기입 방법 중 "R 25"가 의미하는 것은?
   ① 반지름이 25mm이다.
   ② 지름이 25mm이다.
   ③ 호의 길이가 25mm이다.
   ④ 한 변이 25mm인 정사각형이다.

40. 그림의 정면도와 우측면도를 보고 추측할 수 있는 물체의 모양으로 짝지어진 것은?

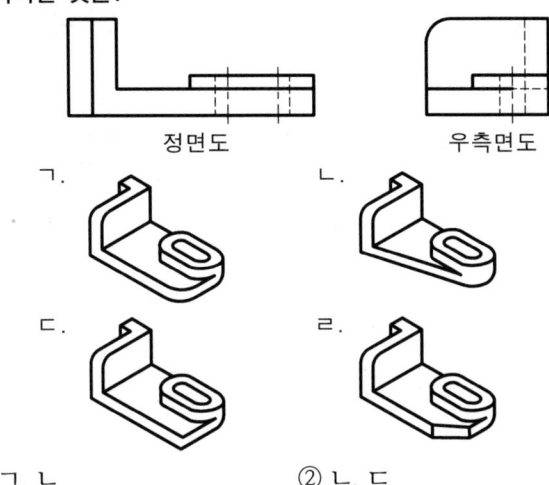

   ① ㄱ, ㄴ   ② ㄴ, ㄷ
   ③ ㄷ, ㄹ   ④ ㄱ, ㄷ

41. 도면에서 윤곽선은 최소 몇 mm 이상 두께의 실선으로 그리는 것이 좋은가?
   ① 0.1mm   ② 0.2mm
   ③ 0.5mm   ④ 1.0mm

42. 그림과 같은 구조용 재료의 단면 표시에 해당되는 것은?

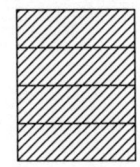

   ① 유리   ② 모르타르
   ③ 콘크리트   ④ 벽돌

해 설

38. 디바이더 : 길이를 측정하고 측정된 길이를 다른 곳에 옮기거나 또는 거리를 등분하는 기구

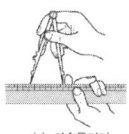 
(a) 치수옮기기 (b) 디바이더벌리기

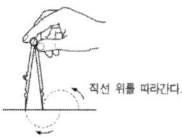
(c) 직선 등분 방법

39. R 25 : 물체의 반지름이 25mm이다.

40.
■ 제1각법
```
          저면도
우측면도  정면도  좌측면도
          평면도
```
■ 제3각법
```
          평면도
좌측면도  정면도  우측면도
          저면도
```

41. 윤곽선은 도면의 크기에 따라 0.5mm 이상의 굵은 실선으로 그린다.

42.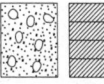
유리 모르타르 콘크리트 벽돌

정 답

38. ④　39. ①　40. ④　41. ③
42. ④

43. 제3각법에 정면도의 위에 위치하는 것은?
   ① 평면도 ② 저면도
   ③ 배면도 ④ 좌측면도

44. 아래 그림과 같은 강관의 치수 표시 방법으로 옳은 것은?

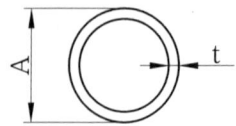

   ① 원형 ∅A−L   ② ∅A×t−L
   ③ □A×B−L   ④ B×A×L−t

45. 선과 문자에 대한 설명으로 옳지 않은 것은?
   ① 숫자는 아라비아 숫자를 원칙으로 한다.
   ② 문자의 크기는 원칙적으로 높이를 표준으로 한다.
   ③ 한글 서체는 수직 또는 오른쪽 25° 경사지게 쓰는 것이 원칙이다.
   ④ 문자는 명확하게 써야하며, 문자의 크기가 같은 경우 그 선의 굵기도 같아야 한다.

46. 재료 단면의 경계 표시 중 잡석을 나타낸 그림은?

47. 컴퓨터의 운영체제(OS)에 해당하는 것이 아닌 것은?
   ① Windows
   ② OS/2
   ③ Linux
   ④ AutoCAD

48. 그림과 같은 절토면의 경사 표시가 바르게 된 것은?

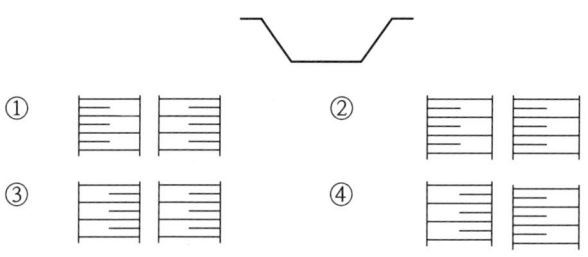

해 설

43.
■ 제3각법
   평면도
   좌측면도 정면도 우측면도
   저면도

44.
■ 강관 : ∅A×t−L

■ 각강관 : □A×B×t−L
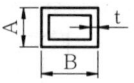
■ 각강 : □A−L

■ 평강 : □A×B−L
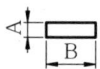

45. 한글 서체는 명조체, 그래픽체, 고딕체로 하고 수직 또는 오른쪽 15° 경사지게 쓰는 것이 원칙이다.

46.
 가 : 지반면(흙), 나 : 잡석
 다 : 모래, 라 : 일반면

47. AutoCAD : 컴퓨터를 이용한 설계프로그램

48.
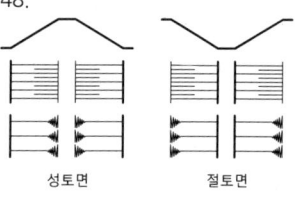
성토면   절토면

정 답
43. ① 44. ② 45. ③ 46. ②
47. ④ 48. ①

49. 도로 설계를 할 때 평면도에 대한 설명으로 옳지 않은 것은?
  ① 평면도의 기점은 일반적으로 왼쪽에 둔다.
  ② 축척이 1/1000인 경우 등고선 5m마다 기입한다.
  ③ 노선 중심선 좌우 약 100m 정도의 지형 및 지물을 표시한다.
  ④ 산악이나 구릉부의 지형은 등고선을 기입하지 않는다.

50. 철근을 용접에 의한 이음을 하는 경우, 이 때, 이음부가 철근의 설계 기준 항복강도의 얼마 이상을 발휘할 수 있는 완전 용접이어야 하는가?
  ① 85%   ② 95%
  ③ 115%   ④ 125%

51. 콘크리트용 잔골재의 입도에 관한 사항으로 옳지 않은 것은?
  ① 잔골재는 크고 작은 알이 알맞게 혼합되어 있는 것으로서 입도가 표준 범위 내인가를 확인한다.
  ② 입도가 잔골재의 표준 입도의 범위를 벗어나는 경우에는 두 종류 이상의 잔골재를 혼합하여 입도를 조정하여 사용한다.
  ③ 일반적으로 콘크리트용 잔골재의 조립률의 범위는 5.0이상인 것이 좋다.
  ④ 조립률은 골재의 입도를 수량적으로 나타내는 한 방법이다.

52. 콘크리트용 골재가 갖추어야 할 성질에 대한 설명으로 옳지 않은 것은?
  ① 알맞은 입도를 가질 것
  ② 깨끗하고 강하며 내구적일 것
  ③ 연하고 가느다란 석편을 다량 함유하고 있을 것
  ④ 먼지, 흙, 유기불순물 등의 유해물이 허용한도 이내일 것

53. 콘크리트에 일정한 하중을 주면 응력의 변화는 없는데도 변형이 시간이 경과함에 따라 커지는 현상은?
  ① 건조수축   ② 크리프
  ③ 틱소트로피   ④ 릴랙세이션

54. 경량 골재 콘크리트에 대한 설명으로 옳지 않은 것은?
  ① 경량 골재는 일반적으로 입경이 작을수록 밀도가 커진다.
  ② 경량 골재를 써서 만든 콘크리트로서 일반적으로 단위질량이 2,500~2,700kg/㎥ 인 콘크리트를 말한다.
  ③ 경량 골재의 굵은 골재 최대치수는 공사 시방서에서 정한바가 없을 때에는 20mm 이하로 한다.
  ④ 골재 씻기 시험에 의하여 손실되는 양은 10% 이하로 한다.

해 설

49. 산악이나 구릉부의 지형은 등고선을 기입하여 표시한다.

50. D35를 초과하는 철근은 겹침이음을 해서는 안 되고 용접에 의한 맞대기 이음을 한다. 이음부가 철근의 항복강도의 125% 이상의 인장을 발휘할 수 있도록 한다.

51. 잔골재의 조립률의 범위 : 2.3~3.1

52. 연한 석편, 가느다란 석편을 함유하지 않고, 둥글거나, 정육면체에 가까울 것

53. 크리프 : 콘크리트에 일정하게 하중을 계속주면, 응력의 변화는 없는데 변형이 재령과 함께 커지는 현상

54. 단위 무게 1,700kg/㎥ 이하인 콘크리트를 말한다.

정 답

49. ④ 50. ④ 51. ③ 52. ③
53. ② 54. ②

55. 표준갈고리를 갖는 인장 이형철근의 정착 길이는 항상 얼마 이상이어야 하는가?
   ① 150mm 이상
   ② 250mm 이상
   ③ 350mm 이상
   ④ 450mm 이상

56. 잔골재의 조립률 2.3, 굵은골재의 조립률 6.7을 사용하여 잔골재와 굵은골재를 질량비 1:1.5로 혼합하면 이때 혼합된 골재의 조립률은?
   ① 3.67
   ② 4.94
   ③ 5.27
   ④ 6.12

57. D16 이하의 철근을 사용하여 현장 타설한 콘크리트의 경우 흙에 접하거나 옥외공기에 직접 노출되는 콘크리트 부재의 최소 피복 두께는?
   ① 20mm
   ② 40mm
   ③ 50mm
   ④ 60mm

58. D16 이하의 스터럽이나 띠철근에서 철근을 구부리는 내면 반지름은 철근 공칭 지름(d_b)의 몇 배 이상으로 하여야 하는가?
   ① 1배
   ② 2배
   ③ 3배
   ④ 4배

59. 콘크리트를 배합 설계할 때 물-결합재 비를 결정할 때의 고려사항으로 거리가 먼 것은?
   ① 소요의 강도
   ② 내구성
   ③ 수밀성
   ④ 철근의 종류

60. AE 콘크리트의 특징에 대한 설명으로 틀린 것은?
   ① 내구성과 수밀성이 감소된다.
   ② 워커빌리티가 개선된다.
   ③ 동결 융해에 대한 저항성이 개선된다.
   ④ 철근과의 부착 강도가 감소된다.

해 설

55. 정착길이(ℓ_d)=기본정착길이×보정계수=$8d_b$ 이상 또는 150mm 이상

56. $f_a = \dfrac{p}{p+q} \cdot f_s + \dfrac{q}{q+p} \cdot f_g$
   $= \dfrac{1}{1+1.5} \times 2.3 + \dfrac{1.5}{1+1.5} \times 6.7$
   $= 4.94$
   여기서
   f_a : 혼합골재의 조립률
   f_s, f_g : 잔 골재 및 굵은 골재 각각의 조립률
   p, q : 무게로 된 잔 골재 및 굵은 골재 각각의 혼합비

57.
■ 흙, 옥외 공기에 접하지 않는 부위
- 슬래브, 장선, 벽체
  D35 초과 : 40mm,
  D35 이하 : 20mm
- 보, 기둥 : 40mm
■ 흙, 옥외공기에 접하는 부위
- 노출되는 콘크리트
  D29 이상 : 60mm
  D25 이하 : 50mm
  D16 이하 : 40mm
- 영구히 묻히는 콘크리트 : 80mm
■ 수중에서 타설 하는 콘크리트 : 100mm

58. D16 이하의 스터럽과 띠철근으로 사용하는 표준 갈고리의 구부림 내면 반지름은 철근 공칭지름의 2배 이상으로 하여야 한다.

59. 콘크리트의 배합은 소요의 강도, 내구성, 수밀성, 균열저항성, 철근 또는 강재를 보호하는 성능 및 작업에 적합한 워커빌리티를 갖는 범위 내에서 단위수량이 될 수 있는 대로 적게 되도록 해야 한다.

60. 내구성과 수밀성이 증가된다.

정 답

55. ① 56. ② 57. ② 58. ②
59. ④ 60. ①

모의고사(Ⅲ)

1. 압축을 받는 부재의 모든 축방향 철근은 띠철근으로 둘러싸야 하는데 띠철근의 수직간격은 띠철근이나 철선지름의 몇 배 이하로 하여야 하는가?
   ① 16배
   ② 32배
   ③ 48배
   ④ 64배

2. 동일 평면에서 평행한 철근사이의 수평 순간격은 최소 몇 mm 이상이어야 하는가?
   ① 15mm이상
   ② 20mm이상
   ③ 25mm이상
   ④ 30mm이상

3. 강재의 보 위에 철근 콘크리트 슬래브를 이어 쳐서 양자가 일체하도록 된 구조는?
   ① 철근 콘크리트 구조
   ② 콘크리트 구조
   ③ 강 구조
   ④ 합성 구조

4. 축방향 압축을 받는 부재로서 높이가 단면 최소 치수의 몇 배 이상이 되어야 기둥이라고 하는가?
   ① 2배
   ② 3배
   ③ 4배
   ④ 5배

5. 띠철근 기둥의 축방향 철근 단면적에 최소 한도를 두는 이유로 옳지 않은 것은?
   ① 예상외의 힘에 대비할 필요가 있다.
   ② 콘크리트의 크리프를 감소시키는데 효과가 있다.
   ③ 콘크리트의 건조수축의 영향을 증가시키는데 효과가 있다.
   ④ 콘크리트의 부분적 결함을 철근으로 보충하기 위해서이다.

6. 다음에서 설명하는 구조물은?

   - 두께에 비하여 폭이 넓은 판 모양의 구조물
   - 도로교에서 직접 하중을 받는 바닥판
   - 건물의 각 층마다의 바닥판

   ① 보
   ② 기둥
   ③ 슬래브
   ④ 확대기초

해 설

1. 띠철근의 수직간격은 축방향 철근 지름의 16배 이하, 띠철근 지름의 48배 이하, 또한 기둥단면의 최소치수 이하로 하여야 한다.

2. 상하 2단 배근인 경우
   ① 상, 하 철근은 동일 연직면 내 배근
   ② 상, 하 철근의 순 간격은 25mm이상

3. 합성 구조 : 강재보의 보 위에 철근 콘크리트 슬래브를 이어 쳐서 양자가 일체로 작용하도록 함.

4. 기둥 : 축 방향 압축과 휨을 받는 구조물로서 부재의 높이가 부재 단면의 최소 치수의 3배 이상인 압축재

5. 콘크리트의 건조수축의 영향을 감소시키는데 효과가 있다.

6. 슬래브 정의
   ① 두께에 비하여 폭이 넓은 판 모양의 구조물
   ② 교량에서 직접 하중을 받는 바닥판이나 건물의 각층마다의 바닥판

정 답

1. ③ 2. ③ 3. ④ 4. ② 5. ③
6. ③

7. 프리스트레스를 도입한 후의 손실 원인이 아닌 것은?
   ① 콘크리트의 크리프
   ② 콘크리트의 건조 수축
   ③ 콘크리트의 블리딩
   ④ PS강재의 릴랙세이션

8. 토목구조물의 특징으로 옳은 것은?
   ① 다량 생산을 할 수 있다.
   ② 대부분은 개인적인 목적으로 건설된다.
   ③ 건설에 비용과 시간이 적게 소요된다.
   ④ 구조물의 수명, 즉 공용 기간이 길다.

9. 직사각형 독립확대 기초의 크기가 2m×3m 이고 허용 지지력이 250kN/㎡ 일 때 이 기초가 받을 수 있는 최대 하중의 크기는 얼마인가?
   ① 500kN
   ② 1,000kN
   ③ 1,500kN
   ④ 2,000kN

10. 강재의 용접 이음 방법이 아닌 것은?
    ① 아크 용접법
    ② 리벳 용접법
    ③ 가스 용접법
    ④ 특수 용접법

11. 벽으로부터 전달되는 하중을 분포시키기 위하여 연속적으로 만들어진 기초는?
    ① 독립 확대 기초
    ② 벽 확대 기초
    ③ 연결 확대 기초
    ④ 말뚝 기초

12. 구조 재료로서 강재의 단점으로 옳은 것은?
    ① 재료의 균질성이 떨어진다.
    ② 부재를 개수하거나 보강하기 어렵다.
    ③ 차량 통행에 의하여 소음이 발생하기 쉽다.
    ④ 강 구조물을 사전 제작하여 조합하기 어렵다.

13. 다음 중 역사적인 토목 구조물로서 가장 오래된 교량은?
    ① 미국의 금문교
    ② 영국의 런던교
    ③ 프랑스의 아비뇽교
    ④ 프랑스의 가르교

14. 프리스트레스트 콘크리트에 사용되는 강재의 종류가 아닌 것은?
    ① PS 형강
    ② PS 강선
    ③ PS 강봉
    ④ PS 강연선

해 설

7. 블리딩(bleeding) : 콘크리트를 친 후 시멘트와 골재 알이 가라앉으면서 물이 올라와 표면에 떠오르는 현상

8.
① 대량생산이 아니다.
② 대부분 공공의 목적으로 건설된다.
③ 일반적으로 규모가 크다. ⇒ 건설에 많은 비용과 시간이 소요

9. 하중의 크기
 =허용 지지력×확대 기초의 면적
 =250kN/㎡×6㎡=1,500kN

10. 강재의 이음 방법
① 용접이음 : 아크 용접(교량에서 일반적으로 사용), 가스 용접, 특수 용접
② 고장력 볼트 이음

11. 벽 확대 기초 : 벽으로부터 전달되는 하중을 분포시키기 위하여 연속적으로 만들어진 확대기초

12. 강재의 단점
① 부식이 쉽다. ⇒ 정기적 도장
② 반복하중에 의한 피로 발생 ⇒ 피로파괴
③ 차량통행에 의한 소음 발생
④ 강재 연결부위 완전한 강절 연결이나 단순 연결로 하기 어려워 구조해석 복잡

13.
■ 금문교(1937)
■ 런던교(1176~1209)
■ 아비뇽교(12세기)
■ 가르교(기원전 1~2세기)

14. PSC 사용재료
① 콘크리트 : 고강도 콘크리트
② PS강재 : PS강선, PS강봉, PS강연선
③ 그 밖의 재료 : 시스, 정착장치, 그라우트

정 답

7. ③ 8. ④ 9. ③ 10. ② 11. ②
12. ③ 13. ④ 14. ①

15. 철근 콘크리트(RC)의 특징이 아닌 것은?
    ① 내구성이 우수하다.
    ② 개조, 파괴가 쉽다.
    ③ 유지 관리비가 적게 든다.
    ④ 여러 가지 모양과 크기의 구조물을 만들기 쉽다.

16. 교량의 설계 하중에서 주하중이 아닌 것은?
    ① 설하중
    ② 활하중
    ③ 고정 하중
    ④ 충격 하중

17. 1방향 슬래브에서의 두께는 최소 몇 ㎜ 이상으로 하여야 하는가?
    ① 70㎜   ② 80㎜
    ③ 90㎜   ④ 100㎜

18. 도면을 철하고자 할 때 어떤 쪽을 우선으로 철하는가?
    ① 위쪽   ② 아래쪽
    ③ 왼쪽   ④ 오른쪽

19. 사투상도에서 물체를 입체적으로 나타내기 위해 수평선에 대하여 주는 경사각이 아닌 것은?
    ① 30°   ② 45°
    ③ 60°   ④ 90°

20. 그림은 무엇을 작도하기 위한 것인가?

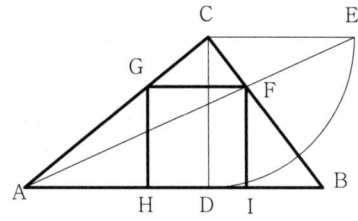

    ① 사각형에 외접하는 최소 삼각형
    ② 사각형에 외접하는 최대 정삼각형
    ③ 삼각형에 내접하는 최대 정사각형
    ④ 삼각형에 내접하는 최소 직사각형

해 설

15. 검사 및 개조, 파괴 등이 어렵다.

16.
- 주하중 : 고정하중, 활하중, 충격하중
- 부하중 : 풍하중, 온도변화의 영향, 지진하중
- 특수하중 : 설하중, 원심하중, 지점이동의 영향, 제동하중, 가설하중, 충돌하중

17. 1방향 슬래브의 두께는 최소 100㎜ 이상으로 하여야 한다.

18. 도면을 철하고자 할 때는 왼쪽을 우선으로 철한다.

19.
① 기본 사투상도 : 기준선위에 물체의 정면도를 나타낸 다음, 각 꼭지점에서 기준선과 45°를 이루는 사선을 나란히 긋고, 이 선 위에 물체의 안쪽 길이를 옮겨서 나타내는 방법
② 특수 사투상도 : 경사각을 30°, 60°등으로 달리하고, 안쪽 길이를 실제 길이의 3/4, 2/3, 1/2로 줄여서 나타내어 시각적 효과를 다르게 하여 나타내는 방법

20. 삼각형 ABC에 내접하는 최대 정사각형 FGHI 작도법

정 답

15. ② 16. ① 17. ④ 18. ③
19. ④ 20. ③

21. 치수 표기에서 특별한 명시가 없으면 무엇으로 표시하는가?
   ① 가상 치수
   ② 재료 치수
   ③ 재단 치수
   ④ 마무리 치수

22. 치수선에 대한 설명으로 옳은 것은?
   ① 치수선은 표시할 치수의 방향에 평행하게 그린다.
   ② 치수선은 물체를 표시하는 도면의 내부에 그린다.
   ③ 여러 개의 치수선을 평행하게 그을 때 간격은 가급적 다양하게 한다.
   ④ 치수선은 가급적 서로 교차하게 그린다.

23. 정투상법에서 제3각법에 대한 설명으로 옳지 않은 것은?
   ① 평면도는 정면도 아래에 그린다.
   ② 우측면도는 정면도 우측에 그린다.
   ③ 제3면각 안에 물체를 놓고 투상하는 방법이다.
   ④ 각 면에 보이는 물체는 보이는 면과 같은 면에 나타낸다.

24. 콘크리트 구조물 제도에서 지름 16㎜ 일반 이형 철근의 표시법으로 옳은 것은?
   ① R16
   ② ∅16
   ③ D16
   ④ H16

25. 철근의 표시 방법에 대한 설명으로 옳은 것은?

   24@200=4800

   ① 전장 4800㎜를 24㎜간격으로 200등분
   ② 전장 4800㎜를 200㎜간격으로 24등분
   ③ 전장 4800m를 200m간격으로 24등분
   ④ 전장 4800m를 24m간격으로 200등분

26. 삼각 스케일에 표시된 축척이 아닌 것은?
   ① 1:10
   ② 1:200
   ③ 1:300
   ④ 1:600

27. 도로설계제도에서 굴곡부 노선의 제도에 사용되는 기호 중 곡선 시점을 나타내는 것은?
   ① I.P.
   ② E.C.
   ③ T.L.
   ④ B.C.

해 설

21. 치수는 특별히 명시하지 않으면 마무리 치수로 표시한다. 다만 강구조 등의 재료 치수는 마무리 치수의 것을 제작하는 데 필요한 재료의 치수로 한다.

22.
   ② 치수선은 될 수 있는 대로 물체를 표시하는 도면의 외부에 긋는다.
   ③ 다수의 평행 치수선을 서로 접근시켜 그을 때에는 선의 간격은 7~8㎜ 정도로 동일하게
   ④ 서로 교차하지 않도록 한다.

23. 제3각법

	평면도	
좌측면도	정면도	우측면도
	저면도	

24.
   ① R16 : 물체의 반지름이 16㎜
   ② ∅16 : 지름 16㎜인 원형철근
   ③ D16 : 지름 16㎜인 이형철근
   ④ H16 : 지름 16㎜인 이형(고강도)철근

25. 24@200=4800
   ⇒전장 4800㎜를 200㎜로 24등분

26. 삼각축척자(삼각스케일) : 일정한 비율로 길이를 줄일 때 사용한다. (단면이 삼각형으로 $\frac{1}{100}, \frac{1}{200}, \frac{1}{300}, \frac{1}{400}, \frac{1}{500}, \frac{1}{600}$에 해당하는 축척 눈금이 새겨져 있다.)

27. I.P : 교점, E.C : 곡선 종점
    T.L : 접선장, B.C : 곡선 시점

정 답

21. ④ 22. ① 23. ① 24. ③
25. ② 26. ① 27. ④

28. 다음 선의 종류 중 가장 굵게 그려져야 하는 선은?
   ① 중심선 ② 윤곽선
   ③ 파단선 ④ 치수선

29. 자갈을 나타내는 재료 단면의 경계 표시는?

   ①    ②
   ③   ④

30. 한 도면에서 두 종류 이상의 선이 같은 장소에 겹치게 될 때 순서로 옳은 것은?
   ① 숨은선 → 외형선 → 절단선 → 중심선
   ② 외형선 → 숨은선 → 절단선 → 중심선
   ③ 중심선 → 외형선 → 절단선 → 숨은선
   ④ 숨은선 → 중심선 → 절단선 → 외형선

31. 척도에 대한 설명으로 옳지 않은 것은?
   ① 현척은 1:1을 의미한다.
   ② 척도의 종류는 축척, 현척, 배척이 있다.
   ③ 척도는 물체의 실제 크기와 도면에서의 크기 비율을 말한다.
   ④ 1:2는 2배로 크게 그린 배척을 의미한다.

32. 그림과 같은 재료 단면의 경계 표시가 나타내는 것은?

   ① 흙   ② 호박돌
   ③ 바위   ④ 잡석

33. CAD 작업 파일의 확장자로 옳은 것은?
   ① TXT   ② DWG
   ③ HWP   ④ JPG

34. 치수의 기입 방법에 대한 설명으로 틀린 것은?
   ① 협소한 구간에서의 치수 기입은 필요에 따라 생략해도 된다.
   ② 경사의 방향을 표시할 필요가 있을 때에는 하향 경사쪽으로 화살표를 붙인다.
   ③ 원의 지름을 표시하는 치수선은 기준선 또는 중심선에 일치하지 않게 한다.
   ④ 작은 원의 지름은 인출선을 써서 표시할 수 있다.

해설

28.
- 중심선—가는 일점 쇄선
- 윤곽선—도면의 크기에 따라 0.5㎜ 이상의 굵은 실선
- 치수선, 파단선—가는 실선

29.
가 : 지반면(흙)
나 : 수준면(물)
다 : 암반면(바위)
라 : 자갈

30. 외형선 → 숨은선 → 절단선 → 중심선 → 무게 중심선 → 치수 보조선

31. 1:2는 실제 크기의 1/2배로 축소하여 그린 축척을 의미한다.

32.

지반면(흙) 호박돌
암반면   잡석

33.
- TXT : 텍스트(TEXT)문서 확장자로 윈도우 기본프로그램인 메모장에서 쓰이는 확장자
- DWG : AutoCad 도면파일 확장자
- HWP : 학교, 기업 등 국내에서 널리 사용되는 워드프로세서인 '한글' 확장자
- JPG : 이미지와 관련된 확장자들 중에 가장 보편적으로 사용되는 것

34. 협소하여 화살표를 붙일 여백 또는 치수를 쓸 여백이 없을 때에는 치수선을 치수 보조선 바깥쪽에 긋고, 안쪽을 향하여 화살표를 붙인다.

정답

28. ② 29. ④ 30. ② 31. ④
32. ② 33. ② 34. ①

35. 도면 작도 시 유의사항으로 틀린 설명은?
   ① 도면은 KS토목 제도 통칙에 따라 정확하게 그려야 한다.
   ② 도면의 안정감을 위해 치수선의 간격을 도면마다 다르게 하며, 화살표의 표시도 다양하게 한다.
   ③ 도면에는 불필요한 사항은 기입하지 않는다.
   ④ 글씨는 명확하고 띄어쓰기에 맞게 쓴다.

36. 다음 장치 중 입력장치가 아닌 것은?
   ① 터치패드
   ② 스캐너
   ③ 태블릿
   ④ 플로터

37. KS의 부문별 기호 중 토목·건축 부문의 기호는?
   ① KS C
   ② KS D
   ③ KS E
   ④ KS F

38. 도면을 표현형식에 따라 분류할 때 구조물의 구조 계산에 사용되는 선도로 교량의 골조를 나타내는 도면은?
   ① 일반도
   ② 배근도
   ③ 구조선도
   ④ 상세도

39. 다음 중 자연석의 단면 표시로 옳은 것은?

① 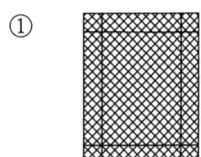 ②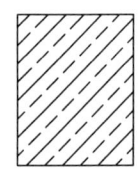

③ 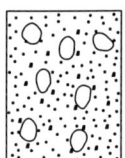 ④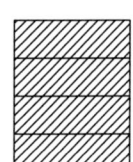

해설

35. 도면의 안정감을 위해 치수선의 간격을 도면마다 동일하게 하며, 치수선의 끝 부분 기호에는 화살표, 검정 점, 사선 등이 있으나 한 도면에서는 동일한 기호를 사용한다.

36. 플로터 : 대형 도면을 인쇄하기 위하여 사용되는 출력 장치

37.
■ KS C : 전기
■ KS D : 금속
■ KS E : 광산
■ KS F : 토건

38. 구조선도 : 어떤 건물이나 시설물을 이루고 있는 뼈대의 짜임을 나타낸 그림으로 교량의 골조를 나타내는 도면

39.
① 블록
② 자연석
③ 콘크리트
④ 벽돌

정답

35. ② 36. ④ 37. ④ 38. ③
39. ②

40. 어떤 재료의 치수가 2-H 300×200×9×12×1000로 표시 되었을 때 플렌지 두께는?
   ① 2㎜
   ② 9㎜
   ③ 12㎜
   ④ 200㎜

41. 물체를 투상면에 대하여 한쪽으로 경사지게 투상하여 입체적으로 나타낸 것은?
   ① 투시투상도
   ② 사투상도
   ③ 등각투상도
   ④ 축측투상도

42. 단철근 직사각형 보에서 단면이 평형 단면일 경우 중립축의 위치 결정에서 사용하는 철근의 탄성계수는?
   ① 2,000MPa
   ② 20,000MPa
   ③ 200,000MPa
   ④ 2,000,000MPa

43. 철근 D29~D35의 경우에 180° 표준갈고리의 구부림 최소 내면 반지름은? (단, d_b : 철근의 공칭지름)
   ① $2d_b$
   ② $3d_b$
   ③ $4d_b$
   ④ $5d_b$

44. 시방배합과 현장배합에 대한 설명으로 옳지 않은 것은?
   ① 시방배합에서 골재의 함수상태는 표면건조포화상태를 기준으로 한다.
   ② 시방배합에서 굵은골재와 잔골재를 구분하는 기준은 5㎜체이다.
   ③ 시방배합을 현장배합으로 고치는 경우 골재의 표면수량과 입도는 제외한다.
   ④ 시방배합을 현장배합으로 고치는 경우 혼화제를 희석시킨 희석수량을 고려하여야 한다.

45. 굳지 않은 콘크리트에 AE제를 사용하여 연행공기를 발생시켰다. 이 AE공기의 특징으로 옳은 것은?
   ① 콘크리트의 유동성을 저하시킨다.
   ② 콘크리트의 온도가 낮을수록 AE공기가 잘 소실된다.
   ③ 경화 후 동결융해에 대한 저항성이 증대된다.
   ④ 기포의 직경이 클수록 잘 소실되지 않는다.

해 설

40. H형강 : H H×A×t1×t2-L
   ⇒H 높이×너비×복부 두께×플렌지 두께-길이

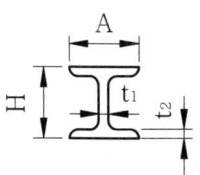

41. 사투상도 : 입체의 3주축(X,Y,Z) 중에서 2주축을 투상면과 평행으로 놓고 정면도로 하여 옆면 모서리축을 수평선과 임의의 각으로 그려진 투상도

42. 철근의 탄성계수 :
   Es= $2.0×10^5$ MPa 이다.

43. 갈고리의 최소 내면 반지름:
   ① D10 ~ D25 : 3db
   ② D29 ~ D35 : 4db
   ③ D38 이상 : 5db

44. 시방배합을 현장배합으로 수정 사항
   ① 입도조정: 잔 골재의 5㎜체 잔유율, 굵은 골재의 5㎜체 통과율
   ② 함수량 조정 : 골재표면수량

45.
   ■ 콘크리트의 유동성을 증가시킨다.
   ■ 콘크리트의 온도가 높을수록 AE공기가 잘 소실된다.
   ■ 기포의 직경이 작을수록 잘 소실되지 않는다.

정 답

40. ③ 41. ② 42. ③ 43. ③
44. ③ 45. ③

46. D35를 초과하는 철근의 이음에 대한 설명 중 옳은 것은?
   ① 겹침이음을 해야 한다.
   ② 일반적으로 갈고리를 하여 이음 한다.
   ③ 용접이음을 해서는 안 된다.
   ④ 이음부가 철근의 설계기준항복강도의 125% 이상을 발휘할 수 있어야 한다.

47. 경량 골재 콘크리트의 특징으로 옳지 않은 것은?
   ① 자중이 크다.   ② 내화성이 크다.
   ③ 열전도율이 작다.   ④ 탄성계수가 작다.

48. 콘크리트 표면과 그에 가장 가까이 배치된 철근 표면 사이의 최단거리를 무엇이라 하는가?
   ① 피복두께   ② 철근의 간격
   ③ 콘크리트의 여유   ④ 철근의 두께

49. 하루 평균기온이 몇 ℃를 초과할 경우에 서중 콘크리트로서 시공하는가?
   ① 20℃   ② 25℃
   ③ 30℃   ④ 35℃

50. 상단과 하단에 2단 이상으로 배치된 철근에 대한 설명으로 옳은 것은?
   ① 순간격은 25mm 이상으로 하고 상하 철근을 동일 연직면내에 두어야 한다.
   ② 순간격은 20mm 이상으로 하고 상하 철근을 서로 엇갈리게 배치한다.
   ③ 순간격은 25mm 이상으로 하고 상하 철근을 서로 엇갈리게 배치한다.
   ④ 순간격은 20mm 이상으로 하고 상하 철근을 동일 연직면내에 두어야 한다.

51. 굳지 않은 콘크리트의 반죽 질기를 측정하는데 사용되는 시험은?
   ① 자르 시험   ② 브리넬 시험
   ③ 비비 시험   ④ 로스앤젤레스 시험

52. 콘크리트의 크리프에 대한 설명으로 틀린 것은?
   ① 물-시멘트비가 적을수록 크리프는 감소한다.
   ② 단위 시멘트량이 적을수록 크리프는 감소한다.
   ③ 주위의 습도가 높을수록 크리프는 감소한다.
   ④ 주위의 온도가 높을수록 크리프는 감소한다.

해 설

46. D35를 초과하는 철근은 겹침이음을 해서는 안 되고 용접에 의한 맞대기 이음을 한다. 이음부가 철근의 항복강도의 125% 이상의 인장을 발휘할 수 있도록 한다.

47. 콘크리트의 건조 비중이 2.0 이하의 콘크리트를 경량 콘크리트라 하며, 경량 골재를 사용한다.

48. 피복두께 : 콘크리트 표면과 철근 표면의 가장 가까운 거리

49. 하루 평균 기온이 25℃를 넘으면 서중 콘크리트로 시공

50. 상하 2단 배근인 경우
   ① 상, 하 철근은 동일 연직면 내 배근
   ② 상, 하 철근의 순간격은 25mm 이상

51. 워커빌리티는 반죽질기에 좌우되므로 일반적으로 반죽질기(컨시스턴시)를 측정하여 판단한다. 그 중에서 슬럼프 시험을 가장 보편적으로 사용
   ① 워커빌리티 판정시험 : 슬럼프 시험, 구관입 시험, 흐름시험
   ② 그 밖에 워커빌리티 시험 : 비비 시험(Vee-Bee test), 리몰딩 시험

52. 주위의 온도가 높을수록 크리프는 증가한다.

정 답

46. ④ 47. ① 48. ① 49. ②
50. ① 51. ③ 52. ④

53. 인장 철근 1개의 지름이 30mm이고, 표준 갈고리를 가지는 인장 철근의 기본 정착 길이가 300mm라면 표준갈고리를 가지는 이형 인장 철근의 정착 길이는? (단, 보정계수는 0.8이다.)
   ① 150mm   ② 180mm
   ③ 210mm   ④ 240mm

54. 압축부재의 띠철근 수직간격 결정시 검토하여야 할 조건으로 옳은 것은?
   ① 300mm 이하
   ② 축방향 철근 지름의 16배 이하
   ③ 띠철근 지름의 32배 이하
   ④ 기둥 단면 최소 치수의 1/2 이하

55. 블리딩을 적게 하는 방법으로 옳지 않은 것은?
   ① 분말도가 높은 시멘트를 사용한다.
   ② 단위 수량을 크게 한다.
   ③ AE제를 사용한다.
   ④ 감수제를 사용한다.

56. 압축 이형철근의 정착길이 l_d는 기본 정착길이에 적용 가능한 모든 보정계수를 곱하여 구하여야 한다. 이때 구한 정착길이 l_d는 항상 얼마 이상이어야 하는가?
   ① 150mm   ② 200mm
   ③ 250mm   ④ 300mm

57. 도로교 설계에서 하중을 주하중, 부하중, 주하중에 상당하는 특수하중, 부하중에 상당하는 특수하중으로 구분할 때, 부하중에 해당하는 것은?
   ① 활하중   ② 풍하중
   ③ 고정 하중 ④ 충격 하중

58. 재료의 강도가 크고, 콘크리트에 비하여 부재의 치수를 작게 할 수 있어 지간이 긴 교량을 축조하는데 유리한 토목 구조물의 구조는?
   ① 강 구조
   ② 석 구조
   ③ 목 구조
   ④ 흙 구조

해설

53. 정착 길이
    =기본 정착 길이×보정계수
    =300×0.8=240mm

54. 띠철근의 수직간격은 축방향 철근 지름의 16배 이하, 띠철근 지름의 48배 이하, 또한 기둥단면의 최소치수 이하로 하여야 한다.

55. 단위 수량을 적게 한다.

56. 압축 이형철근 : 200mm이상
    인장 이형철근 : 300mm이상

57.
   - 주하중 : 고정하중, 활하중, 충격하중
   - 부하중 : 풍하중, 온도변화의 영향, 지진하중
   - 특수하중 : 설하중, 원심하중, 지점이동의 영향, 제동하중, 가설하중, 충돌하중

58. 강 구조 : 강도가 콘크리트에 비하여 월등히 크므로 부재의 치수를 작게 할 수 있어 지간이 긴 교량을 축조하는데 유리할 뿐만 아니라, 콘크리트에 비하여 재료의 품질 관리가 쉽고, 공사 기간이 단축되는 등의 장점으로 널리 쓰이고 있다.

정답

53. ④ 54. ② 55. ② 56. ②
57. ② 58. ①

59. 프리스트레스 도입 직후 및 설계 하중이 작용할 때의 단면 응력에 대한 가정 사항이 아닌 것은?
   ① 콘크리트는 전단면이 유효하게 작용한다.
   ② 콘크리트와 PS 강재는 탄성 재료로 가정한다.
   ③ 부재의 길이 방향의 변형률은 중립축으로부터의 거리에 비례한다.
   ④ PS 강재 및 철근은 각각 그 위치의 콘크리트 변형률은 다르다.

60. 1방향 슬래브에서 배력 철근을 배치하는 이유가 아닌 것은?
   ① 주철근의 간격 유지
   ② 균열을 특정한 위치로 집중
   ③ 온도 변화에 의한 수축 감소
   ④ 고른 응력의 분포

해설

59. 부착되어 있는 PS 강재 및 철근은 각각 그 위치의 콘크리트 변형률과 같은 변형률을 일으킨다.

60. 배력 철근 : 응력의 고른 분포, 주철근의 간격 유지, 콘크리트의 건조수축이나 온도 변화에 의한 수축 감소, 균열을 제어 하며 주철근과 직각 방향으로 배치한다.

정답

59. ④ 60. ②

모의고사(IV)

1. 콘크리트용 골재가 갖추어야 할 성질에 대한 설명으로 옳지 않은 것은?
   ① 알맞은 입도를 가질 것
   ② 깨끗하고 강하며 내구적일 것
   ③ 연하고 가느다란 석편을 함유할 것
   ④ 먼지, 흙, 유기불순물 등의 유해물이 허용한도 이내 일 것

2. 콘크리트를 연속으로 칠 경우 콜드 조인트가 생기지 않도록 하기 위하여 사용할 수 있는 혼화제는?
   ① 지연제   ② 급결제
   ③ 발포제   ④ 촉진제

3. 철근콘크리트 보에서 사용하는 전단철근에 해당되지 않는 것은?
   ① 주인장 철근에 45°의 각도로 구부린 굽힘철근
   ② 주인장 철근에 60°의 각도로 설치된 스터럽
   ③ 주인장 철근에 30°의 각도로 설치된 스터럽
   ④ 스터럽과 굽힘철근의 조합

4. 철근콘크리트 구조물에서 철근의 최소 피복두께를 결정하는 요소로 가장 거리가 먼 것은?
   ① 콘크리트를 타설하는 조건에 따라
   ② 거푸집의 종류에 따라
   ③ 사용 철근의 공칭지름에 따라
   ④ 구조물이 받는 환경조건에 따라

5. 철근의 항복으로 시작되는 보의 파괴는 사전에 붕괴의 징조를 알리며 점진적으로 일어난다. 이러한 파괴 형태를 무엇이라 하는가?
   ① 연성파괴   ② 항복파괴
   ③ 취성파괴   ④ 피로파괴

6. 철근 크기에 따른 180° 표준 갈고리의 구부림 최소 반지름으로 옳지 않은 것은? (단, d_b는 철근의 공칭지름)
   ① D10 : $2d_b$
   ② D25 : $3d_b$
   ③ D35 : $4d_b$
   ④ D38 : $5d_b$

해 설

1. 연한 석편, 가느다란 석편을 함유하지 않고, 둥글거나, 정육면체에 가까울 것

2. 지연제 : 콘크리트의 응결이나 초기경화를 지연시키기 위해 사용
   ① 레디믹스트 콘크리트의 운반거리가 멀 경우에 사용
   ② 콘크리트를 연속적으로 칠 때 콜드조인트가 생기지 않도록 할 경우 사용
   ③ 서중 콘크리트에 적당

3. 철근콘크리트 부재의 경우 다음과 같은 형태의 전단철근을 사용할 수 있다.
   ① 주인장 철근에 45° 이상의 각도로 설치되는 스터럽
   ② 주인장 철근에 30° 이상의 각도로 구부린 굽힘철근
   ③ 스터럽과 굽힘철근의 조합

4. 피복두께 결정 요소 : 구조물이 받는 환경조건, 사용 철근의 공칭지름, 콘크리트를 타설하는 조건

5.
   ■ 취성파괴 : 압축 측 콘크리트가 먼저 파괴 되어 사전 징조 없이 갑자기 파괴
   ■ 연성파괴 : 균형 철근비보다 적은 철근을 배치하여 사전 징조 있는 파괴(사람들이 많이 이용하는 구조물인 경우 대피를 유도할 수 있고 파괴시점을 예측 가능하게 하는 장점이 있다.)

6. 갈고리의 최소 내면 반지름:
   ① D10 ~ D25 : 3db
   ② D29 ~ D35 : 4db
   ③ D38 이상 : 5db

정 답

1. ③ 2. ① 3. ③ 4. ② 5. ①
6. ①

7. 두께 140㎜의 슬래브를 설계하고자 한다. 최대 정모멘트가 발생하는 위험 단면에서 주철근의 중심 간격은 얼마 이하여야 하는가?
   ① 280㎜ 이하
   ② 320㎜ 이하
   ③ 360㎜ 이하
   ④ 400㎜ 이하

8. 콘크리트 구조물의 이음에 관한 설명으로 옳지 않은 것은?
   ① 설계에 정해진 이음의 위치와 구조는 지켜야 한다.
   ② 신축이음은 양쪽의 구조물 혹은 부재가 구속되지 않는 구조이어야 한다.
   ③ 시공이음은 될 수 있는 대로 전단력이 큰 위치에 설치 한다.
   ④ 신축이음에서는 필요에 따라 이음재, 지수판 등을 설치 할 수 있다.

9. 콘크리트 속에 일부가 매립된 철근은 책임기술자의 승인하에 구부림 작업을 해야 한다. 현장에서 철근을 구부리기 위한 작업 방법으로 옳지 않은 것은?
   ① 가급적 상온에서 실시한다.
   ② 구부리기 위한 철근의 가열은 콘크리트에 손상이 가지 않도록 한다.
   ③ 구부림 작업 중 균열이 발생하면 가열하여 나머지 철근에서 이러한 현상이 발생하지 않도록 한다.
   ④ 800℃ 정도까지 가열된 철근은 냉각수 등을 사용하여 급속히 냉각하도록 한다.

10. 도면의 크기에서 A4 용지의 재단 치수는? (단위:㎜)
    ① 148×210
    ② 148×257
    ③ 210×297
    ④ 257×364

11. 콘크리트를 배합 설계할 때 물-시멘트 비를 결정할 때의 고려사항으로 거리가 먼 것은?
    ① 압축 강도
    ② 단위 시멘트량
    ③ 내구성
    ④ 수밀성

12. 철근의 겹침이음 길이를 결정하기 위한 요소 중 옳지 않은 것은?
    ① 철근의 종류
    ② 철근의 재질
    ③ 철근의 공칭지름
    ④ 철근의 설계기준항복강도

13. 폴리머 콘크리트(폴리머-시멘트 콘크리트)의 성질로 옳지 않은 것은?
    ① 강도가 크다.
    ② 건조수축이 작다.
    ③ 내충격성이 좋다.
    ④ 내마모성이 작다.

해 설

7.
- 슬래브의 정철근 및 부철근의 중심 간격은 최대 휨모멘트가 일어나는 단면에서는 슬래브 두께의 2배 이하이어야 하고, 또한 300㎜ 이하로 하여야 한다. 기타의 단면에서는 슬래브 두께의 3배 이하이어야 하고, 또한 450㎜ 이하로 하여야 한다.
- 140㎜×2=280㎜ 이하

8. 시공이음은 될 수 있는 대로 전단력이 적은 위치에 설치하고, 부재의 압축력이 작용하는 방향과 직각이 되도록 하는 것이 원칙이다.

9. 모든 철근은 가열해서 구부리면 안되고 상온에서 구부린다.

10. 594×841㎜ : A1, 420×594㎜ : A2, 297×420㎜ : A3, 210×297㎜ : A4

11. 물-시멘트 비를 정하는 기준 : 압축강도, 내구성, 수밀성으로 물-시멘트 비 결정

12. 철근의 겹침이음 길이를 결정하기 위한 요소 : 철근의 종류, 철근의 공칭지름, 철근의 설계기준항복강도

13. 시멘트 대신에 폴리머를 결합재로 사용한 콘크리트로 플라스틱콘크리트 또는 레진콘크리트(resin concrete) 라고도 한다. 압축강도가 우수하고, 방수성과 수밀성(水密性)이 좋으며, 각종 산이나 알칼리, 염류에 강하고 내마모성이 우수하여 바닥재·포장재로 적합하다.

정 답

7. ① 8. ③ 9. ④ 10. ③ 11. ②
12. ② 13. ④

14. 압축부재에 사용되는 나선철근의 정착은 나선철근의 끝에서 추가로 몇 회전만큼 더 확보 하여야 하는가?
   ① 1.0 회전
   ② 1.5 회전
   ③ 2.0 회전
   ④ 2.5 회전

15. 철근콘크리트 구조에 대한 설명으로 옳지 않은 것은?
   ① 콘크리트 압축강도가 인장강도에 비해 약한 결점을 철근을 배치하여 보강한 것이다.
   ② 콘크리트 속에 묻힌 철근은 녹이 슬지 않아 널리 사용된다.
   ③ 이형 철근은 표면적이 넓을 뿐 아니라 마디가 있어 부착력이 크다.
   ④ 각 부재를 일체로 만들 수 있어 전체적으로 강성이 큰 구조가 된다.

16. 토목 구조물의 특징이 아닌 것은?
   ① 일반적으로 대규모이다.
   ② 다량 생산 구조물이다.
   ③ 구조물의 수명, 즉 공용 기간이 길다.
   ④ 대부분이 공공의 목적으로 건설된다.

17. 트러스의 종류 중 주트러스로서는 잘 쓰이지 않으나 가로 브레이싱에 주로 사용되는 형식은?
   ① K 트러스
   ② 프렛(pratt) 트러스
   ③ 하우(howe) 트러스
   ④ 워런(warren) 트러스

18. 콘크리트 속에 철근을 배치하여 양자가 일체가 되어 외력을 받게 한 구조는?
   ① 철근 콘크리트 구조
   ② 무근 콘크리트 구조
   ③ 프리스트레스트 구조
   ④ 합성구조

19. 압축 부재의 철근량 제한 사항으로 옳지 않은 것은?
   ① 철근비의 범위는 10~18% 이어야 한다.
   ② 나선 철근은 수직 간격재를 사용하여 단단하고 곧게 조립한다.
   ③ 축방향 주철근이 겹침 이음되는 경우의 철근비는 0.04를 초과하지 않도록 한다.
   ④ 압축 부재에서 철근을 사각형 또는 원형 띠철근으로 둘러쌀 때에는 최소한 4개의 주철근이 요구된다.

해 설

14. 나선철근의 정착은 나선철근의 끝에서 추가로 1.5 회전만큼 더 확보하여야 한다.

15. 콘크리트 인장강도가 압축강도에 비해 약한 결점을 철근을 배치하여 보강한 것이다.

16. 동일 조건의 동일한 구조물을 2번 이상 건설하는 일이 없다. (다량 생산이 아님)

17.
① 트러스교에 보편적으로 쓰이는 대표적인 트러스 : 프렛(pratt) 트러스, 하우(howe) 트러스, 워런(warren) 트러스
② K - TRUSS : 외관이 좋지 않으므로 주트러스에는 사용안함, 2차 응력이 작은 이점이 있다, 지간 90m이상에 적용

18.
■ 철근 콘크리트 구조 : 콘크리트 속에 철근을 배치하여 양자가 일체가 되어 외력을 받게 한 구조
■ 프리스트레스트 콘크리트 구조 : 콘크리트에 일어날 수 있는 인장력을 상쇄하기 위하여 미리 계획적으로 압축 응력을 준 콘크리트
■ 합성 구조 : 강재보의 보 위에 철근 콘크리트 슬래브를 이어 쳐서 양자가 일체로 작용하도록 함.

19. 철근비는 0.04를 초과하지 않도록 한다.

정 답

14. ② 15. ① 16. ② 17. ①
18. ① 19. ①

20. 1방향 슬래브에서 정모멘트 철근 및 부모멘트 철근의 중심 간격에 대한 위험단면에서의 기준으로 옳은 것은?
  ① 슬래브 두께의 2배 이하, 300mm 이하
  ② 슬래브 두께의 2배 이하, 400mm 이하
  ③ 슬래브 두께의 3배 이하, 300mm 이하
  ④ 슬래브 두께의 3배 이하, 400mm 이하

21. 다음 교량 중 건설 시기가 가장 빠른 것은? (단, 개.보수 및 복구 등을 제외한 최초의 완공을 기준으로 한다.)
  ① 인천 대교
  ② 원효 대교
  ③ 한강 철교
  ④ 영종 대교

22. 양안에 주탑을 세우고 그 사이에 케이블을 걸어, 여기에 보강형 또는 보강 트러스를 매단 형식의 교량은?
  ① 사장교
  ② 현수교
  ③ 아치교
  ④ 라멘교

23. 프리스트레스의 손실 원인 중 프리스트레스를 도입할 때의 손실에 해당하는 것은?
  ① 콘크리트의 크리프
  ② 콘크리트의 건조 수축
  ③ PS 강재의 릴렉세이션
  ④ 마찰에 의한 손실

24. 자동차가 교량 위를 달리다가 갑자기 정지 했을 때 발생하는 하중을 무엇이라고 하는가?
  ① 풍하중
  ② 제동 하중
  ③ 충격 하중
  ④ 고정 하중

해 설

20. 슬래브의 정철근 및 부철근의 중심 간격은 최대 휨모멘트가 일어나는 단면에서는 슬래브 두께의 2배 이하, 또한 300mm 이하로 하여야 한다. 기타의 단면에서는 슬래브 두께의 3배 이하, 또한 450mm 이하로 한다.

21.
- 인천 대교 : 영종도와 송도국제도시를 연결하는 총 18.38km의 사장교로 2009년 10월 완공
- 원효 대교 : 1981년 국내최초 디비닥(Dywidag)공법을 사용한 프리스트레스 교량
- 한강 철교 : 1900년 건설된 근대식 교량의 시작
- 영종 대교 : 2000년 11월에 준공된 국내 최초의 도로 및 철도 병용 현수교

22. 현수교는 주탑에 현의 형태로 주케이블을 설치하고, 사장교는 주탑에 경사 케이블을 좌우 대칭되게 설치함.

23. 프리스트레스 손실
① 즉시손실 (도입 시 손실) : 정착단의 활동에 의한 감소, PC 강재와 쉬스관의 마찰에 의한 감소 (포스트텐션에서만 발생), 콘크리트 탄성변형에 의한 감소
② 시간적 손실 (도입 후 손실) : PC 강재 릴랙세이션에 의해 응력감소, 콘크리트 크리프, 콘크리트 건조수축

24.
- 풍하중 : 바람에 의한 압력
- 제동 하중 : 자동차가 교량 위를 달리다가 갑자기 정지 했을 때 발생하는 하중
- 충격 하중 : 자동차와 같은 활하중이 교량 위를 달릴 때 진동에 의한 하중
- 고정 하중 : 자중을 비롯한 교량에 부설된 모든 시설의 중량

정 답

20. ① 21. ③ 22. ② 23. ④
24. ②

25. 교량을 강도 설계법으로 설계하고자 할 때, 설계 계산에 앞서 결정하여야 할 사항이 아닌 것은?
① 사용성 검토
② 응력의 결정
③ 재료의 선정
④ 하중의 결정

26. 옹벽의 활동에 대한 저항력은 옹벽에 작용하는 수평력의 최소 몇 배 이상이 되도록 하여야 하는가?
① 1.0배
② 1.5배
③ 2.0배
④ 2.5배

27. 철근콘크리트 기둥 중 그림과 같은 형식은 어떤 기둥의 단면을 표시한 것인가?

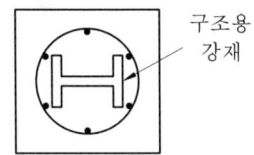

① 합성 기둥
② 띠철근 기둥
③ 콘크리트 기둥
④ 나선철근 기둥

28. 다음 그림은 어느 형식의 확대 기초를 표시한 것인가?

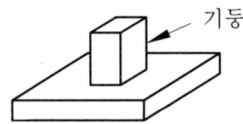

① 독립 확대 기초
② 경사 확대 기초
③ 연결 확대 기초
④ 말뚝 확대 기초

29. 철근 콘크리트가 건설 재료로 널리 이용되는 이유가 아닌 것은?
① 균열이 생기지 않는다.
② 철근과 콘크리트는 온도에 대한 열팽창계수가 거의 같다.
③ 철근과 콘크리트는 부착이 매우 잘된다.
④ 콘크리트 속에 묻힌 철근은 거의 녹이 슬지 않는다.

30. 내적 부정정 아치(arch)에 해당되지 않는 것은?
① 랭거교
② 로제교
③ 타이드 아치교
④ 3활절 아치교

해 설

25. 토목구조물의 설계 절차
① 구조물 건설의 필요성 검토
② 구조물의 위치, 규모 및 기능에 대한 검토
③ 구조물의 형식 검토
④ 재료 선정, 응력 및 하중의 결정
⑤ 단면 치수의 가정
⑥ 구조해석에 의한 단면 계산 및 구조 세목
⑦ 사용성 검토
⑧ 설계도 및 공사 시방서 작성

26. 활동에 대한 안정 :
$$F_S = \frac{수평\ 저항력}{수평력} = \frac{F}{H}$$
$$= \frac{V \cdot \tan\emptyset}{H} = \frac{V \cdot f}{H} \geq 1.5$$
이므로 1.5배 이상

27. 합성 기둥 : 구조용 강재나 강관을 축 방향으로 보강한 기둥

28.
■ 독립 확대 기초 : 한 개의 기둥을 한 개의 기초가 단독으로 지지
■ 연결 확대 기초 : 2개 이상의 기둥을 한 개의 확대 기초로 받치도록 만든 기초

29. 균열이 생기기 쉽고 또 부분적으로 파손되기 쉽다.

30. 아치교
■ 랭거교 : 1차 부정정
■ 로제교 : 고차 부정정
■ 타이드 아치교 : 1차 부정정
■ 3활절(힌지) 아치교 : 정정

정 답

25. ① 26. ② 27. ① 28. ①
29. ① 30. ④

31. 치수선에 대한 설명으로 옳지 않은 것은?
   ① 치수선은 표시할 치수의 방향에 평행하게 긋는다.
   ② 일반적으로 불가피한 경우가 아닐 때에는 치수선은 다른 치수선과 서로 교차하지 않도록 한다.
   ③ 대칭인 물체의 치수선은 중심선에서 약간 연장하여 긋고, 연장선의 끝에서 화살표를 붙여 표시한다.
   ④ 협소하여 화살표를 붙일 여백이 없을 때에는 치수선을 치수보조선 바깥쪽에 긋고 내측을 향하여 화살표를 붙인다.

32. 철근의 치수와 배치를 나타낸 도면은?
   ① 일반도
   ② 구조 일반도
   ③ 배근도
   ④ 외관도

33. 투상선이 모든 투상면에 대하여 수직으로 투상되는 것은?
   ① 정투상법
   ② 투시 투상도법
   ③ 사투상법
   ④ 축측 투상도법

34. 다음 중 제도의 원칙과 가장 거리가 먼 것은?
   ① 정확하게 제도한다.
   ② 상세하게 제도한다.
   ③ 명료하게 제도한다.
   ④ 신속하게 제도한다.

35. 도면에 대한 설명으로 옳지 않은 것은?
   ① 큰 도면을 접을 때에는 A4의 크기로 접는다.
   ② A3도면의 크기는 A2도면의 절반 크기이다.
   ③ A계열에서 가장 큰 도면의 호칭은 A0이다.
   ④ A4의 크기는 B4보다 크다.

36. 단면의 경계 표시 중 지반면(흙)을 나타내는 것은?

37. 치수에 대한 설명으로 옳지 않은 것은?
   ① 치수는 계산하지 않고서도 알 수 있게 표기한다.
   ② 치수는 모양 및 위치를 가장 명확하게 표시하며 중복은 피한다.
   ③ 치수의 단위는 ㎜를 원칙으로 하며 단위 기호는 쓰지 않는다.
   ④ 부분 치수의 합계 또는 전체의 치수는 개개의 부분 치수 안쪽에 기입한다.

해 설

31. 중심선으로 대칭물의 한쪽을 표시하는 도면의 치수선은 중심을 지나 연장함을 원칙으로 한다.

32. 배근도 : 철근콘크리트 구조의 설계도 중에서 철근의 품질, 지름, 개수를 표시하고, 철근을 구부리는 위치와 치수, 이음매의 위치, 방법, 치수를 포함해서 철근의 길이 방향의 치수를 나타내면서 철근의 배치, 조립방법 등을 상세히 나타낸 도면

33.
- 정투상법 : 투상선이 투상면에 대하여 수직으로 투상하는 방법
- 투시 투상도법 : 물체의 앞이나 뒤에 화면을 놓은 것으로 생각하고, 물체를 본 시선이 그 화면과 만나는 각 점을 연결하여 우리 눈에 비치는 모양과 같게 물체를 그리는 방법
- 사투상법 : 입체의 3주축(X,Y,Z) 중에서 2주축을 투상면과 평행으로 놓고 정면도로 하여 옆면 모서리축을 수평선과 임의의 각으로 그려진 투상도
- 축측 투상도법 : 3면이 한 평면 상에 투상 되도록 입체를 경사지게 하여 투상하는 방법

34. 정확, 신속, 명료

35.
- A4 : 297×210㎜
- B4 : 364×257㎜

36.
가 : 지반면,
나 : 모래,
다 : 잡석,
라 : 수준면(물)

37. 부분의 치수의 합계 또는 전체의 치수는 순차적으로 개개의 부분 치수 바깥쪽에 기입한다.

정 답

31. ③ 32. ③ 33. ① 34. ②
35. ④ 36. ① 37. ④

38. 치수 표기에서 특별한 명시가 없으면 무엇으로 표시하는가?
① 가상 치수
② 재료 치수
③ 재단 치수
④ 마무리 치수

39. 그림과 같은 철근 이음 방법은?

① 철근 용접 이음
② 철근 갈고리 이음
③ 철근의 평면 이음
④ 철근의 기계적 이음

40. 국제 및 국가별 표준규격 명칭과 기호 연결이 옳지 않은 것은?
① 국제 표준화 기구 – ISO
② 영국 규격 – DIN
③ 프랑스 규격 – NF
④ 일본 규격 – JIS

41. 단면도의 절단면을 해칭할 때 사용되는 선의 종류는?
① 가는 파선
② 가는 실선
③ 가는 1점 쇄선
④ 가는 2점 쇄선

42. 강 구조물의 도면배치에 대한 주의사항으로 옳지 않은 것은?
① 강 구조물은 길더라도 몇 가지의 단면으로 절단하여 표현하여서는 안 된다.
② 제작, 가설을 고려하여 부분적으로 제작 단위마다 상세도를 작성한다.
③ 소재나 부재가 잘 나타나도록 각각 독립하여 도면을 그려도 된다.
④ 도면이 잘 보이도록 하기 위해 절단선과 지시선의 방향을 표시하는 것이 좋다.

43. 설계제도에 대한 설명으로 옳지 못한 것은?
① 도면에 오류가 없어야 한다.
② 도면은 간단하게 그리고 중복되게 작성한다.
③ 도면에는 불필요한 사항은 기입하지 않는다.
④ 도면은 설계자의 의도가 정확하게 전달될 수 있어야 한다.

44. 구조도에서 표시하기 어려운 특정한 부분을 상세하게 나타낸 도면은?
① 일반도
② 투시도
③ 상세도
④ 설명도

해 설

38. 치수는 특별히 명시하지 않으면 마무리 치수(완성치수)로 표시한다. 다만 강구조 등의 재료 치수는 마무리 치수의 것을 제작하는 데 필요한 재료의 치수로 한다.

39.
㉠ 철근의 겹이음
  ⓐ 갈고리가 있을 때
  - 측면
  - 평면

  ⓑ 갈고리가 없을 때
  - 측면
  - 평면

㉡ 철근의 용접 이음

㉢ 철근의 기계적 이음 및 슬리브 (sleeve) 이음
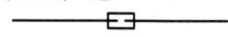

40. 영국 규격 : BS

41. 해칭선 : 가는 실선

42. 강 구조물은 너무 길고 넓어 많은 공간을 차지하므로 몇 가지의 단면으로 절단하여 표현한다.

43. 도면은 될 수 있는 대로 간단하게 하고, 중복을 피한다.

44. 상세도 : 구조도에 표시하는 것이 곤란한 부분의 형상, 치수, 기구 등을 상세하게 표시하는 도면

정 답

38. ④ 39. ① 40. ② 41. ②
42. ① 43. ② 44. ③

45. 단면의 표시방법 중 모래를 나타낸 것은?

① 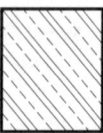 ②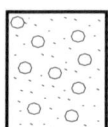

③ 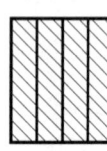 ④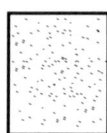

46. 도면의 종류에서 복사도가 아닌 것은?
① 기본도
② 청사진
③ 백사진
④ 마이크로 사진

47. 도면을 철하지 않을 경우 A3 도면 윤곽선의 최소 여백 치수로 알맞은 것은?
① 25㎜
② 20㎜
③ 10㎜
④ 5㎜

48. 정투상도에 의한 제3각법으로 도면을 그릴 때 도면 위치는?
① 정면도를 중심으로 평면도가 위에, 우측면도는 평면도의 왼쪽에 위치한다.
② 정면도를 중심으로 평면도가 위에, 우측면도는 정면도의 오른쪽에 위치한다.
③ 정면도를 중심으로 평면도가 아래에, 우측면도는 정면도의 오른쪽에 위치한다.
④ 정면도를 중심으로 평면도가 아래에, 우측면도는 정면도의 왼쪽에 위치한다.

49. 콘크리트 구조물 도면에서 구조도의 표준 축척으로 가장 적합하지 않은 것은?
① 1:30
② 1:40
③ 1:50
④ 1:150

해 설

45.
가 : 인조석
나 : 콘크리트
다 : 벽돌
라 : 모르타르(모래)

46. 복사도
① 트레이스도를 원본으로 하여, 이것을 감광지에 복사한 도면
② 공장의 관계자에게 보내져서 여러 가지 계획과 작업이 복사도에 따라 이루어진다.
③ 청사진, 백사진 및 전자 복사도, 마이크로 사진 등이 있다.

47. 철하는 쪽의 여백
■ 철을 하지 않을 경우
   A0, A1 ⇒ 20㎜
   A2, A3, A4 ⇒ 10㎜
■ 철할 경우
   A0, A1, A2, A3, A4 ⇒ 25㎜

48.
■ 제1각법

	저면도	
우측면도	정면도	좌측면도
	평면도	

■ 제3각법

	평면도	
좌측면도	정면도	우측면도
	저면도	

49. 구조도의 표준 축척은 $\frac{1}{20}$, $\frac{1}{30}$, $\frac{1}{40}$, $\frac{1}{50}$ 이다.

정 답

45. ④ 46. ① 47. ③ 48. ②
49. ④

50. 강(鋼)재료의 단면 표시로 옳은 것은?

① 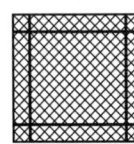   ②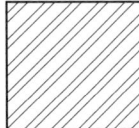

③ 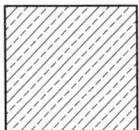   ④

51. 도로 설계제도에서 평면도를 그릴 때 평탄한 전답으로 별다른 지물이 없을 경우에 일반적으로 노선 중심선 좌우를 중심으로 표시하는 거리 범위로 가장 적당한 것은?
    ① 1 ~ 5m
    ② 10 ~ 20m
    ③ 30 ~ 40m
    ④ 100 ~ 200m

52. 문자 크기에 대한 설명으로 옳은 것은?
    ① 문자의 높이로 나타낸다.
    ② 제도 통칙에서는 규정하지 않는다.
    ③ 축척에 따라 반드시 같은 크기로 한다.
    ④ 일반 치수문자는 9~19㎜를 사용한다.

53. CAD 작업에서 좌표의 원점으로부터 좌표값 x, y의 값을 입력하는 좌표는?
    ① 절대 좌표
    ② 상대 좌표
    ③ 극 좌표
    ④ 원 좌표

54. 경사가 있는 L형 옹벽 벽체에서 도면 1:0.02로 표시할 수 있는 경우는?
    ① 연직거리 1m 일 때 수평거리 2m 인 경사
    ② 연직거리 4m 일 때 수평거리 2m 인 경사
    ③ 연직거리 1m 일 때 수평거리 40㎜ 인 경사
    ④ 연직거리 4m 일 때 수평거리 80㎜ 인 경사

55. 한국 산업 규격 중 토건의 KS 부분별 기호는?
    ① KS A
    ② KS F
    ③ KS L
    ④ KS D

해 설

50.
가 : 블록
나 : 강철
다 : 놋쇠
라 : 구리

51. 노선 중심선 좌우 약 100m 정도 지형 및 지물(교량, 옹벽, 용지, 경계 등)을 표시하지만 평탄한 전답으로 별다른 지물이 없을 때는 좌우 30~40m 정도면 된다.

52.
■ KS 토목 제도 통칙으로 규정
■ 도면의 크기나 축척에 따라 크기를 다르게 한다.
■ 일반 치수문자 : 3.15~6.3㎜

53. 절대 좌표계는 항상 도면의 원점인 0, 0, 0에서부터 측정하게 된다.

54. 경사 = 연직거리:수평거리
■ 연직거리 1m일 때 수평거리 2m ⇒ 1:2
■ 연직거리 4m일 때 수평거리 2m ⇒ 4:2=1:0.5
■ 연직거리 1m일 때 수평거리 40㎜ ⇒ 1:0.04
■ 연직거리 4m일 때 수평거리 80㎜ ⇒ 4:0.08=1:0.02

55.
■ KS A : 기본
■ KS F : 토건
■ KS L : 요업
■ KS D : 금속

정 답

50. ② 51. ③ 52. ① 53. ①
54. ④ 55. ②

56. 나무의 절단면을 바르게 표시한 것은?

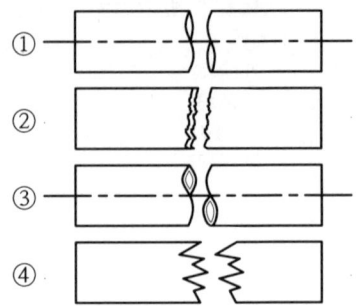

57. 주어진 각(∠AOB)을 2등분할 때 가장 먼저 해야 할 일은?

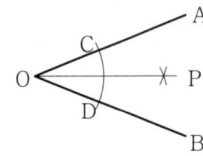

① A와 P를 연결한다.
② O점과 P점을 연결한다.
③ O점에서 임의의 원을 그려 C와 D점을 구한다.
④ C, D점에서 임의의 반지름으로 원호를 그려 P점을 찾는다.

58. 입면도를 쓰지 않고 수평면으로부터 높이의 수치를 평면도에 기호로 주기하여 나타내는 투상법은?
① 정투상법   ② 사투상법
③ 축측 투상법   ④ 표고 투상법

59. 아래 그림과 같은 강관의 치수 표시 방법으로 옳은 것은?
(단, B : 내측지름, L : 축방향 길이)

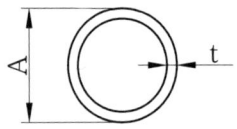

① 이형 D A-L   ② ⌀ A×t-L
③ □A×B-L   ④ B×A×L-t

60. 도로의 제도에서 종단 측량의 결과 NO.0의 지반고가 105.35m이고 오름 경사가 1.0% 일 때 수평거리 40m 지점의 계획고는?
① 105.35m   ② 105.51m
③ 105.67m   ④ 105.75m

해설

56.
가 : 환봉
나 : 각봉
다 : 파이프
라 : 나무

57.
① O점에서 임의의 원을 그려 C와 D점을 구한다.
② C, D점에서 임의의 반지름으로 원호를 그려 P점을 찾는다.
③ O점과 P점을 연결한다.

58. 표고 투상법 : 정투상법에 있어서는 최소한 평면도, 입면도의 2투상을 가지고 표시하지만, 입면도를 쓰지 않고 수평면으로부터 높이의 수치를 평면도에 기호로 주기하여 나타내는 방법

59.
■ 강관 : ⌀ A×t-L

■ 각강관 : □ A×B×t-L
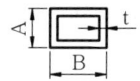
■ 각강 : □ A-L

■ 평강 : □ A×B-L
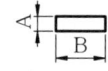

60. 경사가 1% ⇒
40 : h = 100 : 1로부터 h = 0.4
No.0의 지반고는 105.35m이므로 수평거리 40m의 계획고는 105.35m + 0.4m = 105.75m

정답

56. ④ 57. ③ 58. ④ 59. ②
60. ④

모의고사(Ⅴ)

1. 압축부재의 철근 배치 및 철근 상세에 관한 설명으로 옳지 않은 것은?
   ① 축방향 주철근 단면적은 전체 단면적의 1~8%로 하여야 한다.
   ② 띠철근의 수직간격은 축방향 철근 지름의 16배 이하, 띠철근 지름의 48배 이하, 또한 기둥단면의 최소치수 이하로 하여야 한다.
   ③ 띠철근 기둥에서 축방향 철근의 순간격은 40mm이상, 또한 철근 공칭지름의 1.5배 이상으로 하여야 한다.
   ④ 압축부재의 축방향 주철근의 최소개수는 삼각형으로 둘러싸인 경우 4개로 하여야 한다.

2. 수밀 콘크리트를 만드는데 적합하지 않은 것은?
   ① 단위수량을 되도록 크게 한다.
   ② 물-결합재비를 되도록 적게 한다.
   ③ 단위 굵은 골재량을 되도록 크게 한다.
   ④ AE(공기연행)제를 사용함을 원칙으로 한다.

3. 설계 전단강도는 전단력의 강도 감소계수 ∅를 곱하여 구한다. 이 때 전단력에 대한 강도 감소 계수 ∅값은?
   ① 0.70   ② 0.75
   ③ 0.80   ④ 0.85

4. 공장제품용 콘크리트의 촉진 양생방법에 속하는 것은?
   ① 오토클래브 양생
   ② 수중 양생
   ③ 살수 양생
   ④ 매트 양생

5. 도면 작업에서 원의 반지름을 표시할 때 숫자 앞에 사용하는 기호는?
   ① ∅   ② D
   ③ ⌀   ④ R

6. 콘크리트를 친 후 시멘트와 골재 알이 가라앉으면서 물이 떠오르는 현상을 무엇이라 하는가?
   ① 풍화
   ② 레이턴스
   ③ 블리딩
   ④ 경화

해 설

1. 축방향 부재의 주철근의 최소 개수는 나선철근으로 둘러싸인 철근의 경우 6개, 직사각형이나 원형 띠철근 내부의 철근의 경우 4개, 삼각형 띠철근 내부의 철근의 경우 3개로 하여야 한다.

2. 단위수량을 되도록 작게 한다.

3. 전단과 비틀림의 경우 : 0.75

4. 촉진 양생 : 증기 양생, 고압증기 양생(오토클래브 양생), 가압 양생, 전기 양생, 전열 양생 등

5. 원 또는 호의 반지름을 표시하는 치수선은 호 쪽에만 화살표를 붙이고, 반지름을 표시하는 치수 숫자의 앞에 R를 붙인다.

6.
■ 블리딩(bleeding) : 콘크리트를 친 후 시멘트와 골재 알이 가라앉으면서 물이 올라와 표면에 떠오르는 현상
■ 레이턴스(laitance) : 물이 표면에 떠올라 가라앉으면서 발생한 미세물질

정 답

1. ④ 2. ① 3. ② 4. ① 5. ④
6. ③

7. 치수, 가공법, 주의 사항 등을 써 넣기 위하여 사용되는 인출선은 가로에 대하여 몇 도의 직선으로 긋는가?
   ① 30°
   ② 50°
   ③ 45°
   ④ 20°

8. 콘크리트의 동해 방지를 위한 대책으로 가장 효과적인 것은?
   ① 밀도가 작은 경량골재 콘크리트로 시공한다.
   ② 물-시멘트비를 크게 하여 시공한다.
   ③ AE(공기연행) 콘크리트로 시공한다.
   ④ 흡수율이 큰 골재를 사용하여 시공한다.

9. 콘크리트 시방 배합에서 잔 골재는 어느 상태를 기준으로 하는가?
   ① 5mm체를 전부 통과하고 표면 건조 포화 상태인 골재
   ② 5mm체에 전부 남고 표면 건조 포화 상태인 골재
   ③ 5mm체를 전부 통과하고 공기 중 건조 상태인 골재
   ④ 5mm체에 전부 남고 공기 중 건조 상태인 골재

10. 현장치기 콘크리트의 최소 피복두께에 관한 설명으로 옳은 것은?
    ① 수중에서 치는 콘크리트의 최소 피복두께는 50mm이다.
    ② 흙에 접하여 콘크리트를 친 후 영구히 흙에 묻혀 있는 콘크리트의 최소 피복두께는 80mm이다.
    ③ 옥외의 공기나 흙에 직접 접하지 않는 콘크리트로 슬래브에서는 D35를 초과하는 철근의 경우 D35 이하의 철근에 비해 피복두께가 더 작다.
    ④ 흙에 접하거나 옥외의 공기에 직접 노출되는 콘크리트의 D29 이상 철근에 대한 최소 피복두께는 40mm이다.

11. 직경 150mm인 원주형 공시체를 사용한 콘크리트의 압축강도 시험에서 최대 압축하중이 225kN이었다. 압축강도는 약 얼마인가?
    ① 10.0MPa
    ② 100MPa
    ③ 12.7MPa
    ④ 127MPa

해 설

7. 치수, 가공법, 주의 사항 등을 써 넣기 위하여 사용하는 인출선은 가로에 대하여 45°의 직선을 긋고, 인출되는 쪽에 화살표를 넣어 인출한 쪽의 끝에 가로선을 그어 가로선 위에 쓴다.

8. 한중콘크리트는 AE제, AE감수제의 사용을 표준으로 한다.

9. 시방 배합 : 시방서 또는 책임 감리원이 지시한 배합으로서, 이 때 골재는 표면 건조 포화 상태에 있고, 잔 골재는 5mm 체를 다 통과하고, 굵은 골재는 5mm 체에 다 남는 것으로 한다.

10.
■ 흙, 옥외 공기에 접하지 않는 부위
- 슬래브, 장선, 벽체
  D35 초과 : 40mm,
  D35 이하 : 20mm
- 보, 기둥 : 40mm
■ 흙, 옥외공기에 접하는 부위
- 노출되는 콘크리트
  D29 이상 : 60mm
  D25 이하 : 50mm
  D16 이하 : 40mm
- 영구히 묻히는 콘크리트 : 80mm
■ 수중에서 타설 하는 콘크리트 : 100mm

11. 압축하중(P)=225kN

    면적$(A) = \dfrac{\pi d^2}{4}$

    $= \dfrac{3.14 \times 150^2}{4} = 17,663 \text{mm}^2$

    ■ 압축강도$(\text{MPa}) = \dfrac{P(N)}{A(\text{mm}^2)}$

    $= \dfrac{225,000}{17,663} = 12.7 \text{MPa}$

정 답

7. ③ 8. ③ 9. ① 10. ② 11. ③

12. 정모멘트 철근이 정착된 연속부재에서 정모멘트 철근이 12개일 때 부재의 같은 면을 따라 받침부까지 연장해야 할 철근의 개수는?
   ① 6개 이상
   ② 5개 이상
   ③ 4개 이상
   ④ 3개 이상

13. 슬래브에서 응력을 분포시킬 목적으로 주철근에 직각 또는 직각에 가까운 방향으로 배치하는 보조철근은?
   ① 배력철근
   ② 스터럽
   ③ 부철근
   ④ 정철근

14. 조립률을 구하는 데 사용되는 체가 아닌 것은?
   ① 40mm
   ② 10mm
   ③ 1.2mm
   ④ 0.5mm

15. 국제 표준화 기구의 표준 규격 기호는?
   ① ISO
   ② JIS
   ③ NASA
   ④ ASA

16. D10 철근의 180° 표준 갈고리에서 구부림의 최소 내면 반지름은 약 얼마인가?
   ① 20mm
   ② 30mm
   ③ 40mm
   ④ 50mm

17. 굳지 않은 콘크리트의 성질 중 거푸집에 쉽게 다져 넣을 수 있고 거푸집을 제거하면 천천히 형상이 변하기는 하지만 허물어지거나 재료가 분리되지 않는 성질은?
   ① 워커빌리티
   ② 성형성
   ③ 피니셔빌리티
   ④ 반죽질기

18. 철근을 상단과 하단에 2단 이상으로 배치된 경우, 상하철근의 순간격은 얼마 이상으로 하여야 하는가?
   ① 10mm 이상
   ② 15mm 이상
   ③ 20mm 이상
   ④ 25mm 이상

해 설

12. 정모멘트 철근의 정착 : 단순부재에서 정철근의 1/3 이상, 연속부재에서 정철근의 1/4 이상을 부재의 같은 면을 따라 받침부까지 연장해야 하고, 보의 경우는 받침부 내로 150mm 이상 연장해야 한다.

13. 배력철근 : 하중을 분포시키거나 균열을 제어할 목적으로 주철근과 직각에 가까운 방향으로 배치한 보조철근

14. 조립률을 구하기 위해 10개체가 필요 : 80mm, 40mm, 20mm, 10mm, 5mm, 2.5mm, 1.2mm, 0.6mm, 0.3mm, 0.15mm

16. 갈고리의 최소 내면 반지름:
   ① D10 ~ D25 : 3db
   ② D29 ~ D35 : 4db
   ③ D38 이상 : 5db
   D10은 철근 지름의 3배이므로 30mm이다.

17.
   ■ 워커빌리티 : 반죽질기에 따른 작업이 어렵고 쉬운 정도(작업의 난이정도) 및 재료분리에 저항 하는 정도를 나타내는 성질.
   ■ 성형성 : 거푸집에 쉽게 다져 넣을 수 있고, 거푸집을 제거하면 천천히 형상이 변하기는 하지만 허물어지거나 재료분리하지 않는 성질.
   ■ 피니셔빌리티 : 굵은 골재의 최대치수, 잔 골재율, 잔 골재의 입도, 반죽질기 등에 따른 마무리 하기 쉬운 정도를 나타내는 성질.
   ■ 반죽질기 : 주로 물의 양이 많고 적음에 따른 반죽의 되고 진 정도를 나타내는 성질.

18. 상하 2단 배근인 경우
   ① 상, 하 철근은 동일 연직면 내 배근
   ② 상, 하 철근의 순 간격은 25mm이상

정 답

12. ④ 13. ① 14. ④ 15. ①
16. ② 17. ② 18. ④

19. 휨 부재에서 서로 접촉되지 않게 겹침이음된 철근은 횡방향으로 소요 겹침이음 길이의 얼마 또는 150mm 중 작은 값 이상 떨어지지 않아야 하는가?
① 1/4　　② 1/5
③ 1/6　　④ 1/10

20. 일반적으로 토목 제도에서 사용하는 길이의 단위는?
① mm　　② cm
③ m　　④ km

21. 프리스트레스트 콘크리트에 사용하는 콘크리트의 성질과 거리가 먼 것은?
① 압축강도가 커야 한다.
② 건조 수축이 작아야 한다.
③ 물-시멘트비가 커야 한다.
④ 크리프가 작아야 한다.

22. 강재로 이루어지는 구조를 강구조라 하는데 이 구조에 대한 설명으로 옳지 않은 것은?
① 부재의 치수를 작게 할 수 있다.
② 공사 기간이 긴 것이 단점이다.
③ 콘크리트에 비하여 균질성을 가지고 있다.
④ 지간이 긴 교량을 축조하는 데에 유리하다.

23. 도로교 설계기준에 의하면 표준 트럭하중 DB-18로 설계되는 교량을 몇 등급 교량으로 분류하는가?
① 1등교　　② 2등교
③ 3등교　　④ 4등교

24. 확대 기초의 크기가 3m×2m이고, 허용 지지력이 300kN/㎡일 때 이 기초가 받을 수 있는 최대 하중은?
① 1,000kN
② 1,200kN
③ 1,800kN
④ 2,400kN

25. PS 강재에 필요한 성질에 대한 설명으로 틀린 것은?
① 인장강도가 커야 한다.
② 릴랙세이션이 커야 한다.
③ 적당한 연성과 인성이 있어야 한다.
④ 응력 부식에 대한 저항성이 커야 한다.

해 설
19. 서로 접촉되지 않게 겹침이음된 철근은 순간격이 겹침이음길이의 1/5 이하, 150mm 이하라야 한다.

21. 물-시멘트비가 작아야 한다.

22. 공사 기간을 단축할 수 있다.

23. 등급별 설계하중
1등교 : DB-24
2등교 : DB-18
3등교 : DB-13.5

24. 하중의 크기
=허용지지력×확대 기초의 면적
=300kN/㎡×6㎡=1,800kN

25. 릴랙세이션이 작아야 한다.

정 답
19. ② 20. ① 21. ③ 22. ②
23. ② 24. ③ 25. ②

26. 토목 구조물의 특징이 아닌 것은?
① 다량 생산이 아니다.
② 구조물의 수명이 길다.
③ 대부분이 개인의 목적으로 건설된다.
④ 건설에 많은 비용과 시간이 소요된다.

27. 철근 콘크리트의 특징에 대한 설명으로 옳지 않은 것은?
① 구조물의 파괴, 해체가 어렵다.
② 구조물에 균열이 생기기 쉽다.
③ 구조물의 검사 및 개조가 어렵다.
④ 압축력에 약해 철근으로 압축력을 보완하여야 한다.

28. 제도에서 보이지 않는 부분의 모양을 나타내는 선은?
① 실선　　　　　② 1점 쇄선
③ 2점 쇄선　　　④ 파선

29. 그림과 같이 슬래브에 놓이는 하중이 지간이 긴 A1 보와 A2 보에 의해 지지되는 구조는?

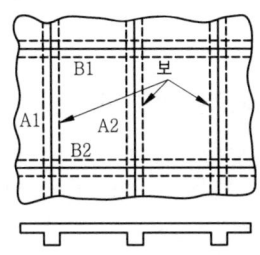

① 1방향 슬래브　　② 2방향 슬래브
③ 3방향 슬래브　　④ 4방향 슬래브

30. 콘크리트 구조물에 일정한 힘을 가한 상태에서 힘은 변화하지 않는데 시간이 지나면서 점차 변형이 증가되는 성질을 무엇이라 하는가?
① 탄성
② 크랙
③ 소성
④ 크리프

31. 기둥과 같이 압축력을 받은 부재가 압축력에 의해 부재의 축방향에 대해 직각 방향으로 휘어져 파괴되는 현상은?
① 휨
② 비틀림
③ 틀러짐
④ 좌굴

해 설

26. 대부분이 공공의 목적으로 건설된다.

27. 인장력에 약해 철근으로 인장력을 보완하여야 한다.

29. 지지하는 경계 조건에 따라
① 1방향 슬래브 : 교량과 같이 마주보는 두변에 의해 지지되는 슬래브로서 단변에 대한 장변의 비가 2이상이고 대부분의 하중이 단변 방향으로 전달
② 2방향 슬래브 : 건물 슬래브와 같이 장변과 단변의 비가 2보다 작으며, 하중이 장변과 단변방향으로 전달(4변 지지임)

30. 크리프 : 콘크리트에 일정하게 하중을 계속주면, 응력의 변화는 없는데 변형이 재령과 함께 커지는 현상

31. 좌굴 : 기둥과 같이 압축력을 받은 부재가 압축력에 의해 부재의 축방향에 대해 직각 방향으로 휘어져 파괴되는 현상

정 답

26. ③　27. ④　28. ④　29. ①
30. ④　31. ④

32. 철근과 콘크리트가 그 경계 면에서 미끄러지지 않도록 저항하는 것을 무엇이라 하는가?
   ① 부착
   ② 정착
   ③ 철근 이음
   ④ 스터럽

33. 벽으로부터 전달되는 하중을 분포시키기 위하여 연속적으로 만들어진 확대기초는?
   ① 말뚝기초
   ② 벽 확대기초
   ③ 연결 확대기초
   ④ 독립 확대기초

34. 일반 구조용 압연 강재에 해당하는 것은?
   ① SS 400
   ② SM 400A
   ③ SM 490YA
   ④ SMA 41

35. 콘크리트 속에 철근을 배치하여 양자가 일체가 되어 외력을 받게 한 구조는?
   ① 합성 구조
   ② 플라스틱 구조
   ③ 철근 콘크리트 구조
   ④ 프리스트레스트 콘크리트 구조

36. 투상선이 모든 투상면에 대하여 수직으로 투상되는 것은?
   ① 정투상법
   ② 투시 투상도법
   ③ 사투상법
   ④ 축측 추상도법

해설

32.
- 부착 : 철근과 콘크리트가 그 경계 면에서 미끄러지지 않도록 저항하는 것
- 정착 : 콘크리트 속에 묻혀 있는 철근은 인장력이나 압축력을 부담하고 있다. 철근의 이러한 역할을 충분히 발휘시키기 위해서는 철근의 양 끝이 콘크리트 속에서 미끄러지거나 빠져 나오지 않도록 콘크리트 속에 충분한 길이로 묻어 주어야 한 다. 이것을 철근의 정착이라 한다.

33. 벽 확대 기초 : 벽으로부터 전달되는 하중을 분포시키기 위하여 연속적으로 만들어진 확대기초

34. KS에서 'SS'의 기호로 나타내는데, 재료의 최소인장강도로 분류되어 있다. 대표적인 일반구조용 압연강재는 SS400인데, '400'은 최소인장강도가 400N/㎟라는 것을 나타낸다.

35.
- 철근 콘크리트 구조 : 콘크리트 속에 철근을 배치하여 양자가 일체가 되어 외력을 받게 한 구조
- 프리스트레스트 콘크리트 구조 : 콘크리트에 일어날 수 있는 인장력을 상쇄하기 위하여 미리 계획적으로 압축 응력을 준 콘크리트
- 합성 구조 : 강재보의 보 위에 철근 콘크리트 슬래브를 이어 쳐서 양자가 일체로 작용하도록 함.

36.
- 정투상법 : 투상선이 투상면에 대하여 수직으로 투상하는 방법
- 투시 투상도법 : 물체의 앞이나 뒤에 화면을 놓은 것으로 생각하고, 물체를 본 시선이 그 화면과 만나는 각 점을 연결하여 우리 눈에 비치는 모양과 같게 물체를 그리는 방법
- 사투상법 : 입체의 3주축(X,Y,Z) 중에서 2주축을 투상면과 평행으로 놓고 정면도로 하여 옆면 모서리축을 수평선과 임의의 각으로 그려진 투상도
- 축측 투상도법 : 3면이 한 평면상에 투상 되도록 입체를 경사지게 하여 투상하는 방법

정답

32. ① 33. ② 34. ① 35. ③
36. ①

37. 치수 기호에서 두께를 나타내는 것은?
   ① R
   ② ∅
   ③ t
   ④ C

38. 다음 중 형강의 일반적인 치수 표시 방법으로 옳은 것은?
   ① 단면모양, 높이×너비×두께─길이
   ② 단면모양, 너비×높이×두께─길이
   ③ 단면모양, 두께×너비×높이─길이
   ④ 단면모양, 길이×너비×높이─두께

39. 글자의 크기는 무엇으로 나타내는가?
   ① 글자의 폭
   ② 글자의 두께
   ③ 글자의 높이
   ④ 글자의 굵기

40. 윤곽선은 최소 몇 ㎜ 이상 두께의 실선으로 그리는 것이 좋은가?
   ① 0.1㎜
   ② 0.3㎜
   ③ 0.4㎜
   ④ 0.5㎜

41. 재료 단면의 경계 표시는 무엇을 나타내는가?

   ① 암반면   ② 지반면
   ③ 일반면   ④ 수면

42. 도로 설계의 종단면도에 일반적으로 기입되는 사항이 아닌 것은?
   ① 계획고   ② 횡단면적
   ③ 지반고   ④ 측점

43. 인출선에 관한 설명으로 옳은 것은?
   ① 치수선을 그리기 위해 보조적 역할을 한다.
   ② 치수, 가공법, 주의사항 등을 기입하기 위하여 사용한다.
   ③ 일점 쇄선으로 표기하는 것이 일반적이다.
   ④ 원이나 호의 치수는 인출선으로 한다.

해 설

37. R : 반지름, ∅ : 지름,
    t : 두께, C : 45° 모따기

38. 강재의 표시 방법
    수량-종류 높이×너비×두께×길이

39. 글자의 크기는 높이를 원칙으로 한다.

40. 윤곽선은 도면의 크기에 따라 0.5㎜ 이상의 굵은 실선으로 그린다.

41.

42. 횡단면도에서 유량을 산출하는 경우에는 수면 이하의 횡단면적 및 윤변 등을 그린다.

43. 치수, 가공법, 주의 사항 등을 써넣기 위하여 사용하는 인출선은 가로로 대하여 45°의 직선을 긋고, 인출되는 쪽에 화살표를 넣어 인출한 쪽의 끝에 가로선을 그어 가로선 위에 쓴다.

정 답

37. ③ 38. ① 39. ③ 40. ④
41. ② 42. ② 43. ②

44. 암거 도면의 작도법에 대한 설명으로 옳은 것은?
   ① 단면도는 실선으로 치수에 관계없이 임의로 작도한다.
   ② 단면도에 배근된 철근 수량과 간격은 대략적으로 작도한다.
   ③ 단면도에는 철근 기호, 철근 치수 등을 생략한다.
   ④ 측면도는 단면도에서 표시된 철근 간격이 정확하게 표시되어야 한다.

45. 한국 산업규격에서 토목 제도 통칙의 분류 기호는?
   ① KS A
   ② KS C
   ③ KS E
   ④ KS F

46. CAD 시스템을 이용한 설계의 특징으로 볼 수 없는 것은?
   ① 다중작업으로 업무가 효율적이다.
   ② 도면 작성 시간을 단축시킬 수 있다.
   ③ CAD 시스템에서 치수값은 부정확하나 간결한 표현이 가능하다.
   ④ 설계제도의 표준화와 규격화로 경쟁력을 향상시킬 수 있다.

47. 다음 중 도면 작도시 유의할 사항으로 틀린 것은?
   ① 구조물의 외형선, 철근 표시선 등 선의 구분을 명확히 한다.
   ② 화살표시는 도면마다 다른 모양으로 한다.
   ③ 도면은 가능한 간단하게 그리며 중복을 피한다.
   ④ 도면에는 오류가 없도록 한다.

48. 건설재료 중 콘크리트의 단면 표시로 옳은 것은?
   ①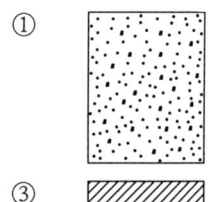
   ②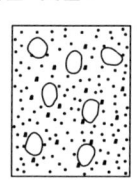
   ③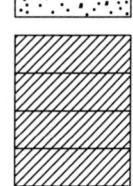
   ④

49. 도면의 문자 제도 방법으로 옳지 않은 것은?
   ① 문자의 크기는 원칙적으로 높이에 의한 호칭에 따라 표시한다.
   ② 영자는 주로 로마자의 소문자를 사용한다.
   ③ 숫자는 주로 아라비아 숫자를 사용한다.
   ④ 한글자의 서체는 활자체에 준하는 것이 좋다.

해설

44. 기본 사항
   ① 단면도는 실선으로 주어진 치수대로 정확히 작도한다.
   ② 단면도에 배근될 철근 수량이 정확하고, 철근 간격이 벗어나지 않도록 주의해야 한다.
   ③ 단면도에 표시된 철근 길이가 벗어나지 않도록 해야 한다.
   ④ 철근 치수 및 철근 기호를 표시하고, 누락되지 않도록 주의한다.
   ⑤ 정면도나 측면도 등의 작도는 단면도에 표시된 철근 간격이나 철근이 누락되지 않고 정확히 표현되도록 주의해야 한다.

45.
■ KS A : 기본
■ KS C : 전기
■ KS E : 광산
■ KS F : 토건

46. CAD 시스템에서 치수값은 정확하고 간결한 표현이 가능하다.

47. 치수선의 끝 부분 기호에는 화살표, 검정 점, 사선 등이 있으나 한 도면에서는 동일한 기호를 사용한다.

48.
① 모르타르
② 콘크리트
③ 벽돌
④ 자연석

49. 영자는 주로 로마자의 대문자를 사용한다.

정답

44. ④ 45. ④ 46. ③ 47. ②
48. ② 49. ②

50. 토목 제도에서 도면을 접을 때 표준이 되는 크기는?
① A1　② A2
③ A3　④ A4

51. 철근에 대한 표시 방법에 대한 설명으로 옳지 않은 것은?
① R13 : 반지름 13mm인 이형철근
② ∅13 : 지름 13mm인 원형철근
③ D13 : 지름 13mm인 이형철근
④ H13 : 지름 13mm인 이형(고강도)철근

52. 투상도법에서 원근감이 나타나는 것은?
① 정투상법　② 투시도법
③ 사투상법　④ 표고 투상법

53. 내부의 보이지 않는 부분을 나타낼 때 물체를 절단하여 내부 모양을 나타낸 도면은?
① 단면도　② 전개도
③ 투상도　④ 일체도

54. A열의 제도 용지 중 A3의 규격으로 옳은 것은?
① 210×297　② 297×420
③ 420×594　④ 594×841

55. 선의 종류와 주요 용도가 바르게 짝지어진 것은?
① 굵은 실선—중심선　② 가는 일점 쇄선—외형선
③ 파선—보이지 않는 외형선　④ 가는 실선—가상 외형선

56. 물체를 다음 그림과 같이 나타냈을 때 투상법으로 맞는 것은?

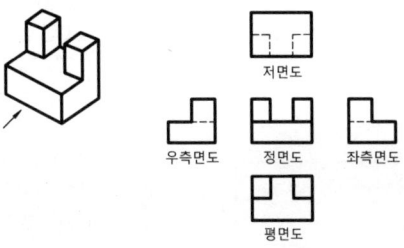

① 제1각법　② 제3각법
③ 사투상도　④ 등각 투상도

해 설

50. 큰 도면을 접을 때 기준 : A4

51. R13 : 물체의 반지름이 13mm이다.

52. 투시도법은 멀고 가까운 거리감을 느낄 수 있도록 하나의 시점과 물체의 각 점을 방사선으로 이어서 그리는 방법이다.

53. 단면도 : 내부의 보이지 않는 부분을 나타낼 때 물체를 절단하여 내부 모양을 나타낸 도면

54. A1 : 841×594mm
    A2 : 594×420mm
    A3 : 420×297mm
    A4 : 297×210mm

55.
■ 굵은 실선 — 외형선
■ 가는 일점 쇄선 — 중심선, 물체 또는 도형의 대칭선
■ 파선 — 보이지 않는 외형선
■ 가는 실선 — 치수선, 해칭선, 지시선, 치수 보조선, 파단선, 회전 단면 외형선

56.
■ 제1각법

	저면도	
우측면도	정면도	좌측면도
	평면도	

■ 제3각법

	평면도	
좌측면도	정면도	우측면도
	저면도	

정 답

50. ④　51. ①　52. ②　53. ①
54. ②　55. ③　56. ①

57. 그림은 평면도상에서 어떤 지형의 절단면 상태를 나타낸 것인가?

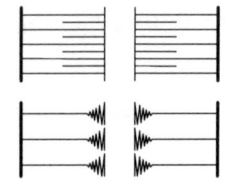

① 절토면
② 성토면
③ 수준면
④ 물매면

58. 제도에 대한 일반적인 설명으로 옳지 않은 것은?
① 그림은 간단히 하고, 중복을 피한다.
② 대칭적인 것은 중심선의 한쪽을 외형도, 반대쪽을 단면도로 표시하는 것을 원칙으로 한다.
③ 경사면을 가진 구조물에서 그 경사면의 모양을 표시하기 위하여 경사면 부분의 보조도를 넣을 수 있다.
④ 도면은 될 수 있는 대로 파선으로 표시하고, 다양한 종류의 선을 이용하여 단조로움을 피한다.

59. 건설 재료의 단면 중 어떤 단면 표시인가?

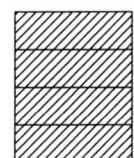

① 강철
② 유리
③ 잡석
④ 벽돌

60. CAD로 아래의 정삼각형(△ABC)을 그리기 위하여 명령어를 입력하고자 한다. (   )에 알맞은 명령은?
(단, 그리는 순서는 A → B → C → A이다.)

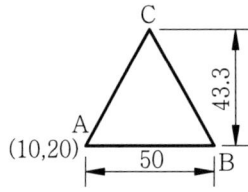

```
command : LINE [enter]
시작점 : 10,20 [enter]
다음점 : (    ) [enter]
다음점 : @-25,43.3 [enter]
다음점 : C [enter]
```

① 50,20
② @50,20
③ @60,0
④ @50<0

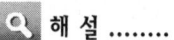

해 설 ....

57.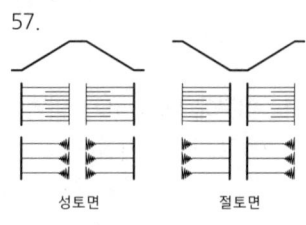

성토면   절토면

58. 도면은 될 수 있는 대로 실선으로 표시하고, 파선으로 표시함을 피한다.

59.

강철   유리   잡석   벽돌

60.
① 50,20 : 시작점에서 X축 50, Y축 20인 점에 선이 그려진다.

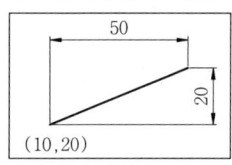

② @50,20 : 시작점에서 X축 50, Y축 20인 점에 선이 그려진다.

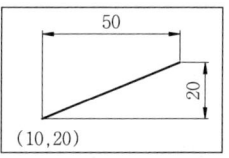

③ @60,0 : 시작점에서 X축 50, Y축 0인 점에 선이 그려진다.

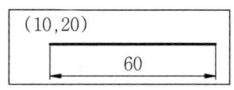

④ @50<0 : 시작점에서 0도 방향으로 길이 50인 선이 그려진다.

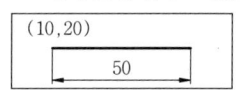

■ B점을 그리기 위한 명령어 @50<0, @50,0, 50,0 등으로 입력하여도 같은 결과가 나온다.

정 답 ....

57. ② 58. ④ 59. ④ 60. ④

모의고사(Ⅵ)

1. 토목제도에서 실제 크기와 도면에서의 크기와의 비율을 무엇이라 하는가?
   ① 척도　　　　　② 연각선
   ③ 도면　　　　　④ 표제란

2. 치수, 치수선의 기입법에 대한 설명으로 옳지 않은 것은?
   ① 치수를 특별히 명시하지 않으면 마무리 치수로 표시한다.
   ② 치수선은 표시할 치수의 방향에 평행하게 긋는다.
   ③ 제작, 조립, 시공, 설계를 할 때에 기준이 되는 곳이 있을 때에는 그 곳을 기준으로 하여 치수를 기입한다.
   ④ 치수의 단위는 ㎝를 원칙으로 하고, 단위 기호는 반드시 기입 하여야 한다.

3. 화살표의 길이(a)와 나비(b)의 비로 적당한 것은?

   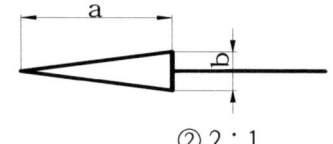

   ① 1 : 1　　　　　② 2 : 1
   ③ 3 : 1　　　　　④ 4 : 1

4. 제도에 필요한 준비 사항으로 틀린 것은?
   ① 흔히 쓰이는 제도 용구는 제도판 위의 정해진 곳에 놓아 두는 것이 좋다.
   ② 제도실의 조명은 오른쪽 위에서 비추게 하는 것이 좋다.
   ③ 제도판의 높이는 서 있는 자세 또는 앉은 자세에 알맞은 것을 선택해야 한다.
   ④ 제도실 조명의 밝기는 300~700lx가 알맞다.

5. 다음의 제도 용구 중 컴퍼스로 그리기 어려운 원호나 곡선을 그릴 때에 사용하는 것은?
   ① 운형자　　　　　② 삼각자
   ③ 디바이더　　　　④ T자

6. 투상선이 투상면에 대하여 수직으로 투상하는 방법을 무엇이라 하는가?
   ① 정투상법　　　　② 사투상법
   ③ 축투상법　　　　④ 투시도법

해 설

1. 척도란, 물체의 실제 크기와 도면에서의 크기 비율을 말하는 것으로, 실물보다 축소하여 그린 축척, 실물과 같은 크기로 그린 현척, 실물보다 확대하여 그린 배척이 있다. 척도의 표시는 도면의 표제란에 기입한다.

2. 길이 단위 : ㎜를 원칙으로 하며 단위 기호는 쓰지 않으나 타기호 사용시 명확히 기입한다.

3. 길이 : 나비 = 3 : 1 정도, 길이는 도면의 크기에 따라 2.5~3㎜ 정도

4. 조명은 왼쪽 위에서 비추게 하는 것이 좋다.

5. 운형자 : 불규칙적인 곡선, 컴퍼스로 그리기 어려운 원호나 곡선을 그릴 때 사용한다.

6. 투상선이 투상면에 대하여 수직으로 투상하는 방법을 정투상법이라 한다.

정 답

1. ①　2. ④　3. ③　4. ②　5. ①
6. ①

7. 도면의 작성 방법에서 원도를 그리는 순서로 가장 적절한 것은?
   ① 도면의 구성→ 선긋기→ 도면배치→ 글자 및 기호쓰기→ 도면검토
   ② 도면의 구성→ 도면배치→ 선긋기→ 글자 및 기호쓰기→ 도면검토
   ③ 도면의 구성→ 글자 및 기호쓰기 → 선긋기→ 도면배치→ 도면검토
   ④ 도면배치→ 도면의 구성→ 선긋기→ 글자 및 기호쓰기→ 도면검토

8. 토목 구조물의 일반적인 도면 작도 순서에서 가장 먼저 그리는 부분은?
   ① 각부 배근도
   ② 일반도
   ③ 주철근 조립도
   ④ 단면도

9. 도면의 작도 방법에 대한 기본 사항 중 틀린 설명은?
   ① 철근 치수 및 기호를 표시하고 누락되지 않도록 주의한다.
   ② 단면도는 실선으로 주어진 치수대로 정확히 작도한다.
   ③ 단면도에 표시된 철근 길이가 벗어나지 않도록 주의한다.
   ④ 단면도에 배근될 철근 수량은 정확하여야 하나, 철근의 간격은 일정하지 않아도 무방하다.

10. 단면으로 재료를 나타낼 때 강재의 표시로 옳은 것은?

11. 재료 단면의 경계표시 중 지반면(흙)을 나타내는 것은?

해 설

7. 원도 그리는 순서는 도면의 구성 → 도면배치→ 선긋기→ 글자 및 기호쓰기→ 도면검토

8. 일반적인 도면의 작도 순서
   단면도 - 배근도 - 일반도 - 주철근 조립도 - 철근 상세도

9. 단면도에서 단면으로 표시되는 철근의 수량과 철근 간격을 정확히 균일성 있게 표시한다.

10. ① 강재(강철), ② 콘크리트, ③ 사질토, ④ 석재(자연석)

11. ① 지반면(흙), ② 자갈, ③ 모래, ④ 일반면

정 답

7. ② 8. ④ 9. ④ 10. ① 11. ①

12. 2-L 90×90×10×6000은 판의 표시를 나타낸 것이다. 여기서 10은 무엇을 의미 하는가?
   ① 두께   ② 나비
   ③ 길이   ④ 무게

13. 나무의 절단면을 바르게 표시한 것은?

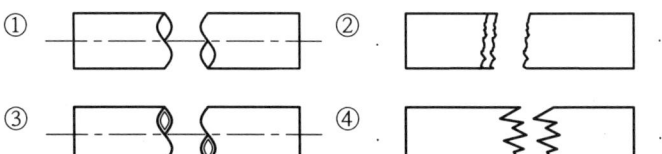

14. 콘크리트 구조물 제도에서 구조물 전체의 개략적인 모양을 표시한 도면은?
   ① 일반도   ② 구조도
   ③ 상세도   ④ 구조 일반도

15. 다음 중 벽체에 사용된 철근의 기호는?
   ① Ⓗ   ② Ⓦ
   ③ Ⓢ   ④ Ⓕ

16. 아래 표의 철근 표시법에 대한 설명으로 옳은 것은?
   24@200=4800
   ① 전장 4800m를 24m로 200등분
   ② 전장 4800mm를 200mm로 24등분
   ③ 전장 4800m를 24m와 200m를 적당한 비율로 등분
   ④ 전장 4800mm를 24mm로 배분하고 마지막 1칸은 200mm로 1회 배분

17. 강 구조물에 치수를 기입하는 방법으로 옳지 않은 것은?
   ① 휨 부재의 길이는 부재의 바깥쪽에 나타낸다.
   ② 뼈대 구조를 표시하는 구조선도에서는 뼈대를 나타내는 선 위에 치수선을 생략하여 치수를 기입할 수 있다.
   ③ 판의 모서리 각을 따는 것은 각으로 표시하는 것을 원칙으로 한다.
   ④ 치수를 치수선 위 또는 아래에 기입할 수 있다.

18. 도로, 철도, 하천 등의 길이 방향에 직각인 단면의 형상을 나타낸 도면은?
   ① 평면도   ② 정면도
   ③ 횡단면도   ④ 종단면도

해 설

12. 강재의 표시 방법 : 수량 -종류 높이×너비×두께×길이

13. ① 환봉, ② 각봉, ③ 파이프, ④ 나무

14. 일반도
   ㉠ 구조물 전체의 개략적인 모양을 표시하는 도면
   ㉡ 구조물 주위의 지형 지물을 표시하여 지형과 구조물과의 연관성을 명확하게 표시할 필요가 있다.

15. 철근 기호는 구분하기 편하게 다음과 같이 표시한다.
   Ⓑ ⇒ Beam, Beam, Bottom
   Ⓗ ⇒ Haunch
   Ⓢ ⇒ Spacer, Slab
   Ⓦ ⇒ Wall
   Ⓕ ⇒ Foundation, Footing
   Ⓒ ⇒ Column

16. 철근의 표시법 : 24@200=4800
   ⇒ 전장 4800mm를 200mm로 24등분

17. 판의 모서리각을 따는 것은 길이로 표시하고, 각으로 표시하지 않음을 원칙으로 한다.

18. 도로, 철도, 하천 등의 길이 방향에 직각인 단면의 형상을 나타낸 도면은 횡단면도이다.

정 답

12. ① 13. ④ 14. ① 15. ②
16. ② 17. ③ 18. ③

19. 도로 설계시 골곡부 노선에 사용되는 기호 중 접선 길이를 표시한 것은?
① I.P
② I
③ T.L
④ B.C

20. 도로 경사를 표시할 때 4%의 의미는?
① 수평거리 1m당 수직거리 4m의 경사
② 수평거리 10m당 수직거리 4m의 경사
③ 수평거리 100m당 수직거리 4m의 경사
④ 수평거리 1,000m당 수직거리 4m의 경사

21. CAD 시스템의 특징을 나열한 것이다. 틀린 것은?
① 도면의 분석, 수정, 삽입, 제작이 정확하고 빠르다.
② 방대한 도면을 여러 사람이 동시에 작업하여 표준화를 이룰 수 있다.
③ 2차원은 물론 3차원의 설계 도면과 움직이는 도면까지 그릴 수 있다.
④ 편리한 점은 많으나 설계 도면의 데이터베이스 구축이 불가능하다.

22. 다음에서 CAD시스템의 출력장치가 아닌 것은?
① 모니터
② 디지타이저
③ 프린터
④ 플로터

23. CAD 시스템을 이용하여 설계할 때 장점으로 볼 수 없는 것은?
① 설계 과정에서 능률이 저하되지만 출력이 용이하다.
② 도면 작성 시간을 단축시킬 수 있다.
③ 컴퓨터를 통한 계산으로 수치 결과에 대한 정확성이 증가한다.
④ 설계제도의 표준화와 규격화로 경쟁력을 향상시킬 수 있다.

24. 지리정보시스템(GIS)에 대한 설명 중 맞지 않는 것은?
① 지리정보의 전산화 도구
② 고품질의 공간정보 획득 도구
③ 합리적인 의사결정을 위한 도구
④ CAD 및 그래픽 전용 도구

25. 최대 휨모멘트가 일어나는 단면에서 1방향슬래브의 정철근 및 부철근의 중심 간격 설명으로 옳은 것은?
① 슬래브두께의 2배 이하, 또는 30㎝ 이하
② 슬래브두께의 2배 이하, 또는 40㎝ 이하

해설

19. I.P : 교점, I : 교각, T.L : 접선장, B.C : 시곡점

20. 경사 $= \dfrac{수직\ 거리}{수평\ 거리} \times 100$
    $= \dfrac{4}{100} \times 100 = 4\%$

21. 방대한 자료를 저장하여 데이터베이스를 구축함으로써 설계의 비용 감소, 시간 단축 등 설계의 생산성을 향상시킬 수 있다.

22. 디지타이저(Digitizer) : 입력 원본의 좌표를 판독하여 컴퓨터에 설계도면이나 도형을 입력하는 데 사용되는 입력 장치.

23. 설계의 시간 단축, 정확도 향상 등 설계의 질을 높이고 도면의 표준화와 문서화를 통하여 설계의 생산성을 높일 수 있다.

24. 지리정보시스템(GIS)는 토지, 자원, 환경 등의 각종 정보를 컴퓨터에 의해 종합적, 연계적으로 처리하는 방식이다.

25. 슬래브 두께의 2배 이하, 30㎝ 이하

정답

19. ③ 20. ③ 21. ④ 22. ②
23. ① 24. ④ 25. ①

③ 슬래브두께의 3배 이하, 또는 30cm 이하
④ 슬래브두께의 3배 이하, 또는 40cm 이하

26. 나선철근과 띠철근 기둥에서 축방향 철근의 순간격은 최소 얼마 이상인가?
   ① 40mm 이상
   ② 50mm 이상
   ③ 60mm 이상
   ④ 70mm 이상

27. 다음 중에서 철근의 표준갈고리에 해당되지 않는 것은?
   ① 반원형(180°)갈고리
   ② 직각(90°)갈고리
   ③ 스터럽과 띠철근의 135° 갈고리
   ④ 원형(360°)갈고리

28. 철근의 끝에 표준갈고리를 붙일 때 D19, D22, 및 D25인 철근의 90°갈고리는 90°원의 끝에서 최소 얼마 이상 더 연장되어야 하는가? (단, db는 철근의 공칭지름)
   ① 4db 이상
   ② 8db 이상
   ③ 10db 이상
   ④ 12db 이상

29. 철근의 이음시 방법이 간단하여 보편적으로 가장 많이 사용되는 방법은?
   ① 맞댐 이음
   ② 겹침 이음
   ③ 용접 이음
   ④ 기계적 이음

30. 철근의 이음에 관한 설명으로 잘못된 것은?
   ① 철근은 가능하면 잇지 않는 것을 원칙으로 한다.
   ② 최대 인장응력이 집중되는 곳에서는 이음을 두지 않는다.
   ③ 이음부는 서로 엇갈리게 배치하는 것이 좋다.
   ④ 이음부는 가급적이면 한단면에 집중시켜 배치한다.

31. 철근 콘크리트 보의 배근에 있어서 주철근의 이음 장소로 가장 적당한 곳은?
   ① 임의의 곳
   ② 보의 중앙
   ③ 지점에서 d/4인 곳
   ④ 인장력이 가장 작은 곳

32. 인장 또는 압축을 받는 다발 철근 중의 각 철근의 정착 길이는 다발 철근이 아닌 각 철근의 정착 길이에 비해 일정량을 증가시켜야 한다. 4개로 된 다발철근에 대해서는 몇 %를 증가 시켜야 하는가?
   ① 25%
   ② 33%
   ③ 38%
   ④ 42%

해 설

26. 나선철근과 띠철근 기둥에서 축방향 철근의 순간격
   ① 40mm 이상
   ② 철근지름의 1.5배 이상
   ③ 굵은 골재 최대치수의 4/3배 이상

27. 표준 갈고리 종류
   ① 반원형 갈고리(180°)
   ② 직각 갈고리(90°)
   ③ 예각 갈고리(135°)

28. 직각갈고리(90°) : 철근 지름의 12db 이상 연장

29. 철근이음 방법은 겹침 이음, 용접 이음, 기계적 이음(슬리브 너트 이음)이 있으나, 가장 보편적으로 많이 쓰이는 것은 겹침 이음이다.

30. 여러 철근의 이음을 한 단면에 집중시키지 말고, 서로 엇갈리게 한다.

31. 철근이음은 인장력이 가장 작은 곳에 이음

32. 다발철근의 정착길이 : 4개로 된 철근다발에 대해서는 33%를 증가시킨다.

정 답

26. ① 27. ④ 28. ④ 29. ②
30. ④ 31. ④ 32. ②

33. 철근 콘크리트 구조물에 대해 콘크리트 최소 피복두께를 규정하고 있다. 이러한 철근 피복의 역할에 대한 설명 중 틀린 것은?
　① 철근의 부식을 방지한다.　② 부착력을 증진시킨다.
　③ 내화구조가 되도록 한다.　④ 철근량을 줄일 수 있다.

34. 콘크리트의 반죽질기 여하에 따르는 작업의 난이 정도 및 재료의 분리에 저항하는 정도를 나타내는 굳지 않은 콘크리트의 성질을 무엇이라 하는가?
　① 워커빌리티(workability)　② 반죽질기(consistency)
　③ 성형성(plasticity)　④ 피니셔빌리티(finishability)

35. 콘크리트의 압축강도는 재령 며칠의 강도를 설계의 표준으로 하고 있는가?
　① 3일　② 7일
　③ 21일　④ 28일

36. 굳지 않은 콘크리트 또는 모르타르(mortar)에 있어서 골재 및 시멘트 입자의 침강으로 물이 분리하여 상승하는 현상을 무엇이라고 하는가?
　① 워커빌리티(Workability)
　② 성형성(Plasticity)
　③ 피니셔 빌리티(Finishability)
　④ 블리딩(Bleeding)

37. 단위수량이 154kgf일 때 물-시멘트비(W/C) 50%의 콘크리트 1㎥을 만드는데 필요한 단위 시멘트량은 약 얼마인가?
　① 308kgf　② 154kgf
　③ 77kgf　④ 462kgf

38. 콘크리트 구조물에 일정한 힘을 가한 상태에서 힘은 변화하지 않는데 시간이 지나면서 점차 변형이 증가되는 성질을 무엇이라 하는가?
　① 탄성　② 크랙(crack)
　③ 소성　④ 크리프(creep)

39. 굵은 골재의 최대치수는 무게로 몇 % 이상을 통과시키는 체 가운데에서 가장 작은 치수의 체 눈을 체의 호칭치수로 나타낸 것인가?
　① 80%　② 85%
　③ 90%　④ 95%

해 설

33. 피복 두께를 두는 이유 ⇒ ① 철근 부식방지 ② 내화성 증진 ③ 부착강도 증진

34. 워커빌리티(workability) : 반죽질기에 따른 작업이 어렵고 쉬운 정도(작업의 난이정도) 및 재료분리에 저항하는 정도를 나타내는 성질.

35. 압축강도는 재령 28일 강도를 말함

36. 콘크리트를 친 후 시멘트와 골재 알이 가라앉으면서 물이 올라와 표면에 떠오른다. 이 현상을 블리딩이라 하고, 물이 표면에 떠올라 가라앉으면서 발생한 미세 물질을 레이턴스(laitance)라 함.

37. $\dfrac{W}{C}=0.5,\ \dfrac{154}{C}=0.5\,\text{kgf}$
　$\therefore C=\dfrac{154}{0.5}=308$

38. 크리프 : 콘크리트에 일정하게 하중을 주면, 응력의 변화는 없는데 변형이 재령과 함께 커지는 현상

39. 질량(무게)으로 90% 이상 통과하는 체 중 체눈금이 최소인 것의 호칭 치수

정 답

33. ④　34. ①　35. ④　36. ④
37. ①　38. ④　39. ③

40. 품질이 좋은 콘크리트를 만들기 위해 일반적으로 사용되는 잔 골재의 조립률 범위로 옳은 것은?
① 2.3 ~ 3.1
② 3.14 ~ 4.16
③ 4.55 ~ 5.70
④ 6 ~ 8

41. 골재 알의 속이 물로 차 있고 표면에도 물기가 있는 상태를 무엇이라 하는가?
① 습윤 상태
② 표면 건조포화상태
③ 공기 중 건조상태
④ 불 포화상태

42. 일반적으로 골재의 비중이란 어느 상태의 비중을 말 하는가?
① 습윤 상태
② 공기 중 건조상태
③ 절대 건조상태
④ 표면건조 포화상태

43. 콘크리트에 사용되는 굵은 골재 및 잔 골재를 구분하는데 기준이 되는 체의 공칭치수는?
① 5mm
② 10mm
③ 2.5mm
④ 1.2mm

44. 다음 시멘트 저장 방법으로 부적당한 것은?
① 지상에서 30㎝ 이상 높은 마루에 저장한다.
② 습기가 차단되도록 방수되는 창고에 저장한다.
③ 시멘트는 13포 이상 쌓도록 한다.
④ 시멘트는 입하 순으로 사용한다.

45. 1g의 시멘트가 가지고 있는 전체 입자의 표면적의 합계를 무엇이라 하는가?
① 비표면적
② 총 표면적
③ 단위 표면적
④ 단위 비표면적

46. 시멘트의 3대 화합물을 나열한 것은?
① 석회, 실리카, 알루미나
② 석회, 알루미나, 산화철
③ 석회, 실리카, 산화철
④ 석회, 알루미나, 알칼리

47. 시멘트의 응결 시간을 늦추기 위하여 사용되는 혼화제는?
① 급결제
② 지연제
③ 발포제
④ 감수제

해 설

40. 조립률의 범위 : ① 잔 골재 : 2.3 ~ 3.1 ② 굵은 골재 : 6 ~ 8

41. 습윤 상태: 골재 표면에 물기가 있고, 내부 빈틈도 물로 차 있는 상태

42. 일반적으로 골재의 비중은 표면 건조 포화상태 비중을 말함

43. 굵은 골재 및 잔 골재를 구분하는 체는 5mm체

44.
㉠ 방습적인 구조로 된 사일로 또는 창고에 품종별로 구분하여 저장
㉡ 지면으로부터 30㎝이상, 쌓아 올리는 포대 수는 13포 이하, 저장기간이 길어 질 경우 7포대 이상 쌓지 않는 것이 좋다.
㉢ 입하순서(시멘트가 들어온 순서) 대로 사용

45. 비표면적(㎠/g)은 1g의 시멘트가 가지고 있는 전체 입자의 총 표면적(㎠)

46. 주성분 : 석회(CaO), 실리카(SiO_2), 알루미나(Al_2O_3)

47. 응결 시간 늦추기 위한 혼화제 : 지연제

정 답

40. ① 41. ① 42. ④ 43. ①
44. ③ 45. ① 46. ① 47. ②

48. 수중 콘크리트를 시공할 때 물-시멘트비(W/C)와 단위 시멘트량은 얼마를 표준으로 하는가?
   ① 물-시멘트비 50% 이하, 단위 시멘트량 300kgf/㎥ 이상
   ② 물-시멘트비 65% 이하, 단위 시멘트량 370kgf/㎥ 이상
   ③ 물-시멘트비 50% 이하, 단위 시멘트량 370kgf/㎥ 이상
   ④ 물-시멘트비 65% 이하, 단위 시멘트량 300kgf/㎥ 이상

49. 수중콘크리트를 칠 때 사용되는 기계 및 기구와 관계가 먼 것은?
   ① 트레미
   ② 슬립 폼 페이버
   ③ 밑열림상자
   ④ 콘크리트 펌프

50. 다음은 교량의 구조에 대한 설명이다. 옳지 않은 것은?
   ① 상부 구조 가운데 사람이나 차량 등을 직접 받쳐주는 포장 및 슬래브의 부분을 바닥판이라 한다.
   ② 바닥판에 실리는 하중을 받쳐서 주형에 전달해 주는 부분을 바닥틀이라 한다.
   ③ 바닥틀은 상부 구조와 하부 구조로 이루어진다.
   ④ 바닥틀로부터의 하중이나 자중을 안전하게 받쳐서 하부구조에 전달하는 부분을 주형이라 한다.

51. 토목 구조물의 일반적인 특징이 아닌 것은?
   ① 구조물의 규모가 크다.
   ② 구조물의 수명이 길다.
   ③ 건설에 많은 시간과 비용이 든다.
   ④ 플랜트를 이용하여 대량으로 생산한다.

52. 도로교의 설계 하중에서 1등교에 속하는 것은?
   ① DB - 8.5
   ② DB - 13.5
   ③ DB - 18
   ④ DB - 24

53. 철근 콘크리트를 사용하는 이유가 아닌 것은?
   ① 철근과 콘크리트의 부착력이 매우 크다.
   ② 철근속의 콘크리트는 부식이 빨리 된다.
   ③ 철근과 콘크리트의 열팽창 계수가 거의 같다.
   ④ 철근과 콘크리트 외력에 상호 보완적 역할을 한다.

해 설

48. 수중콘크리트
  ① 물-시멘트 비는 50% 이하를 표준
  ② 단위 시멘트 량은 370kg/㎥ 이상을 표준

49. 콘크리트 슬립 폼 페이버 : 연속적으로 콘크리트 포장하는 기계

50. 바닥틀은 세로보와 가로보로 구분한다.

51. 토목구조물의 특징
  ① 일반적으로 규모가 크다.
  ② 대부분 공공의 목적으로 건설된다.
  ③ 구조물의 수명, 즉 공용기간이 길다.
  ④ 대부분 자연 환경 속에 놓인다.
  ⑤ 대량생산이 아니다.

52. 등급별 설계하중
  1등교: DB-24, 2등교: DB-18, 3등교:DB-13.5

53. 콘크리트 속에 묻힌 철근은 녹슬지 않는다.

정 답

48. ③ 49. ② 50. ③ 51. ④
52. ④ 53. ②

54. 인장 측의 콘크리트에 미리 계획적으로 압축 응력을 주어 일어날 수 있는 인장 응력을 상쇄시킨 콘크리트를 무엇이라 하는가?
   ① 강 콘크리트
   ② 합성 콘크리트
   ③ 철근 콘크리트
   ④ 프리스트레스트 콘크리트

55. 다음 중 강 구조물의 특징이 아닌 것은?
   ① 구조물의 자중이 크다.
   ② 균질성
   ③ 장지간에 유리
   ④ 보강이 쉽다.

56. 다음 중 일반적인 기둥의 종류가 아닌 것은?
   ① 띠철근 기둥
   ② 나선 철근 기둥
   ③ 합성 기둥
   ④ 강도 기둥

57. 1방향 슬래브의 정철근 및 부철근의 중심간격은 최대 휨모멘트가 일어나는 단면에서 슬래브 두께의 몇 배 이하 또는 몇 ㎜ 이하로 하는가?
   ① 2배 이하, 300㎜이하
   ② 4배 이하, 500㎜이하
   ③ 3배 이하, 600㎜이하
   ④ 5배 이하, 500㎜이하

58. 슬래브의 배력 철근에 대한 설명에서 틀린 것은?
   ① 응력을 고르게 분포시킨다.
   ② 주철근 간격을 유지시켜 준다.
   ③ 콘크리트의 건조 수축을 크게 해준다.
   ④ 정철근이나 부철근에 직각으로 배치하는 철근이다.

59. 기둥, 교대, 교각, 벽 등에 작용하는 상부구조물의 하중을 지반에 안전하게 전달하기 위하여 설치하는 구조물은?
   ① 노상
   ② 확대기초
   ③ 노반
   ④ 암거

60. 옹벽이 외력에 대하여 안정하기 위한 조건으로 거리가 가장 먼 것은?
   ① 전도에 대한 안정
   ② 활동에 대한 안정
   ③ 균열에 대한 안정
   ④ 침하에 대한 안정

해 설

54. 프리스트레스 콘크리트(PSC) 원리 : 콘크리트에 일어날 수 있는 인장력을 상쇄하기 위하여 미리 계획적으로 압축 응력을 준 콘크리트

55. 강 구조 장점 : 고강도, 균질성, 내구성, 사전조립 가능, 시공간편(공사기간 단축), 다양한 구조, 개수 보강이 쉽다, 장대 지간 유리, 자중이 작다.

56. 기둥의 종류 : 띠철근 기둥, 나선 철근 기둥, 합성 기둥

57. 정철근과 부철근의 중심 간격은 최대휨모멘트가 일어나는 단면 : 슬래브 두께의 2배 이하, 300㎜ 이하

58. 콘크리트의 건조 수축이나 온도 변화에 의한 수축을 감소시킨다.

59.
① 확대기초 : 기둥, 교대, 교각, 벽 등에 작용하는 상부구조물의 하중을 지반에 안전하게 전달하기 위하여 설치한 구조물
② 노상, 노반 : 도로에서 상부(기층, 보조기층)등을 지지하는 흙으로 구성
③ 암거 : 지하에 설치되어 밖에서는 보이지 않는 구조물(도랑)

60. 옹벽의 안정 조건
① 전도에 대한 안정,
② 활동에 대한 안정,
③ 지반 지지력에 대한 안정

정 답

54. ④ 55. ① 56. ④ 57. ①
58. ③ 59. ② 60. ③

전산응용토목제도기능사(필기)

2007년 4월 25일 초판발행
2025년 1월 10일 개정증보18판인쇄
2025년 1월 15일 개정증보18판발행

편 저 : 박 종 삼
발행인 : 성 대 준
발행처 : 도서출판 금호
　　　　서울시 성동구 성수동2가 1동 333-15
　　　　전화 : 02)498-4816　FAX : 02)462-1426
　　　　등록 : 제303-2004-000005호

　　　　　　　　　　　　　　　　정가 18,000원

* 파본은 교환해 드립니다.
* 본서의 무단복제를 금합니다.